黏土的次元

动漫黏土手办的唯美古风

米米酱　捏粘土的节操
编著

人民邮电出版社
北京

图书在版编目（CIP）数据

黏土的次元. 动漫黏土手办的唯美古风 / 米米酱，捏粘土的节操编著. -- 北京 : 人民邮电出版社，2021.7
ISBN 978-7-115-56534-1

Ⅰ. ①黏… Ⅱ. ①米… ②捏… Ⅲ. ①粘土－手工艺品－制作 Ⅳ. ①TS973.5

中国版本图书馆CIP数据核字(2021)第090468号

内容提要

你是否曾因为昂贵的价格或长久的等待时间而得不到自己心仪的动漫人物手办？本书不但可以让你节省开支，还能教你用黏土打造自己的“本命”动漫人物手办。

本书是“黏土的次元”系列中的一本，主要讲解唯美古风的动漫人物黏土手办的制作方法。全书共6章。第1章是制作古风黏土手办制作须知；第2章讲解了古风黏土手办人物的基础知识；第3章到第6章分别讲解了美人鱼、玉兔和敦煌飞天3种不同题材的唯美古风人物手办的制作案例。本书配有制作形象分析、难点解析和配套视频，图解步骤清晰，能帮助大家快速掌握唯美古风动漫人物手办的制作。

本书适合黏土手工、二次元手办和动漫爱好者阅读。赶快跟随本书一起用黏土制作自己的“本命”手办吧。

◆ 编　　著　米米酱　捏粘土的节操
　责任编辑　刘宏伟
　责任印制　周昇亮

◆ 人民邮电出版社出版发行　　北京市丰台区成寿寺路 11 号
　邮编　100164　　电子邮件　315@ptpress.com.cn
　网址　https://www.ptpress.com.cn
　北京捷迅佳彩印刷有限公司印刷

◆ 开本：787×1092　1/16
　印张：10　　　　　　2021 年 7 月第 1 版
　字数：219 千字　　　2024 年 8 月北京第 8 次印刷

定价：69.80 元

读者服务热线：(010)81055296　印装质量热线：(010)81055316
反盗版热线：(010)81055315
广告经营许可证：京东市监广登字 20170147 号

前言

大家好，我是米米酱（微博 @ 米米酱的粘土世界），是今日头条、哔哩哔哩、新浪微博等多个网络平台认证的手工达人，哔哩哔哩签约 UP 主。目前经营着一家销售黏土和黏土制作相关工具的淘宝店——“MM 粘土工作室”。

时光荏苒，这是我接触超轻黏土的第 5 个年头，我对它的热爱依旧。一张桌子和一盏灯，灯下是我忙碌的影子。我的幸福蕴含在制作每一个作品的过程中，看到它们似乎在我手里拥有了生命，我感受到了一种温暖。就算一开始它们只是纸片人，但把它们拉进现实，让它们拥有温度，是我一直想要的美好世界！希望你们也可以和我一起进入这样美好的世界。

在这个世界里，生活似乎格外安静，时间的流逝也是那么有价值，每一个作品的诞生都是通往这个世界的钥匙。只要我们认真对待，坚持自己的热爱，一定会到达我们想要去的地方。

在本书中，我和捏粘土的节操一共创作了 4 个人物，通过不同的服饰和神态动作，尽可能地将所有能用到的不同技法和研究出来的精华分享给大家。希望本书在提高你的黏土技能的同时，也能如一盏明灯照亮你的前方，让热爱手作的我们一同前行！

只要我们认真对待，坚持美好，就一定会迎来阳光满地的那天！

——米米酱

目录

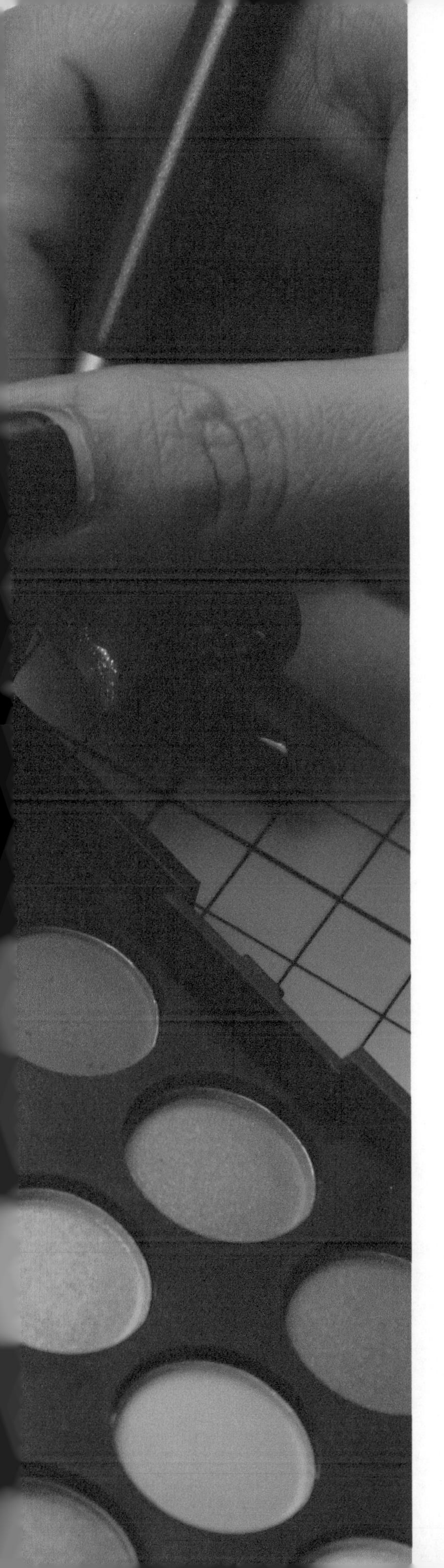

第3章 美人鱼的制作

第4章 玉兔的制作

第5章 敦煌飞天1的制作

第6章 敦煌飞天2的制作

第1章 唯美古风黏土手办制作须知

1.1 所用黏土

做手办可选的黏土材料种类比较多，有使用起来较为复杂的软陶土，也有操作十分简单的超轻黏土。本书制作手办案例时使用的就是超轻黏土，大家可以根据自己的需求进行选择。

1.1.1 常用黏土的类型

本书使用的黏土除了主要的超轻黏土外，还使用了树脂黏土、树脂素材土及花艺土等黏土材料，用以增强手办的质感和丰富手办的整体造型。

● 超轻黏土

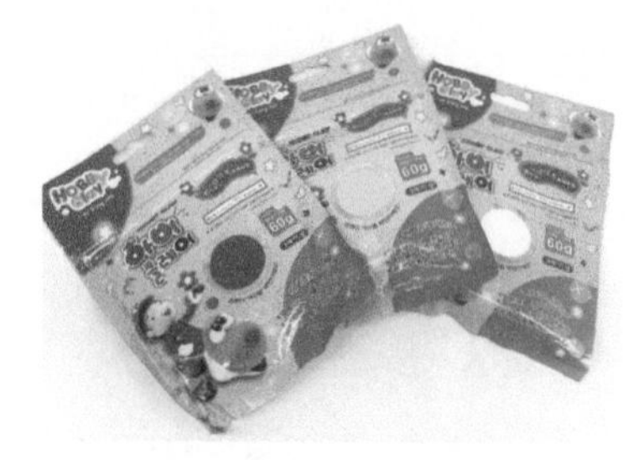

Love Clay 超轻黏土

小哥比超轻黏土

超轻黏土容易塑形，适合捏制各种造型，并且只需自然晾干。书中主要使用的是 Love Clay 超轻黏土和小哥比超轻黏土。小哥比超轻黏土质地偏硬，会出油，适合制作服饰。而 Love Clay 超轻黏土则相反，质地软且不会出油，适合制作身体部件。这两款黏土都很适合新手用来练手。

● 树脂黏土

用树脂黏土制作的手工艺品，无论是外形、颜色，还是质感，均比较接近实物。因此通常在制作黏土手办时，会在超轻黏土中混入些许树脂黏土，以增强手办的质感，有时也会直接使用树脂黏土制作一些装饰和道具。

书中制作美人鱼服装时使用了树脂素材土，树脂素材土是树脂黏土的一种，其颜色与白色树脂黏土一样，为半透明状的通透白，而树脂素材土的金色、银色、黑色、红色、黄色、蓝色等其他颜色都属于不透明黏土。

基础 5 色树脂黏土

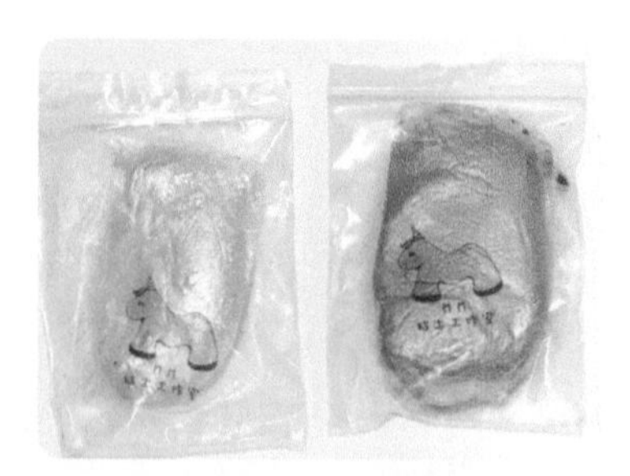

金色和银色树脂黏土

树脂素材土

1.1.2 黏土的颜色

不同品牌的超轻黏土，即使名称相同，颜色也有细微差异。大家在学做黏土手办的初期，可以多多尝试不同的黏土品牌，找到适合自己的黏土。

• 基础色

红色、黄色、蓝色、黑色和白色这 5 种颜色是制作黏土作品必备的基础色。其中，红色、黄色、蓝色这 3 种颜色混合能调出除黑白两色以外的其他颜色，而黑色和白色可以改变黏土颜色的深浅。

红色　黄色　蓝色　黑色　白色

• 混色

将两种及两种以上不同颜色的黏土混合，即可调配出一种全新的黏土颜色。大家可根据作品的实际需要，调整各色黏土的混合比例，调配出自己需要的黏土颜色，满足自己制作黏土手办的色彩需求。

基础色之间的黏土混色

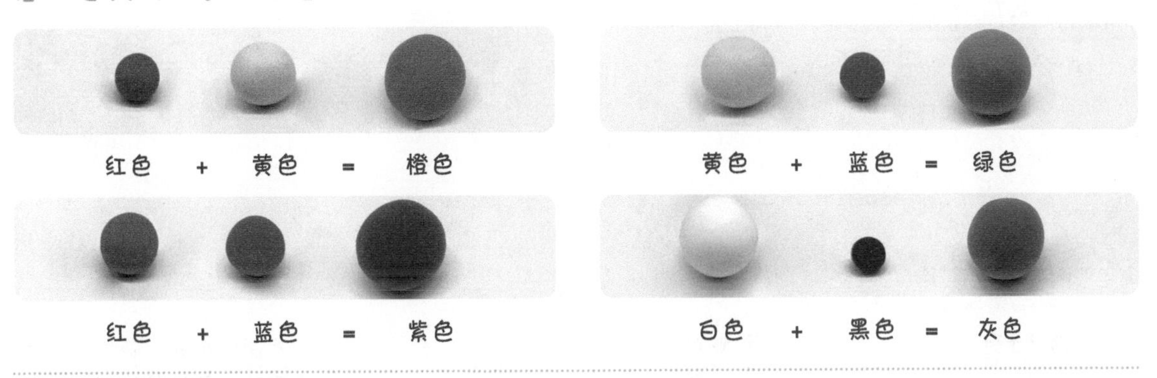

红色 + 黄色 = 橙色　黄色 + 蓝色 = 绿色

红色 + 蓝色 = 紫色　白色 + 黑色 = 灰色

加入大量白色的黏土混色

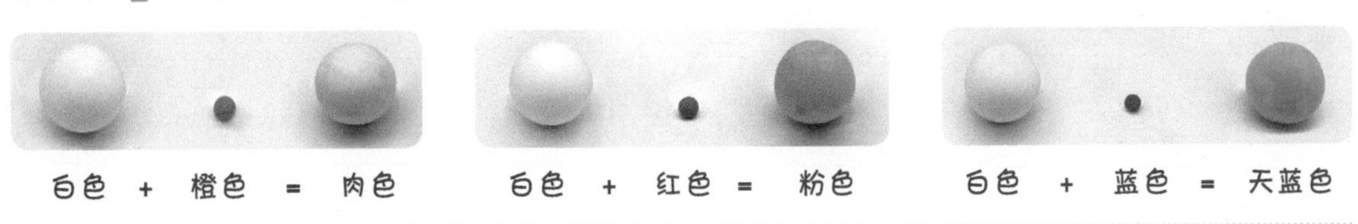

白色 + 橙色 = 肉色　白色 + 红色 = 粉色　白色 + 蓝色 = 天蓝色

加入少量黑色的黏土混色

绿色 + 黑色 = 深绿色　红色 + 黑色 = 深红色　橙色 + 黑色 = 褐色

其他颜色的黏土混色

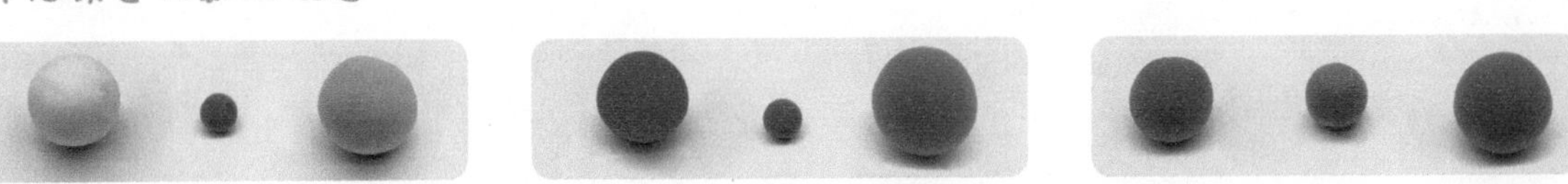

肉色（多）+ 褐色（少）= 茶青色　蓝（多）+ 褐色（少）= 浅蟹灰色　灰色（多）+ 绿色（少）= 灰豆绿色

3 色黏土的混色

红色(中)+黄色(多)+黑色(少)=棕色

黄色(中)+绿色(中)+白色(多)=翠绿色

1.2 所用工具

下面为大家介绍制作黏土手办常用工具，为想入“黏土圈”和刚入圈的朋友提供参考，帮助大家少走弯路，让大家能更愉快地“玩土”！

1.2.1 造型工具

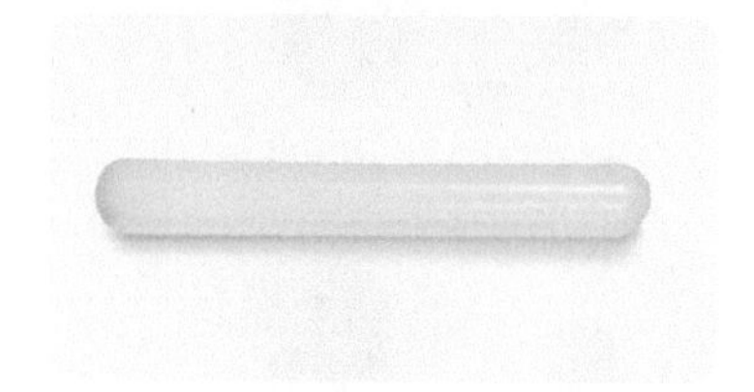

擀泥杖

用于擀制黏土薄片。

压泥板

能够对黏土进行压扁、搓条、搓圆等操作。有宽、窄两种样式，可根据需要选用。

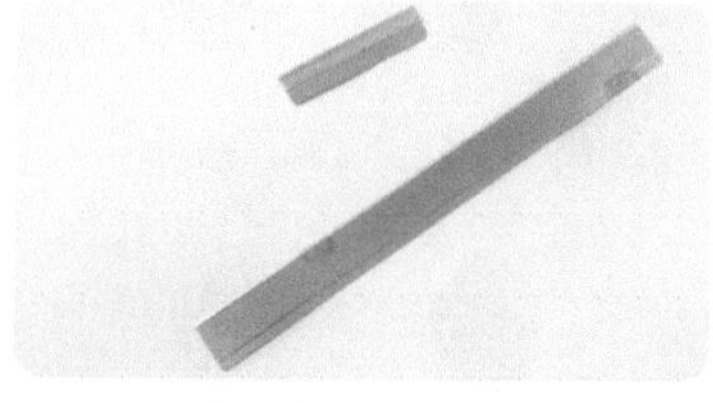

刀片

长款刀片能够将黏土裁切成各种造型，短款刀片可直接在黏土手办上裁切。

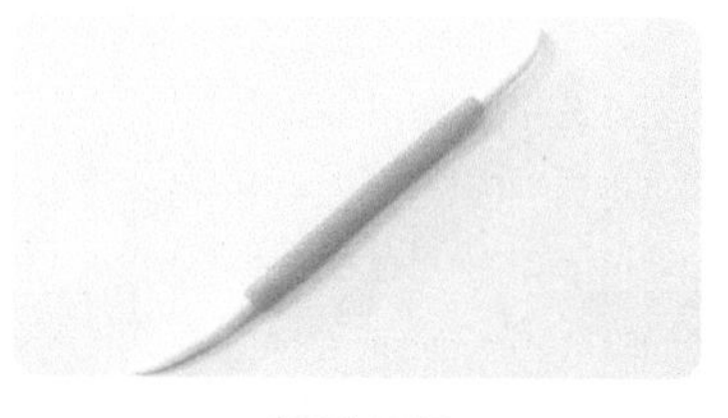

勺形工具

塑形工具，一头为细尖状，一头为勺形。可用于调整头发、服装等部分的造型。

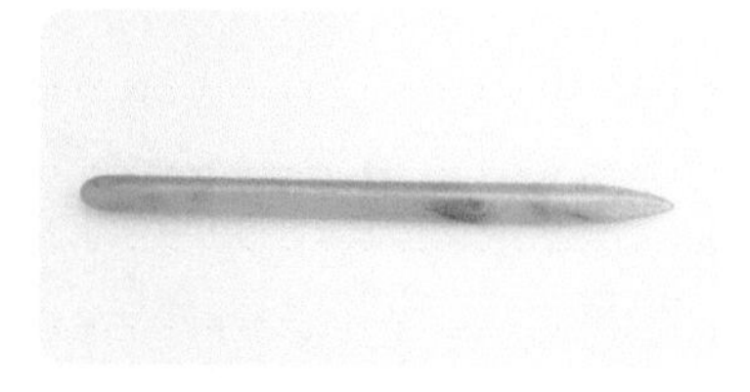

羊角工具

用于打造服装上的褶皱效果的一款实用工具。

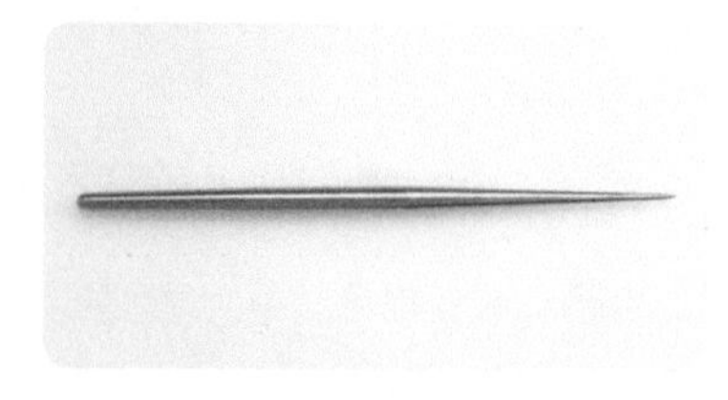

棒针

圆头适用于宽大褶皱或肢体关节特征的制作，尖头可用来制作出细密褶皱或为头发造型。

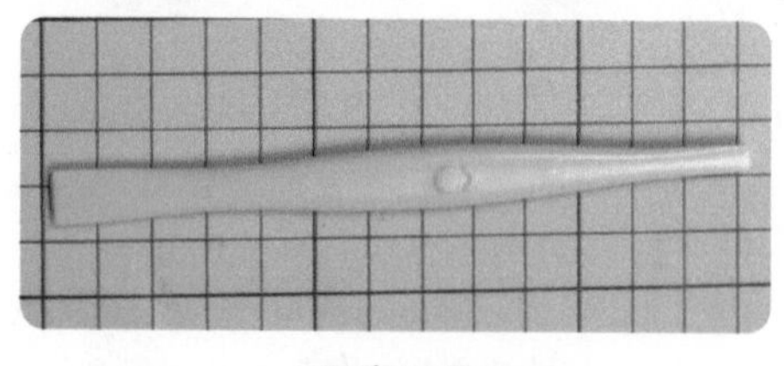

压痕工具

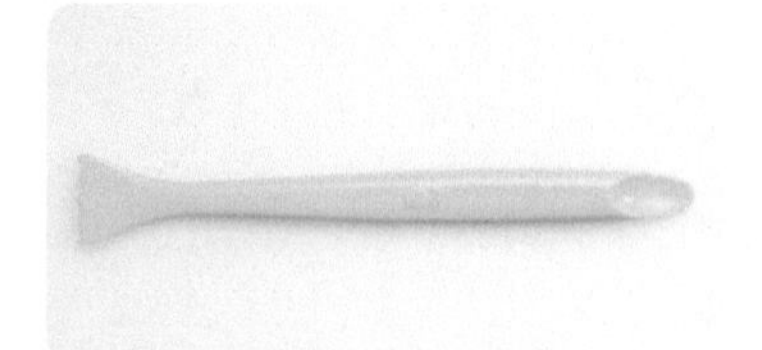

鱼形工具

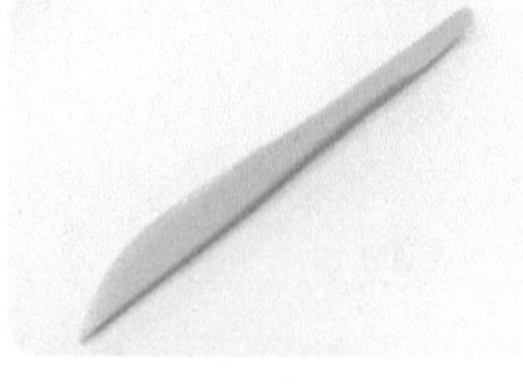

刀形工具

黏土制作工具三件套

主要用于给黏土手办造型、修型及添加细节等。

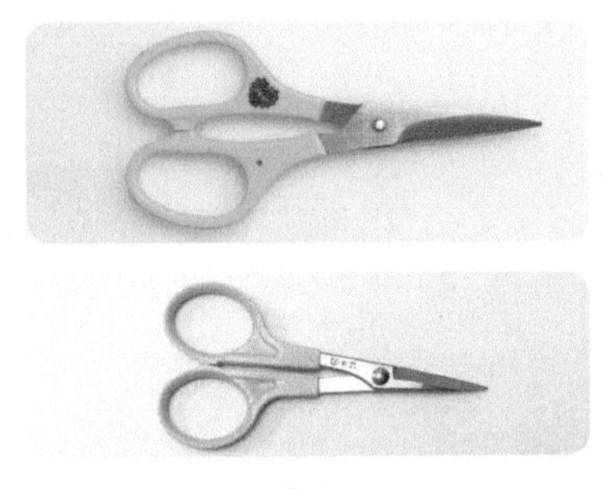

剪刀

用于修剪黏土部件，是制作黏土手办的必备工具。

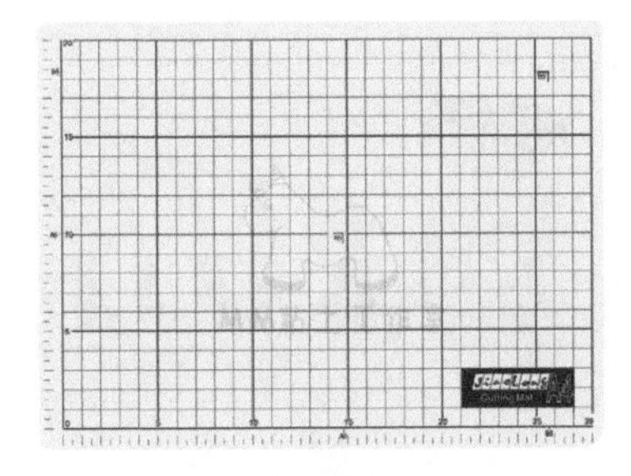

切割垫

制作黏土手办的工作台。

镊子

用于夹起细小的黏土配件并将其粘贴在黏土手办上，或用于制作小型装饰配件。

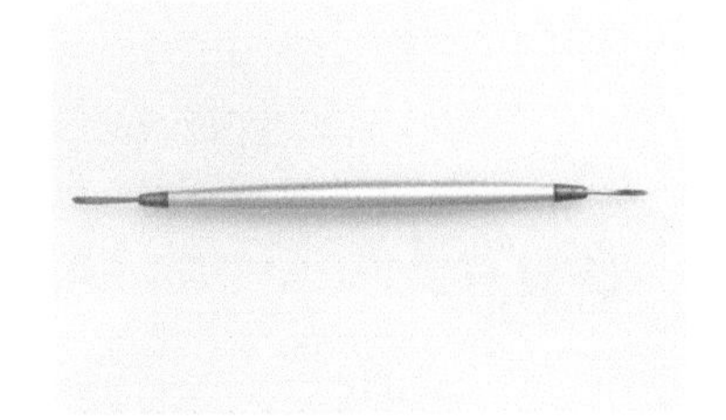

抹刀

为黏土手办修型。抹刀侧面可用来制作压痕，正面可用来抹平黏土边缘或黏土间的接缝。

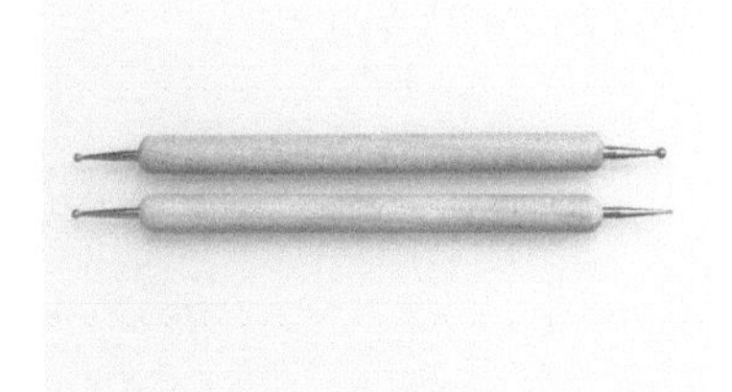

压痕笔

为黏土手办压出圆点装饰或用于制作耳朵。

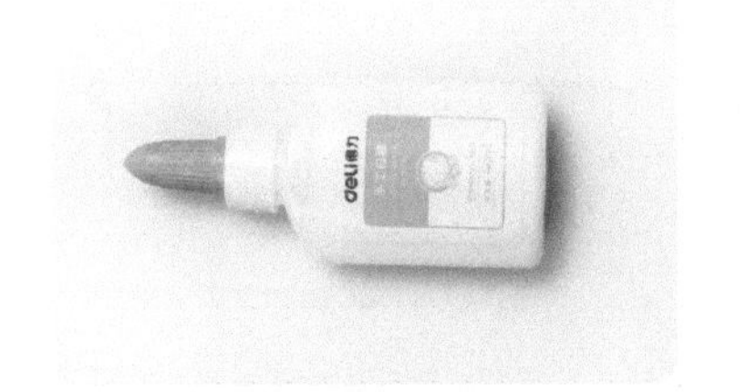

白乳胶

主要用于黏土之间的粘贴和各类饰品的粘贴固定。

脸形模具

通过翻模，可以快速做出脸与耳朵。

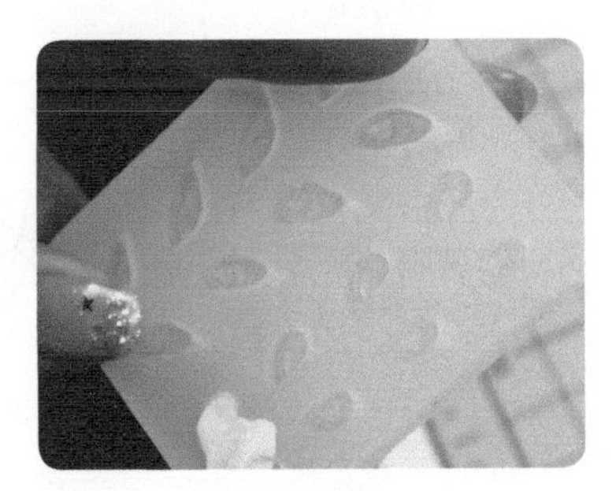

耳朵模具

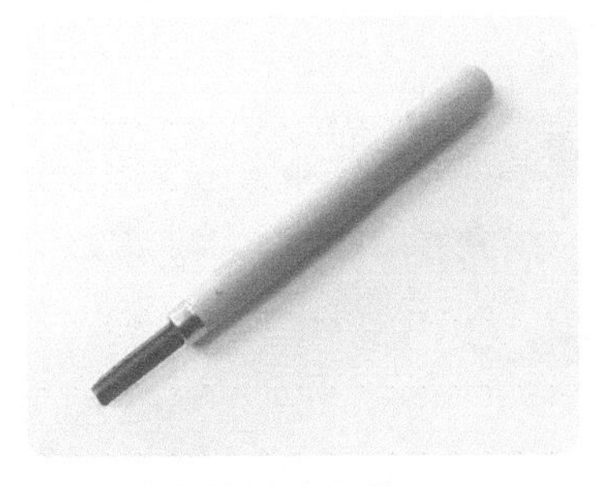

半圆形木刻笔刀

用于在制作好的头部上掏出安装脖子的圆洞。

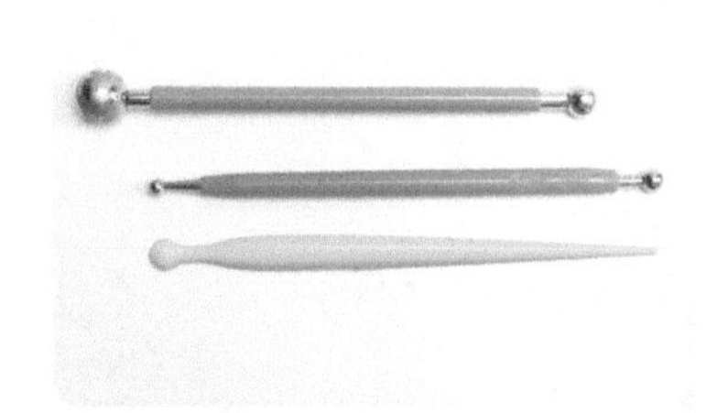

丸棒

用于制作圆滑的圆形凹面，如腿部与臀部的衔接凹面。

透明文件夹

利用文件夹可以将黏土擀成薄片。将黏土放进文件夹里用擀泥杖擀，擀泥杖不容易粘上黏土。这是一款非常实用的工具。

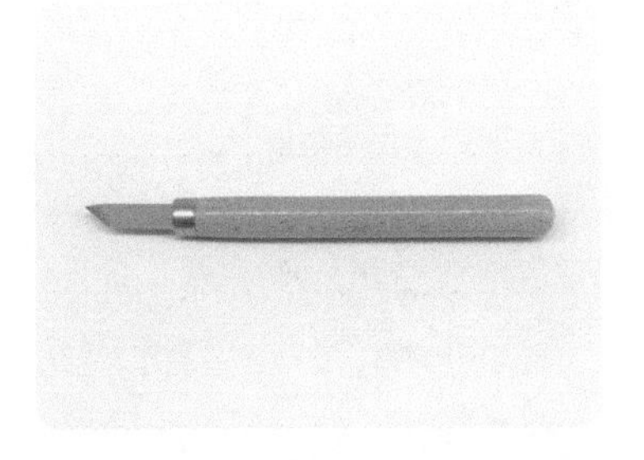

笔刀

笔刀刀口锋利，能轻易将黏土切成细小形状，也可用于制作锯齿状的花边装饰。

酒精棉片

用于抹平黏土间的接缝，也可用于擦拭黏土表面的灰尘或污渍。

切圆工具

用于切出完美的圆形黏土片。

蛋形辅助器

用于做出带弧度的黏土片，例如头发和帽子。

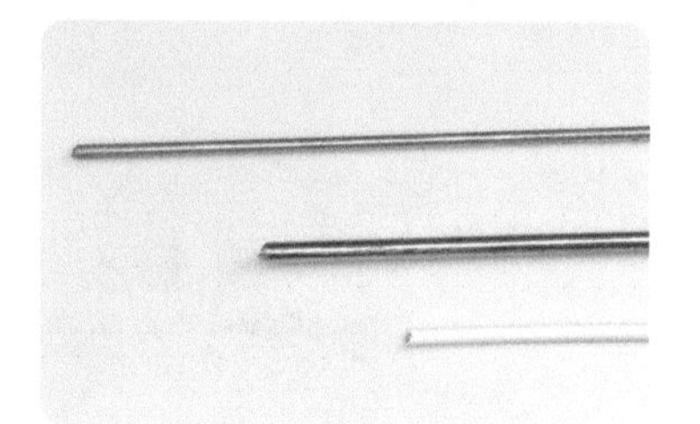

直径为 1mm 的铜丝、钢丝及包皮铁丝

插在黏土手办人物的肢体部件内，以进行整体的固定与组合。

微型电钻

给底座打孔，以便把黏土手办固定在底座上。

亚克力圆形底座

用于固定黏土手办。

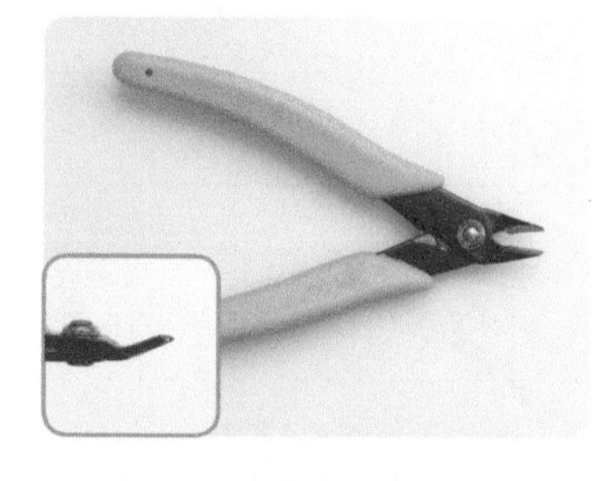

弯嘴斜口剪钳

用于修剪铜丝、钢丝与包皮铁丝。

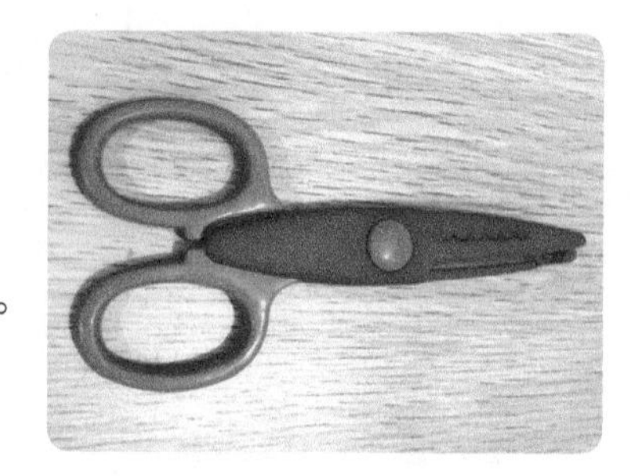

花边剪

可以剪出各种黏土花边。

1.2.2 特殊纹路制作工具

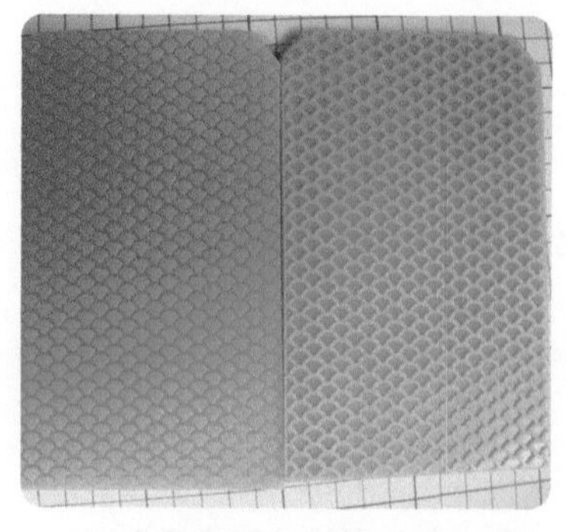

鱼鳍与鱼鳞模具

特殊纹理模具可以制作出特殊的纹理。在本书的美人鱼精灵案例中可以用鱼鳍与鱼鳞模具制作出鱼鳍和鱼鳞的纹理。

3D 立体浮雕花硅胶模具

用于制作装饰纹理。

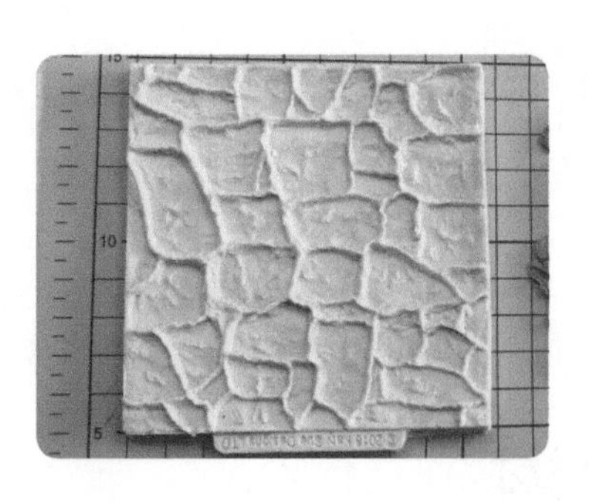

石纹模具

用于制作玉兔底座上的地面纹路。

1.2.3 颜料与上色工具

丙烯颜料

与面相笔或勾线笔搭配使用，主要用来绘制手办人物的五官，也可用来绘制黏土手办上的装饰图案。

眼影

用于为黏土手办上色，不仅可以突出人体的骨骼肌肉结构，还能绘制出自然的肤色。

面相笔与勾线笔

用于蘸取丙烯颜料或眼影，用于勾画手办人物的五官及妆容。

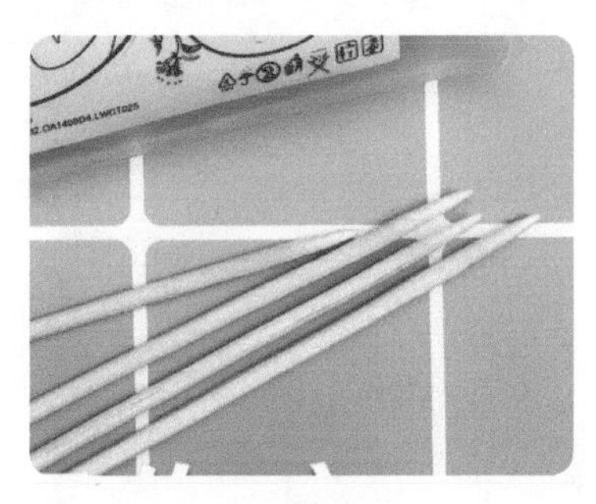

细棉签

用于手办人物的眼睛或细小花纹的涂改，以及嘴唇的上色。

色粉刷

配合眼影使用，为手办人物进行大面积的上妆。色粉刷有多种型号，可根据上色面积的大小选用合适的型号。

水性亮油

涂在手办人物的瞳孔上或黏土手办的表面，不仅可以提高手办的亮度，还能防尘。

1.3 古风动漫人物手办的装饰材料与制作工具

制作古风类型的手办人物时，各种古风装饰配件是不可缺少的。下面，为大家介绍本书制作古风类型的人物手办时常用的一些装饰材料与工具。

1.3.1 金属线材

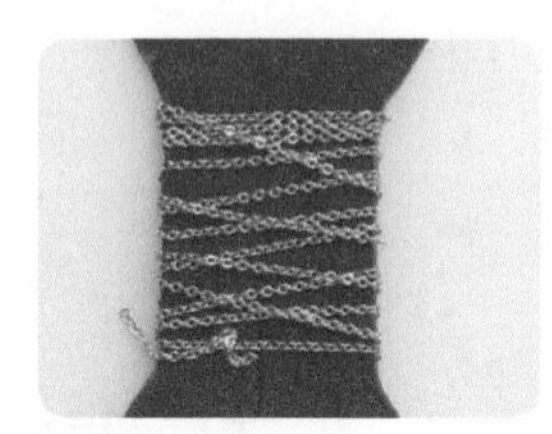
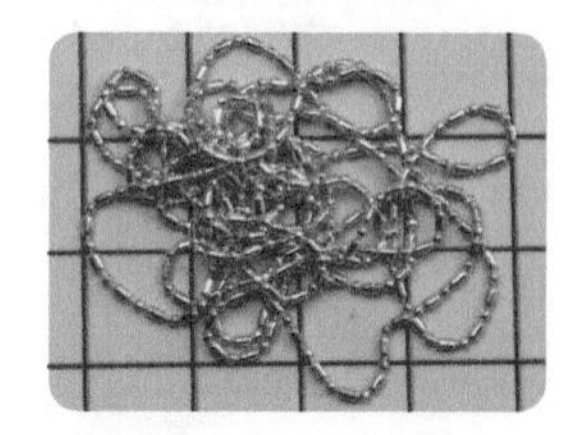

铜丝与金属链

在敦煌飞天案例中使用装饰线材与串珠、金属花片及滴胶饰品进行搭配，制作出具有敦煌飞天装饰特点的古风饰品。

1.3.2 金属花片

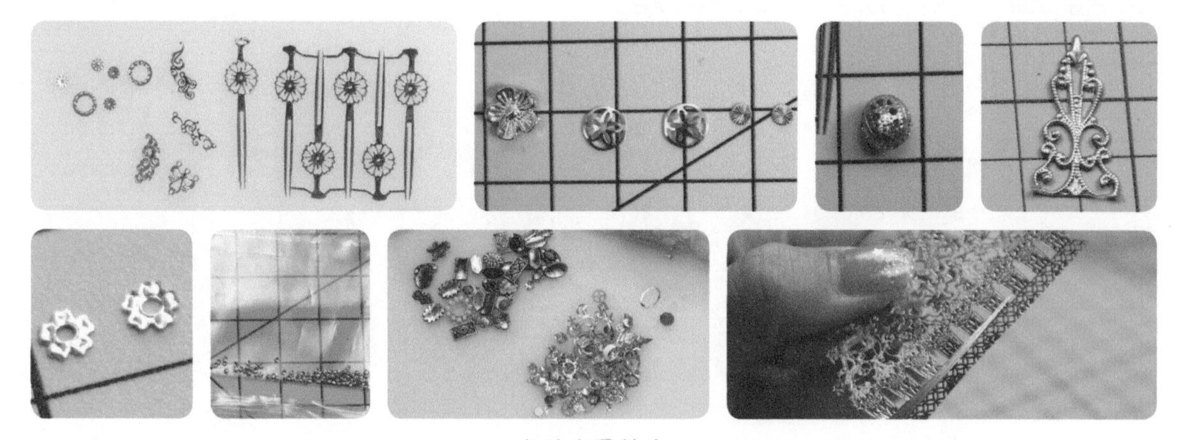

各种金属花片

主要用于制作人物手办的金属装饰品。

1.3.3 串珠

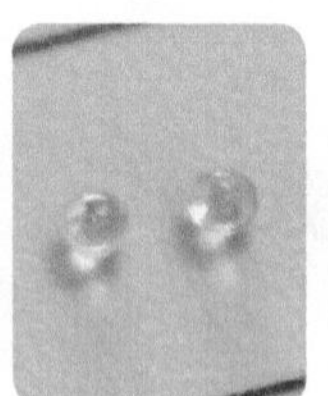
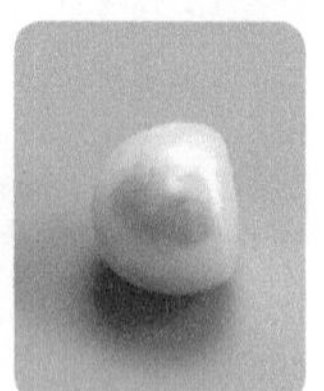

不同规格的各色米珠、气泡珠、馒头珠

主要用于制作各种华丽的饰品。

1.3.4 其他辅助材料与工具

镭射花片

用于制作美人鱼精灵的发饰，也可当作鱼鳞装饰元素。

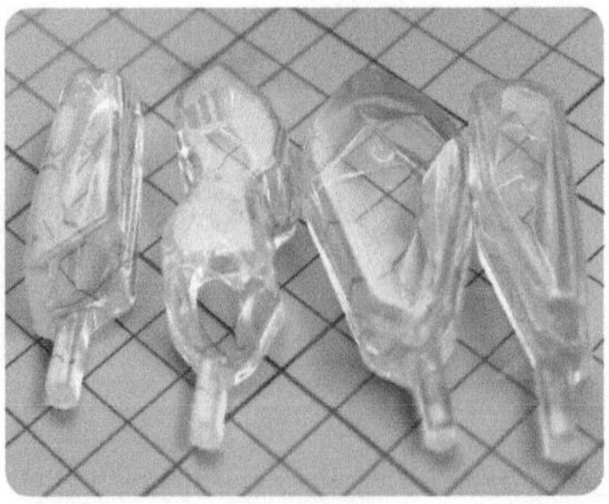

贝壳纸和水晶模具

二者搭配使用，用于制作美人鱼精灵底座上的水晶装饰品。

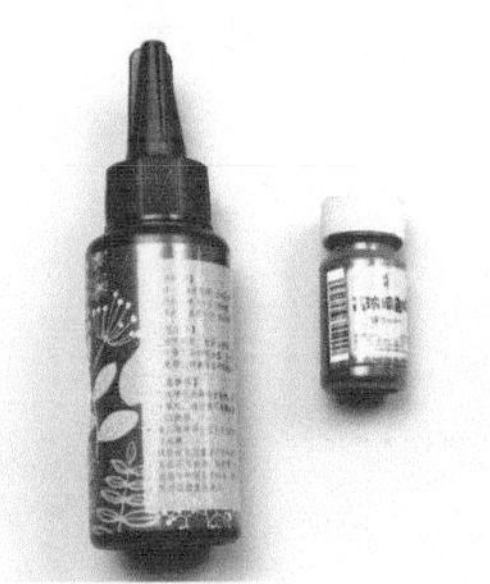

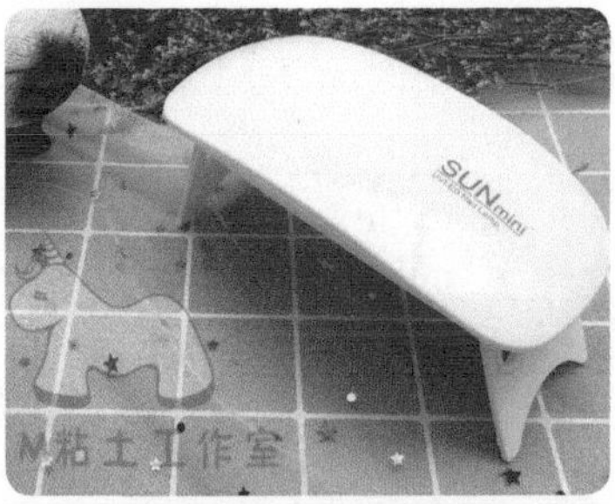

UV 胶、色精和紫外线灯

搭配使用，可制作出各种颜色的滴胶饰品。

毛绒粉

也叫丝绒粉，可以做出仿真毛绒的饰品或场景装饰品。

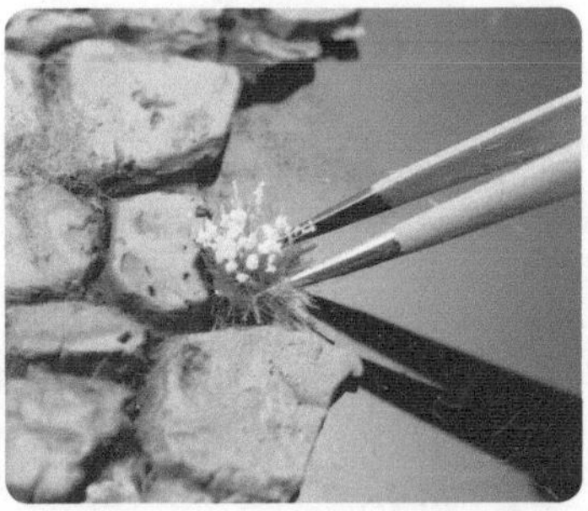

草粉与花丛

用于制作仿真地面的装饰品。

B-7000 胶

用于将装饰配件组合起来并将其固定在黏土手办上。

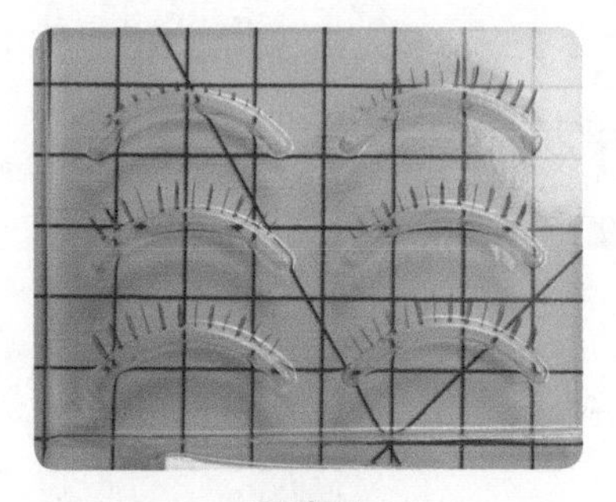

假睫毛

为了让黏土手办更具细节，更加逼真，可以为手办粘贴假睫毛。

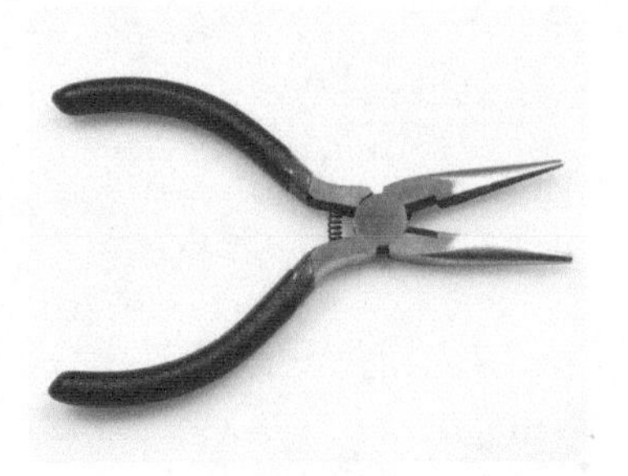

圆嘴钳

组合固定装饰配件的辅助工具。

第2章 古风动漫人物手办的基础知识

2.1 黏土基础形状的制作及应用

黏土手办的造型是非常复杂且多变的，但任何复杂的造型都能通过球形、水滴形、薄片、方形、长条等常见的基础形状制作出来。下面，一起来学习黏土的基础形状的制作方法吧。

2.1.1 球形的制作及应用

球形是制作大多数黏土手办造型的起始形，其制作技法为“揉”。

● 球形的制作

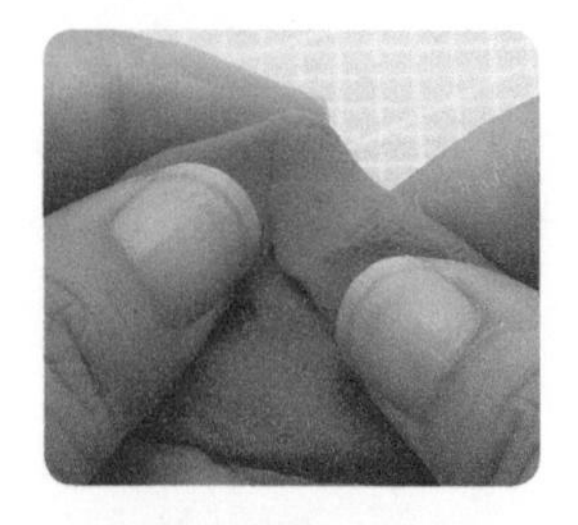

01 取适量黏土用手反复揉捏，让黏土质地变得均匀。

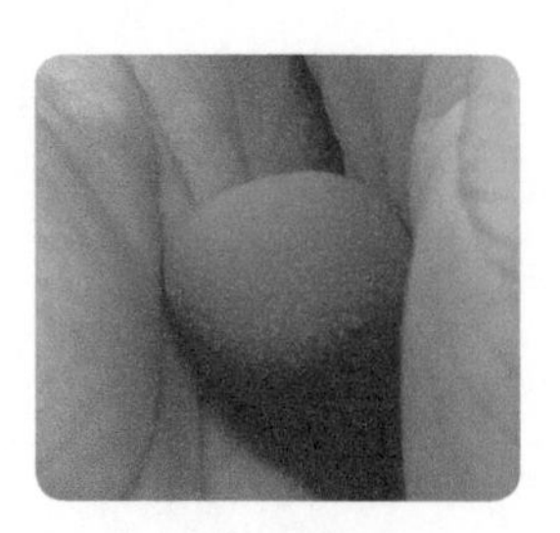

02 把揉捏过的黏土放在手心，用手掌揉搓。

03 用手指调整形状，让黏土大体上呈球形。

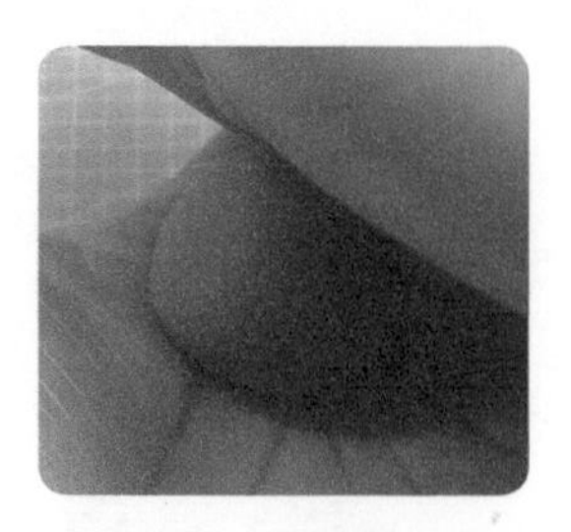

04 把黏土球放在手心来回轻搓，直到搓成圆润的球形即可。

● 球形的应用

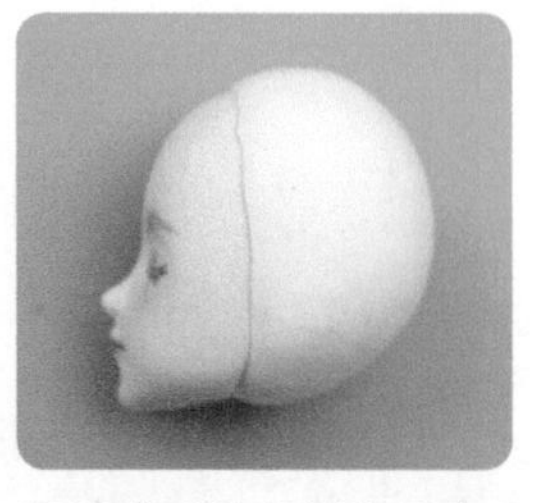

可用球形黏土制作手办人物的后脑勺及各种装饰品，如月饼、耳环等。

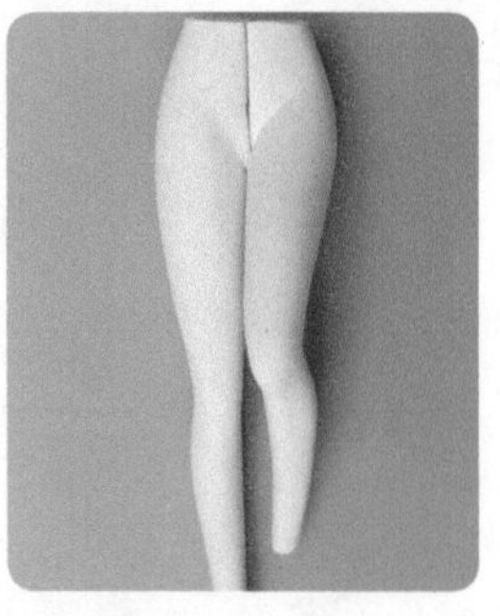

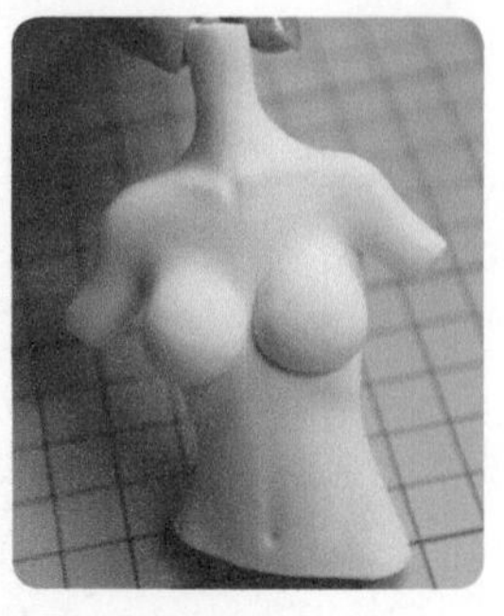

以球形为基础形状，稍加变形即可做出手办人物的主体部件，比如双腿、臀部、身体等。

2.1.2 水滴形的制作及应用

水滴形是在球形的基础上变化而来的，其制作技法为“搓”，有用压泥板和手掌搓两种形式。

● 水滴形的制作

01 取适量黏土搓一个球形。

02 倾斜压泥板将球形的任意一端压住。

03 轻轻搓动压泥板，将球形搓成一头尖、一头圆的水滴形。

04 水滴形的效果展示。

● 水滴形的应用

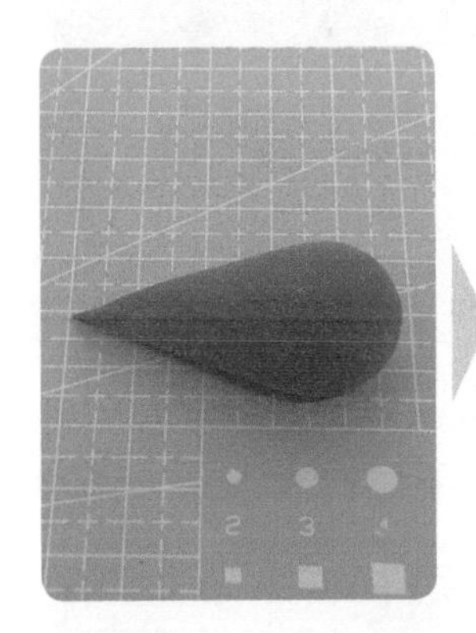

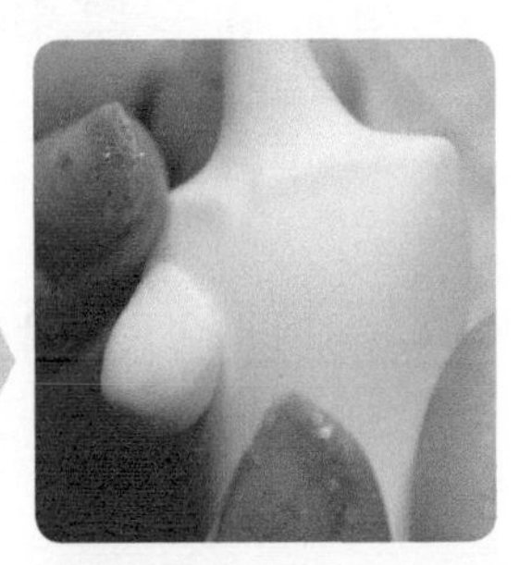

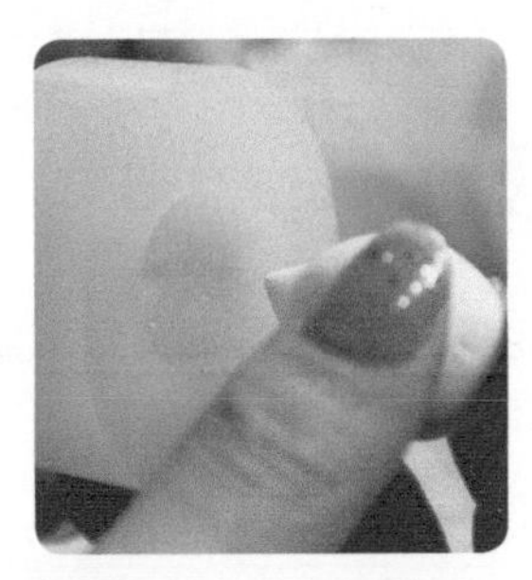

水滴形黏土在本书中直接用来制作手办人物的胸部，或者用于翻模制作脸形，又或者进行适当变形用来制作拇指部件。

2.1.3 薄片的制作及应用

薄片常用于制作手办人物的服饰、配饰，比如披帛，偶尔也会用来制作头发，是较为常用的一种黏土基础形状。其制作技法为“擀”或“压”。

● 薄片的制作

01 准备一个黏土球放在透明文件夹内。

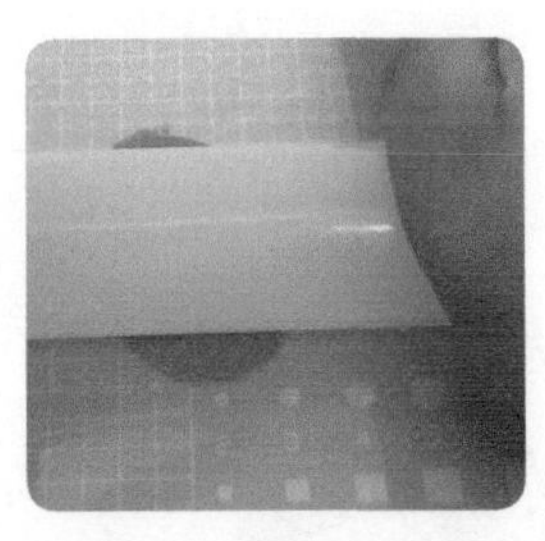

02 隔着文件夹用擀泥杖将黏土球擀薄。

03 边擀边揭开文件夹，以防止黏土粘在文件夹上。

04 重复步骤 02-03，直到擀出薄片来。

● 薄片的应用

在制作黏土手办时，薄片的应用十分广泛。大型薄片可用来制作服装、鱼鳞和鱼鳍，长条形薄片则可用来制作披帛、腰带等配饰。相信通过本书，大家会了解到更多薄片的应用方法。

2.1.4 方形的制作及应用

方形黏土通常是借助压泥板并结合手部操作来制作的，有时也会用刀片直接将黏土切成方形，其制作技法为“压”“捏”或“切”等。

● 方形的制作

01 取适量黏土搓成球形。

02 用压泥板把黏土球微微压扁。

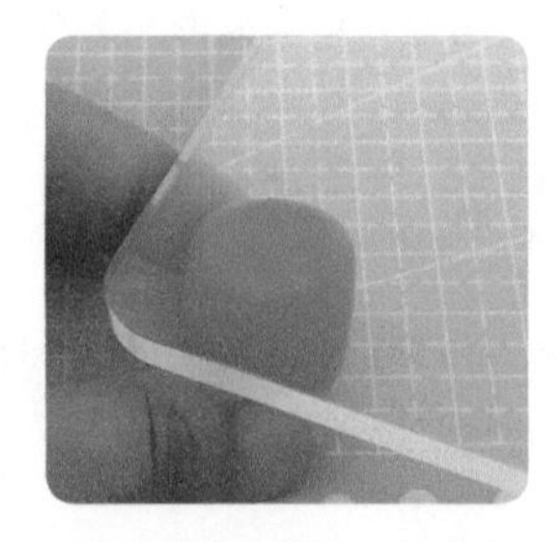

03 把黏土球向右旋转90°，用手指将其固定住后再次用压泥板压。

04 重复步骤03，用压泥板压出方形的6个面。

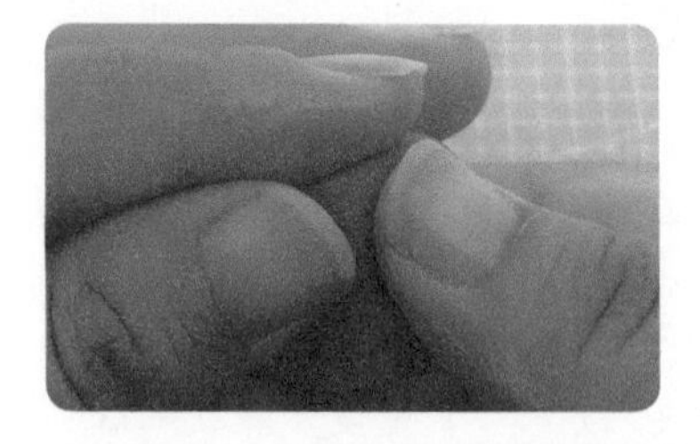

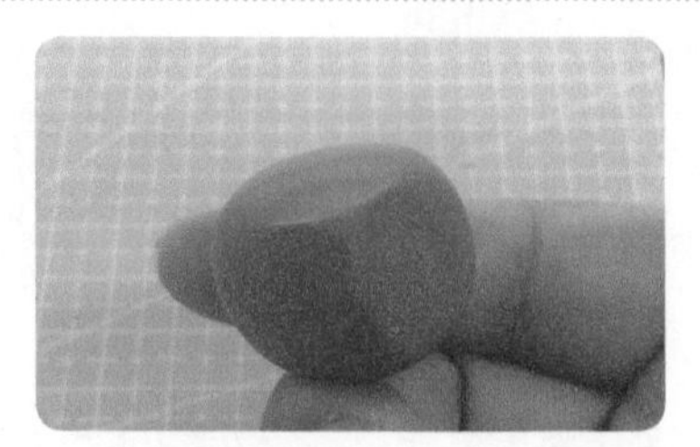

05 如图，用手指捏出方形的一个角，随后重复这个动作，将方形的其他几个角捏出来。

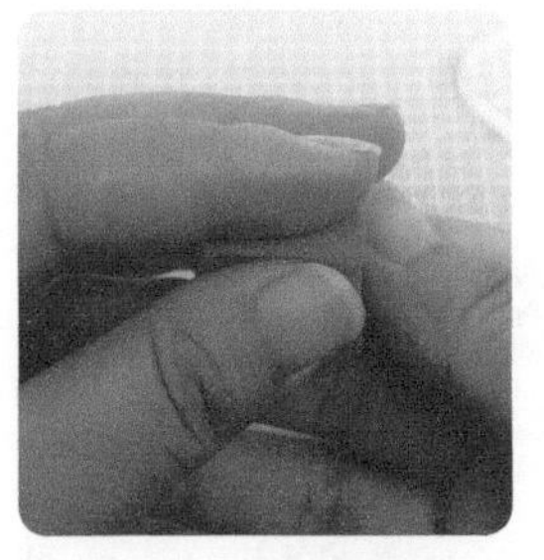

06 用手指捏出方形的 12 条棱边。

07 用压泥板依次按压方形的 6 个面，固定其造型，继而得到规整的方形。

● 方形的应用

在黏土手办中，方形有多种呈现样式，也可进行适当变形，常用于场景元素的制作，比如方形基座、石块，以及用不同的方形黏土组合制作的道具等。

2.1.5 长条的制作及应用

长条是条形黏土部件的基础形状，其制作技法为“搓”，用手或压泥板搓均可，只需注意搓出的长条粗细均匀。大家也可结合自身的使用需求制作出不同样式的长条。

● 长条的制作

01 取少量黏土搓成球形。

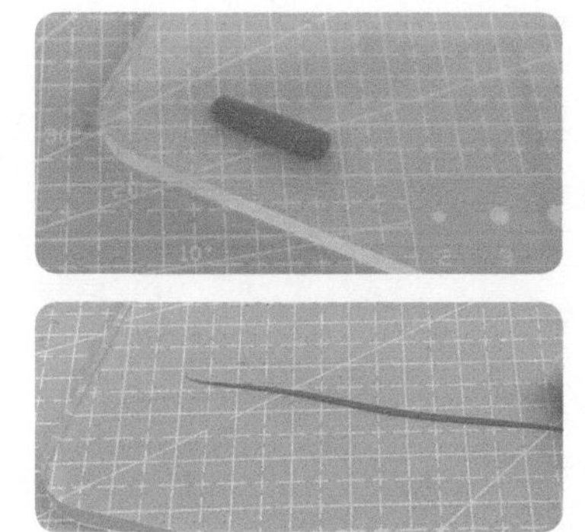

02 用压泥板把黏土球搓成长条。

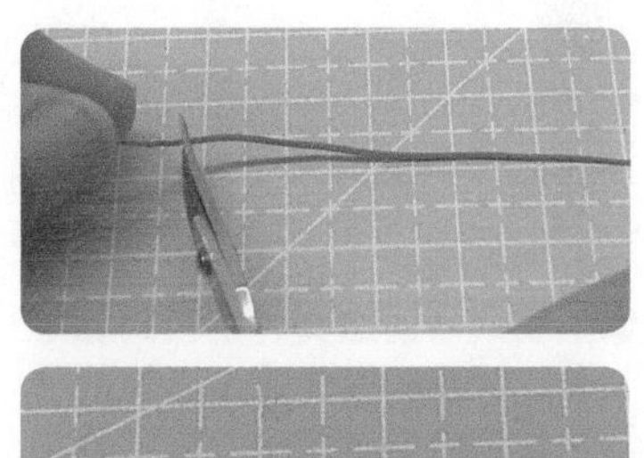

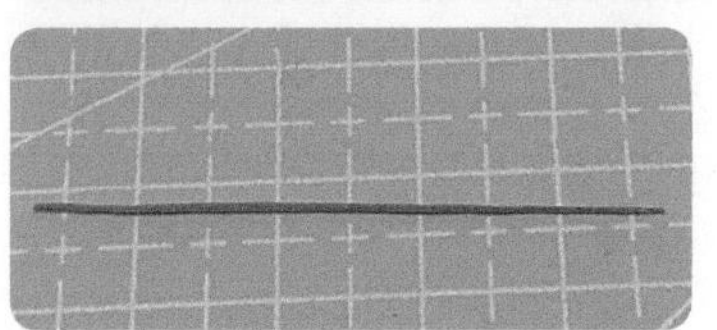

03 剪去长条两端较细的部分，保留中间粗细均匀的部分。

• 长条的应用

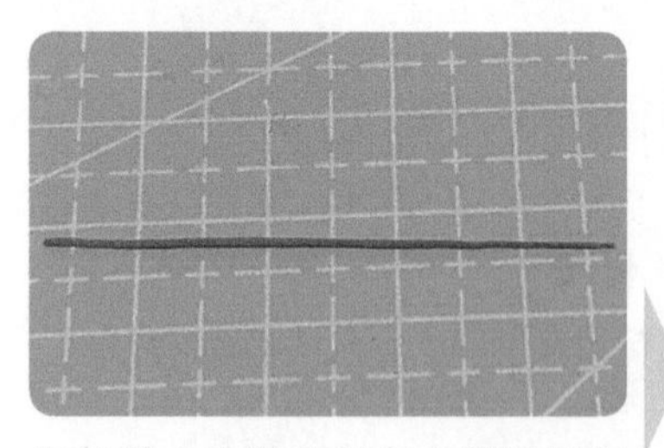

细长样式的黏土长条主要用于制作手办人物形象上的装饰，如本书制作的玉兔形象上的腰间配饰与胸部装饰，均使用的是细长样式的黏土长条。

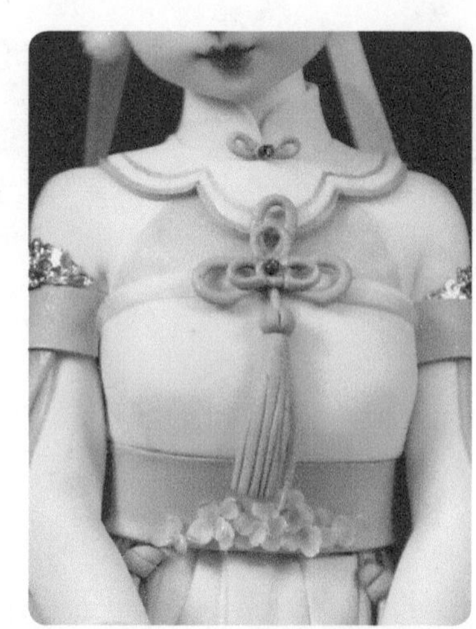

粗一点的黏土长条通常用来制作手办人物的手臂。

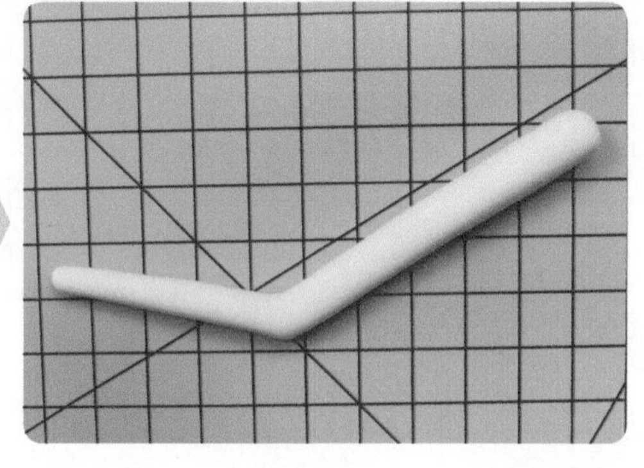

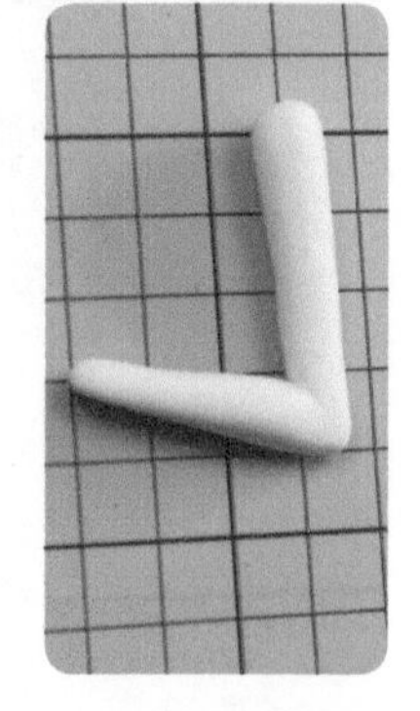

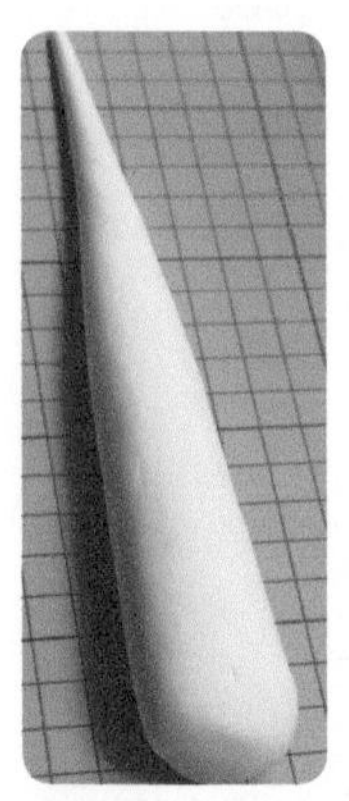

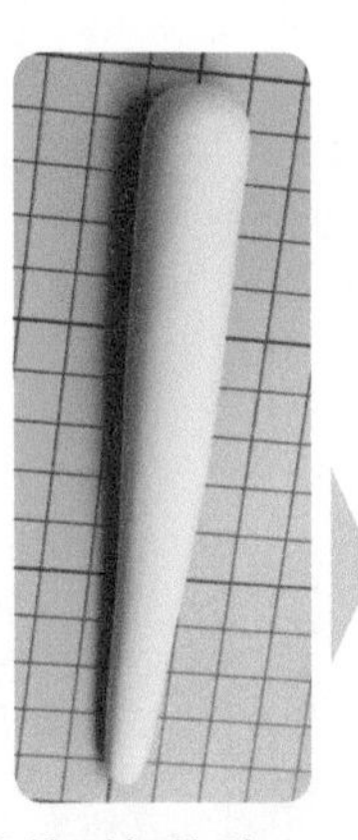

像上图展示的这类特别粗的黏土长条，可用来制作手办人物的腿部，比如本书案例中的美人鱼精灵的尾部和其他手办人物的双腿。

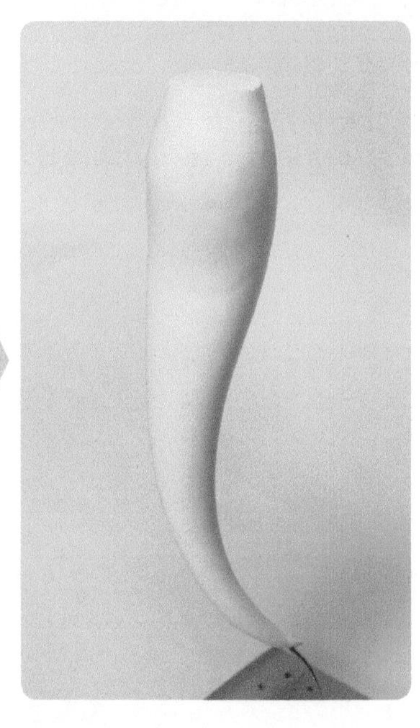

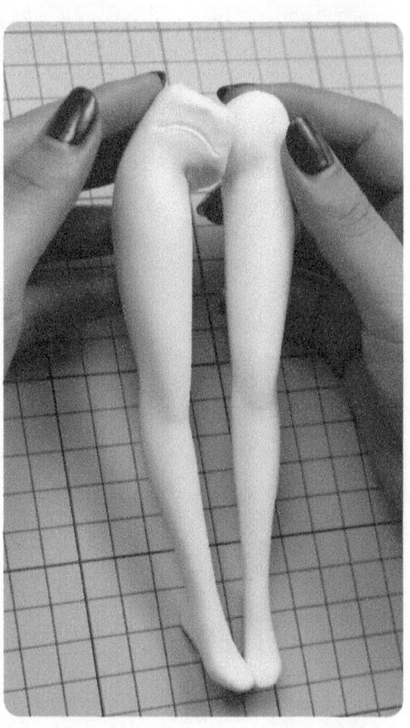

总之，无论是哪种造型的长条，都有适合制作的手办部件。我们也可以根据需要的手办部件去搓出相应的长条。制作时要灵活应用，不要过于死板。

2.2 古风动漫人物手办的脸形

古风手办的一个特点就是人物形象唯美，因此对这类风格的手办人物的脸形就会有一些限制，但人物的脸形大多呈椭圆形，并以此为基础进行变化。

2.2.1 类型

人所处的年龄阶段不同，比如孩童、青年、成年人等不同时期，他们的脸形就会有些许变化。

儿童脸形

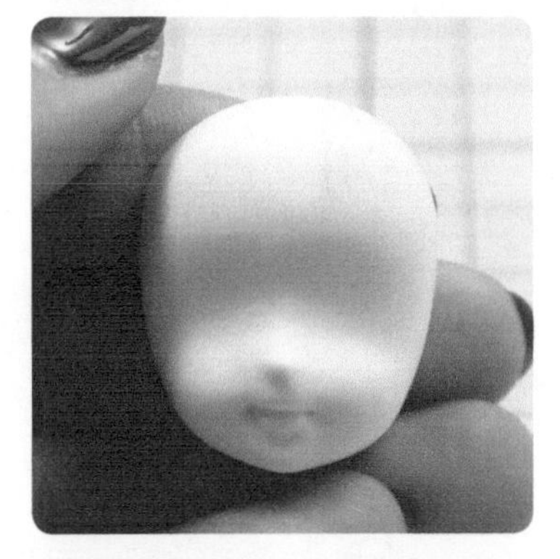

上图展示的脸形，下巴又短又尖，下颌和脸颊部分丰满圆润，这种脸形会给人一种五官还没长开，像孩童一般娇憨可爱的感觉。

青年脸形

上图展示的脸形，下巴尖且略短，整个脸形似水滴状，五官较为明晰，给人一种清秀、柔美的感觉。

成年人脸形

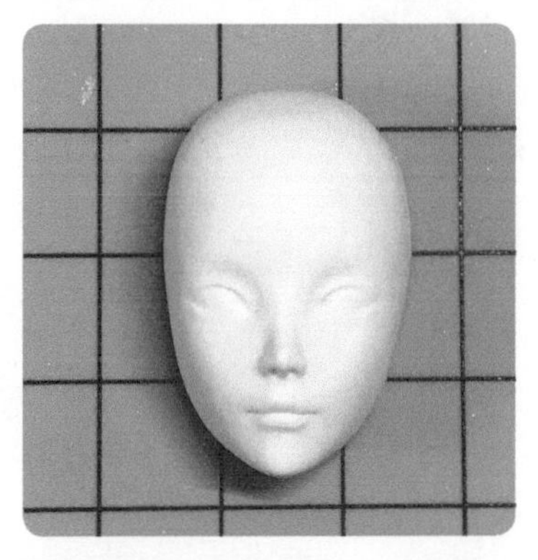

相较于前面两种类型，上图展示的脸形偏长，五官结构清晰，这种脸形适合用来制作成熟、知性的人物形象，如本书中制作的敦煌飞天。

2.2.2 制作方法

前面我们了解了古风手办人物的不同脸形，下面为大家演示脸形的制作过程。

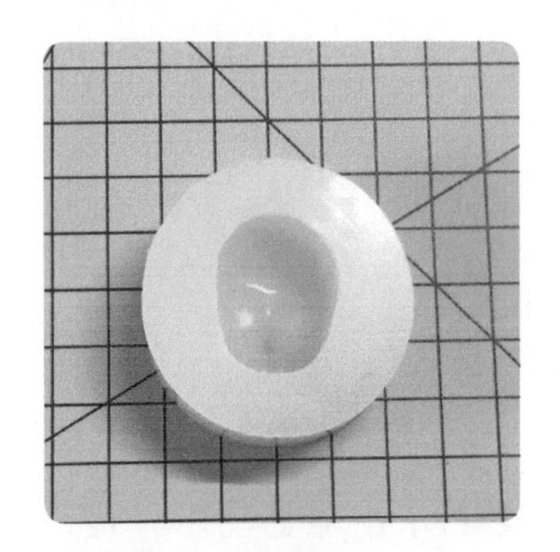

01 准备一个脸形模具。

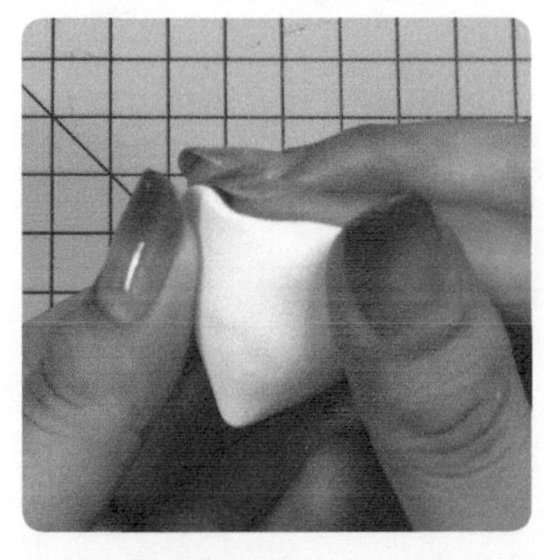

02 取适量肉色黏土，将黏土表面抹平整，并在下方捏出一个小尖，整体造型似水滴形。

03 把小尖对准脸形模具上的鼻尖位置，同时往内挤压，再将黏土填充到下巴位置。

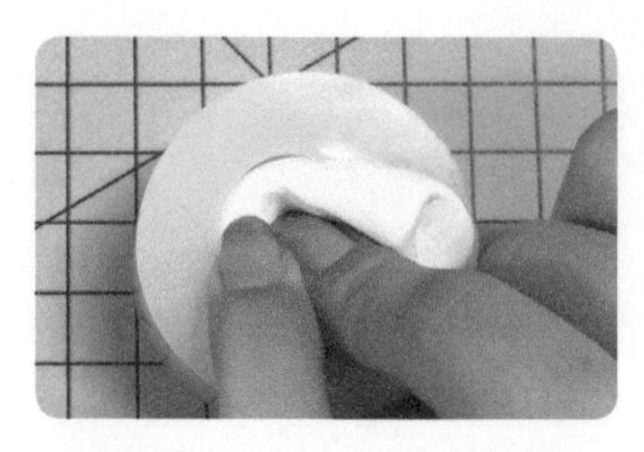

04 用手按压黏土将其填满整个脸形模具。

05 待黏土填满脸形模具后，用手将多余的黏土压至脸形模具上的头顶位置。

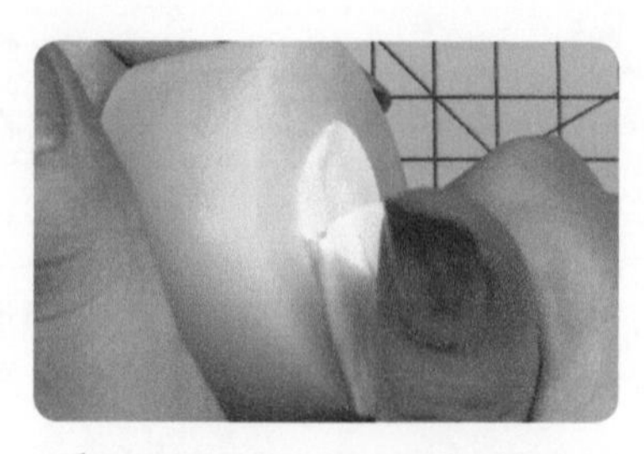

06 用手捏住头顶预留的黏土，将其往外快速扯出，注意拔出的角度和力度。

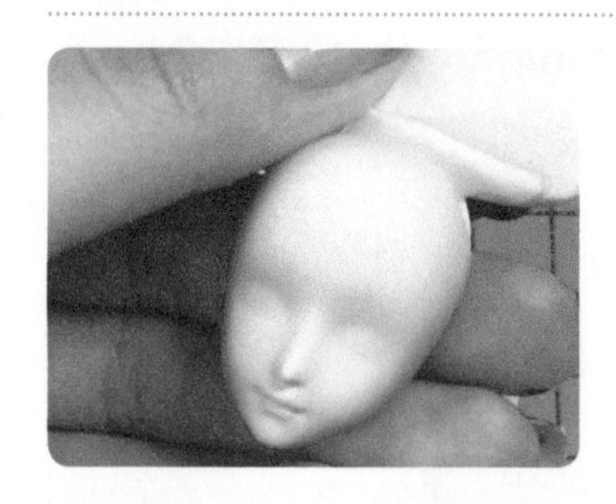

07 成功脱模后，如果制作的脸形有轻微变形，可以手动调整一下。

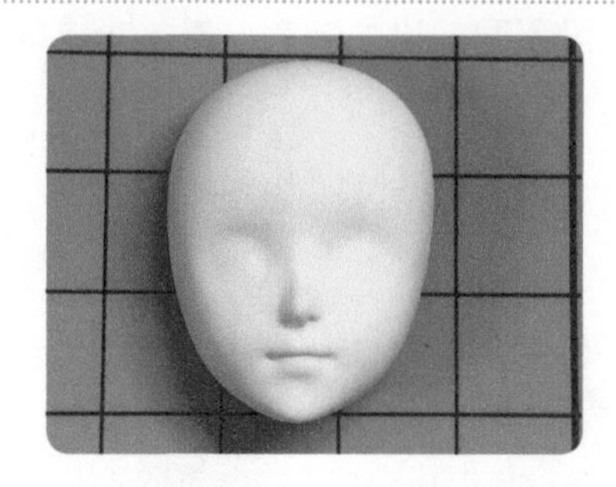

08 调整脸形后，剪去头顶多余的黏土，即可完成脸形的制作。

2.3 人物比例

制作古风动漫人物手办时，要把握好人物的整体比例，这样制作出来的人物形象才会合理，让人在视觉上觉得舒服。下面，分别来了解一下手办人物身体各部位上的比例。

2.3.1 头身比例

注：躯干以腰为界，上下比例为 1:1
手臂以手肘为界，上下比例为 1:1

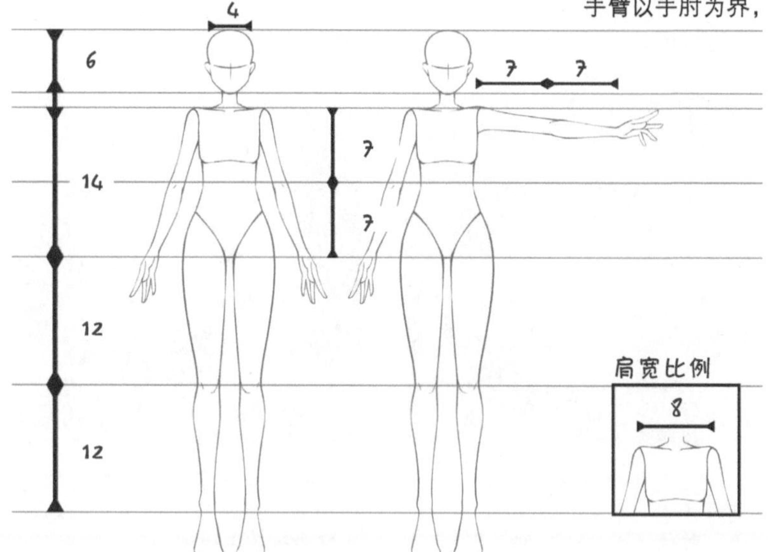

如图所示，本书中的手办比例如下。头∶躯干∶大腿∶小腿∶大臂∶小臂∶肩宽=6∶14∶12∶12∶7∶7∶8。

2.3.2 五官位置的确定

使用脸形模具制作的脸形本身就有鼻子和嘴巴，因此本小节内容提及的确定五官位置，即确定古风手办人物眼睛的位置。一般在眼部的上、下眼睑和内、外眼角四点上或在内、外眼角两点上标出眼形定点，进而确定眼睛位置。下面展示了两种确定眼睛位置的方法，供大家参考。

● 眼睛位置的确定方法 1

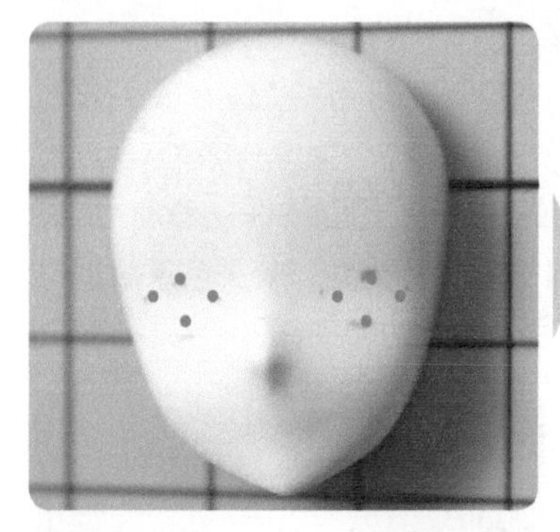

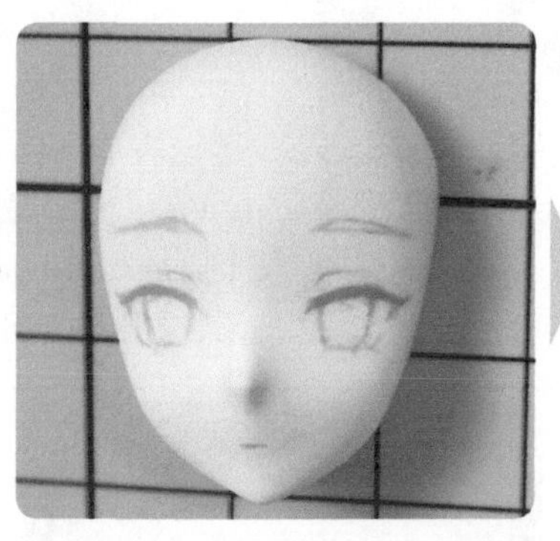

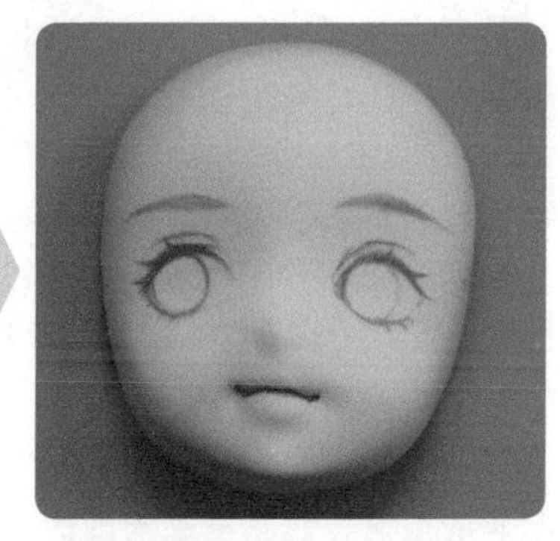

在眼部位置标出上、下眼睑与内、外眼角的位置，确定眼睛的高度与宽度，再用曲线把各定点连接起来，从而画出眼睛。

● 眼睛位置的确定方法 2

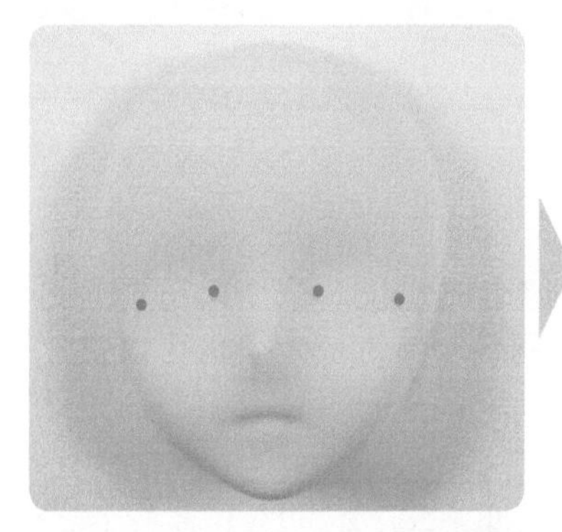

在眼部位置标出内眼角和外眼角的位置。当在两点间分别画出向上拱起、向下弯曲的曲线时，就能画出睁开的眼睛；如只在两点间画出一条向下弯曲的曲线，则画出的眼睛是闭合的。

2.4 古风动漫人物的妆容绘制

自古以来，人们都十分热衷追求美，如今大家的梳妆台上也都放满了各种化妆品。除特定的古风动漫人物手办形象需要绘制独特的妆容外，其他动漫人物手办在大多数情况下都只简单画出眉形、眼线和唇部即可，面部再略施粉黛，整体妆容以自然舒适为主。

2.4.1 古风眼妆

化妆是女孩子从古至今从未改变的爱好之一，自古就有“懒起画蛾眉，弄妆梳洗迟”的说法，而眼妆作为整个妆容的重要组成部分，往往会起到画龙点睛的作用。

上图展示的眼妆属于“清纯无辜”型，大大的眼睛，配以粉紫色系眼影，人物清纯感十足。

上图展示的眼妆属于温婉柔美型，紫灰色系眼型与闭合的眼睛搭配，给人一种宁静感。

眼妆的绘制也包括眉眼周围的妆容。右图展示的眼妆为敦煌飞天的眼妆，眉间有花钿装饰，配以柳眉、狭长的眼形，并用红色系眼影突出妆容效果。

2.4.2 古风唇妆

每个朝代的妆容都会呈现出不同的审美风格，主要表现在各自的唇妆造型上。下面以历史上影响较大的唐、宋、清 3 个朝代为例，为大家介绍一下它们各自的唇妆特点。大家也可以查找其他有关古风唇妆的资料，了解更多的唇妆类型。

上图展示的唇妆为唐代蝴蝶唇妆中的大蝴蝶唇妆。其特点为：将唇部涂满，勾勒出完美的唇形。这种唇妆可以突显女子的妩媚和樱桃小嘴。

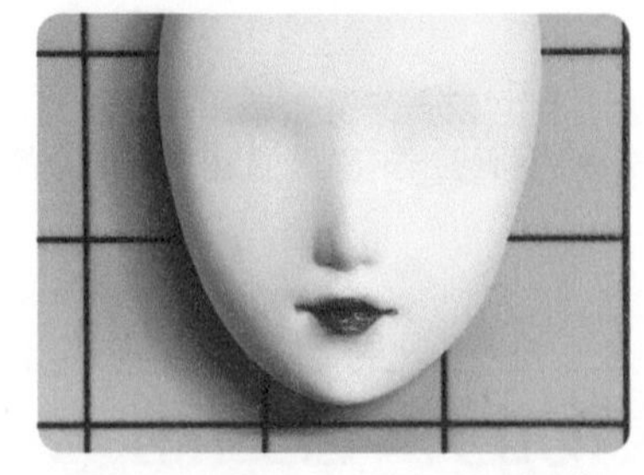

上图展示的唇妆为宋代的椭圆形唇妆。受社会环境影响，宋代的妆面细节不像唐代那样繁复，大多以清新高雅的风格为主，唇妆也只是简单的椭圆形状。

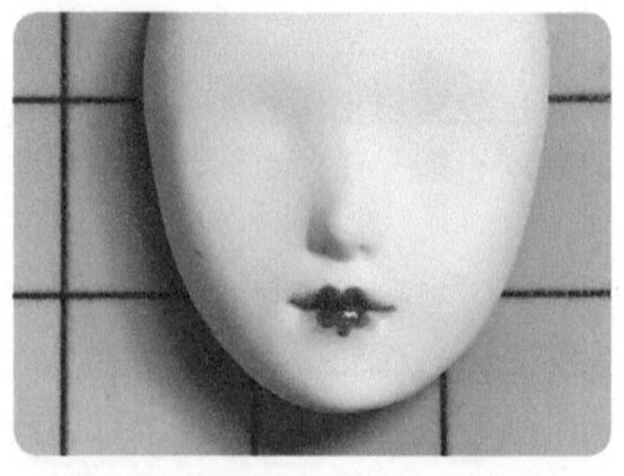

上图展示的唇妆为清代的花瓣唇妆。其特点为不将嘴唇涂满，而是在经过薄涂打底的上、下唇上各画一个心形，同时把下唇的心形从中间延伸出去。这样唇妆看起来就像是一片花瓣。

2.4.3 古风脸妆

下面展示了两款脸妆供大家参考，分别为写实类古风女孩子的妆容及精怪类二次元古风女孩子的妆容，大家也可以按照自己的喜好去绘制古风手办人物的妆容。

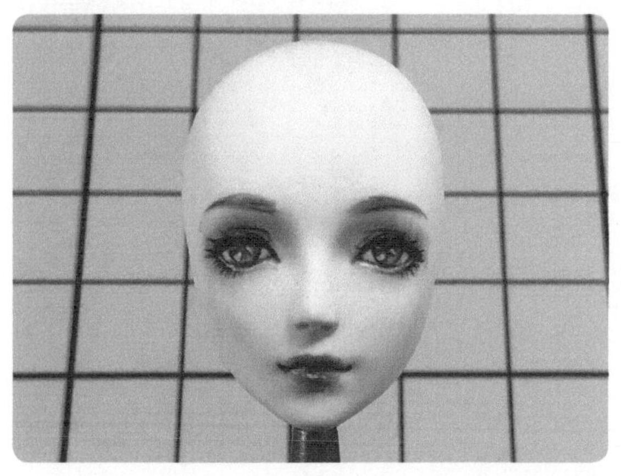

上图为写实类古风女孩子的妆容。整个妆容属于日常生活妆，绘制的是常见的柳叶眉，并对眼部和唇部进行了简单妆饰，还使用了深色眼影增强了鼻梁与眉骨的立体感。

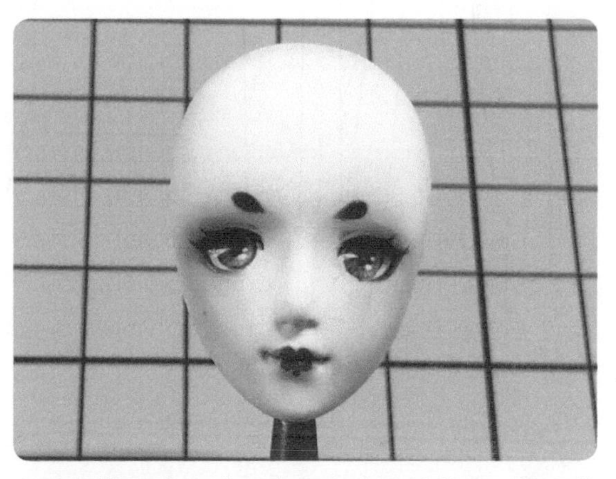

上图为精怪类二次元古风女孩子的妆容。其唇妆是与二次元风格贴合的清代花瓣唇妆，眼尾部分晕染了浓郁的红色眼影，加上水滴状的眉形，更加突出了二次元风格的人物特征。整个妆容偏浓且艳丽精致，适合二次元风格中特定人群。

2.5 古风服装款式

古风服装体现着古人的审美情趣和创造力。随着时间的推移，服装款式一直都在不断地变换。下面以书中案例为例，为大家简单介绍一下古风服装的款式。

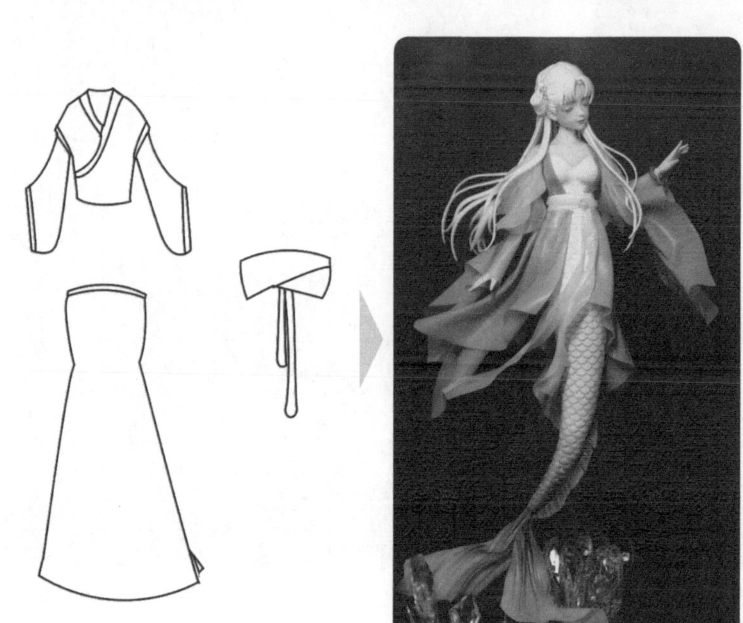

美人鱼精灵的服装款式是在半臂襦裙的基础上进行了改良。

案例中，将包围式的抹胸改成贴合胸型的“V”形，再以轻薄飘逸的纱衣代替半臂襦裙原本宽大的袖摆和罗裙，突出了美人鱼灵动、飘逸的人物属性。

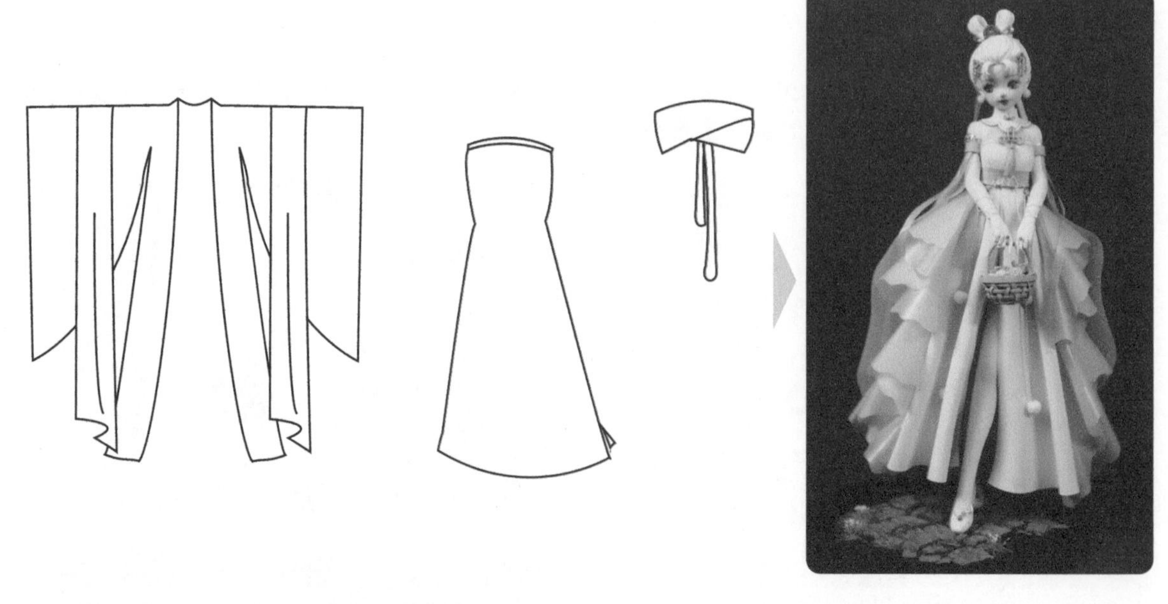

玉兔的服装款式是在大袖衫的基础上进行了改良。

案例中，去掉了大袖衫宽大的大袖罗衫与披帛，露出了玉兔的肩膀和手臂；脖颈部分则添加了云肩装饰，丰富颈部造型；罗裙部分则在裙身两侧添加了多层折叠纱裙，以弥补去掉大袖罗衫后服装整体造型上的空白。

敦煌飞天形象的服装有其独特性，受西域影响，其服装特征表现为上身仅用少许衣物遮挡胸部，腰缠长裙，身披长飘带，还在身体上装饰了大量用串珠与金属材料制作而成的饰品。

2.6 古风首饰

古风首饰是用来展现古风手办人物之美的重要道具，为古风手办人物添加一件制作精美的古风首饰，往往更能吸引人们的目光。而首饰的颜色、样式应与人物的服装相衬，这样既装饰了服装，也展示了古风首饰之美。

2.6.1 金属材料制作的首饰

如图所示，此古风手办人物身上的首饰几乎都是采用金属材料制作而成的。这些金属材料包括多种金属花片、金属花冠，以及金属链条等。把各种材料进行合理的组合搭配，就能做出一套以金属材料为主的精美饰品。

2.6.2 金属材料与串珠制作的首饰

还可以将金属材料与串珠进行混合搭配。图中金属材料的贵气与串珠的柔美完美地搭配，让手办人物展现出独有的魅力。

第3章 美人鱼的制作

3.1 特征分析

3.1.1 所用黏土色卡

肉色

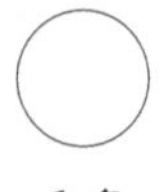
白色

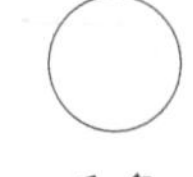
白色
（树脂黏土）

金色
（树脂黏土）

绿色

黑色

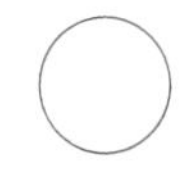
白色
（树脂素材土）

人物形象设定
美人鱼精灵。

发型
半披半束式双丫髻。

脸形及妆容特点
双眼闭合、五官小巧、面露微笑，妆容素雅温婉。

服饰颜色
以白色、水绿色为主色。

3.1.2 元素选用

本案例制作的美人鱼精灵，整体以白色、水绿色为主要配色，使用鱼鳞、珍珠及水晶等与美人鱼相关的元素作为装饰。

3.1.3 造型分析

这是一个来自水中的美人鱼精灵，人身鱼尾，双手倾斜伸展，身穿以白色和水绿色为主的仿半臂襦裙的古风服装。整体设计简洁飘逸，配色素雅。

3.2 美人鱼制作方法

3.2.1 身体与手

● 制作美人鱼的尾部

美人鱼的尾部既要展现出鱼尾的整体曲线，又要使人身与鱼尾连接处过渡自然。尾部上的颜色从尖端到连接处由深到浅进行变化。

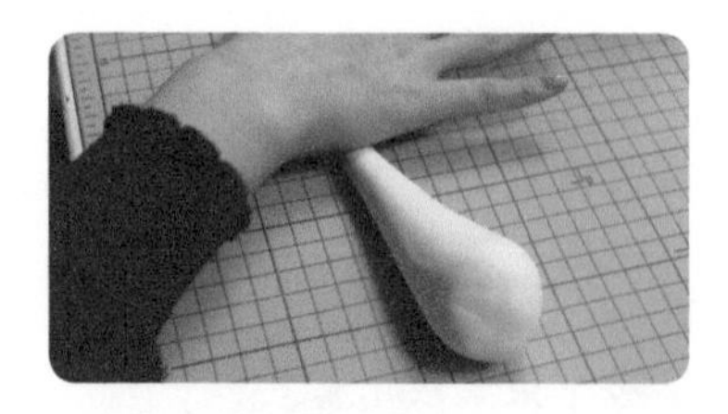
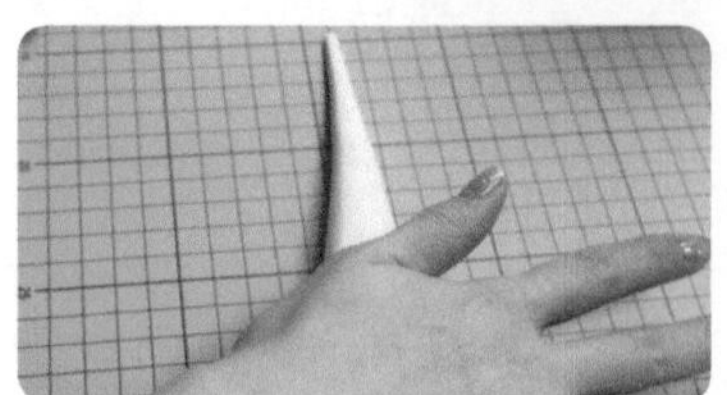
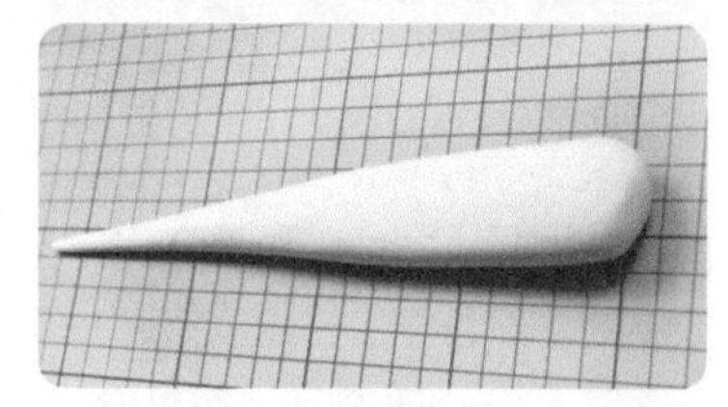

01 取大量白色黏土，搓出一头细长一头稍扁的扁状长条来。

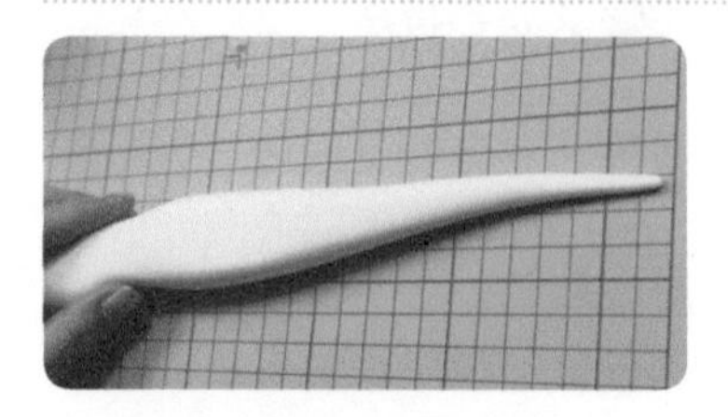

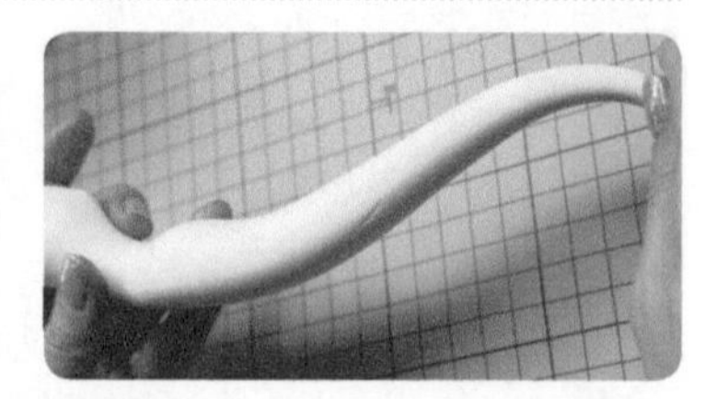

02 用手捏出美人鱼的腰身，同时做出臀部的肉感，再将尾部弯出一定的弧度。

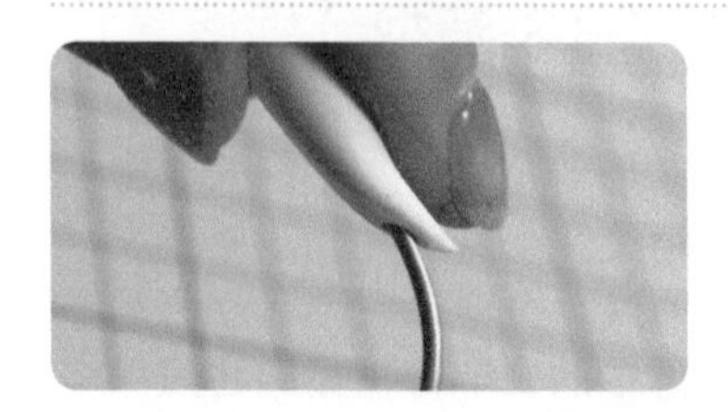
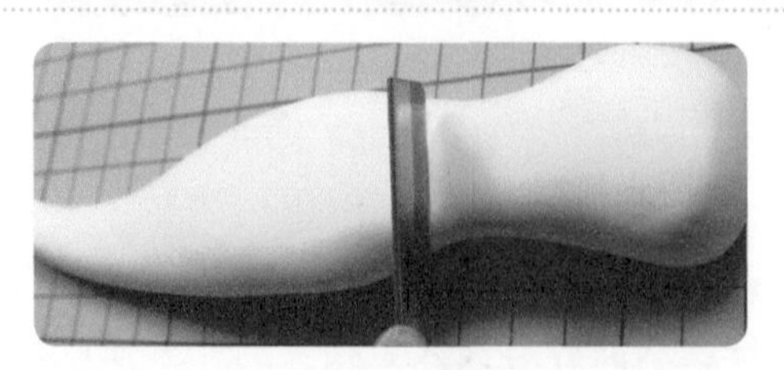

03 待黏土干后，从尾部尖端将尾部穿入铜丝，然后用眉刀把腰部以上多余的部分切掉，随后调整尾部的造型，使其稳稳地立在晾干台上。

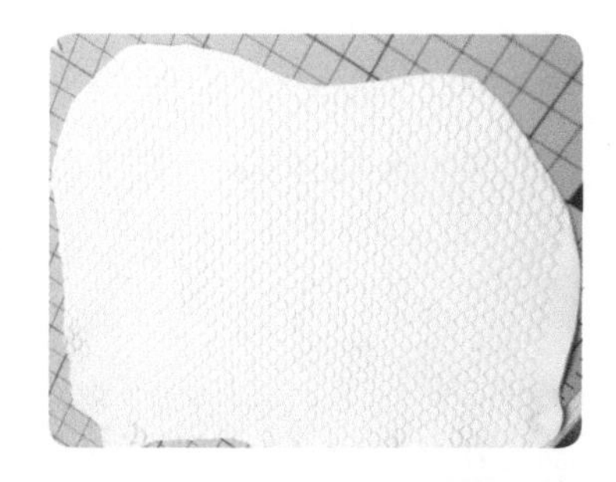
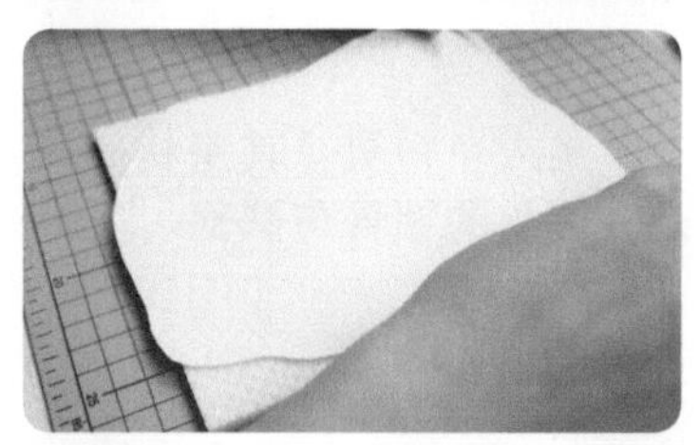

04 取适量白色黏土，用擀泥杖把白色黏土擀成薄片，将薄片覆盖在准备好的鱼鳞模具上，并再次用擀泥杖把薄片擀出布满鱼鳞的效果。

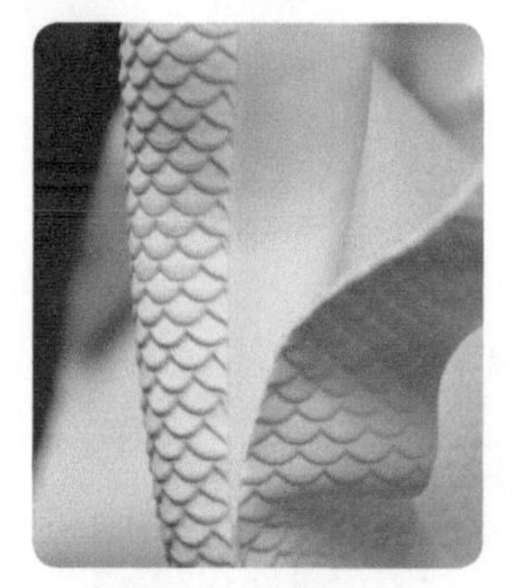

05 将做好的鱼鳞片包裹在尾部上，切去多余的鱼鳞片，注意将鱼鳞片的接缝放在尾部的背面。

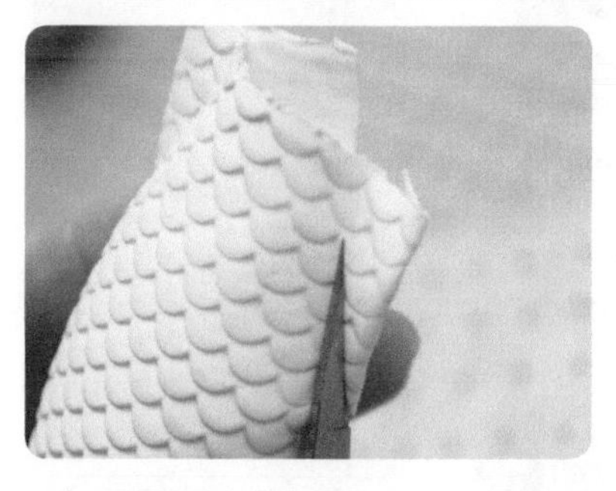

06 用剪刀把腰部多余的鱼鳞片剪掉，随后用酒精棉片抹平尾部背面鱼鳞片的接缝。

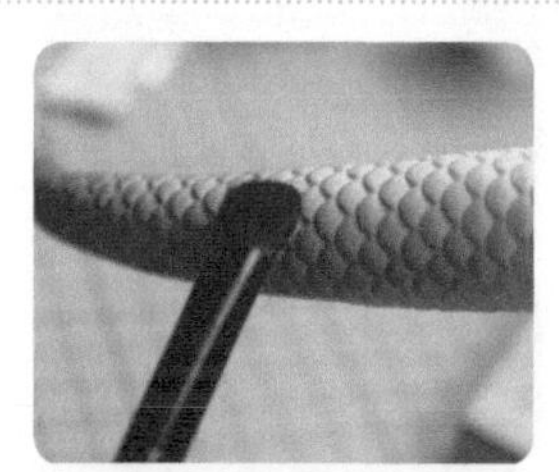

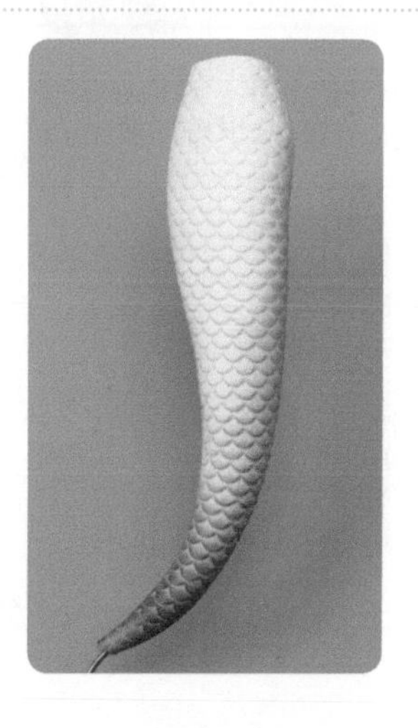

07 用色粉刷蘸取绿色眼影，先给尾部大面积铺色，再蘸取黑色眼影加深尾部尖端的颜色。

● 制作美人鱼精灵的人身

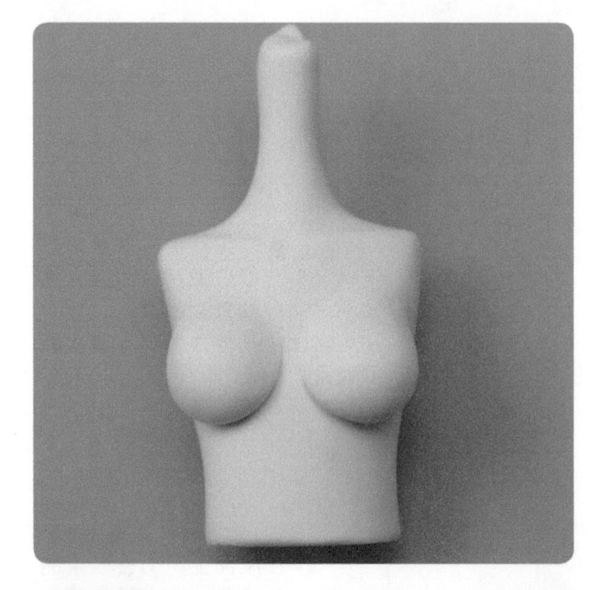

本案例捏制的是一个美人鱼精灵，其身材凹凸有致，肩宽腰细，有明显的锁骨与胸部。

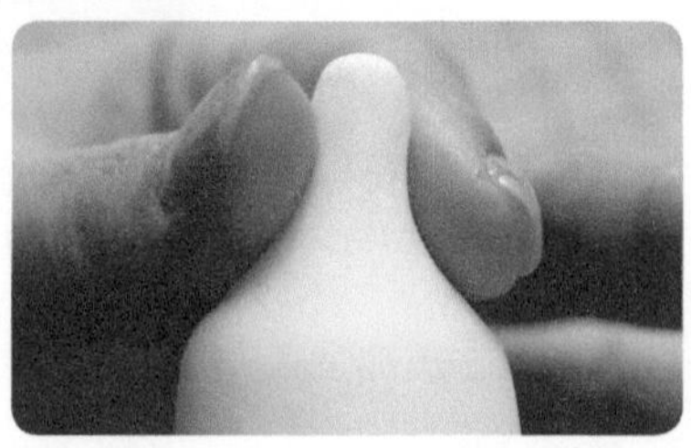

08 取大量肉色黏土搓成椭圆形，作为美人鱼精灵的身体部件。用手指捏出脖子的形状并将其余部分稍稍压扁。

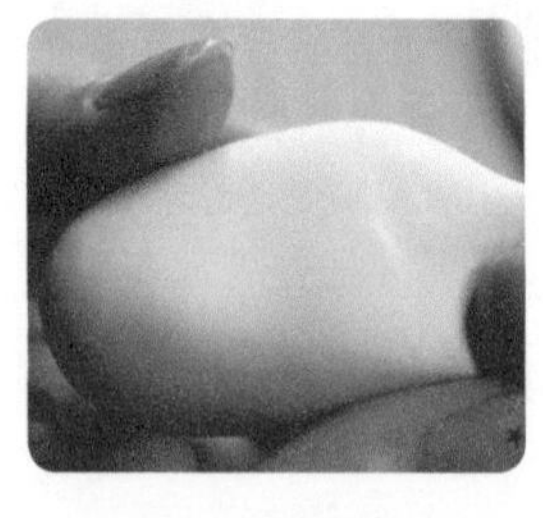

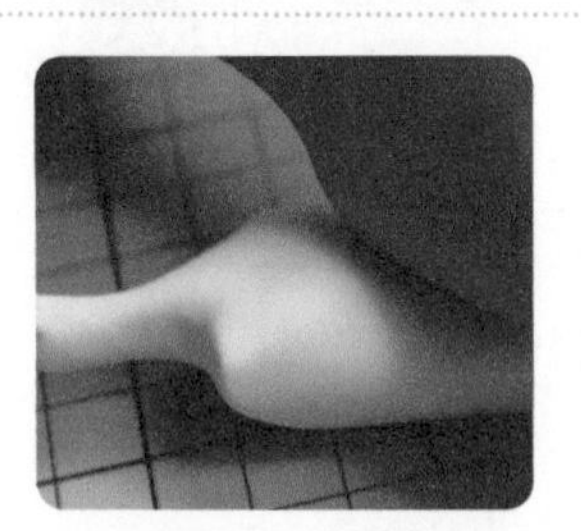

09 用手在身体部件上捏出肩膀的形状，然后在肩膀下方约 3cm 的位置搓出腰身，同时抹出腰部曲线。

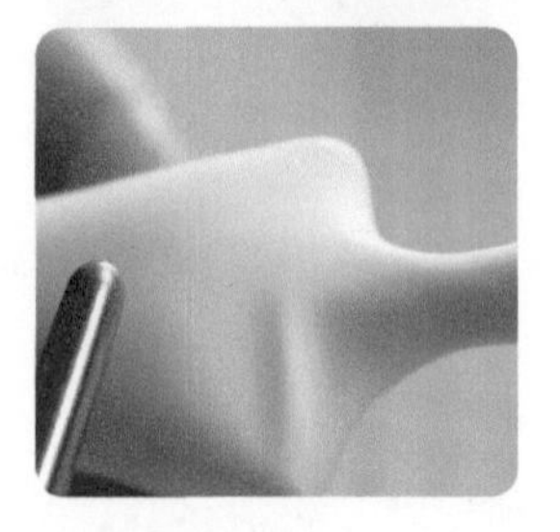

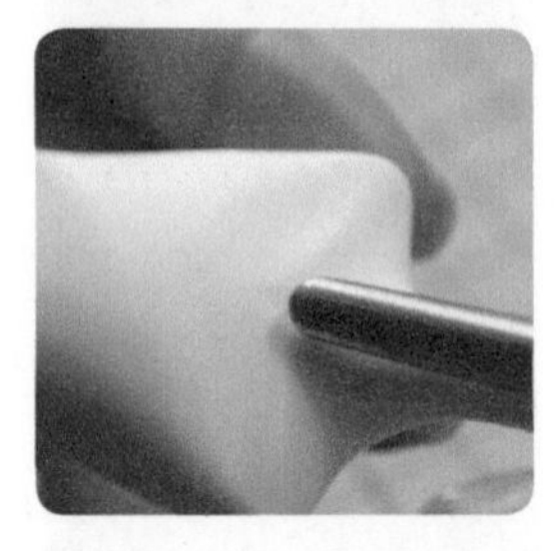

10 利用棒针的圆头在肩膀上按压，并采用一上一下的按压方式压出美人鱼精灵的锁骨，并在锁骨中间轻轻戳出“U”形。

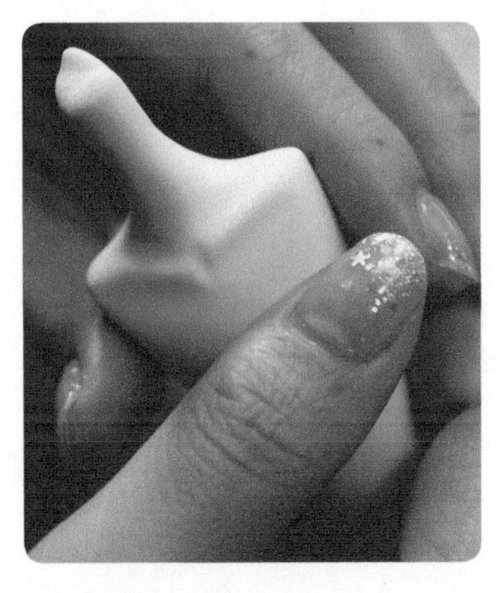
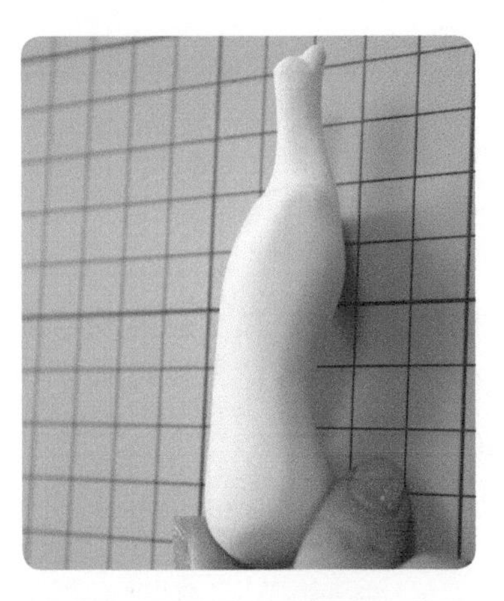
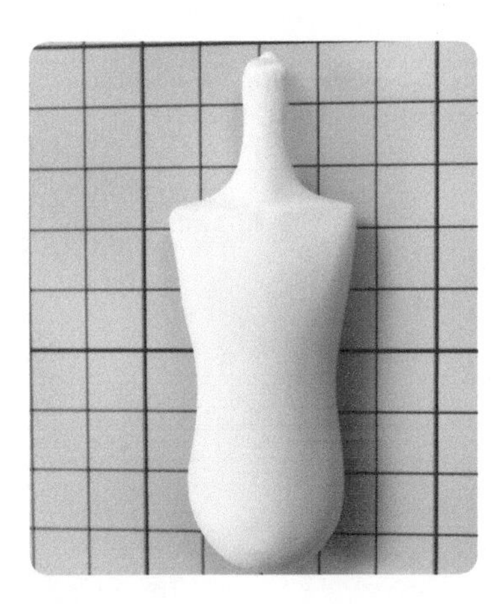

11 用手指把腹部抹平整一些，调整身体曲线，使身体从侧面看大致呈“S”形。

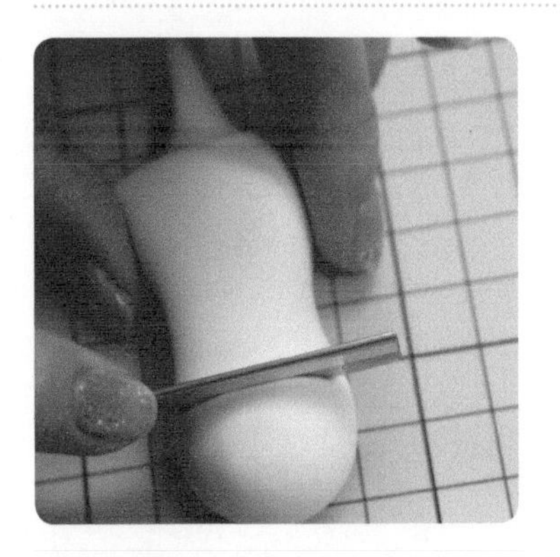

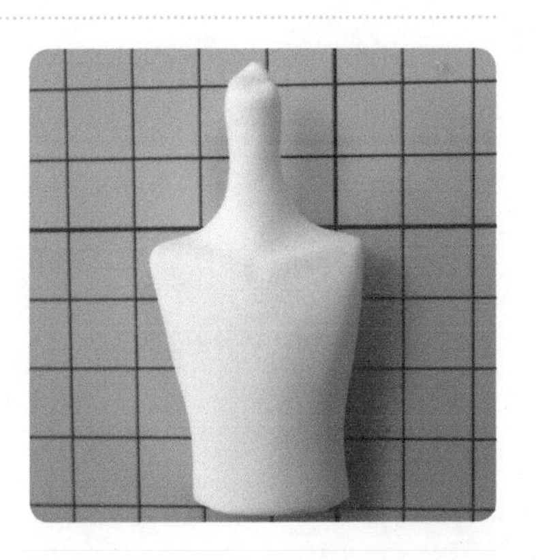

12 在肩膀下方约 4cm 的位置，用短款刀片把多余的身体部件切掉。

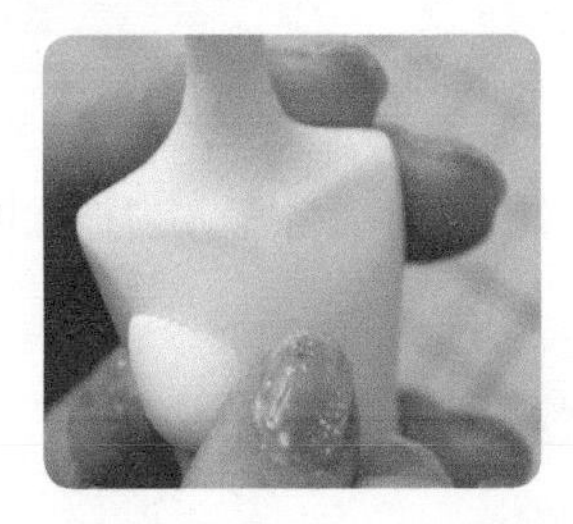
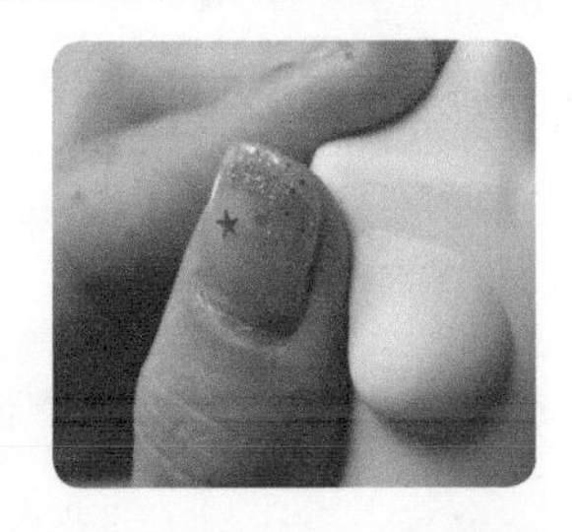

13 取适量肉色黏土搓成水滴形，然后把水滴形黏土的尖端朝向美人鱼精灵的胳肢窝，同时将黏土贴在胸部的位置。接着用手先把尖端部分向四周抹平，使其与身体衔接。再把下半部分向四周稍微抹开，做出美人鱼精灵的胸部。

14 用酒精棉片抹平胸部与身体的接缝，随后用棒针的圆头再次抹平接缝，直至接缝不明显。用相同的方法做出另一侧的胸部。

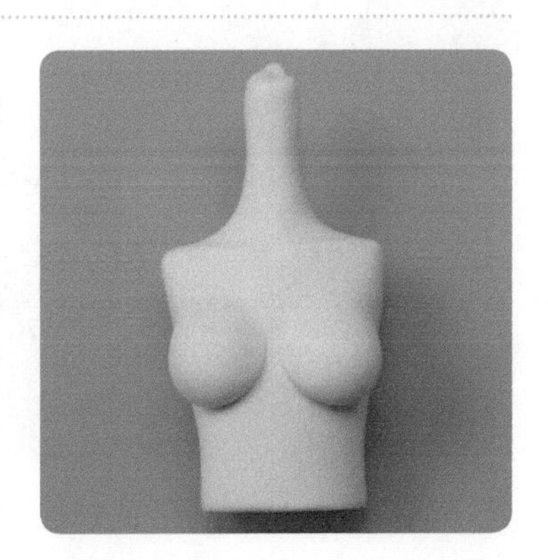

● 制作鱼尾、鱼鳍，组合人身与尾部

制作鱼鳍时，黏土应擀成半透明状的薄片，做出轻盈透亮的质感，同时鱼鳍、鱼尾的造型不可做得过于死板，要展现出美人鱼精灵的灵动。

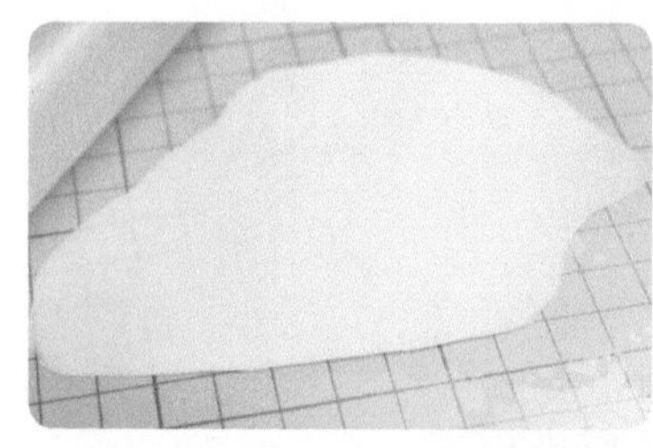

15 将白色树脂黏土擀成非常薄的薄片，并放在一旁晾干。

小提示：太湿的薄片放在模具里很容易破损。

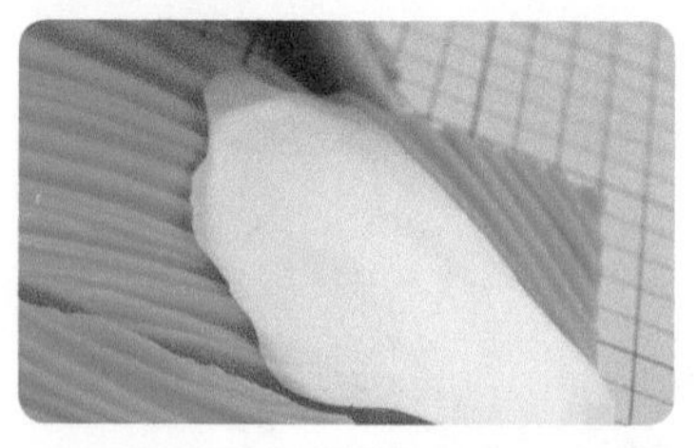

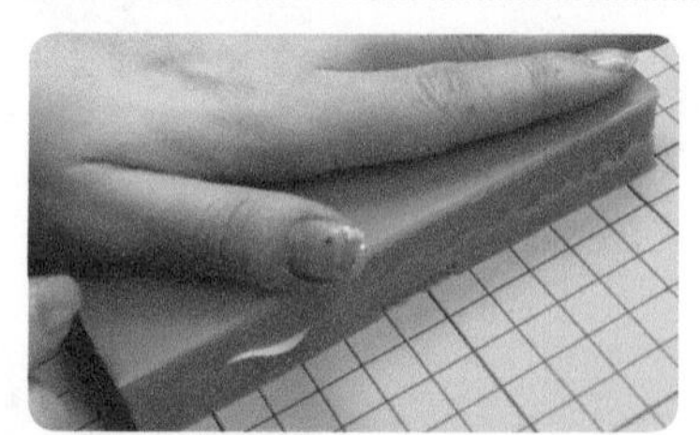

16 把薄片放在鱼鳍模具中间，将模具合上并用力按压模具，在薄片上压出条状纹路，用作尾部尖端处的鱼尾。

17 用剪刀将薄片修剪成鱼尾形状，并放在一旁定型，待用。

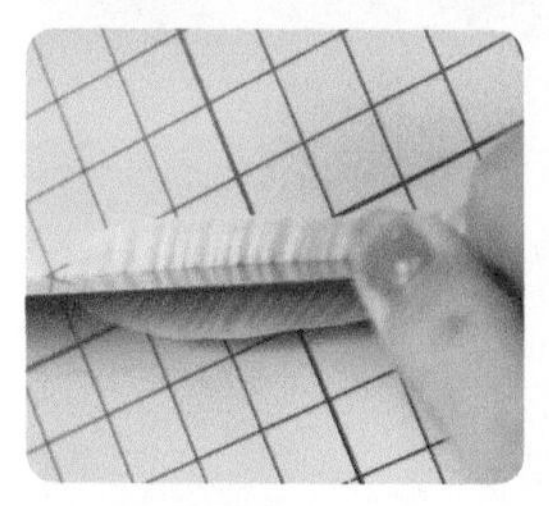

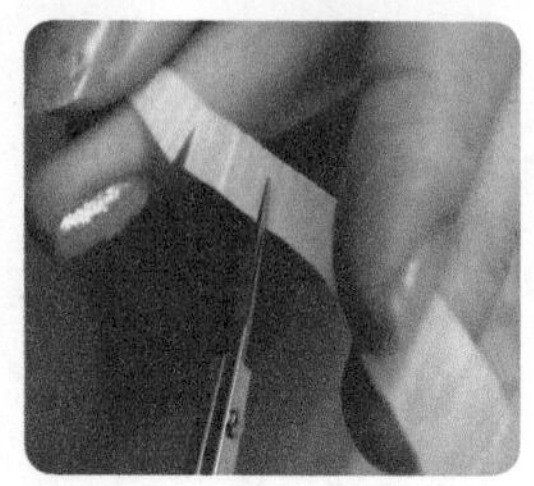

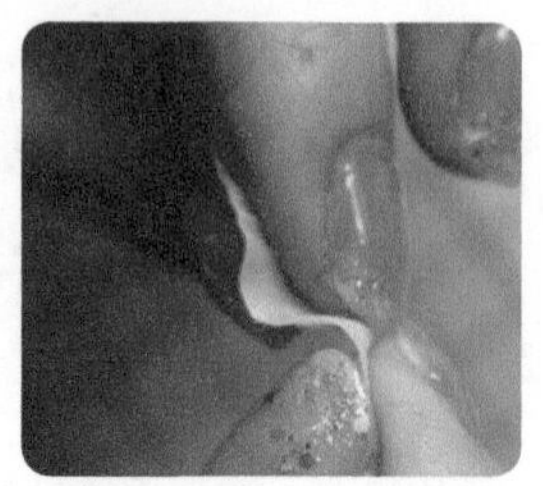

18 用同样的方法做出小片的鱼鳍，先用剪刀在鱼鳍边缘剪出小开口，再将鱼鳍扭成不规则的波浪形。

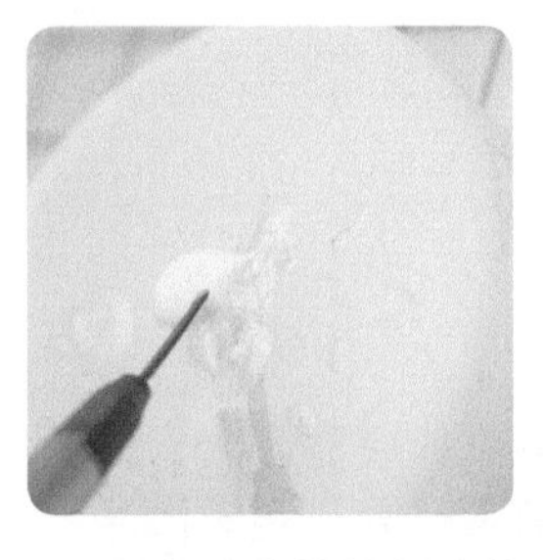
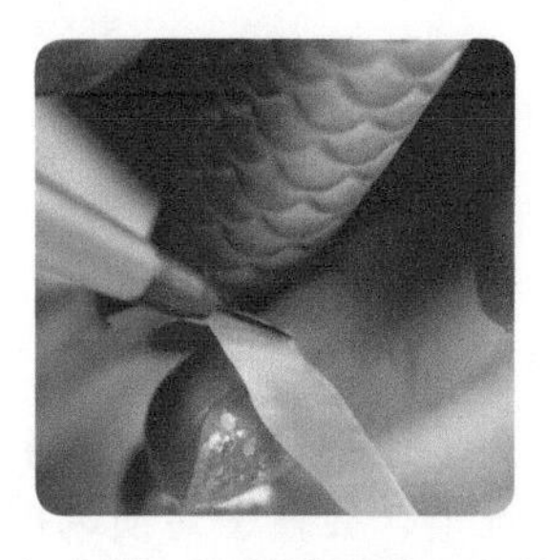

19 给小片鱼鳍的侧边抹上白乳胶，将其贴在美人鱼精灵尾部尖端向外拱起的侧边上。

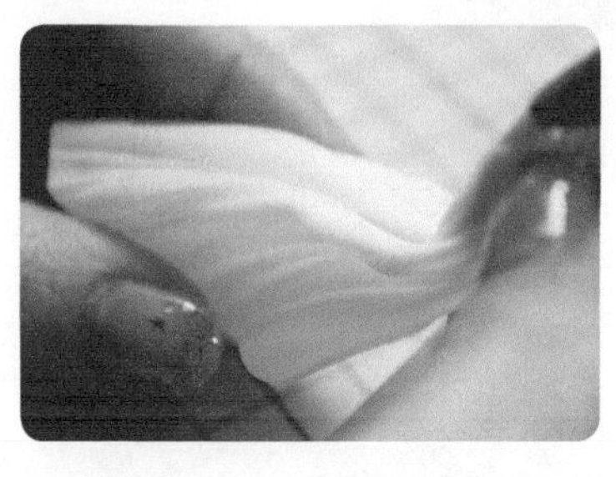

20 将鱼尾包裹在尾部尖端的铜丝上，用手捏出鱼尾摆动时呈现出的弯曲效果。用同样的方法做出另一片鱼尾，注意两片鱼尾弯曲的方向应保持一致。

小提示：在晾干时，像鱼尾这样厚度较薄，又需造型的黏土片，可用棉花垫在下方，方便定型。

• 上色

21 参考前面的上色方法，用色粉刷分别蘸取绿色、黑色眼影给鱼鳍、鱼尾上色。

• 组合

22 美人鱼精灵的尾部制作完成后，将做好的人身与尾部组合起来，同时把接缝抹平。

• 制作手臂

为了让手臂与肩部的衔接更加自然，大多数情况下，会在手臂顶端把肩头部分一起做出来，将手臂与肩膀组合时再进行修剪。

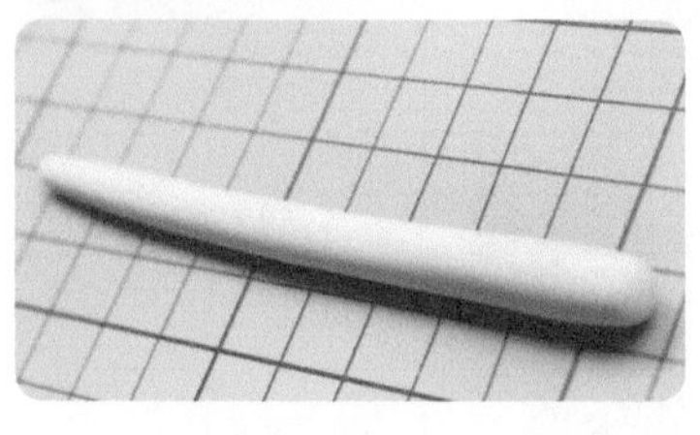
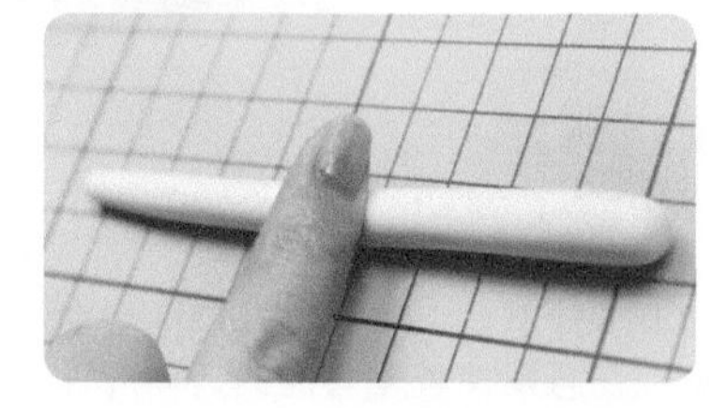
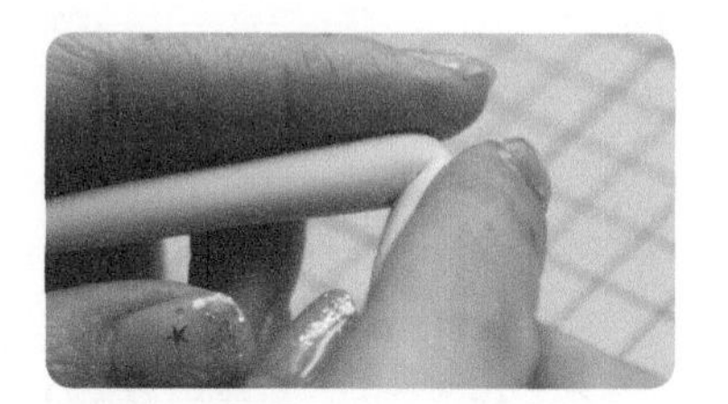

23 取适量肉色黏土搓成长条，用食指指腹的侧面把长条中间稍微搓细，然后把长条弯折 90°，做出美人鱼精灵的左手臂。

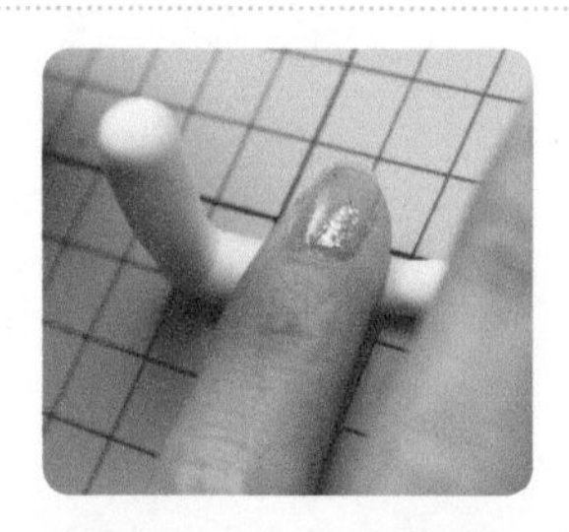

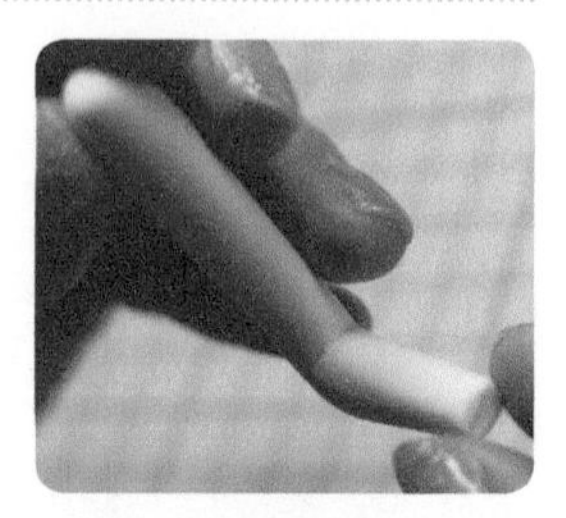

24 用手把肘关节捏尖，在距离手肘 3cm 的位置用手将长条搓细，做出手腕，并用剪刀剪去多余的部分。

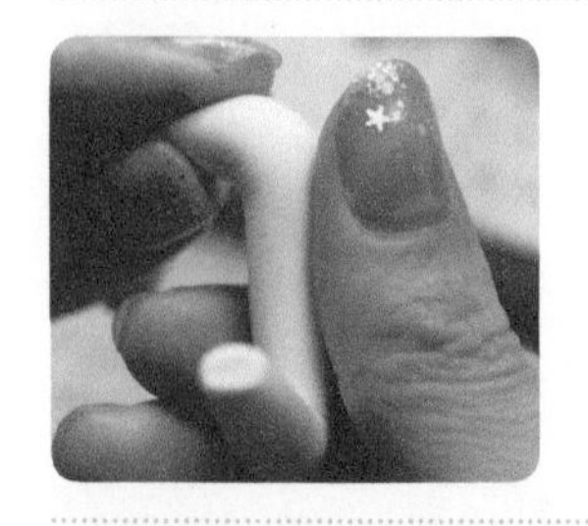
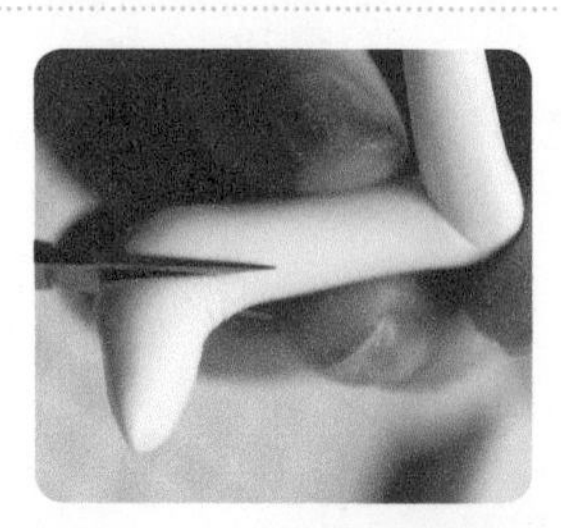

25 在手臂顶端弯出肩头的弧度，用剪刀把肩头剪出斜面并将其贴在左肩上。

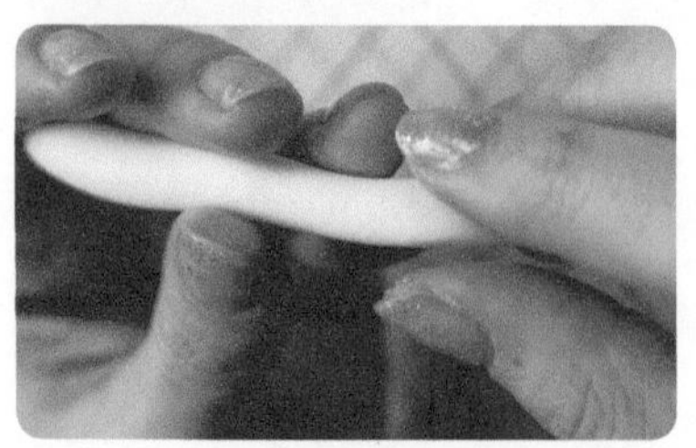
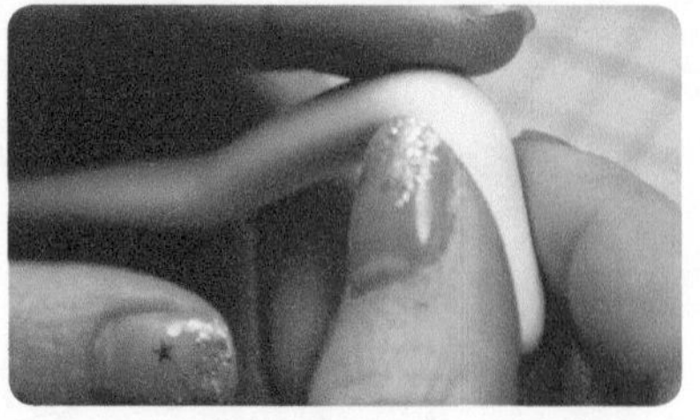
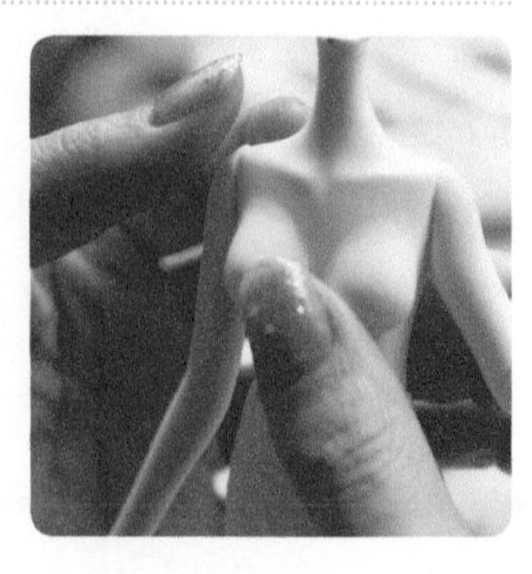

26 用同样的方法做出稍微弯曲的右手臂，做出肩头造型后把手臂固定在右肩上。至此，手臂制作完成。

● 制作手

本案例中美人鱼精灵的双手自然伸展，因此只需做出手指的基础形状，再稍微表现出手指上的关节特征即可。

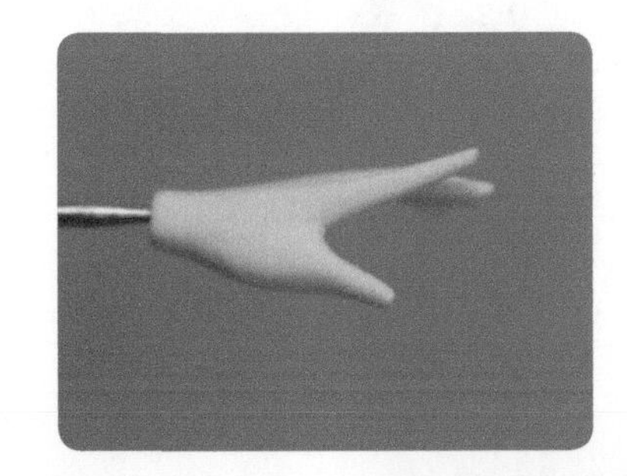
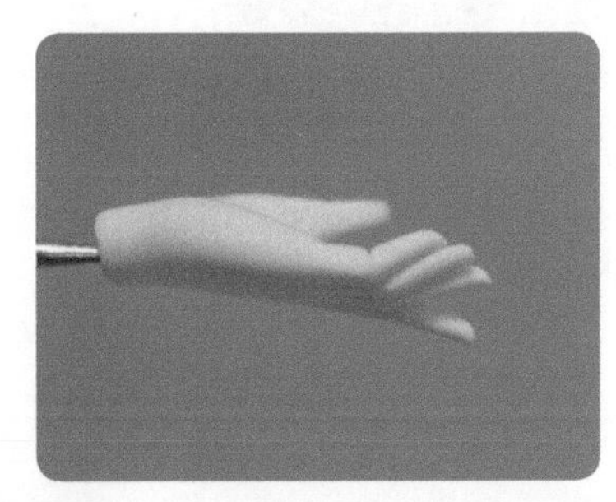

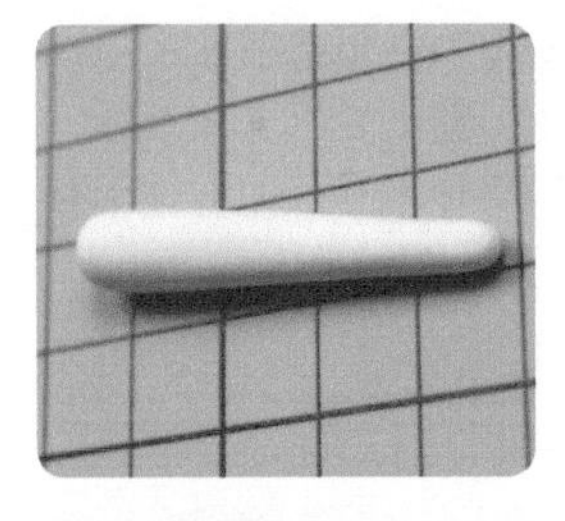
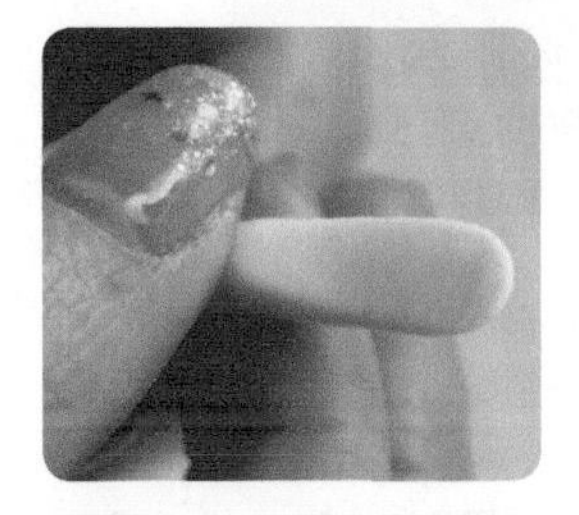
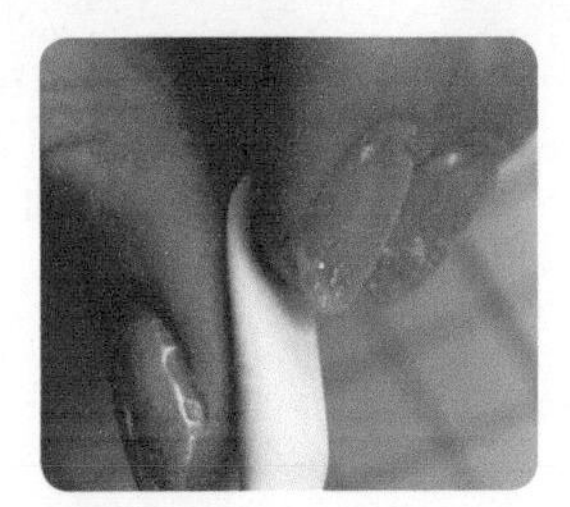
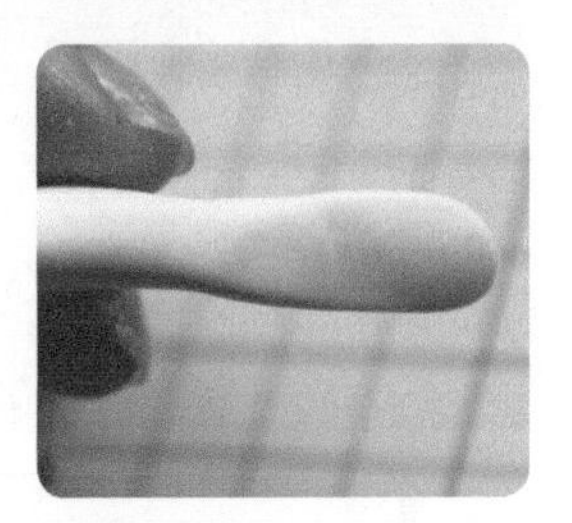

27 将适量肉色黏土搓成一头粗一头细的萝卜形长条，然后把细的那头压出手掌的大致形状，随后用手把手掌尖的那端捏薄，做出掌心厚、手指部分薄的手掌造型。

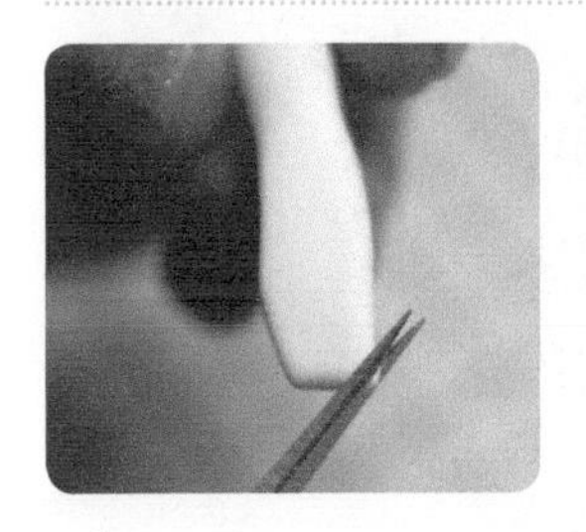
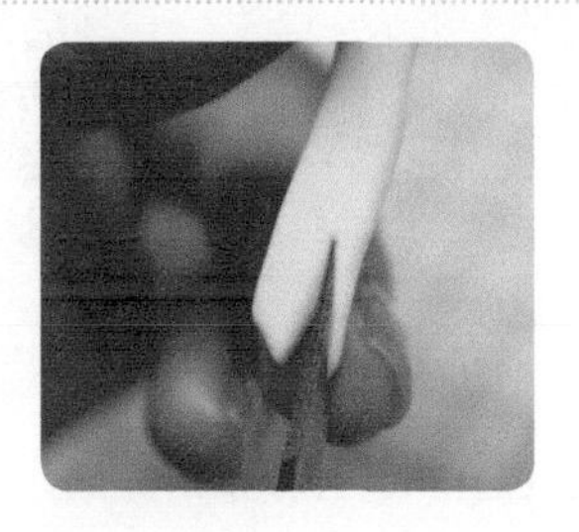
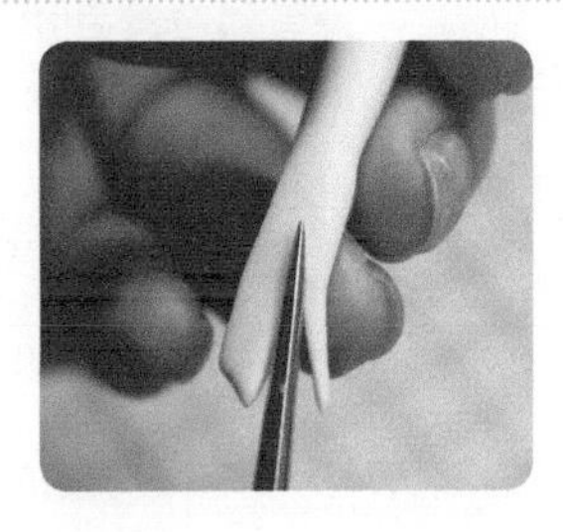
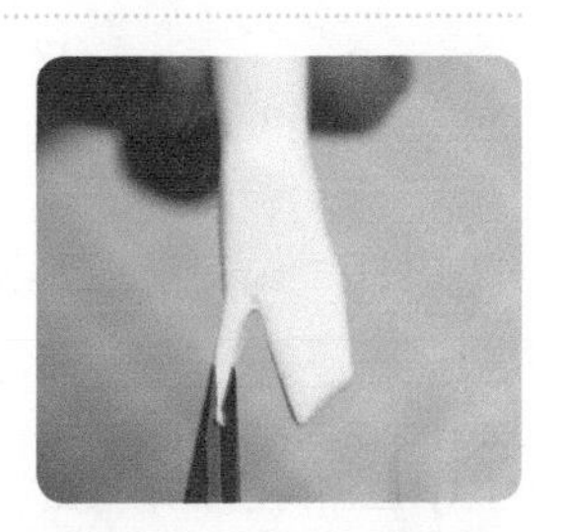

28 用剪刀在手掌上先修剪出四指合拢时的大致形状，然后剪出小指，用棒针的尖头滚压出手指根部的骨骼形态，再用剪刀修剪出指尖的弧度。

29 剪出另外三指，用抹刀和指腹将手指微微弯曲，并压出手背上的骨骼形态。

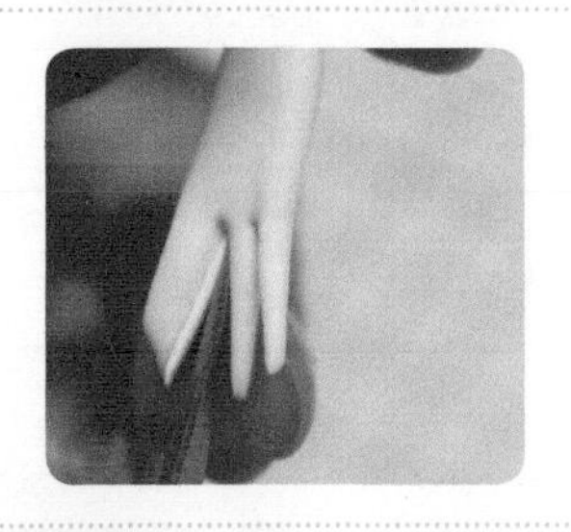

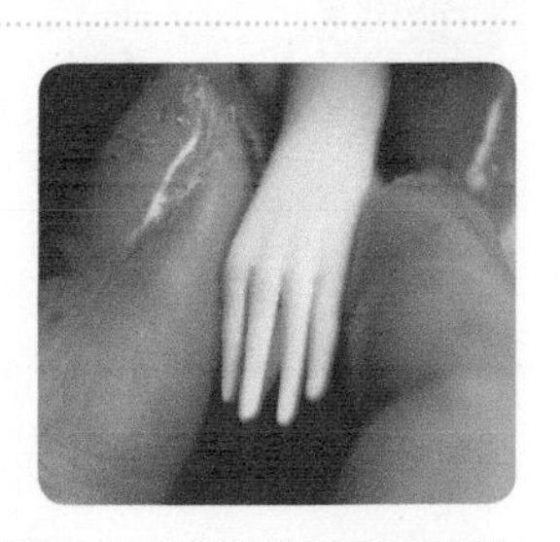

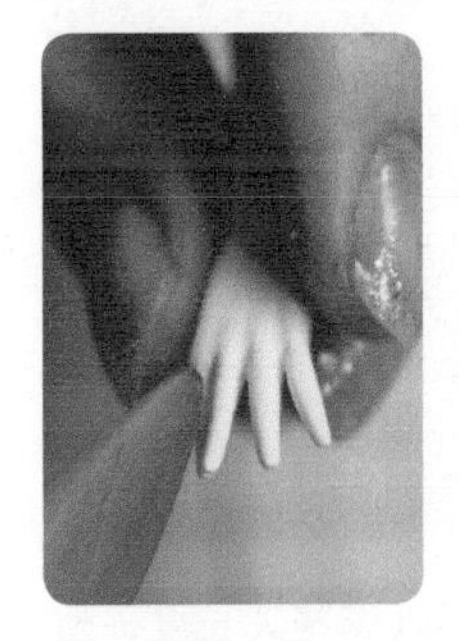

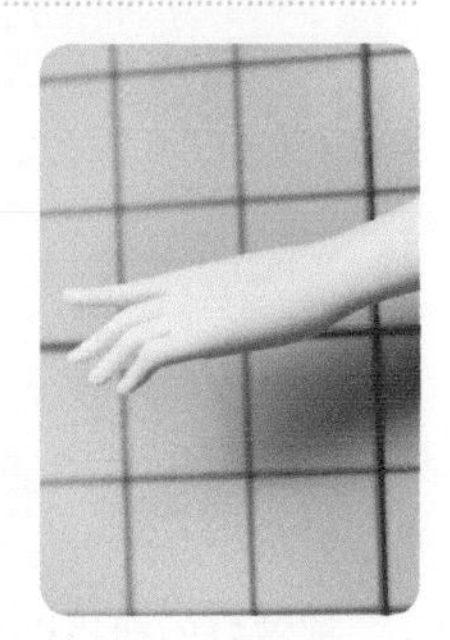

30 用羊角工具、棒针的尖头和手调整各手指撑开的角度以及向上或向下弯曲的弧度。至此，完成左手的制作。

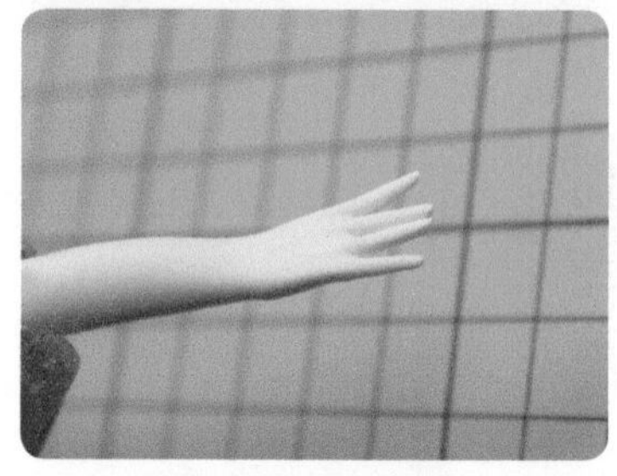

31 参考左手的制作方法剪出右手的小指与无名指，并用抹刀压出中指关节，随后用手将中指弯曲，用镊子将关节夹小。剪出右手其余手指，并将各手指弯曲。同样用镊子将关节夹小，做出手指微弯并向前伸的右手手部动态。

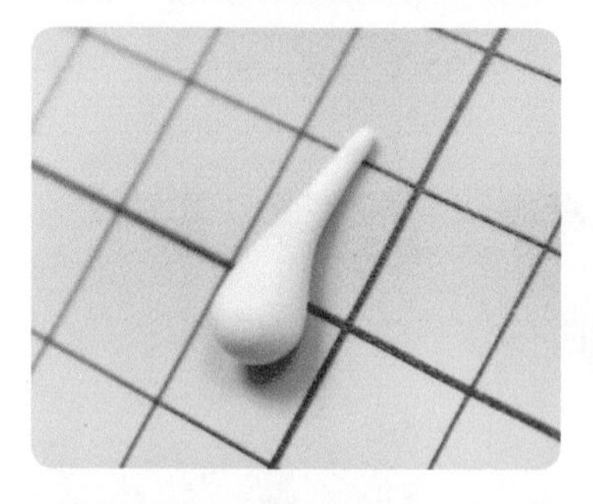
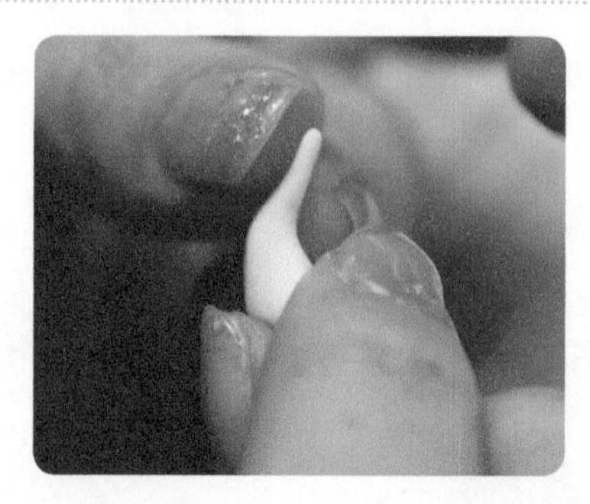

32 取适量肉色黏土搓出拇指的形状，用手弯出拇指的弧度，再剪掉多余的部分。

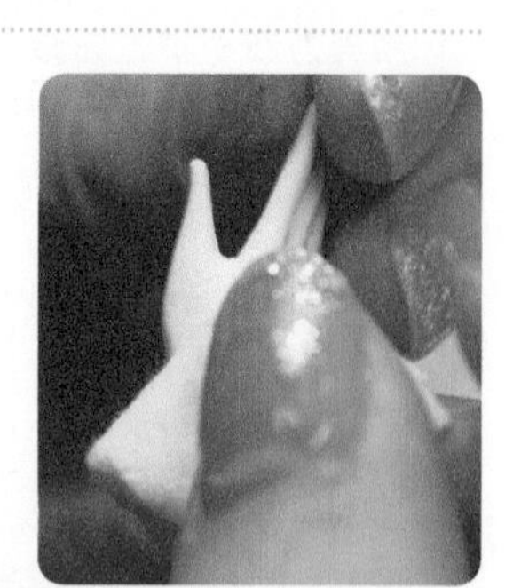
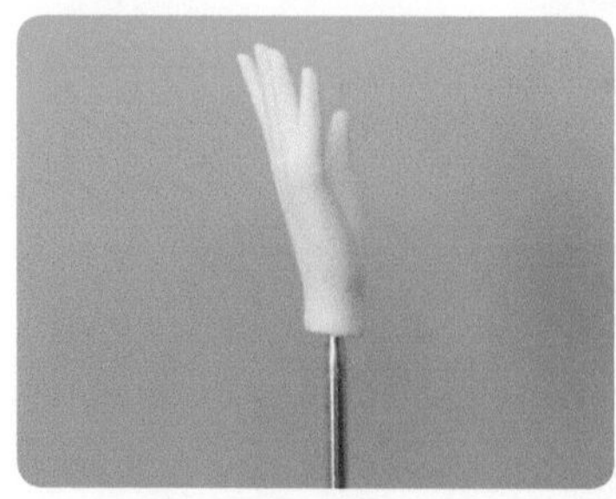
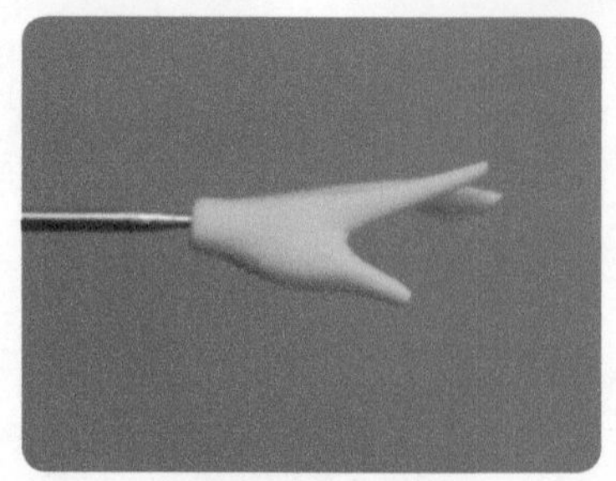
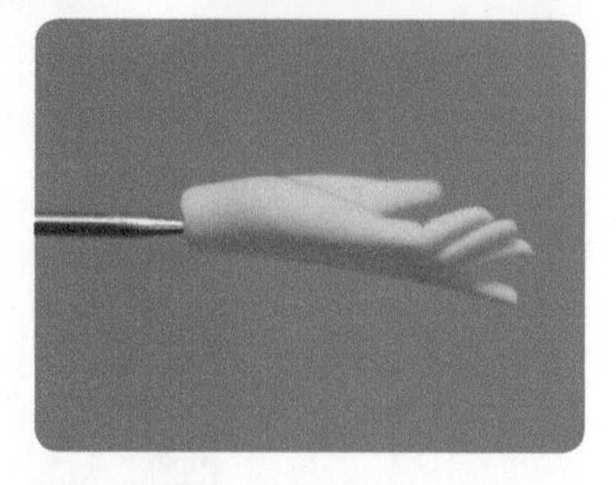

33 把做好的拇指部件贴在右手手掌上，用棒针的尖头调整拇指与手掌的接缝，修剪拇指以调整其长度，随后用酒精棉片抹平接缝，让拇指与手掌融为一体。用同样的方法把左手的拇指部件安装好。

3.2.2 服装

• 制作裙子

美人鱼精灵的服装为飘逸柔软的纱裙，其款式类似于汉服中的半臂襦裙，服装颜色以白色和水绿色为主。

美人鱼精灵的服装整体简洁大方，风格清新飘逸，突出了美人鱼精灵温婉的淑女气质。

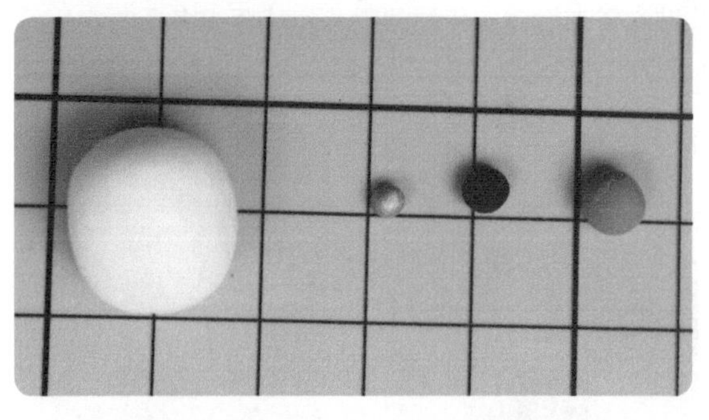

01 将大量树脂素材土、少量金色树脂黏土，以及少许绿色、黑色黏土混合，得到水绿色黏土。

02 将水绿色黏土擀成薄片。在擀出的水绿色半透明黏土薄片上用弯曲的长款刀片修整薄片的形状，便于后面的制作。

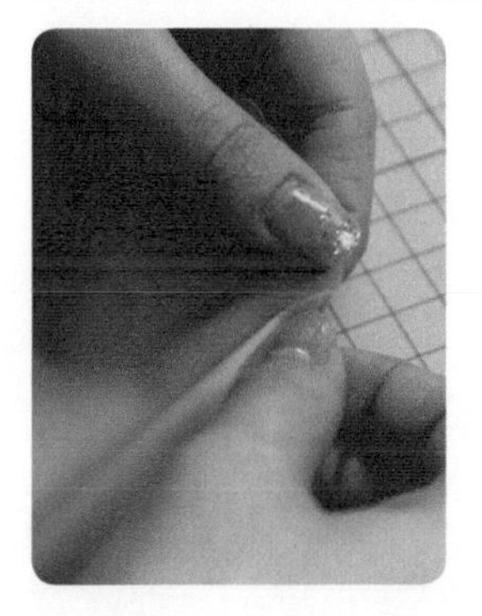
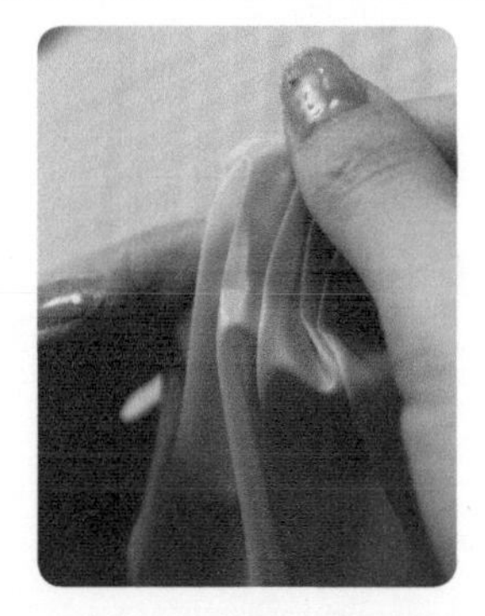
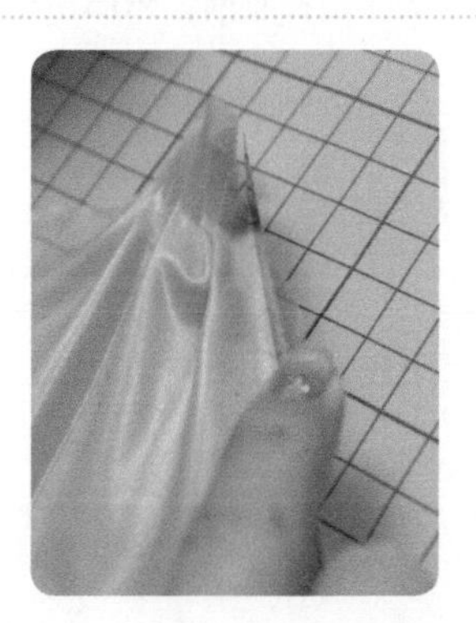

03 待薄片晾干后，将薄片朝一个方向折出不规律的褶皱，并用长款刀片将褶皱边缘裁切整齐，做出下身服装的衣片。

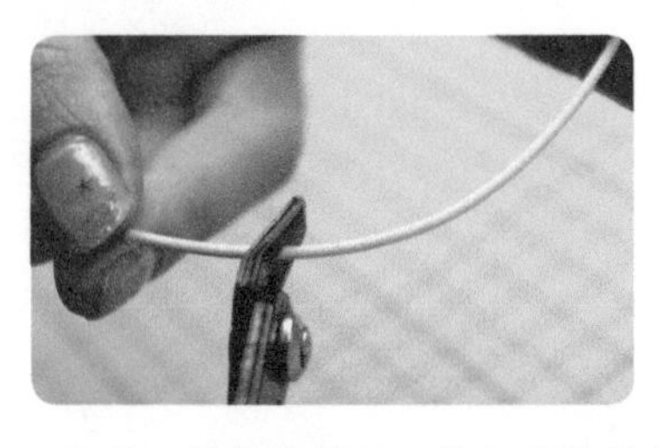
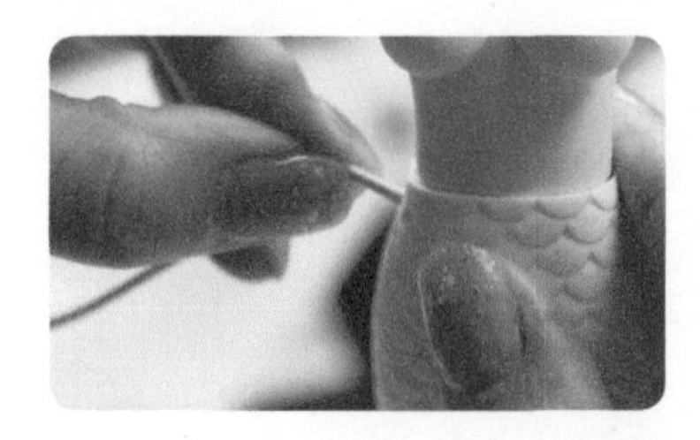

04 剪一截包皮铁丝，将包皮铁丝弯曲一定的弧度后插在美人鱼精灵臀部的右侧作为衣片的支撑。

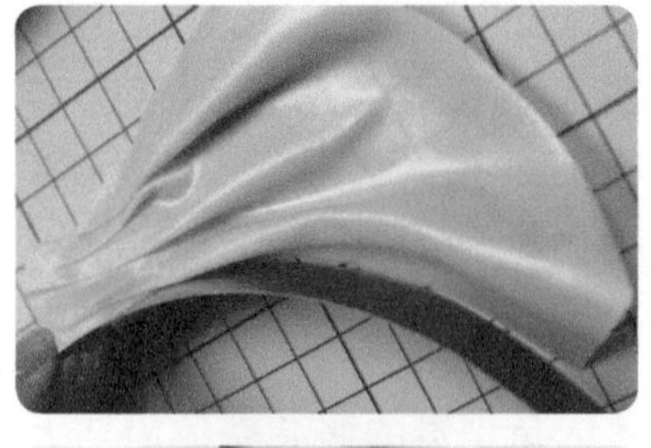
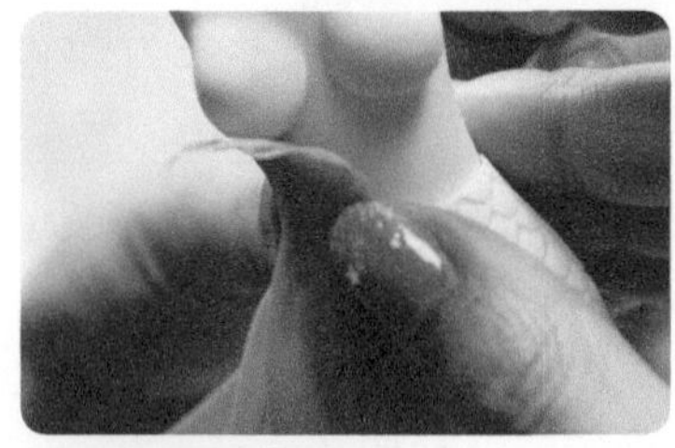

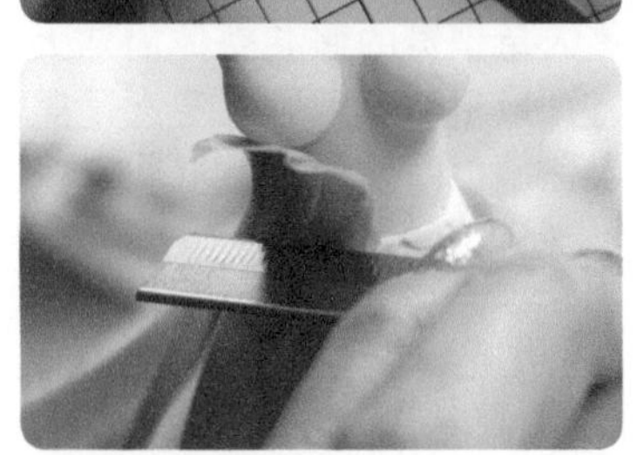

05 用弯曲的长款刀片再次修整衣片的造型，随后把衣片贴在臀部右侧，用短款刀片切掉腰间多余的衣片，调整衣片飘起的弧度，让其搭在包皮铁丝上待其定型。

06 用同样的方法再做出两片衣片贴在腰间，依旧用包皮铁丝作为支撑，让衣片“飘”起来。

07 衣片晾干定型后，将插在美人鱼臀部的铁丝取下。

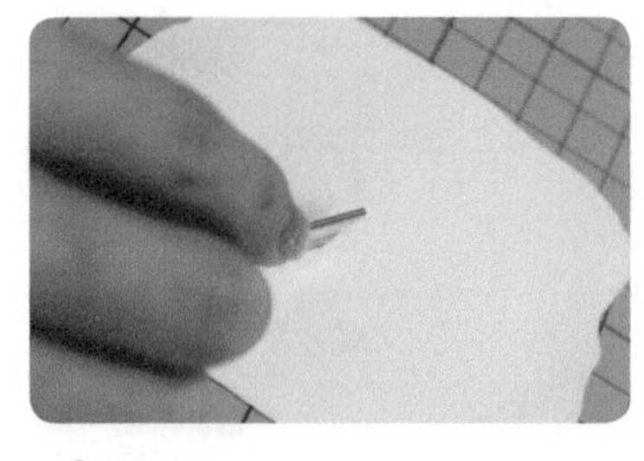

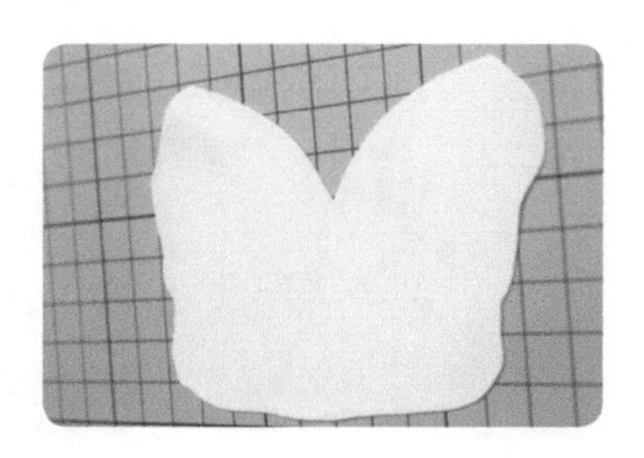

08 用短款刀片在白色黏土薄片上切出与胸部贴合的“V”形衣片。

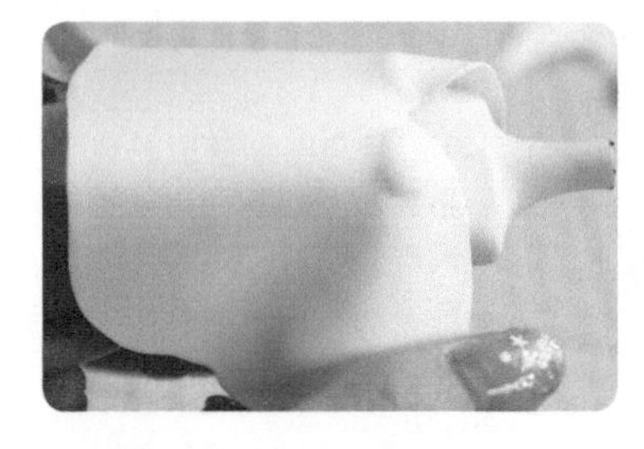
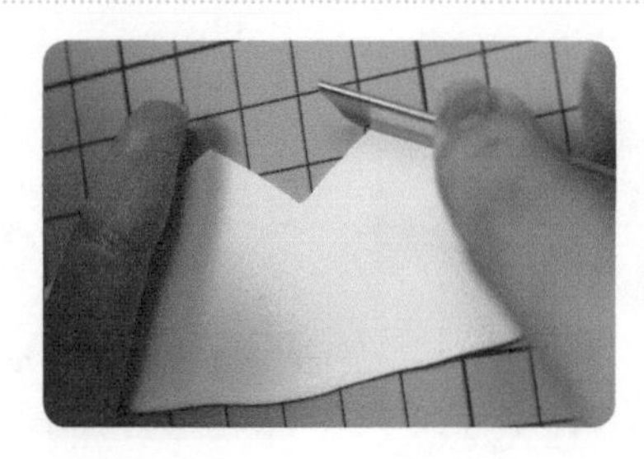
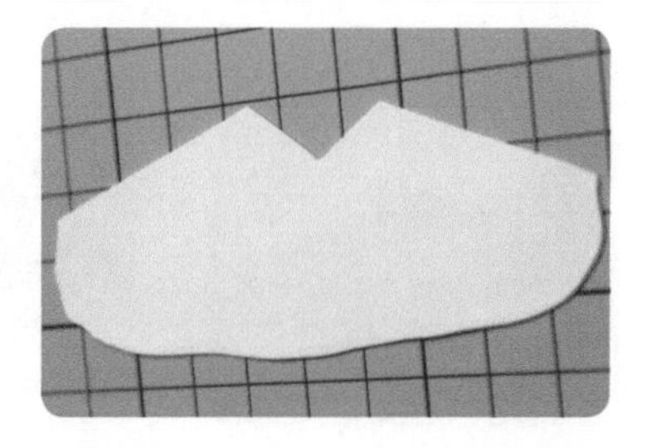

09 把衣片放在身体上，确定粘贴位置后取下衣片，用手指标出衣片造型后，继续用短款刀片切出衣片的最终造型。

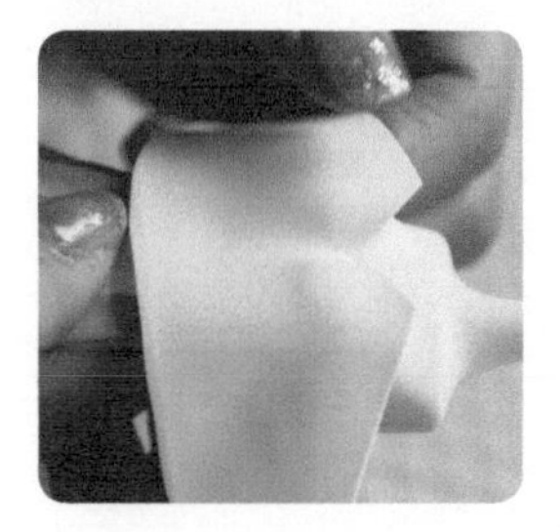

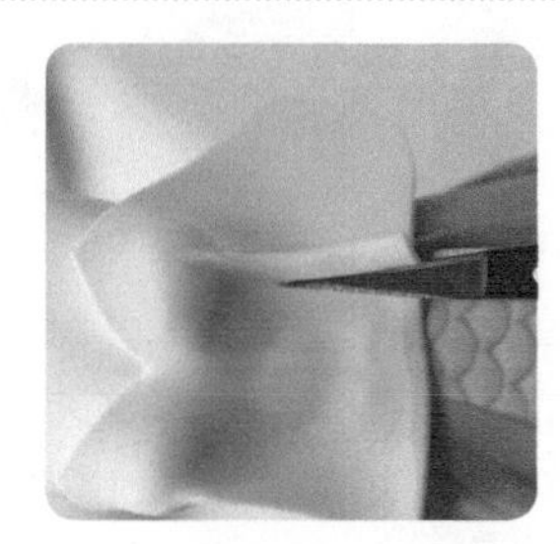

10 将切好的衣片包裹在身体上，用手捏紧两侧多余的部分，再用剪刀修剪。接着滚动棒针的圆头，将衣片内的空气排出，让衣片完全贴紧身体。

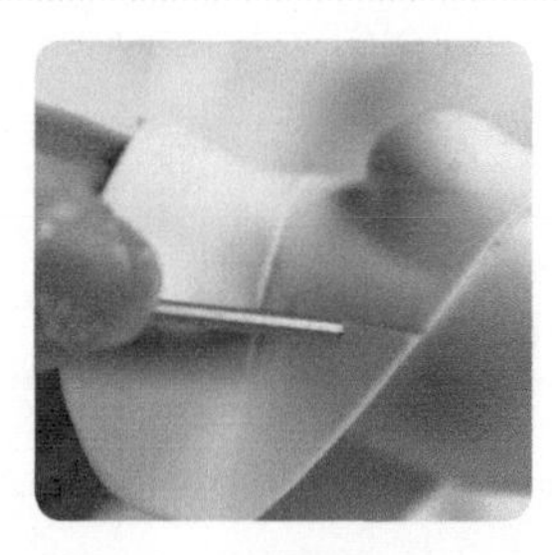

11 用短款刀片切去多余的衣片，再用酒精棉片抹平胸部与衣片的接缝。

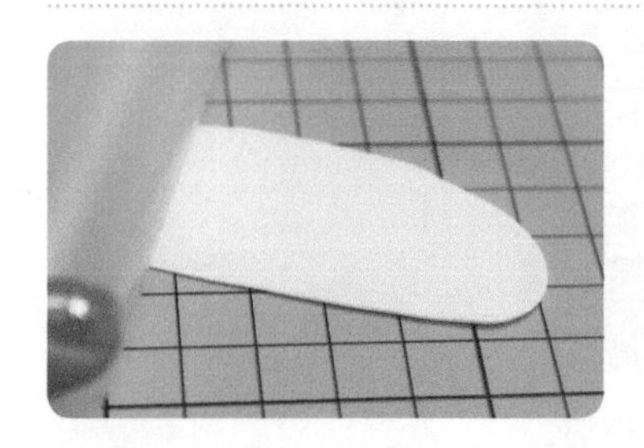
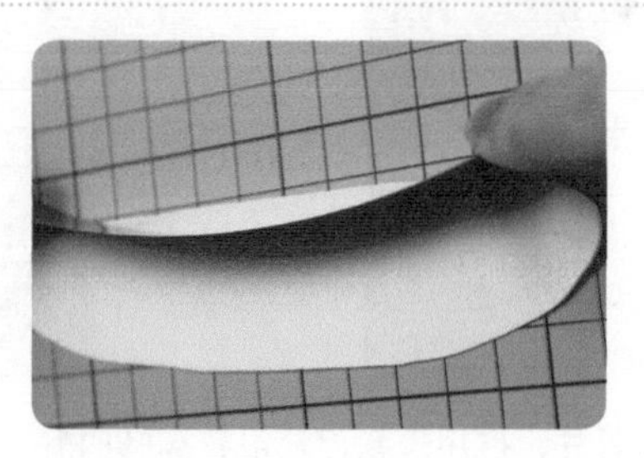
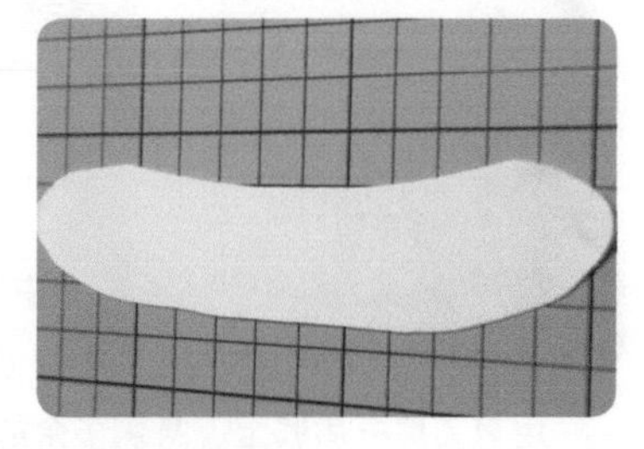

12 用擀泥杖擀出白色薄片，接着用弯曲的长款刀片把薄片的一条长边切成向内凹的弧形。

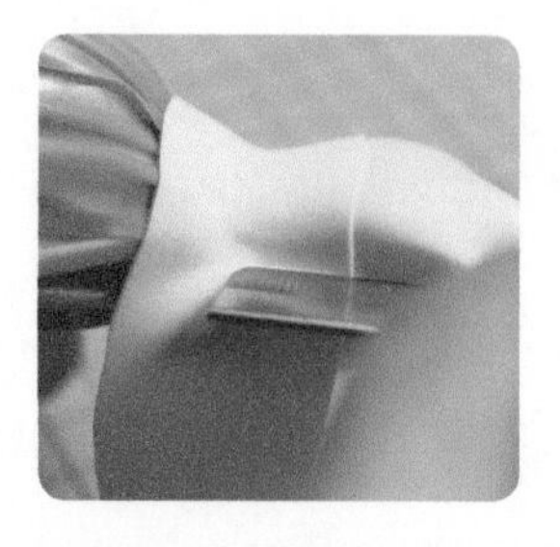
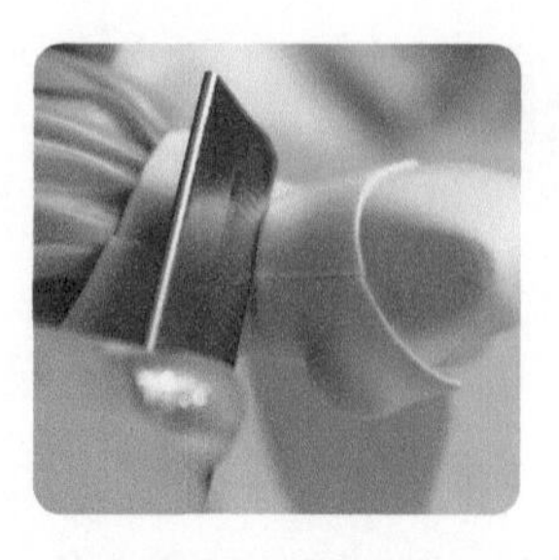
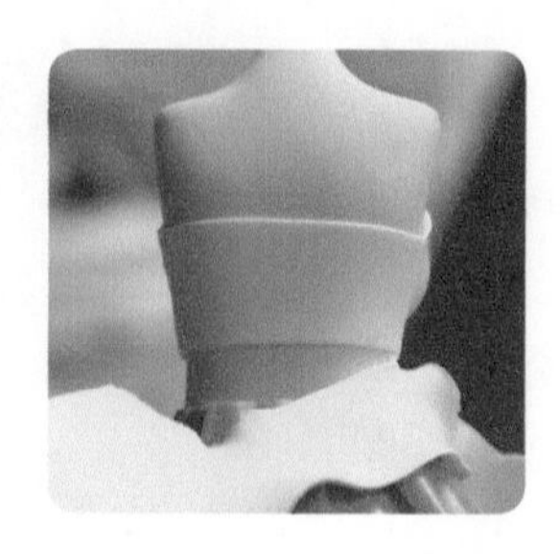

13 把薄片贴在后背上，对照前胸衣片的位置，切出后背衣片的形状，做出贴身的抹胸。

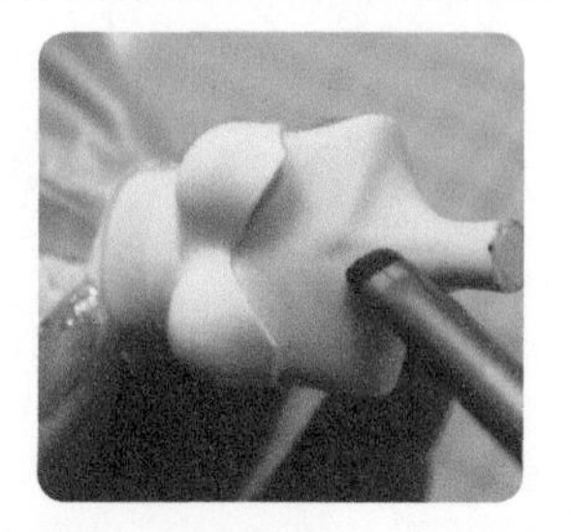

14 用色粉刷蘸取粉色眼影，扫在上衣、胸部的夹缝的阴影处，以及锁骨上。

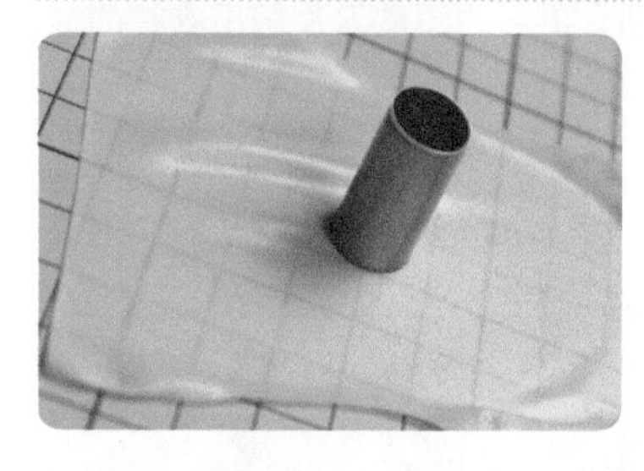
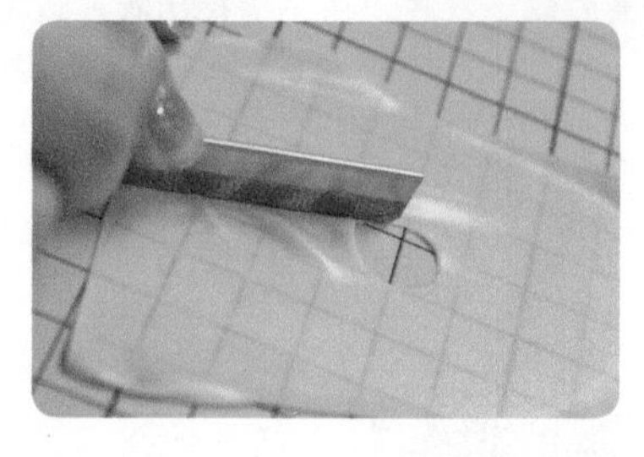

15 擀一片更薄的水绿色薄片以备用。选一个大小合适的切圆工具在水绿色半透明薄片上切一个洞，再用短款刀片在圆洞任意一方切一个开口，用来制作美人鱼精灵的外衣。

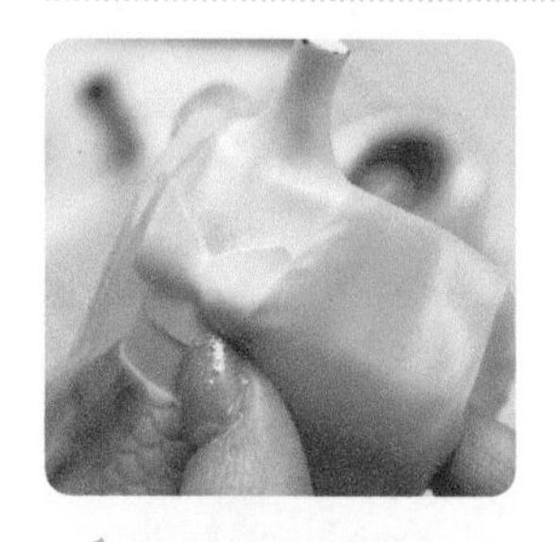
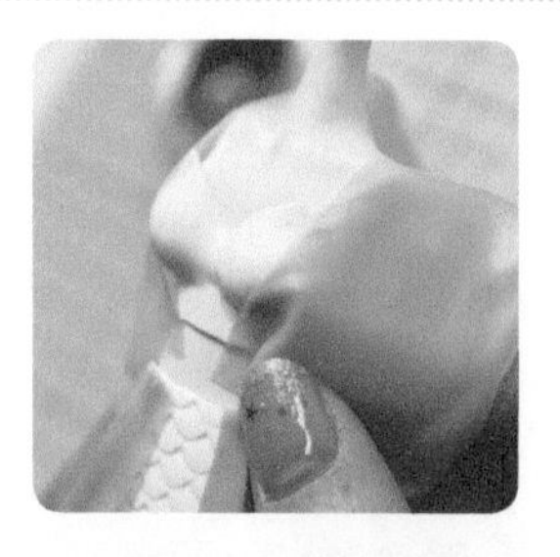

16 将薄片披在身上，并用手在腰部折出褶皱，用手捏拢背后和身侧的其余薄片。

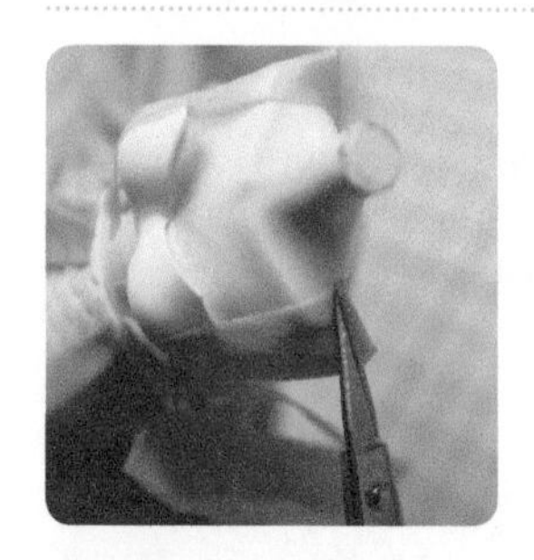

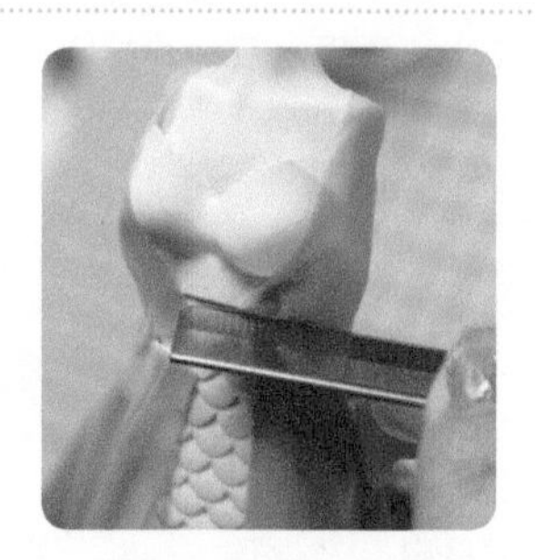

17 用剪刀剪去肩膀上、身侧多余的薄片，再用短款刀片沿着抹胸的底端裁切，做出外衣。

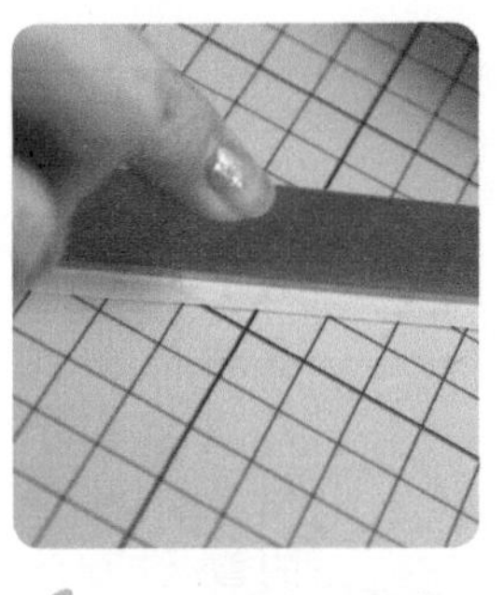

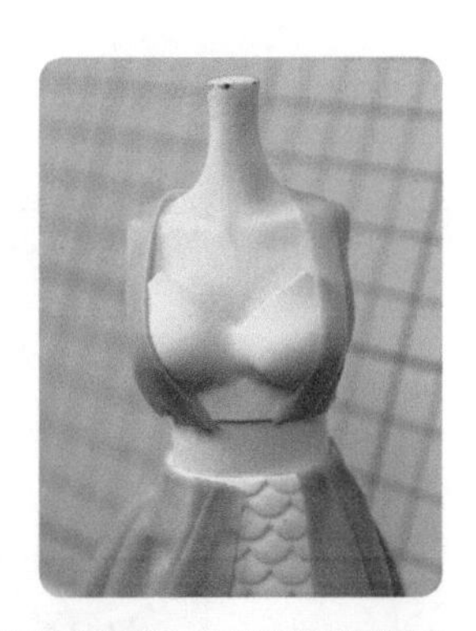

18 在水绿色半透明薄片上切一个宽 0.5cm 的长条贴在外衣领边作为衣领。

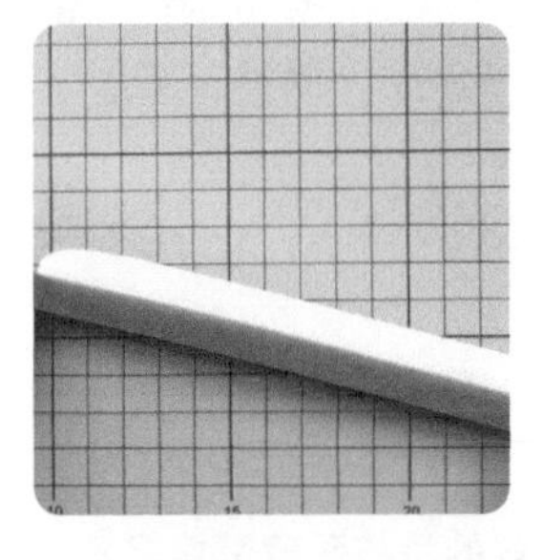
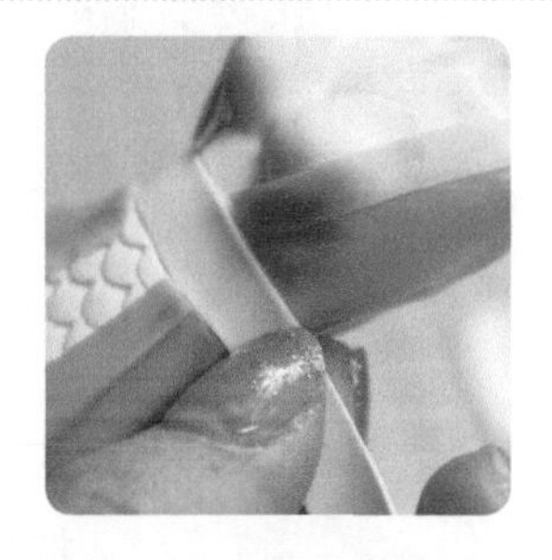

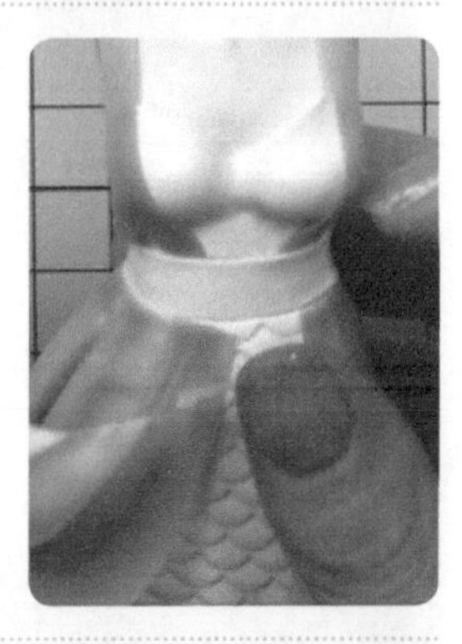

19 观察腰间留出的宽度，裁剪并晾干大小适合的白色黏土条将长片绕于腰间，让其在身侧黏合并用剪刀剪去多余的薄片。

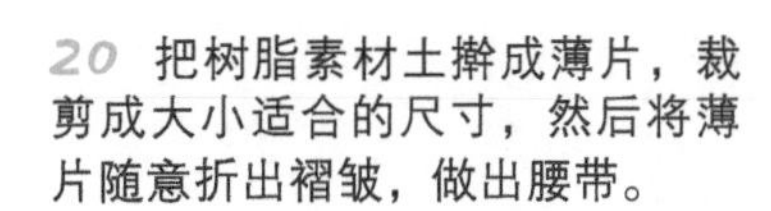

20 把树脂素材土擀成薄片，裁剪成大小适合的尺寸，然后将薄片随意折出褶皱，做出腰带。

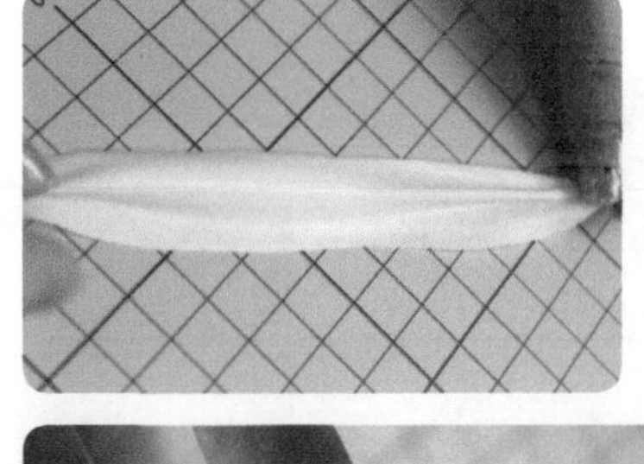
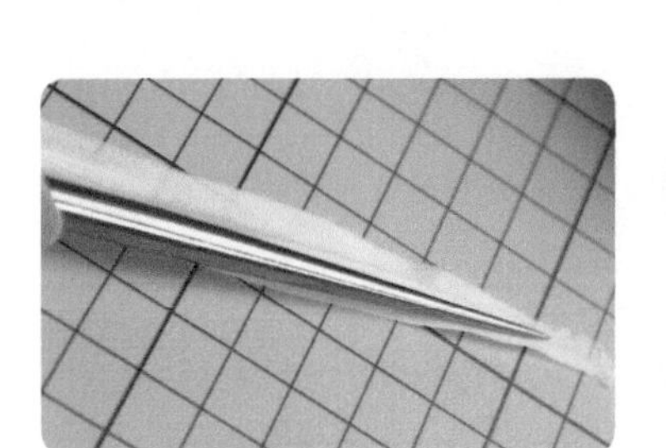

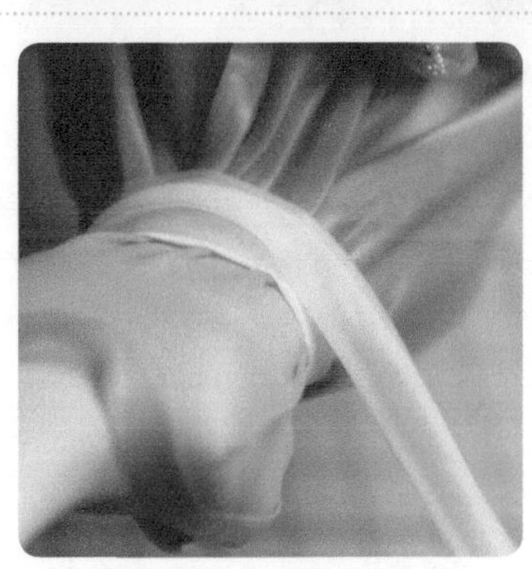
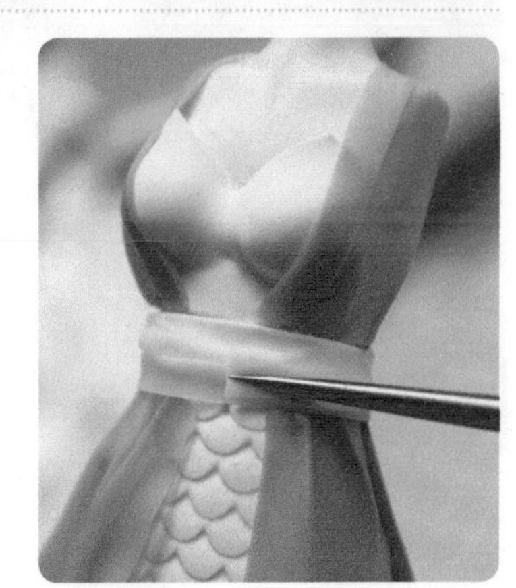

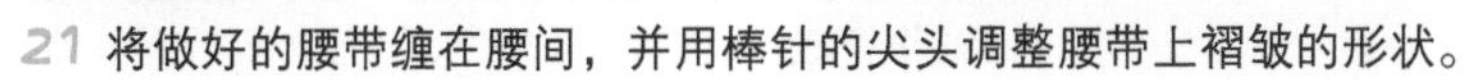

21 将做好的腰带缠在腰间，并用棒针的尖头调整腰带上褶皱的形状。

● 制作衣袖

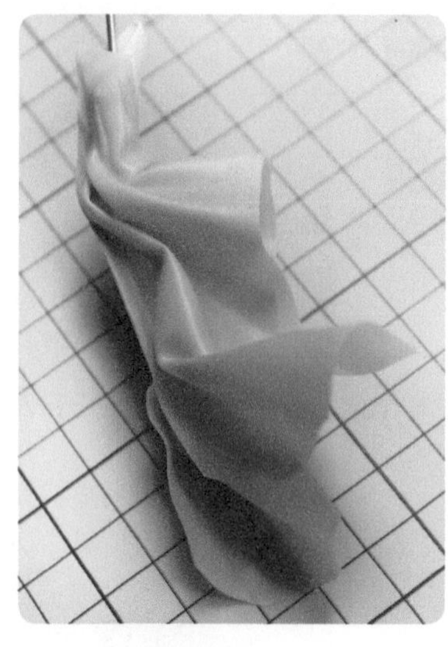

衣袖的制作方法与裙子相同，袖摆的飘动方向需要与裙子飘动的方向保持一致。

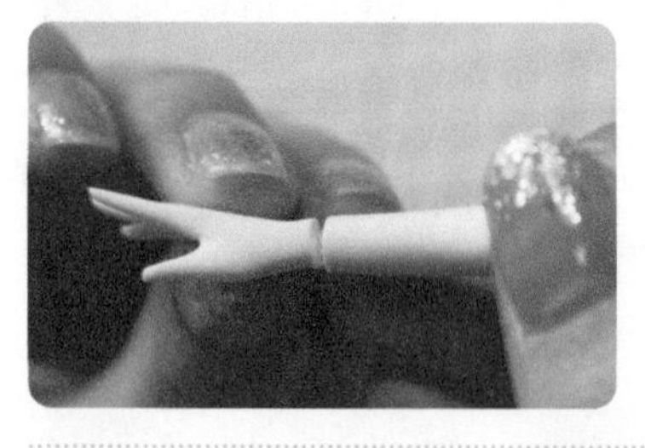

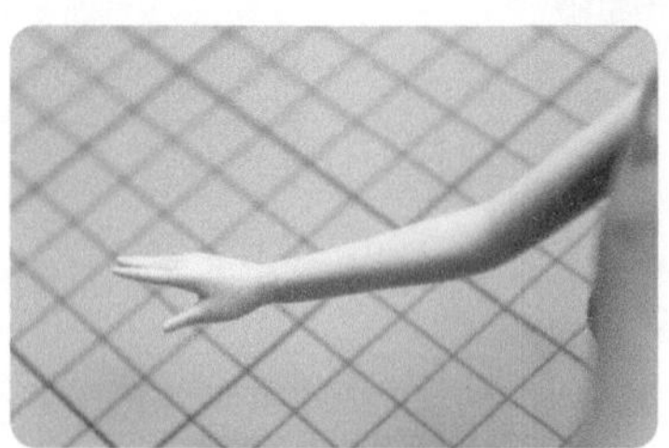

22 把做好的手与手臂衔接起来。

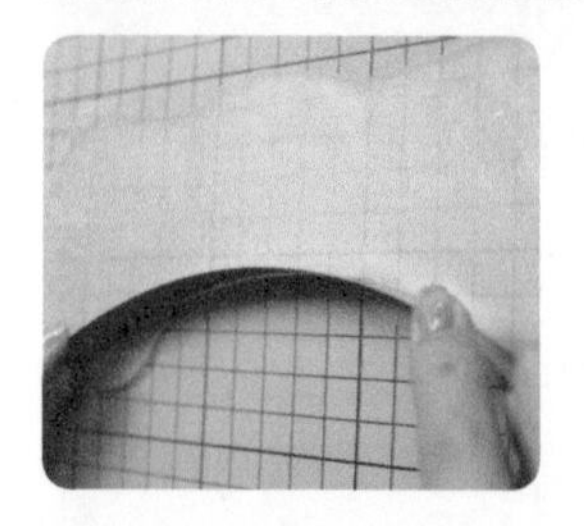

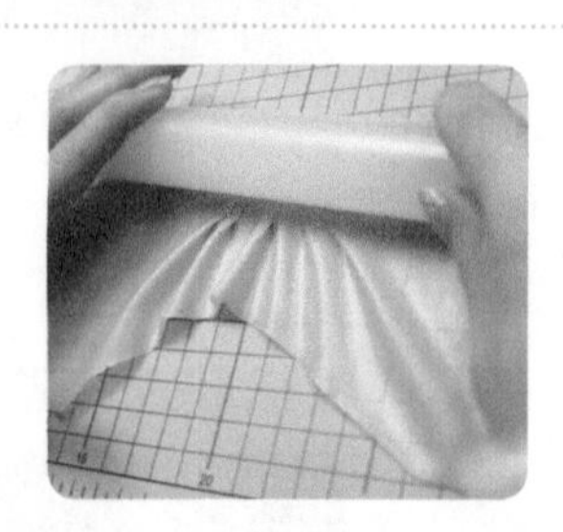

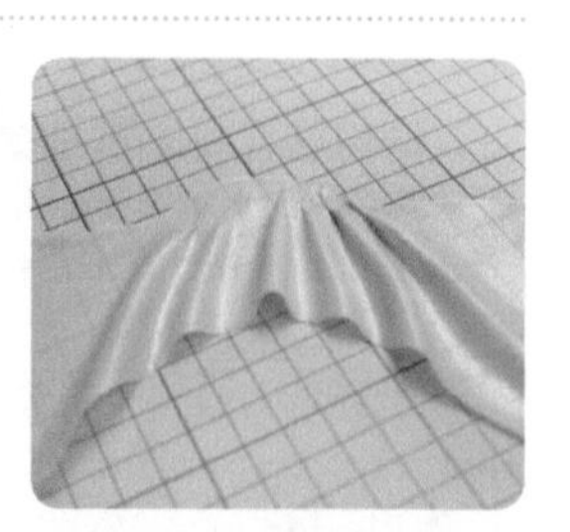

23 用弯曲的长款刀片把水绿色半透明薄片的一条长边切成向外凸的弧形，然后用手将薄片折出褶皱，并用擀泥杖将褶皱上方的黏合处擀薄。

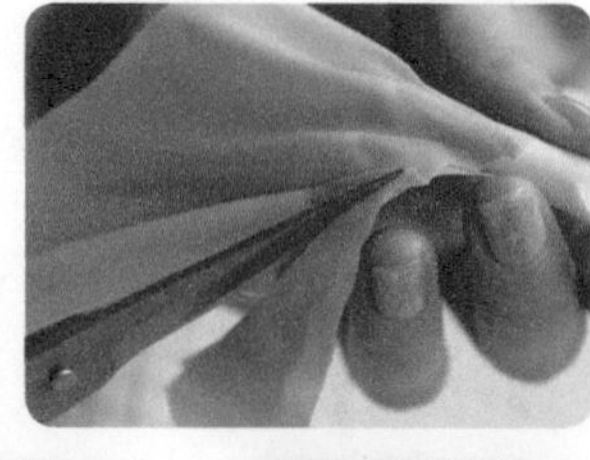

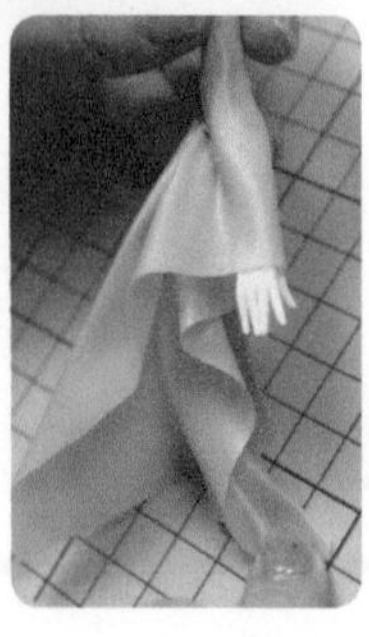

24 把薄片贴在手臂上做成衣袖，用剪刀把多余的薄片剪掉，再根据裙子飘动的方向用手调整衣袖上的褶皱形态。至此，右手臂上的衣袖制作完成。

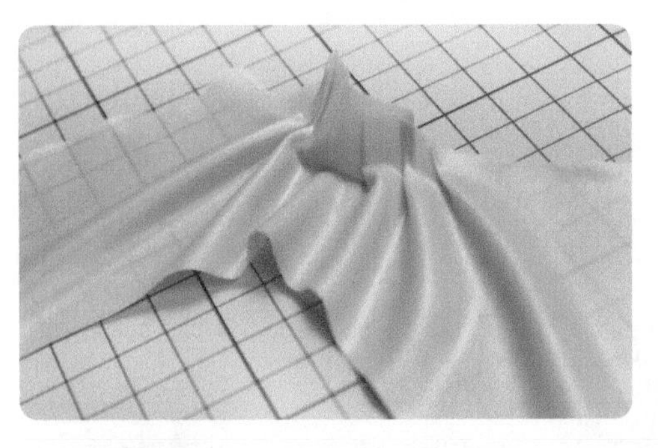

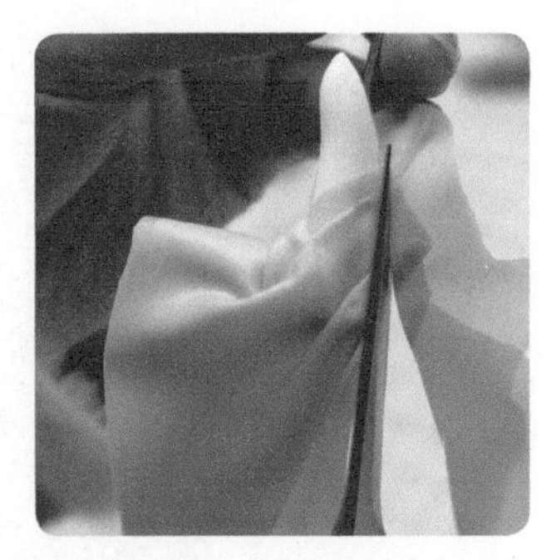

25 左手臂呈 90° 弯曲的状态，因此左袖的造型要符合手臂的动态。同样将水绿色半透明薄片折出衣袖上的褶皱，然后将褶皱上方的黏合处弯折 90° ，再贴在手臂上，并用剪刀剪去多余的部分。

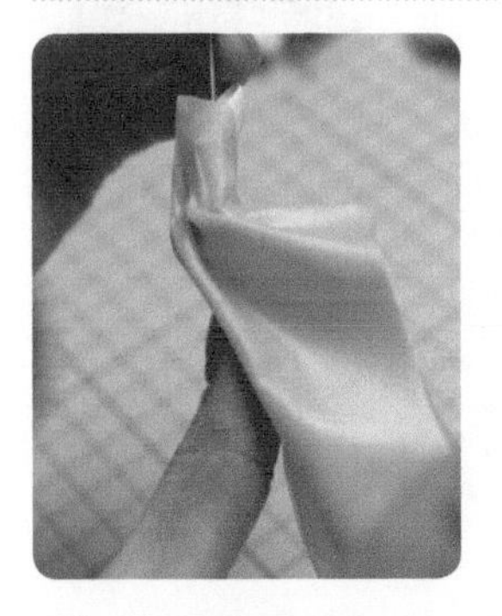
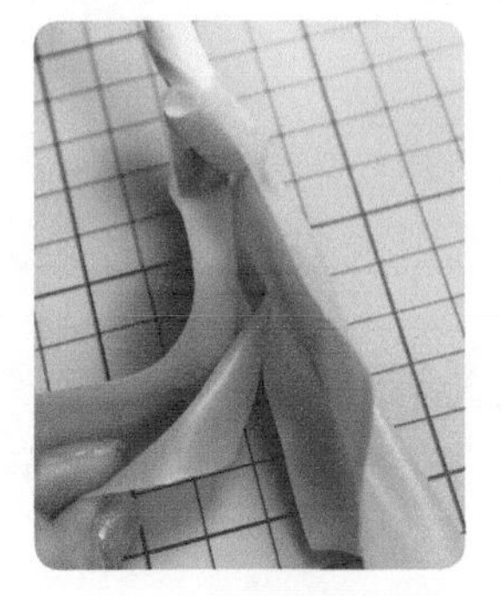
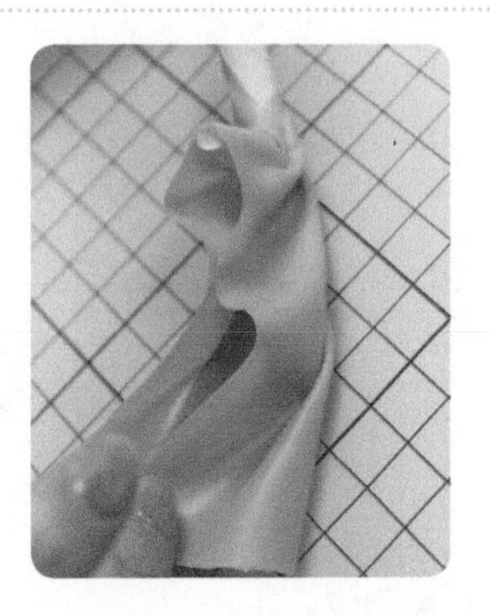

26 用手调整袖摆的弯曲弧度，基本定型后等待薄片晾干。至此，左手臂上的衣袖制作完成。

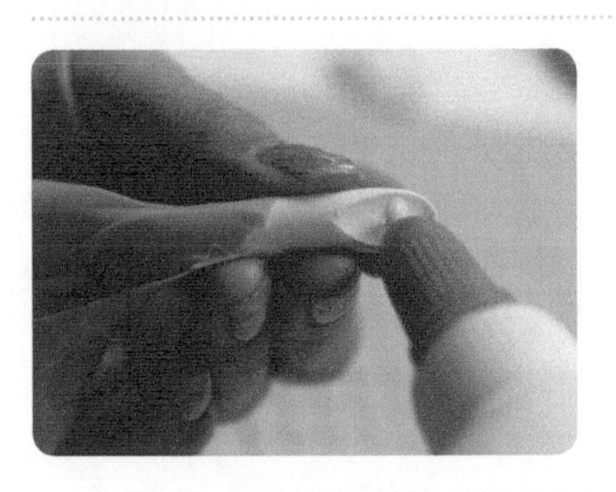
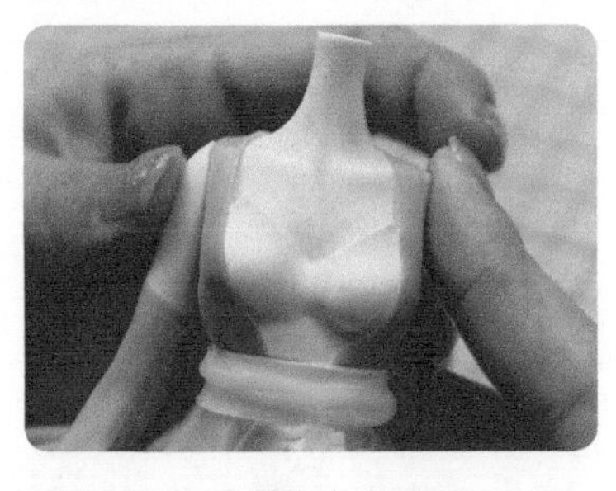

27 在右手臂内侧的斜面上涂抹白乳胶，然后将手臂贴在肩膀处。

28 用树脂素材土薄片制作出多片不规则的轻纱，然后用手与剪刀调整薄片的造型。

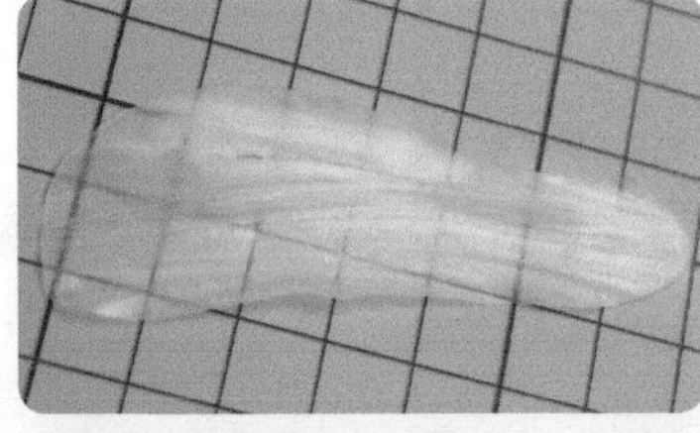

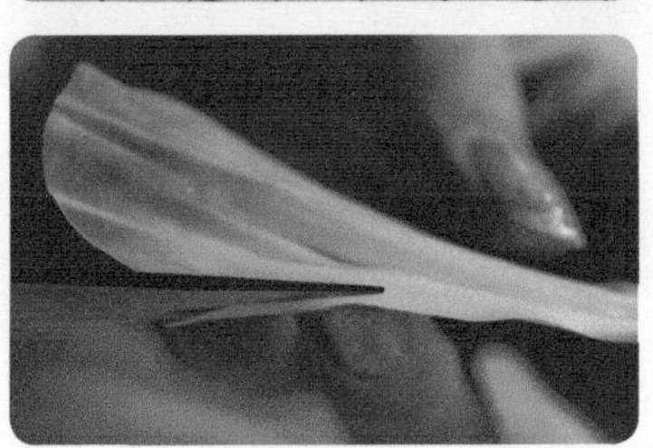
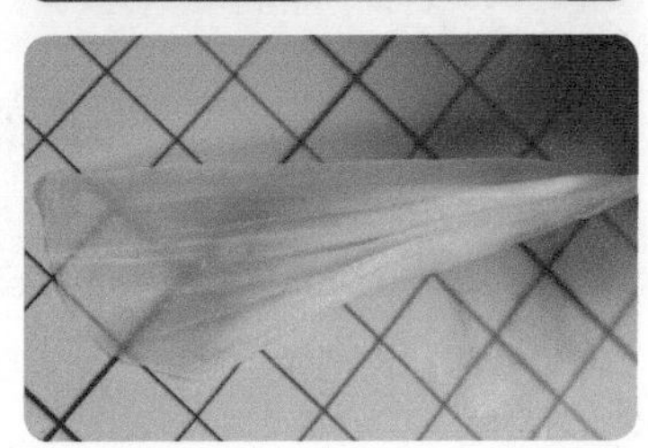

29 把轻纱一片一片地贴在右肩膀上，用剪刀将轻纱修剪至合适的长度。

小提示：轻纱垂至手肘下方即可，使其能够遮住衣袖的粘贴口。

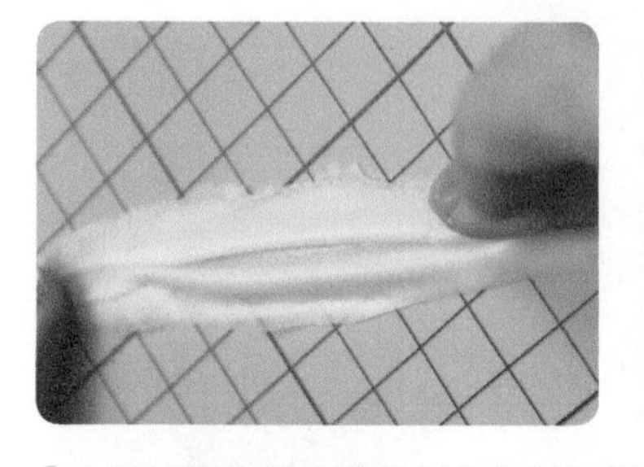
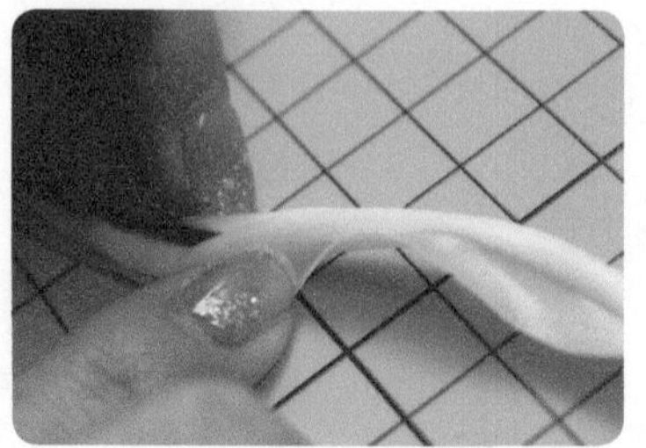
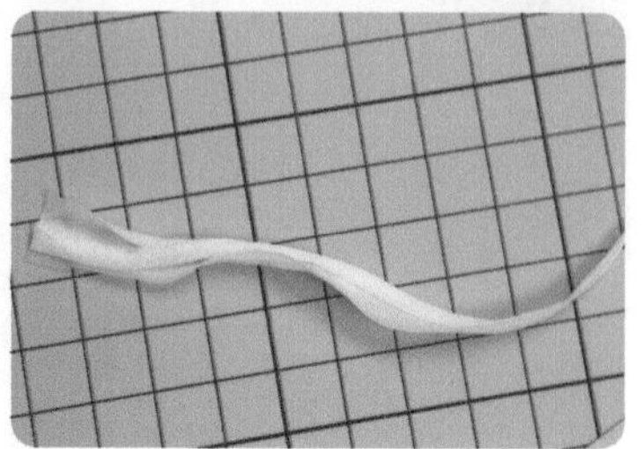

30 用树脂素材土薄片制作褶皱飘带。

小提示：飘带要制作一长一短两条。

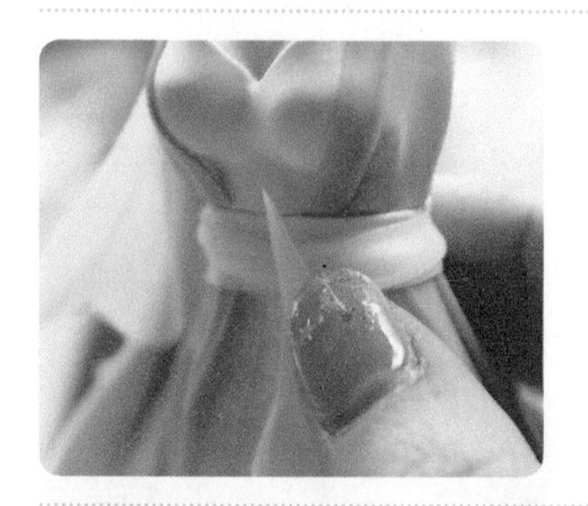

31 将飘带贴在身前腰带的正中间，并调整飘带的动态造型。

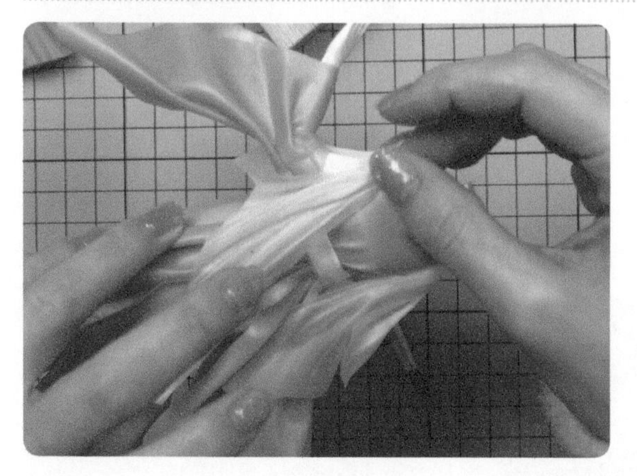

32 同样地，先把左手臂安在左肩膀上，再做出肩膀处的袖子。

33 在腰带与飘带的接缝处粘上金属花片和半面珍珠，做出腰带上的装饰。

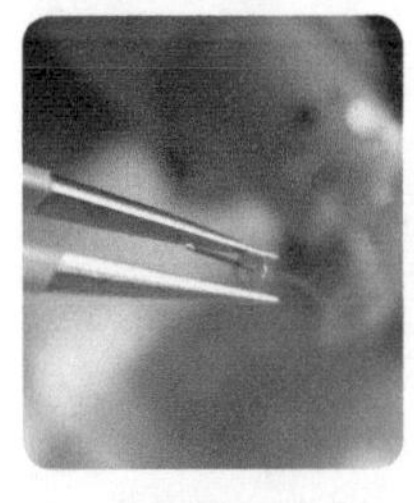
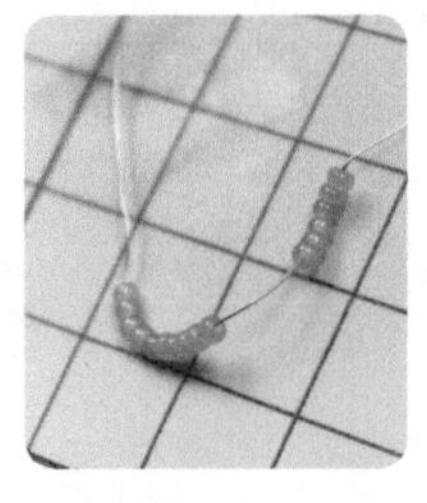

34 用细铁丝穿上若干绿色米珠，然后把珠串套在左手手腕上并打结，打结固定后用剪刀剪去多余的铁丝。至此，装饰手串制作完成。

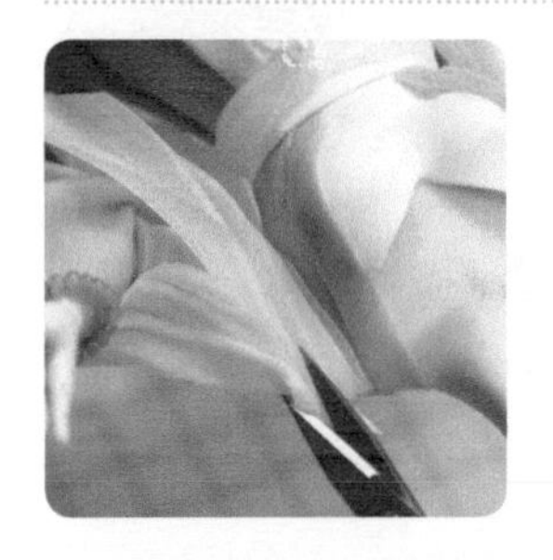

35 将左手臂上鱼鳍造型的衣袖贴完整。

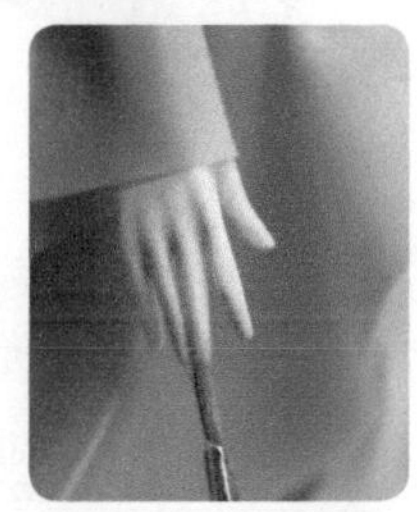

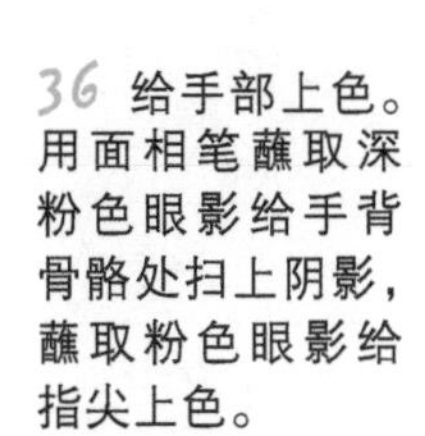

36 给手部上色。用面相笔蘸取深粉色眼影给手背骨骼处扫上阴影，蘸取粉色眼影给指尖上色。

3.2.3 头部

• 画脸与制作后脑勺

根据美人鱼精灵的人物属性，我设计了正在闭眼休憩的人物神态，妆容也以素雅清淡为主，以表现出美人鱼精灵不谙世事、天真单纯的特点。

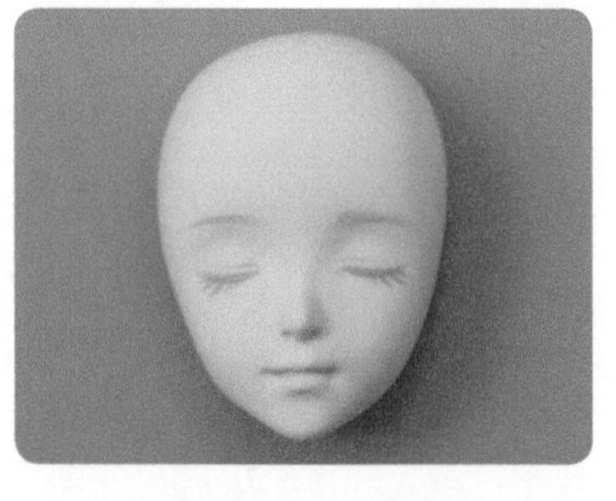

01 画脸时均使用丙烯颜料，因此后文只给出使用的丙烯颜料的颜色名称。用肤色画出人物五官的草稿。

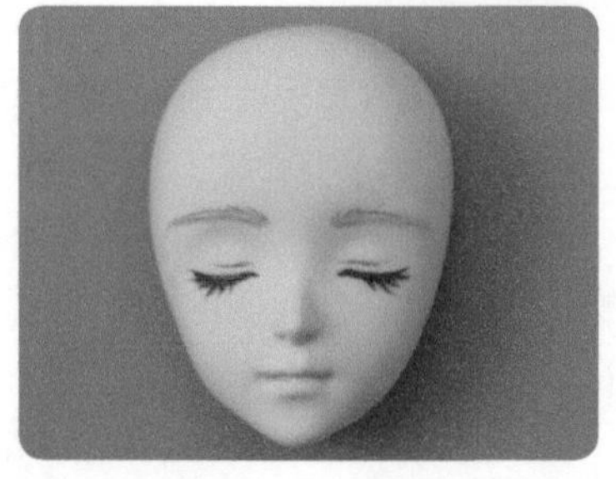

02 先用棕色给眉眼涂上第一层颜色，接着用钛白色在棕色底色上叠色，为眉眼涂上第二层颜色。

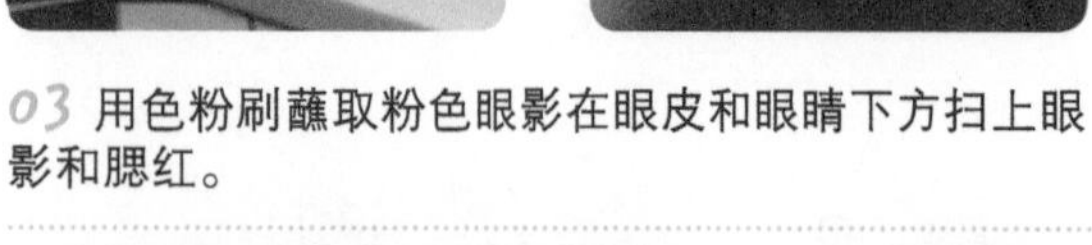

03 用色粉刷蘸取粉色眼影在眼皮和眼睛下方扫上眼影和腮红。

04 用色粉刷蘸取深一点的粉色眼影，在眼皮处轻扫，为眼部添加阴影。

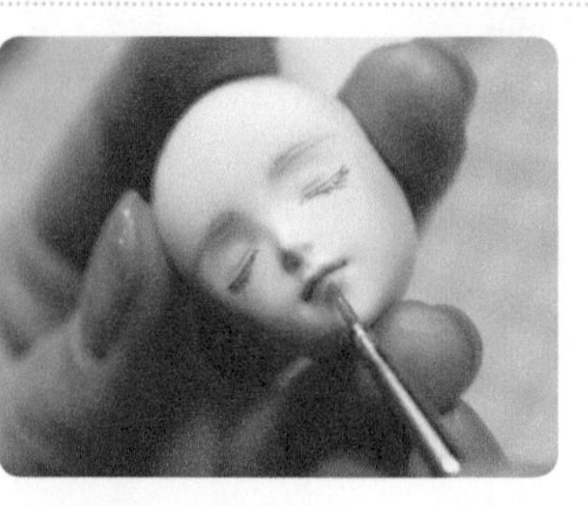

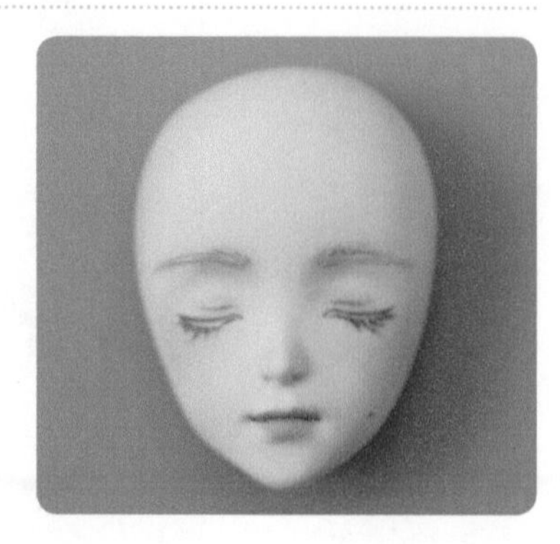

05 用面相笔同样蘸取深一点的粉色，添加唇色。

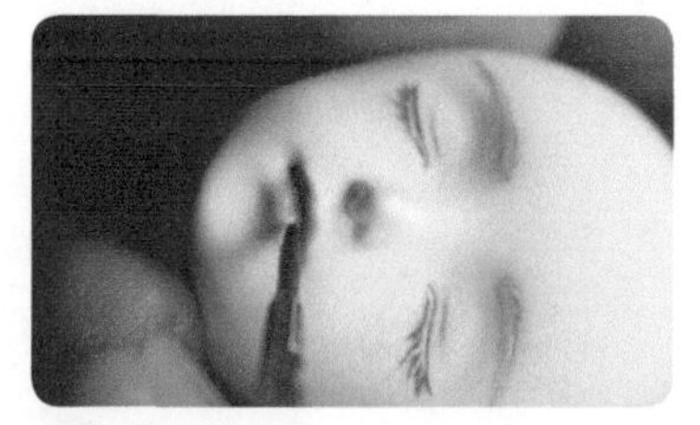

06 给唇部涂上水性亮油，为唇部打造滋润且有光泽的唇妆效果。

07 用与脖子粗细大致一样的切圆工具在头部底端挖出脖洞。

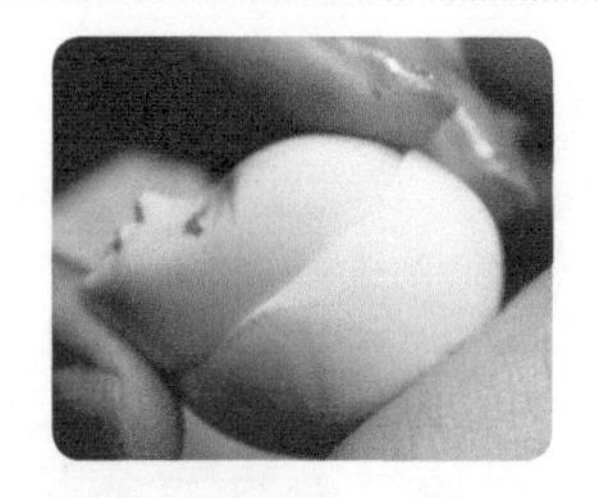

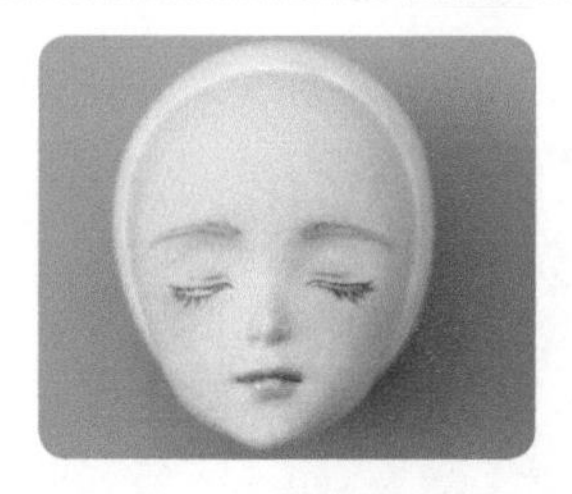

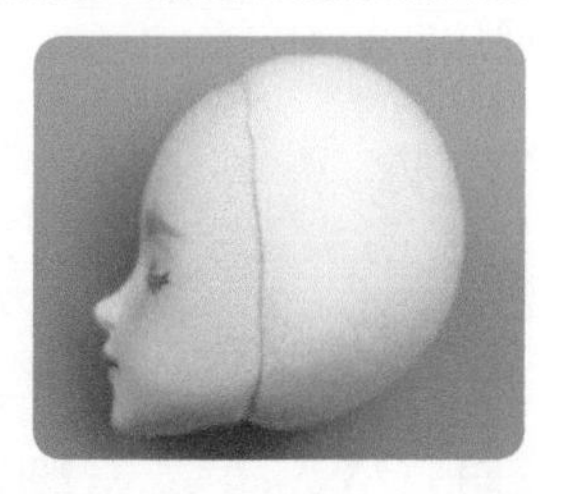

08 把白色黏土球贴在脸形后面，让其包住脸形，制作出后脑勺，注意黏土与脸形边缘的衔接要紧密，让头部侧面呈现出一个以下巴为尖端的水滴形。

09 用相同的切圆工具在后脑勺处挖出脖洞，用镊子夹出脖洞里的黏土，再用棒针修整脖洞，最后给脖子插上包皮铁丝，并将头部安装在脖子上面。

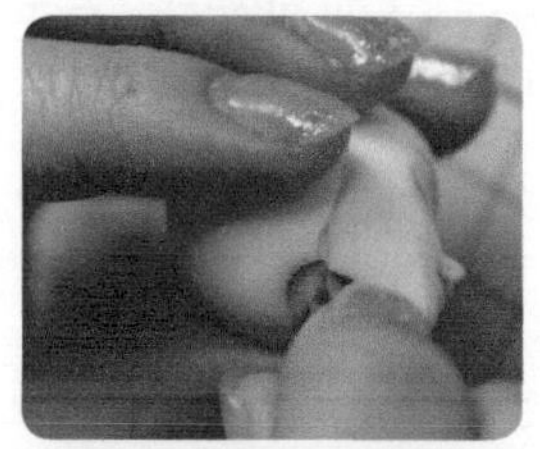

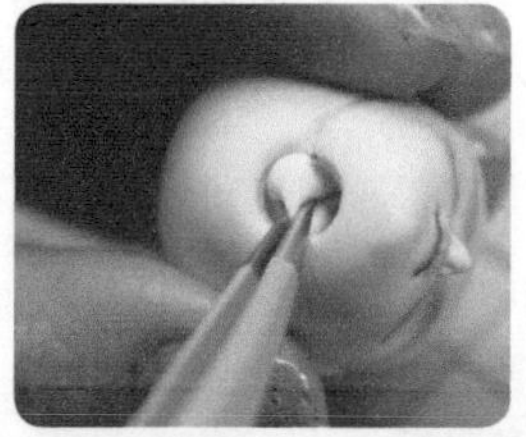

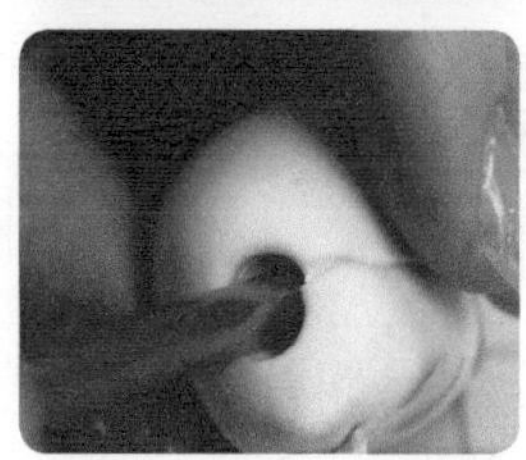

• 制作头发

半披半束式双丫髻发型搭配中分内弯刘海，结合闭眼且面带微笑的脸部神态，让美人鱼精灵散发出一种温婉娴静的气质。

头发的制作分为 4 步：首先做出披散着的飘逸长发，然后做出头顶两侧头发扎起形成的发丝纹路，接着制作中分刘海，最后做出双丫发髻。

10 取适量白色黏土搓成细长条，用压泥板先将长条压扁做成发片，然后再将发片的两侧压薄，并在发片中间压出发丝纹路。

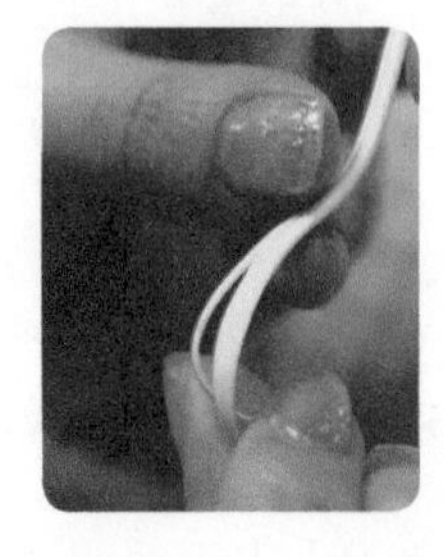

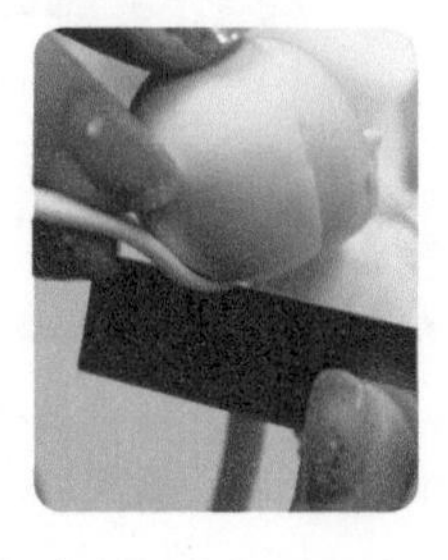

11 用剪刀剪出发片上的分叉发丝，把发丝弯出弧度，然后把发片贴在后脑勺正下方并置于包皮铁丝上，用短款刀片剪去多余的部分后等发片定型、晾干。

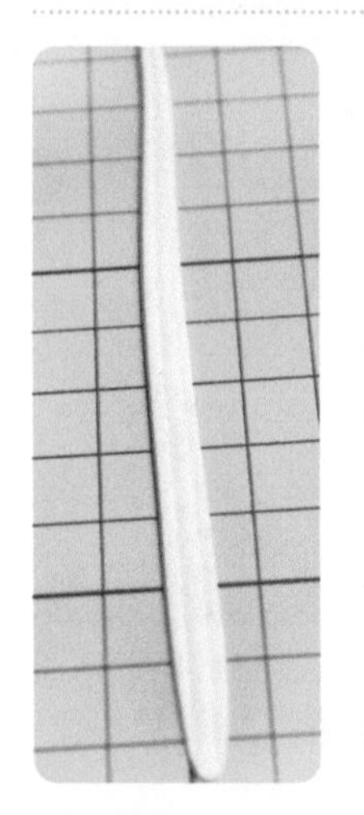
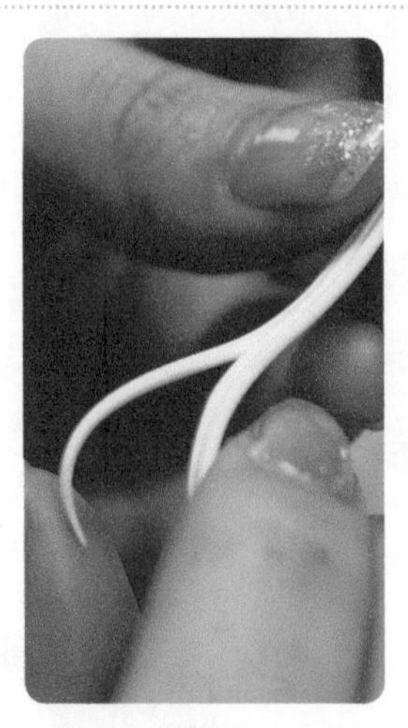
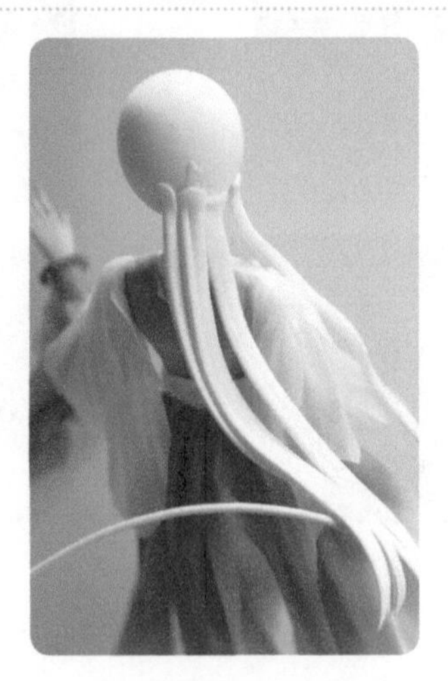

12 用同样的方法做出稍微粗一点的发片，调整发片动态后将发片贴在后脑勺上。然后用相同的方法做出后脑勺下方的第一层头发。

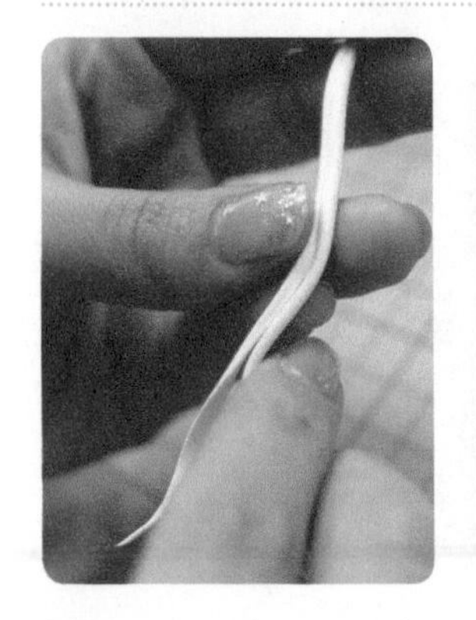
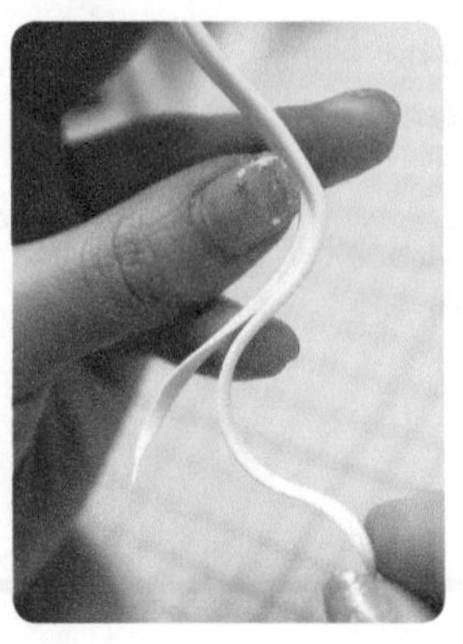

13 制作两缕细长的发丝，随后将发丝拼接起来，制作长且卷的鬓发，并贴在脸侧。然后用相同的方法制作另一侧的鬓发。

14 等第一层头发晾干后，贴上第二层头发并用包皮铁丝抬高，继续给贴出的第二层头发定型。

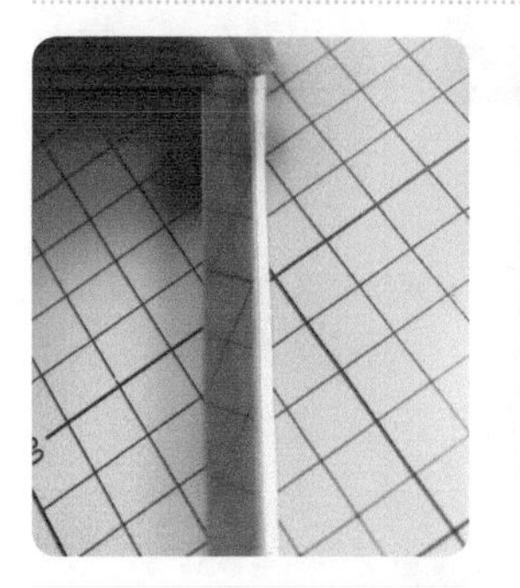
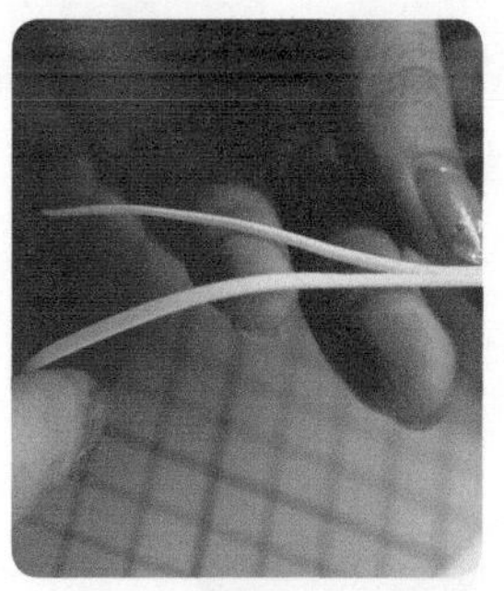
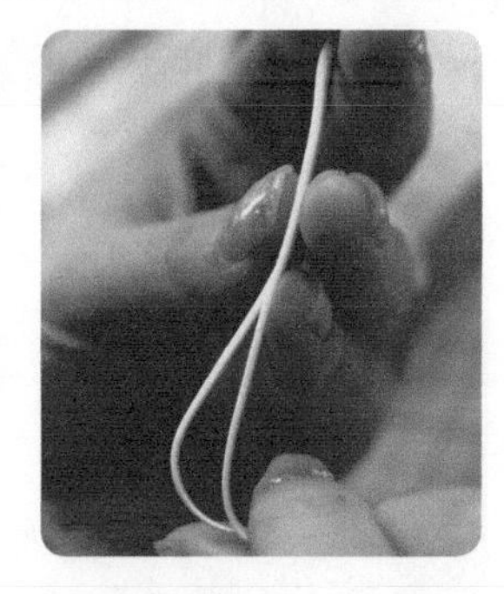

15 添加鬓角部分的长发，注意发丝的粗细程度与弯曲的动态造型。

16 本案例给美人鱼精灵设计的发型是半披半束式的双丫髻发型，因此用抹刀在头上划出发髻所在的位置。

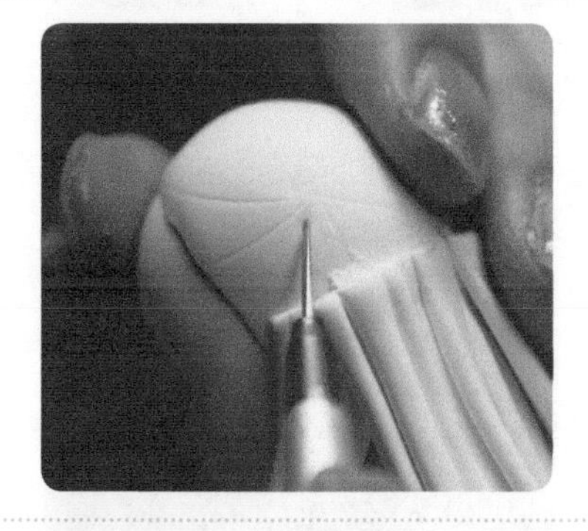
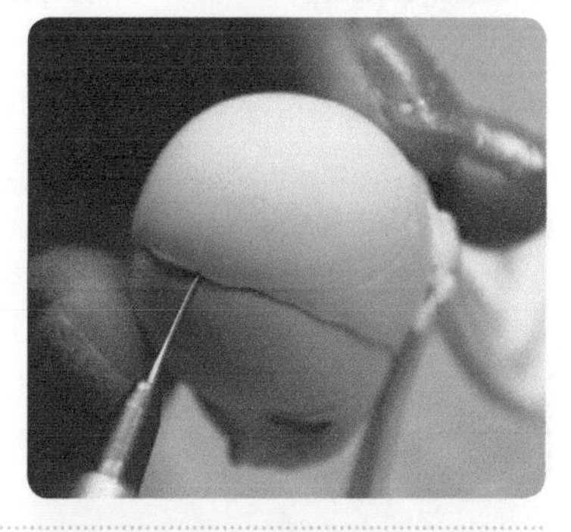

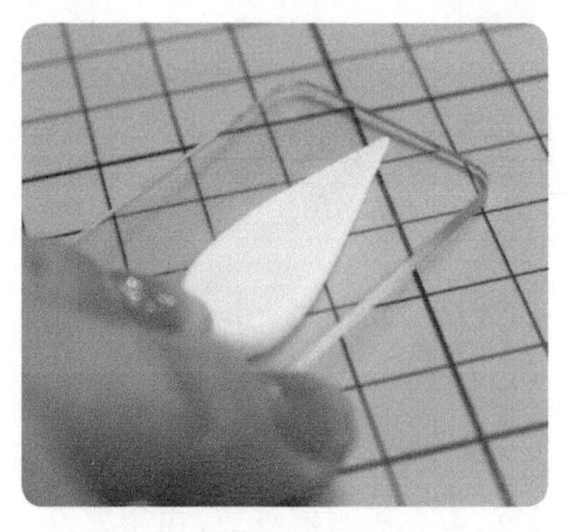
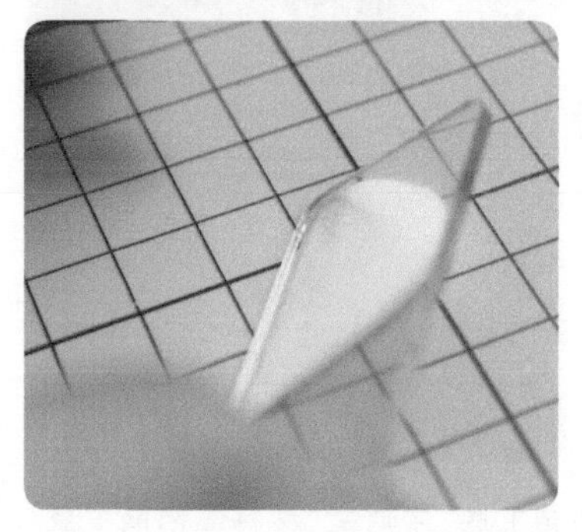

17 将白色黏土搓出水滴形，用压泥板将水滴形黏土的尖端与两侧压薄，做出发片。

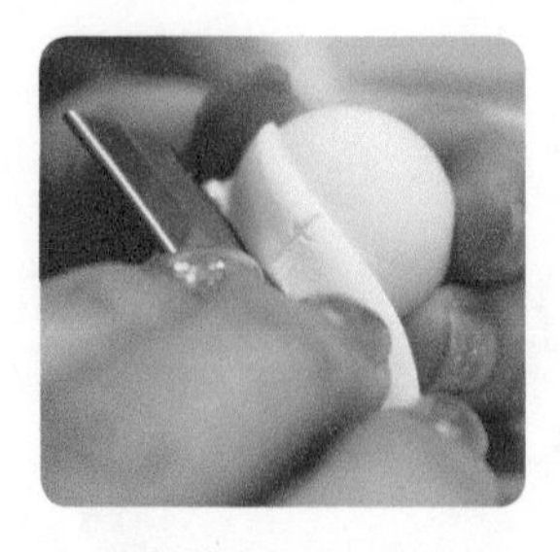
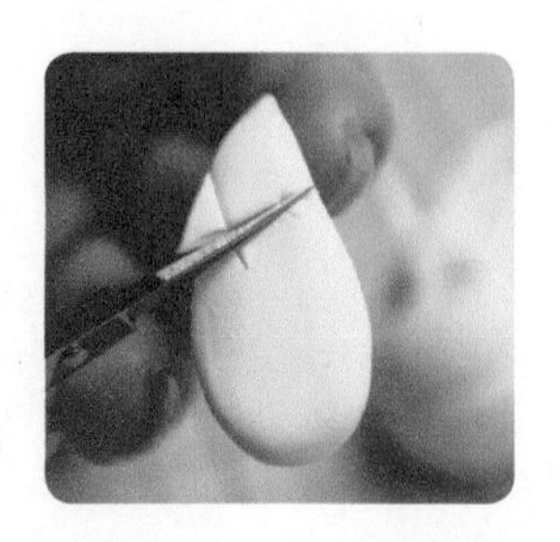

18 把发片的尖端对准头上划出的发髻所在的位置，用短款刀片在发片上划出需要的区域，随后用剪刀剪去多余的部分。

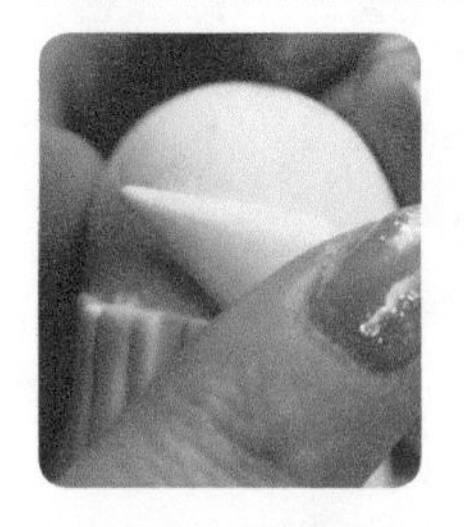

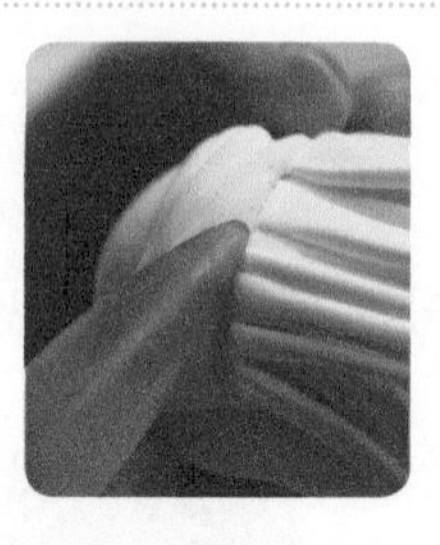
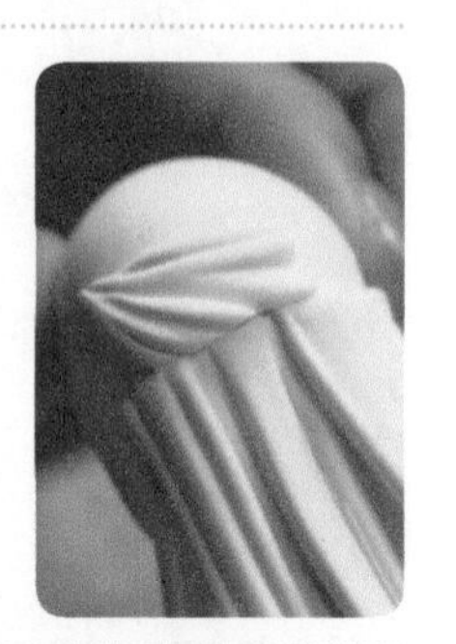

19 把剪好的发片贴在发髻所在的位置上，用羊角工具搭配刀形工具制作出发痕。

20 用同样的方法制作左侧其余头发，注意发际线处头发的厚度，同时先空出一缕鬓发的位置暂时不做。

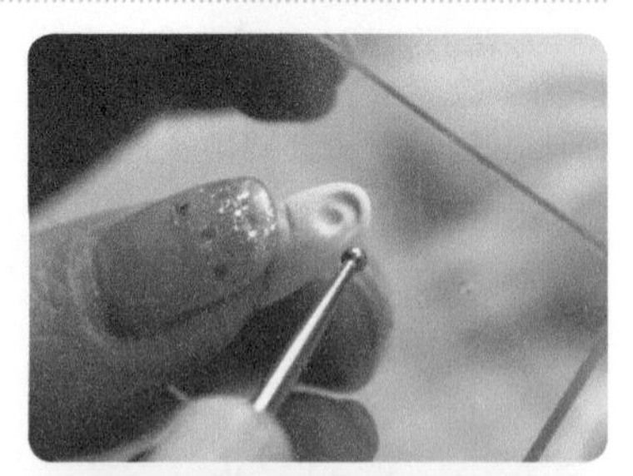

21 取适量肉色黏土稍微压扁，利用羊角工具、压痕笔、棒针等塑形工具做出耳蜗、耳孔等耳部细节，再用剪刀、短款刀片修剪出耳朵的具体形状。

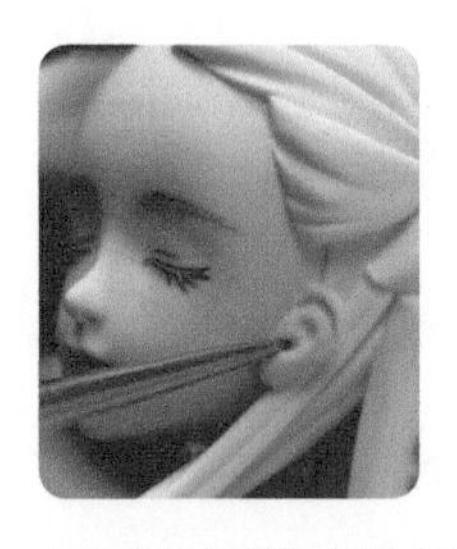

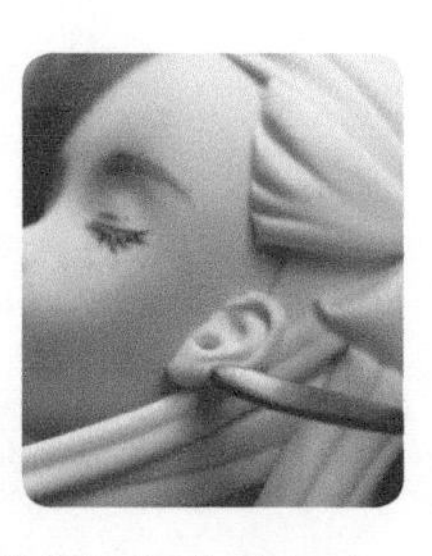

22 把耳朵贴在脸侧，继续用棒针、压痕笔、抹刀等塑形工具调整并加深耳朵的细节。

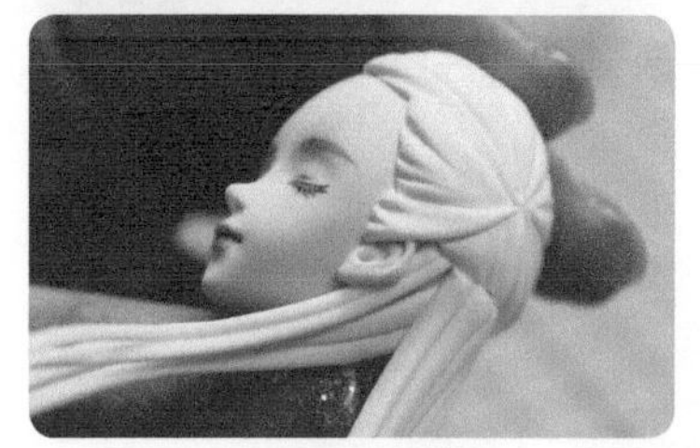

23 补做一缕鬓发遮住部分耳朵。用同样的方法制作另一侧头发。

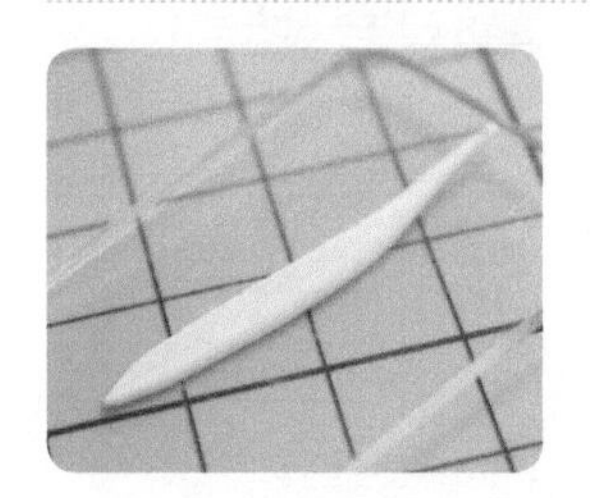

24 压出一片发片，用剪刀剪出分叉，然后将发片放在手指上弯出弧度，并贴在额头一侧。用同样的方法做出额头另一侧的头发。

25 做一片略宽的发片，剪好分叉后折成“V”形，然后把发片内侧剪短，将其贴在额头右侧的发际线处，再在发片内侧划出发痕。

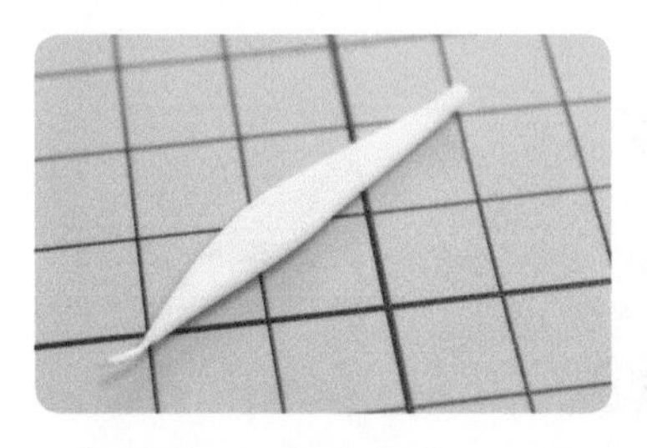
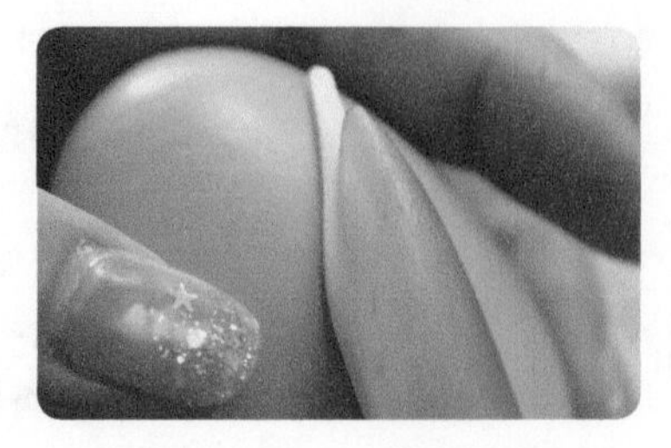

26 用白色黏土做一片扁状的梭形黏土，将其放在蛋形辅助器上用羊角工具压出线状纹路，作为制作发髻的发片。

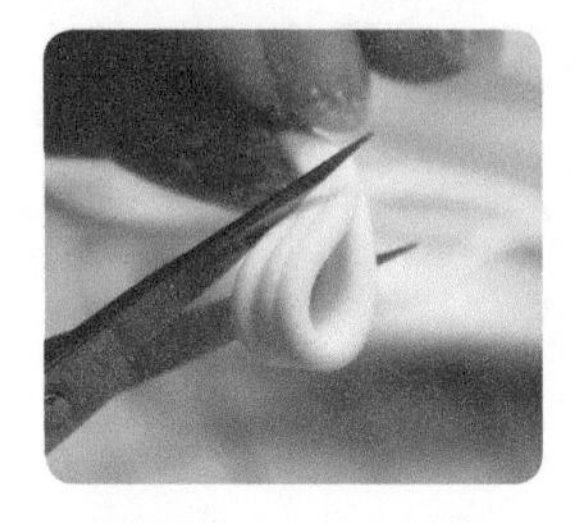

27 将发片对折做成发髻并用剪刀将黏合处修剪成尖角，随后把发髻贴在头部两侧。

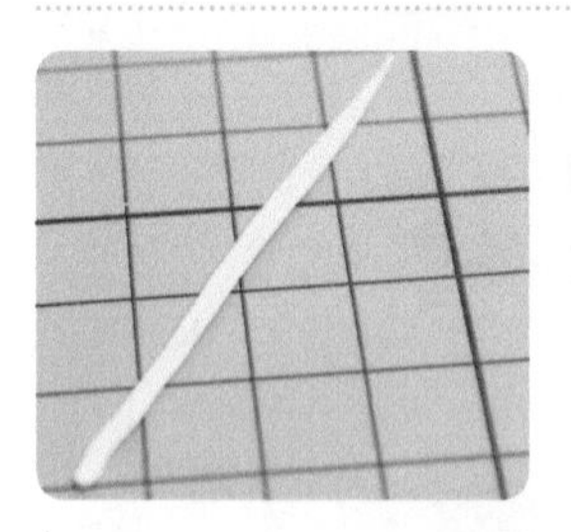
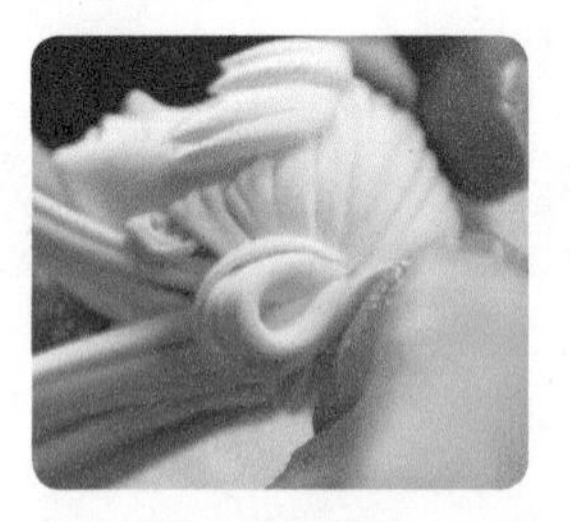

28 搓一个细条绕于发髻外侧，然后用剪刀剪掉多余的部分。用相同的方法制作另一侧发髻。

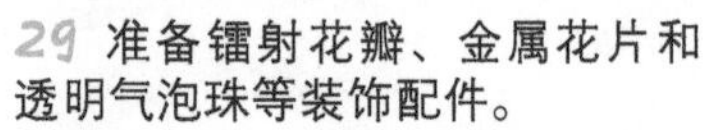

29 准备镭射花瓣、金属花片和透明气泡珠等装饰配件。

30 用剪刀根据镭射花瓣的形状，将其剪成单个的呈鱼鳞状的小片。

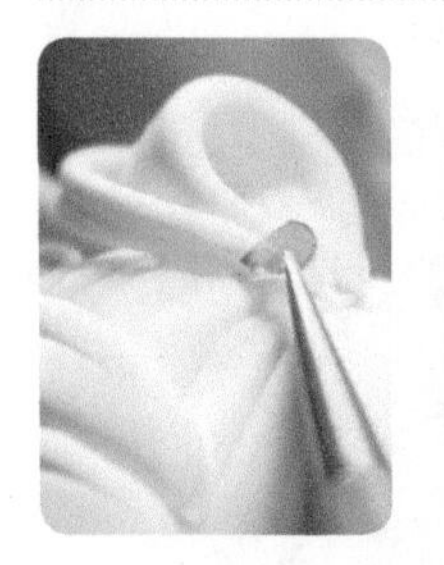

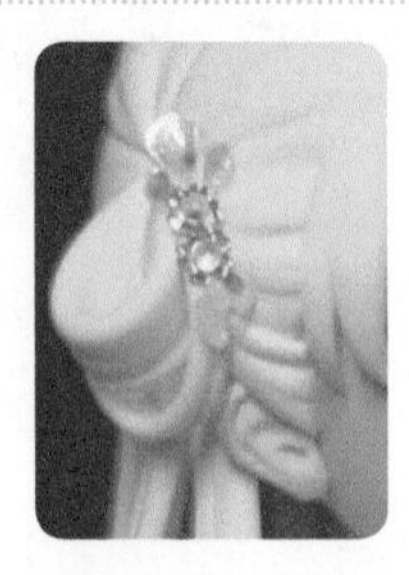

31 把剪出的鱼鳞状镭射花片、准备的金属花片一一粘在头部两侧的发髻上，再用胶把透明气泡珠粘在金属花片内。至此，美人鱼精灵的发型及发饰制作完成。

3.2.4 底座与场景装饰

• 添加底座

01 用微型电钻在准备好的透明亚克力圆片底座上打孔，随后把做好的美人鱼精灵尾部的铜丝插入底座，将美人鱼精灵固定在底座上。

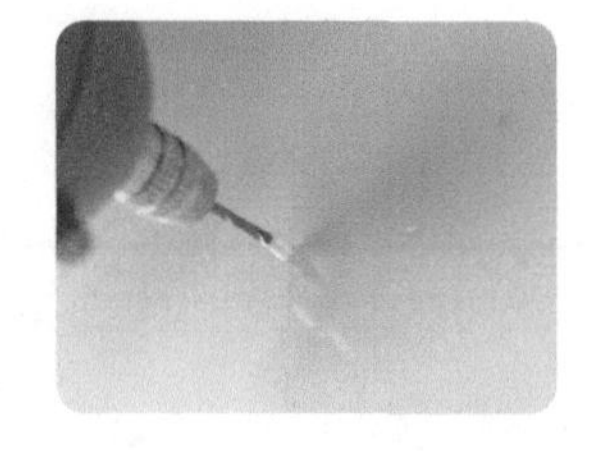

• 制作场景装饰

02 准备水晶模具、贝壳纸与 UV 胶。

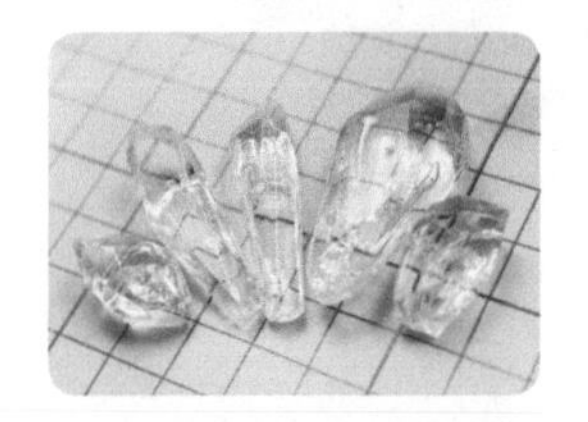

03 在水晶模具内撒上一些贝壳纸，用 UV 胶填满整个模具，用紫外线灯将模具内的 UV 胶烤干后将制作好的水晶部件取出。需制作 5 个大小不一的水晶部件。

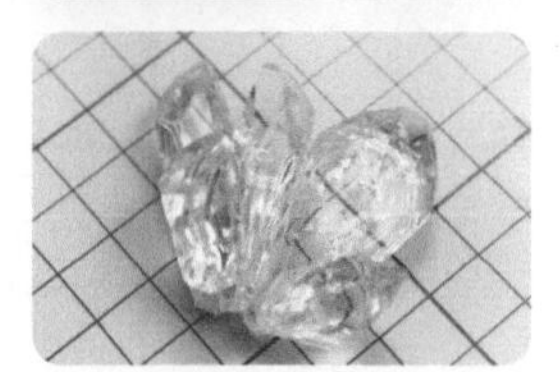

04 在水晶部件上涂抹 UV 胶，将大小不一的水晶部件粘在一起并用紫外线灯烤干。注意水晶部件之间的搭配。

05 将组合起来的水晶部件粘在底座上，用相同的做法再制作一些大小不同的水晶部件来装饰底座。至此，美人鱼精灵制作完成。

第4章 玉兔的制作

4.1 特征分析

4.1.1 所用黏土色卡

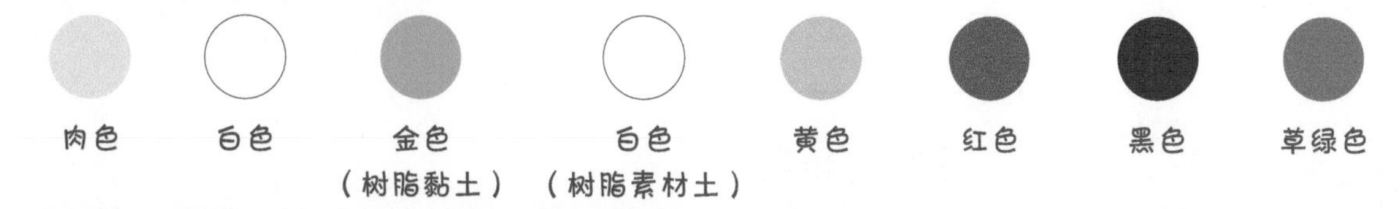

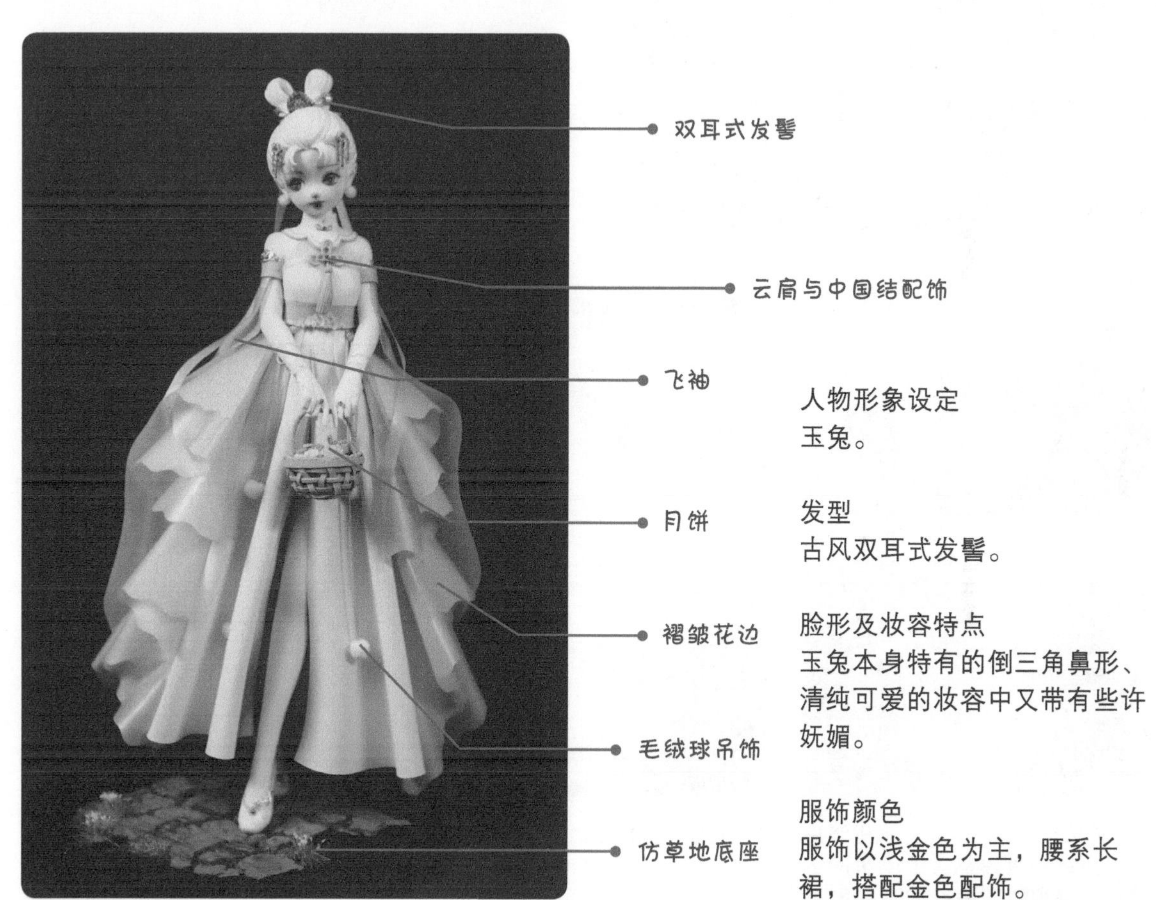

人物形象设定
玉兔。

发型
古风双耳式发髻。

脸形及妆容特点
玉兔本身特有的倒三角鼻形、清纯可爱的妆容中又带有些许妩媚。

服饰颜色
服饰以浅金色为主，腰系长裙，搭配金色配饰。

4.1.2 元素选用

本案例制作的玉兔，在整体配色上，选用了浅金色、浅黄色这类比较清爽的颜色；在人物动作上，玉兔双手提着一篮在中秋节食用的精致的月饼，寓意花好月圆；在服装造型上，玉兔身穿古风露肩高腰飞袖花边浅金色长裙，整体采用具有古风韵味的云肩、中国结等元素进行装饰。

4.1.3 造型分析

这是一只从仙宫溜入凡间、向往人间生活的、可爱俏皮的玉兔。她身形娇小玲珑，全身肉肉的，身穿露肩高腰飞袖花边浅金色长裙，双手于身前提着装满月饼的篮子，双腿呈交叉站立姿势。

4.2 玉兔的制作方法

4.2.1 头部

- 画脸

大大的眼睛表现了玉兔单纯无辜的动物属性，红色系的眼妆与唇妆给玉兔清纯的妆容增添了一丝妩媚。

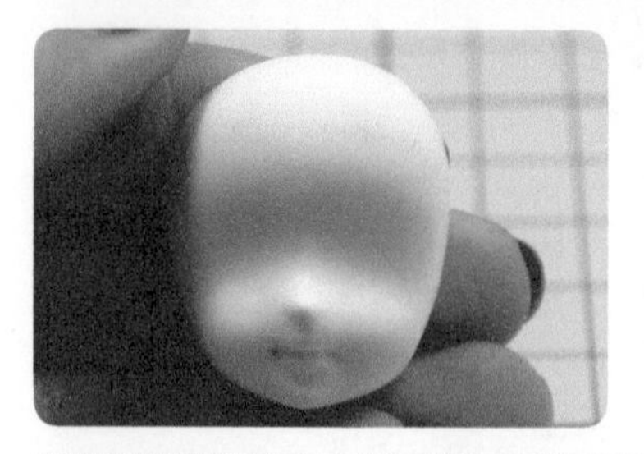

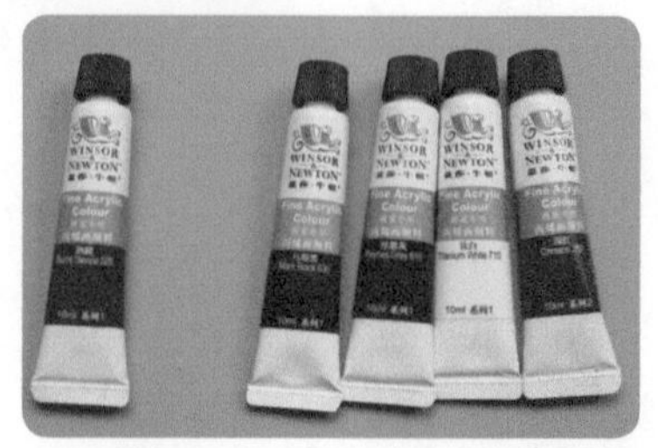

01 用肉色黏土搭配脸形模具翻制出玉兔的脸，晾干待用。准备熟赭、马斯黑、佩恩灰、钛白、深红等颜色的丙烯颜料。

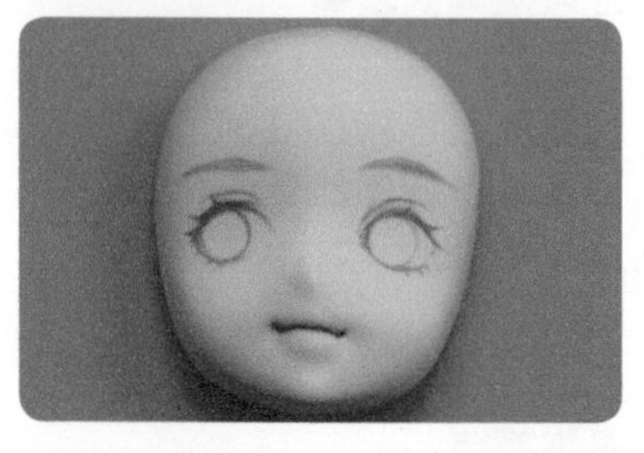

02 将熟赭多加一点水，调出浅褐色。用纸巾吸掉笔尖上多余的水分后，蘸取浅褐色在脸上绘制五官底稿。

03 用钛白画出眼白。

04 用马斯黑和钛白调出浅灰色，画出眼睛的阴影部分以及眼球的浅色部分。

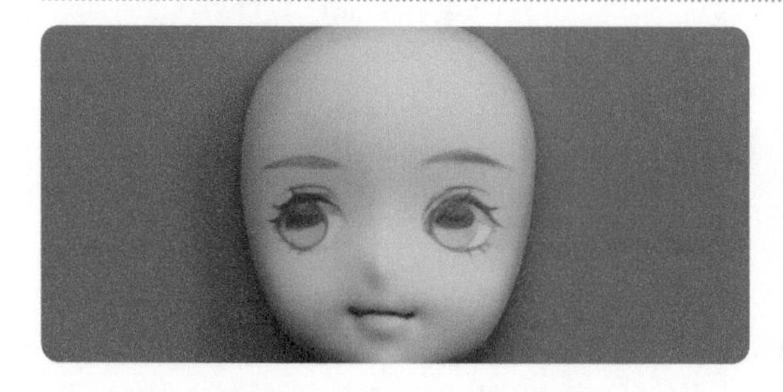

05 用紫色和佩恩灰画出眼球的深色部分。

06 用马斯黑点出瞳孔。

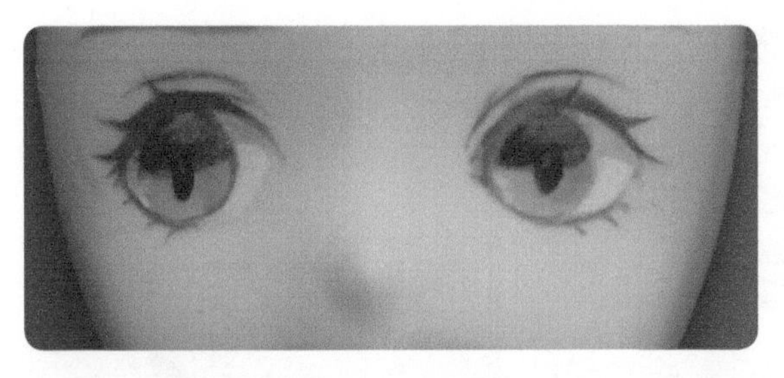

07 加深眼睛的深色部分，并添加过渡色，让深色区向浅色区自然过渡。

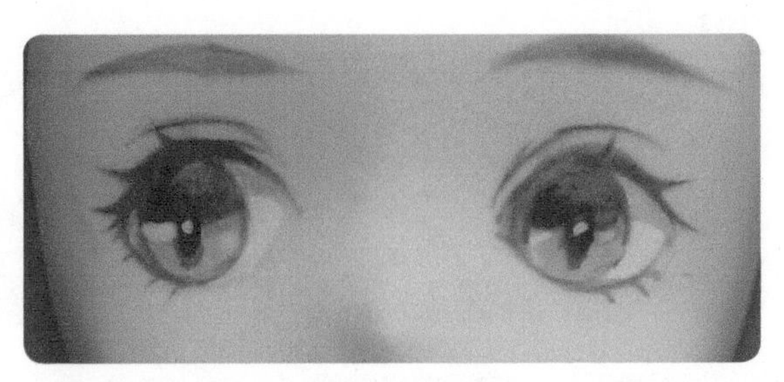

08 用钛白点出眼睛上的高光。

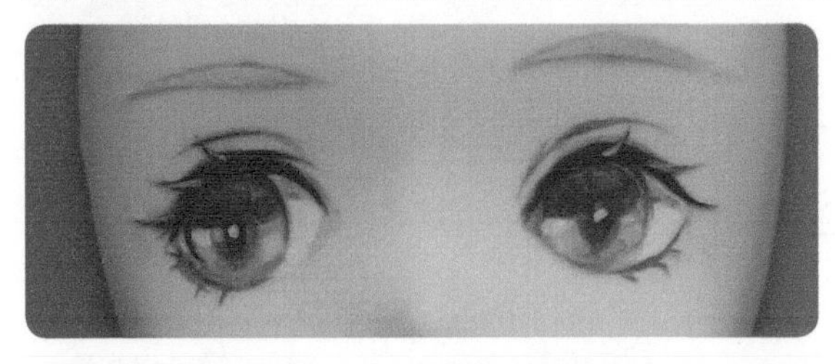

09 用浅灰色给眉毛上色，同时在睫毛上涂上灰色以丰富睫毛的色彩层次。用白色和熟褐混合，在眼睛下面刷一下。

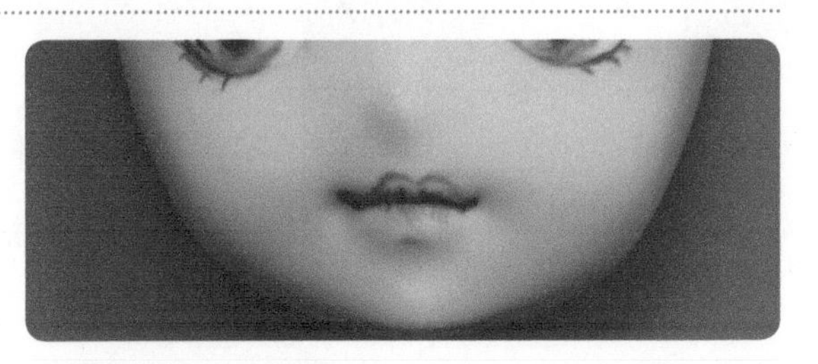

10 用熟褐勾画出唇形。

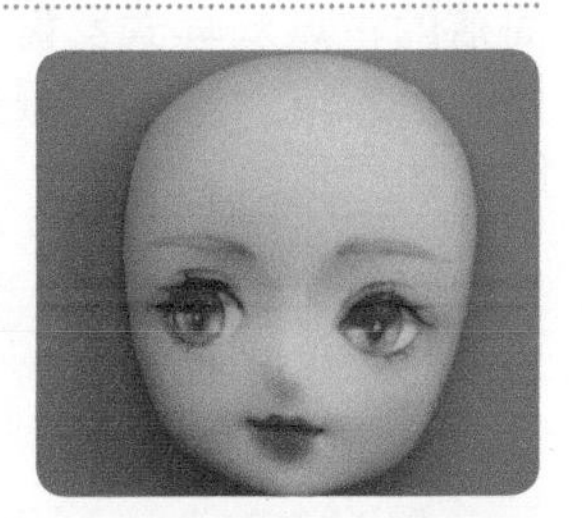

11 先用细棉签蘸取橘红色系的眼影填充唇色，再用色粉刷继续蘸取橘红色系的眼影扫出腮红和眼影，接着给眉头扫上一点红棕色。

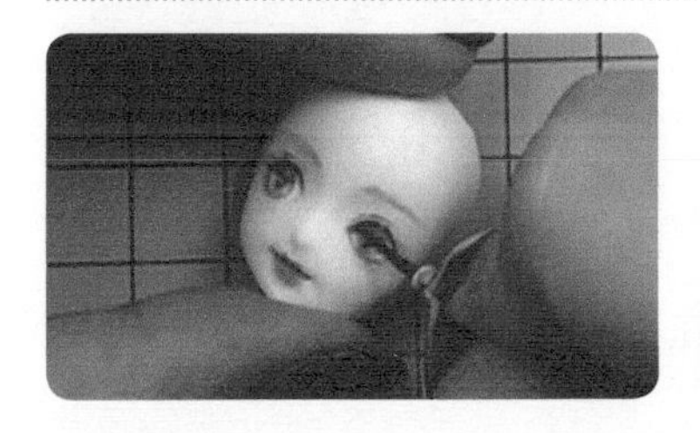

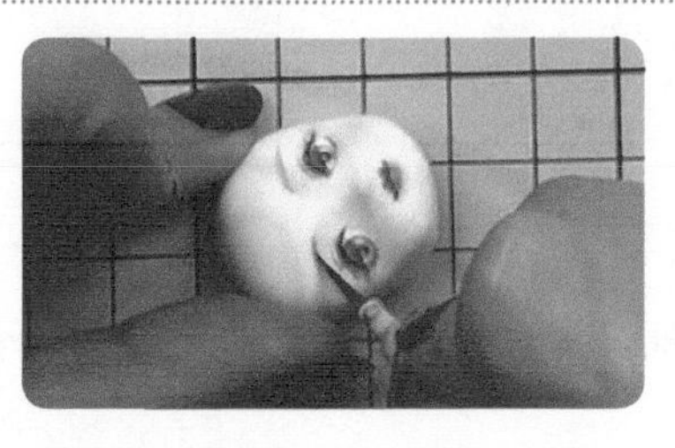

12 用勾线笔蘸取水性亮油填涂眼睛、眉毛、唇部等上色区域，为五官增添精致感与光泽感。至此，人物的妆容绘制完成。

• 制作后脑勺

后脑勺的形状要饱满，要让用来做后脑勺的黏土包住整张脸，并结合脸形去观察整个头部的正面和侧面的形状。

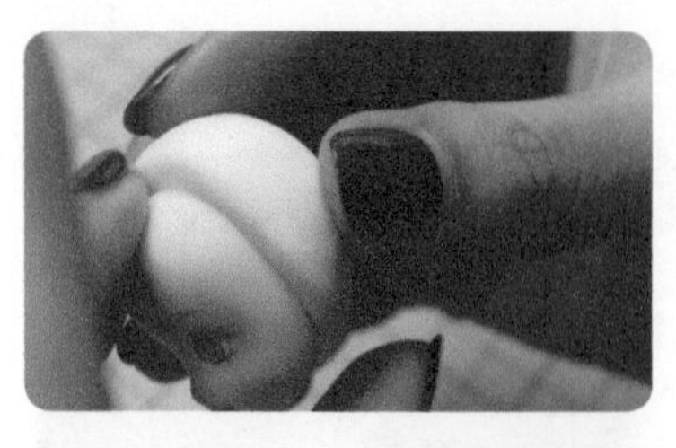

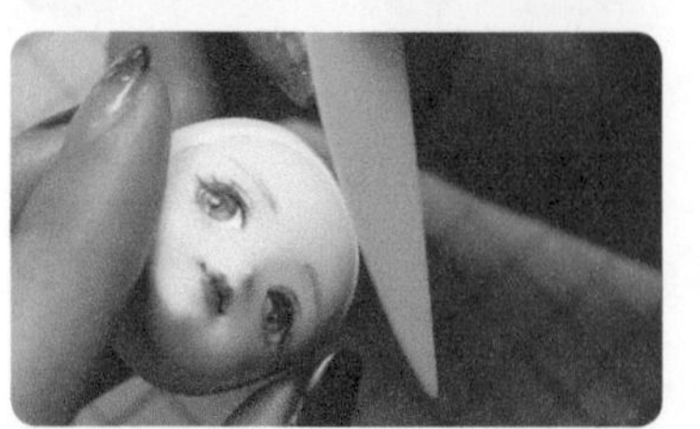
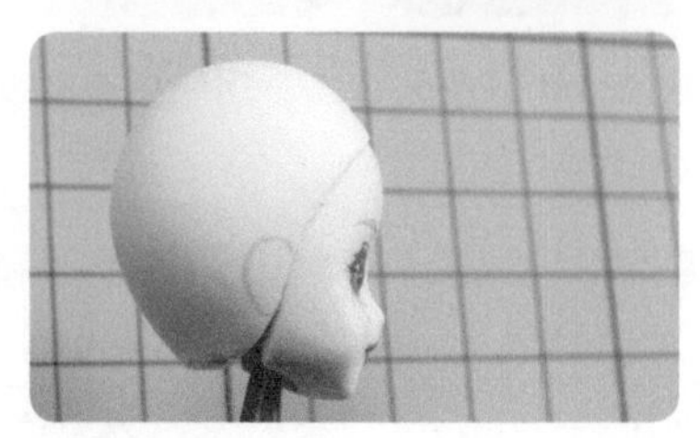

13 在脸的背面包一块白色黏土做出后脑勺，用手和黏土制作工具三件套里的刀形工具调整后脑勺的形状及其与脸的接缝，再标出耳朵的位置。

• 制作头发

简洁的古风双耳式发髻，配以白色发色展现玉兔的头发；发饰以金色配饰为主，点缀少许颜色亮丽的米珠，表现出玉兔清丽脱俗的气质。

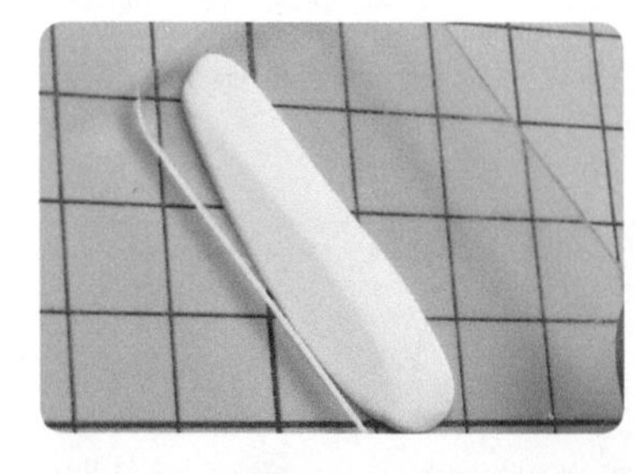

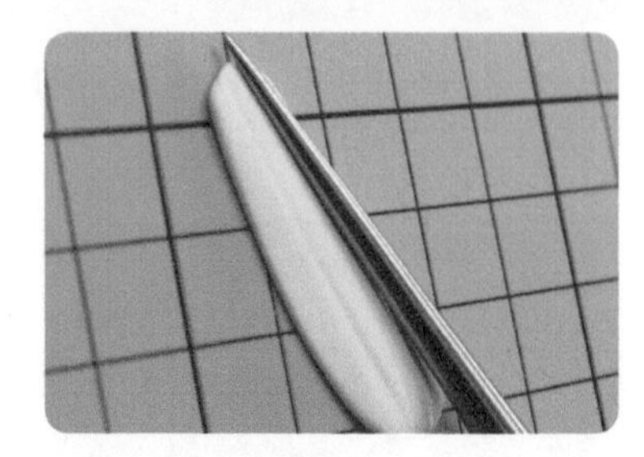

14 先用压泥板把用白色黏土制作的发片边缘压薄，再用刀形工具和棒针压出发片上的发丝纹路。

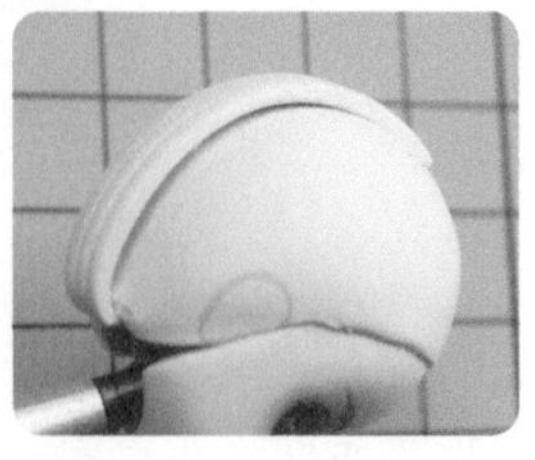

15 以头顶为起点，把发片向下贴在后脑勺的中间。

小提示：发片是从后脑勺中间向两边包着贴的，因此贴发片前，需着重留意后脑勺的形状。

16 在后脑勺中间的发片的右侧，贴上两片发片，发片贴至右耳后即可，然后用剪刀剪去多余的部分。

小提示：发片的发根均要向头顶发旋处聚拢，因此每片发片的发根都需要修剪成尖头状。

17 用白色黏土做一片发片，用切圆工具在发片一端切出耳朵的轮廓。

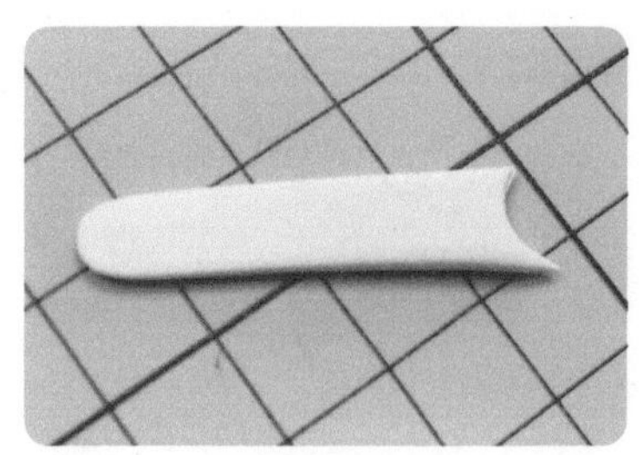

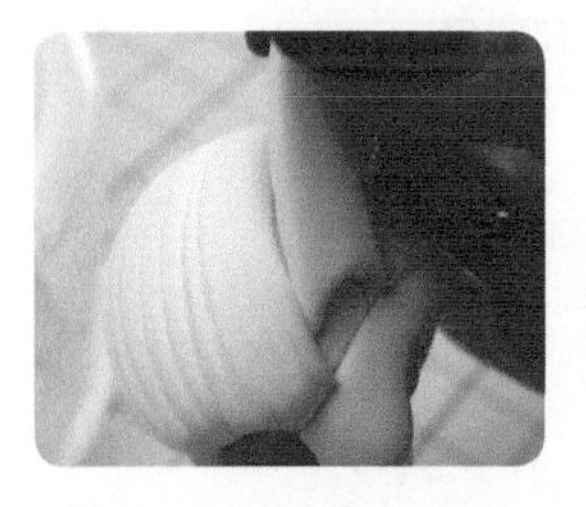

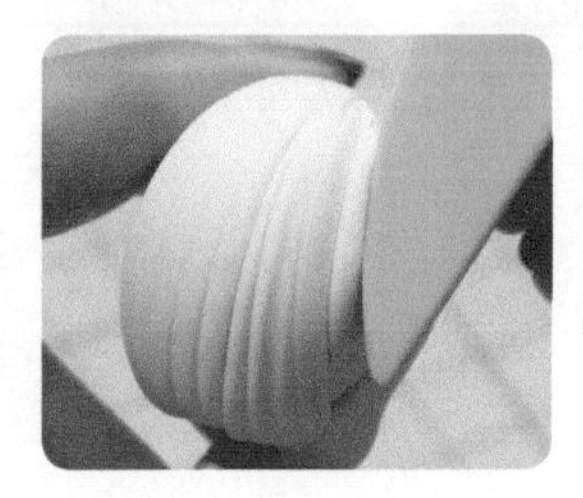

18 把发片贴在右耳处，调整好位置后用刀片切去多余的部分，再用刀形工具以及棒针的尖头，共同压出发片上的发丝纹路。

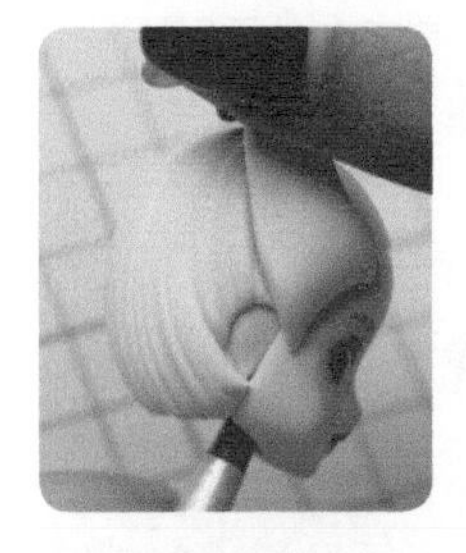

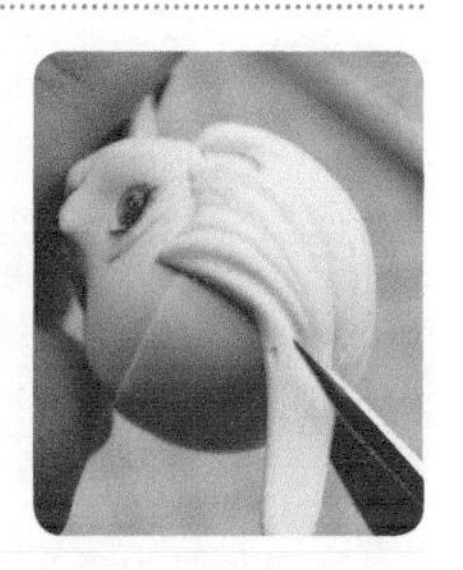

19 用相同的方法制作一片发片并将其贴在右前额处，用黏土制作工具三件套里的鱼形工具（以下简称“鱼形工具”）的圆头调整发片发根的造型，用刀形工具和棒针的尖头压出发丝纹路，并用剪刀剪去多余的部分。

20 用相同的方法新做一片发片，用鱼形工具调整发片底端弧形的弧度，把发片沿着发际线逐步往头顶中心贴，同样用棒针的尖头压出发丝纹路。至此，玉兔头部右侧的头发已贴完。

21 用与贴右侧头发相同的方法，贴出头部左侧的发片，注意留出头顶发片的位置。

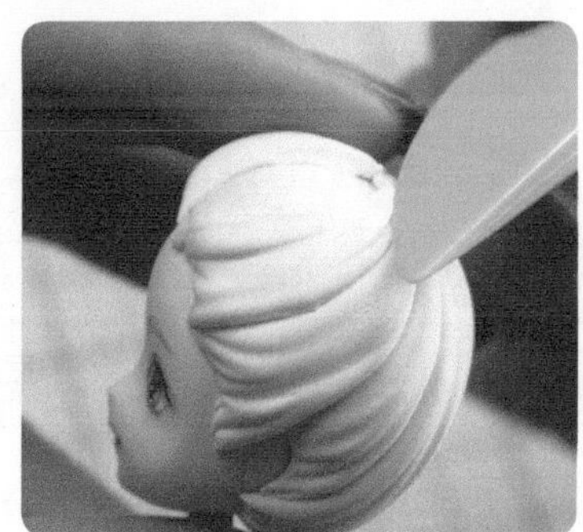

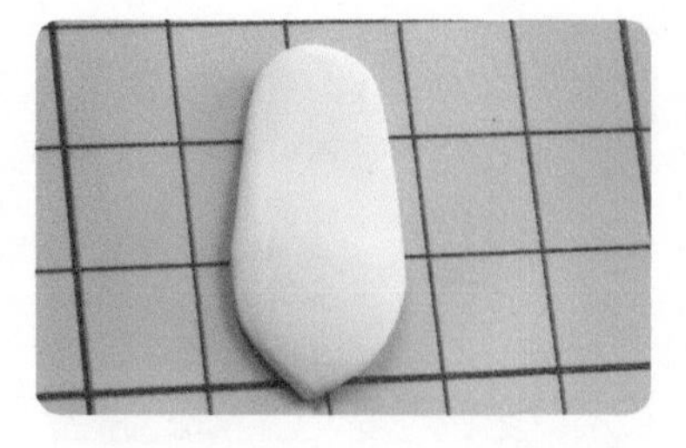

22 做一片与头顶预留区域大小相同的发片，用刀形工具调整发片形状后贴在头顶上，接着再压出发丝纹路，同时调整整体发型。

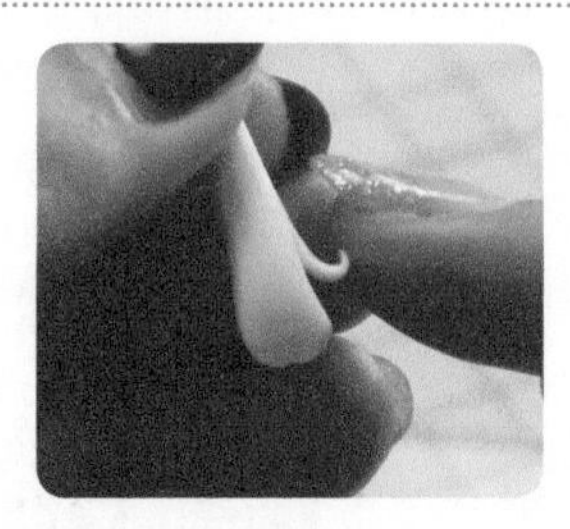
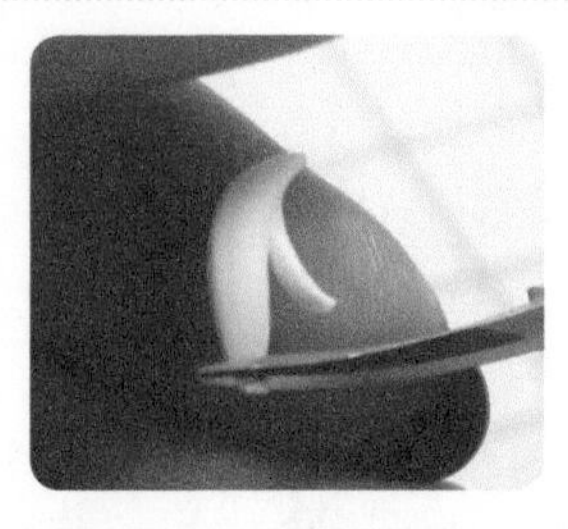

23 在白色黏土条上用剪刀剪一缕发丝，用手使其向内弯曲，再修剪出刘海的整体形状，并将发片贴在额前，随后用相同的方法做出另一侧刘海。

• 制作耳朵

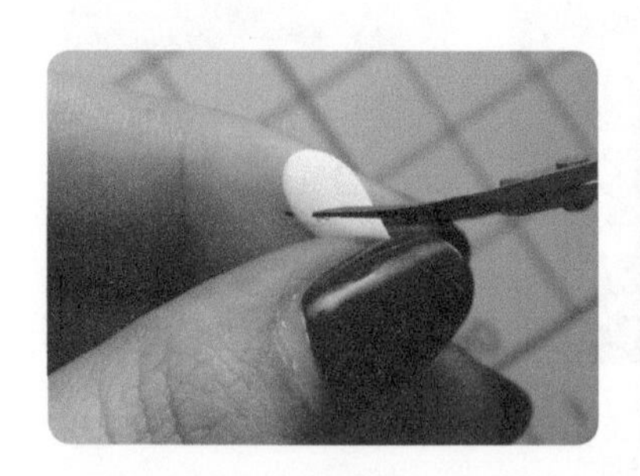
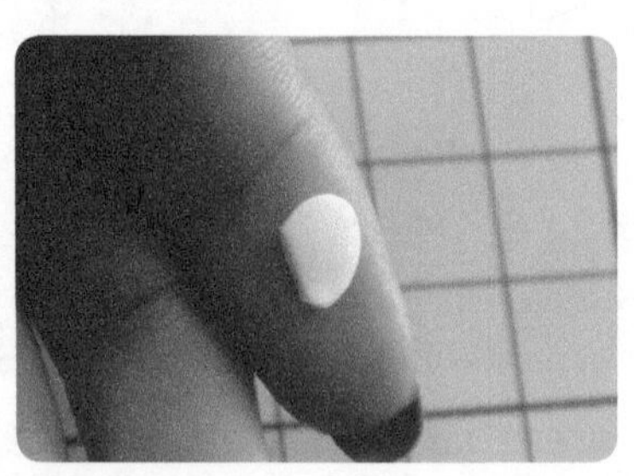
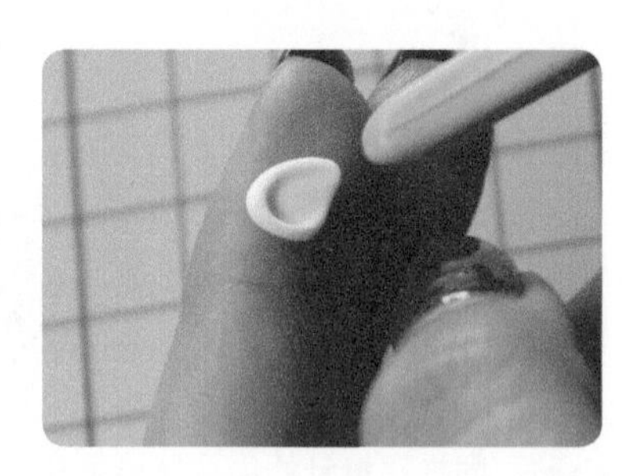

24 用弯嘴斜口剪钳在肉色黏土上剪出耳朵的雏形，再用刀形工具的圆头压出耳郭。

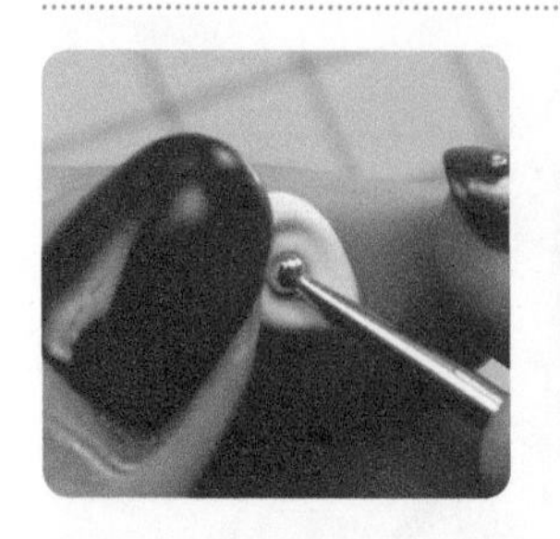
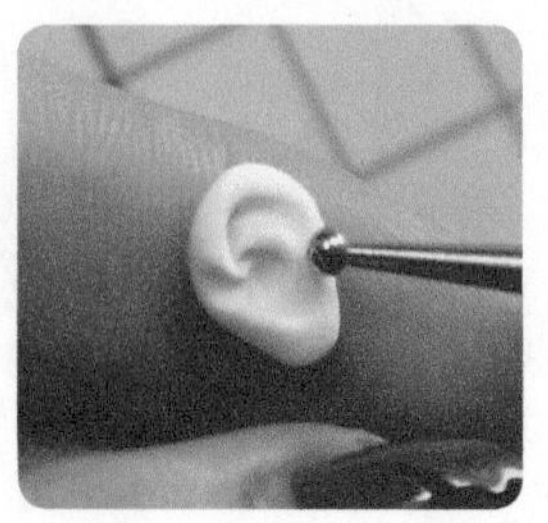
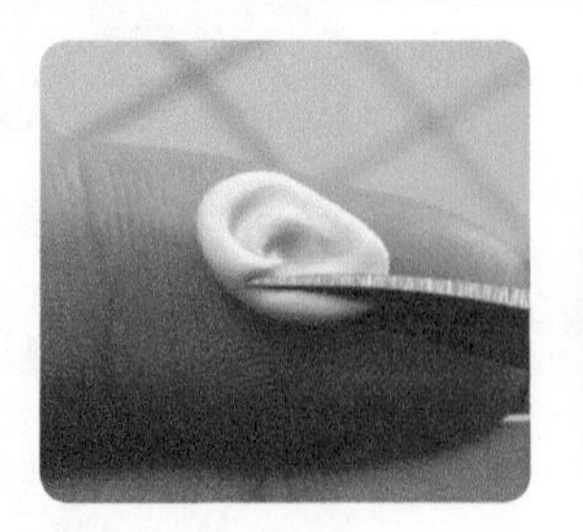
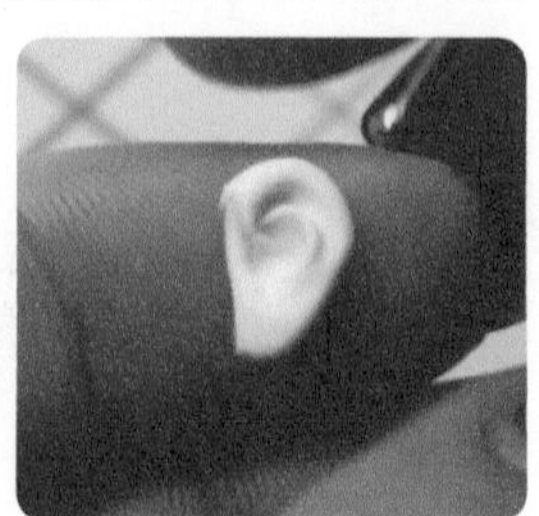

25 用压痕笔和剪刀调整耳朵的细节。

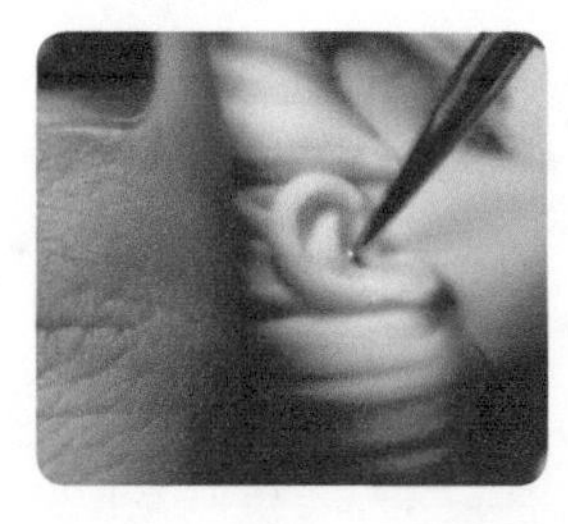
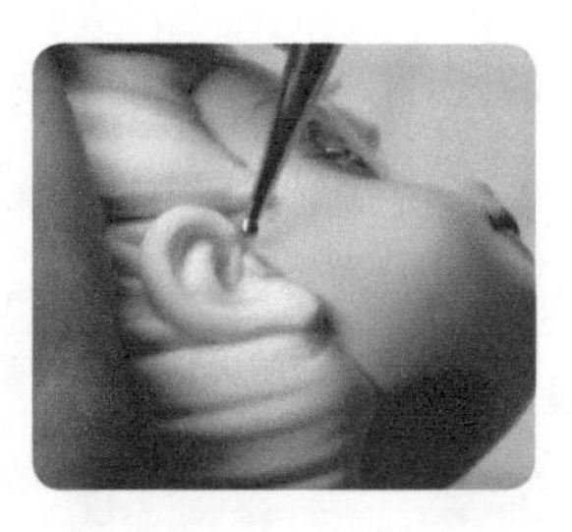
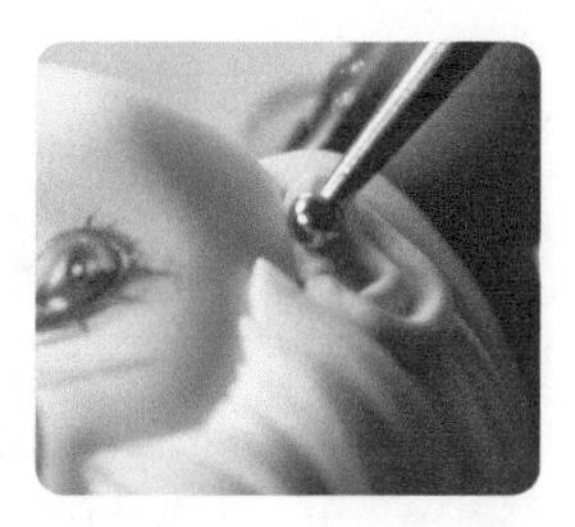

26 把制作好的耳朵部件贴在右耳的位置上，用压痕笔按压固定右耳，同时调整耳朵的形状。

小提示：假如黏土的黏性降低，可用毛笔在黏合处沾点水，增强其黏性。

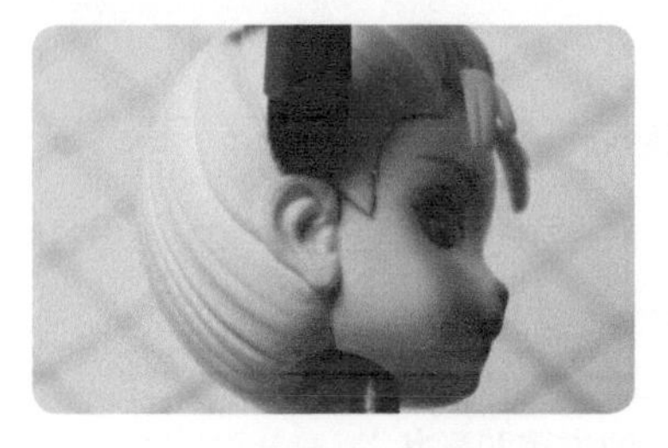

27 用色粉刷蘸取粉色眼影给耳朵的轮廓和鼻头上色。用同样的方法做出左耳。

● 制作发髻

28 先用压泥板把白色黏土块压成一个梭形用作发片，再在发片上压出发丝纹路，随后用棒针的尖头和短款刀片丰富发片的造型。用相同的方法再做一片发片。

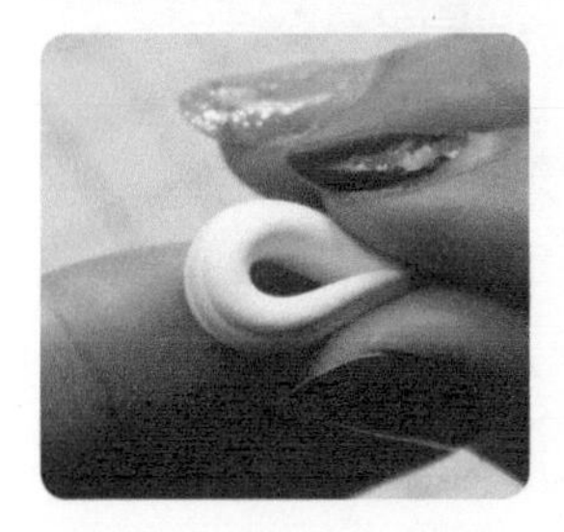

29 用与步骤 28 相同的方法再做一个发片。将发片对折，贴在头顶上做出双耳式发髻。

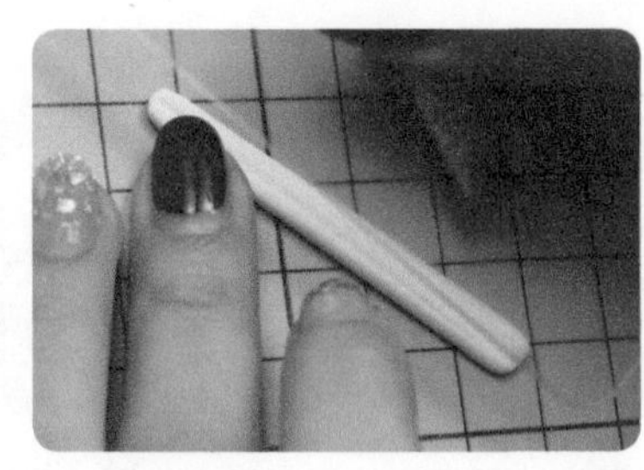

30 用压泥板把白色黏土长条压出弧面和发丝纹路，随后用刀形工具调整发丝纹路，制作出长条发片。

31 将长条发片包在发髻的底端，用鱼形工具的圆头和棒针的尖头调整发片的位置和形状。

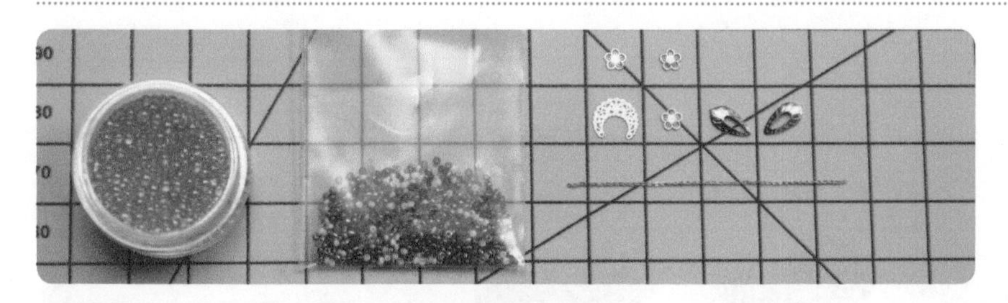

32 根据个人设想的造型，准备相关的饰品配件。

33 用准备的饰品配件制作发饰。

4.2.2 身体

● 制作下半身

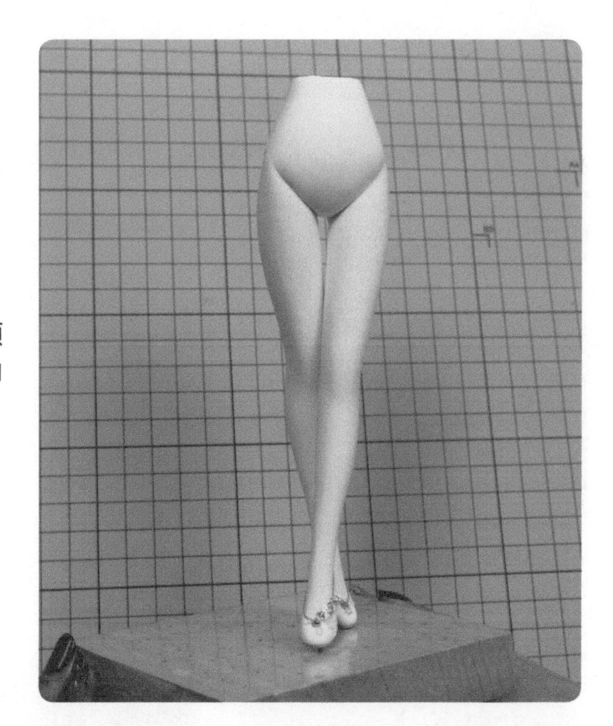

玉兔的双腿呈交叉站立姿势，身体往右前方倾斜。捏制下半身时要注意腿部形状以及鞋子的制作。

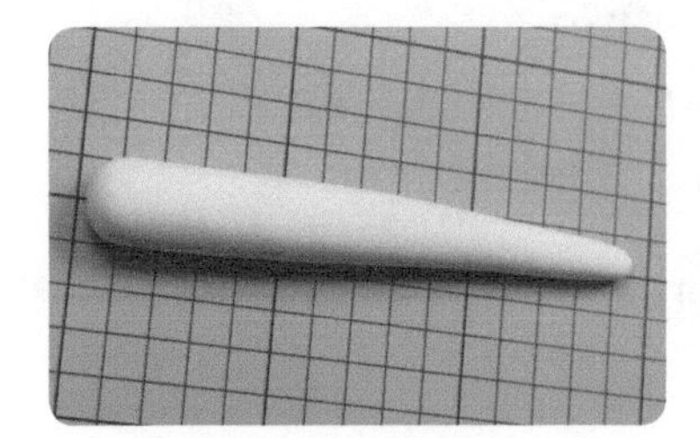
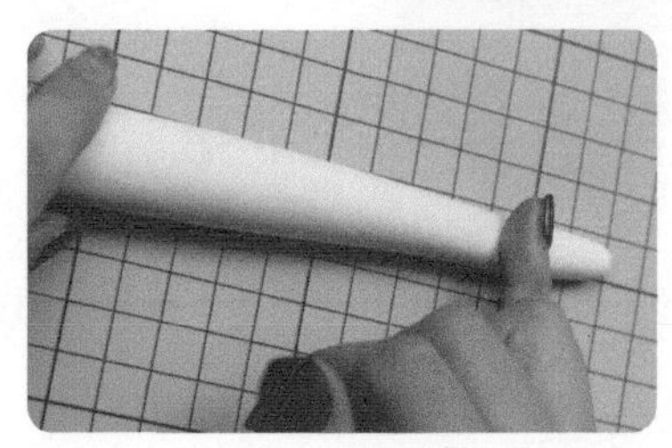
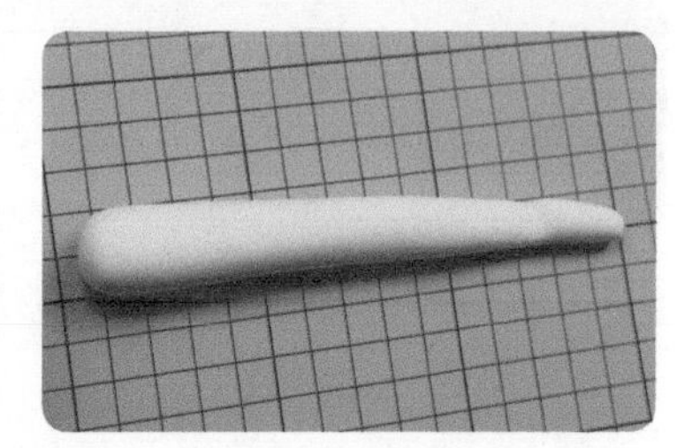

01 用肉色黏土搓一个细长的、形似萝卜的长条作为玉兔的腿，用手指的侧面压出脚掌的位置。

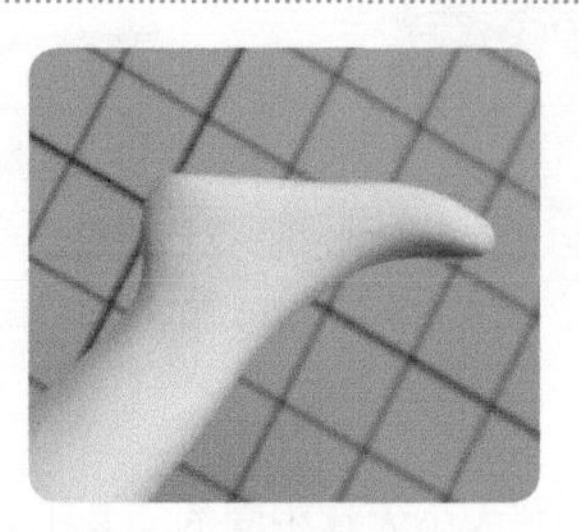
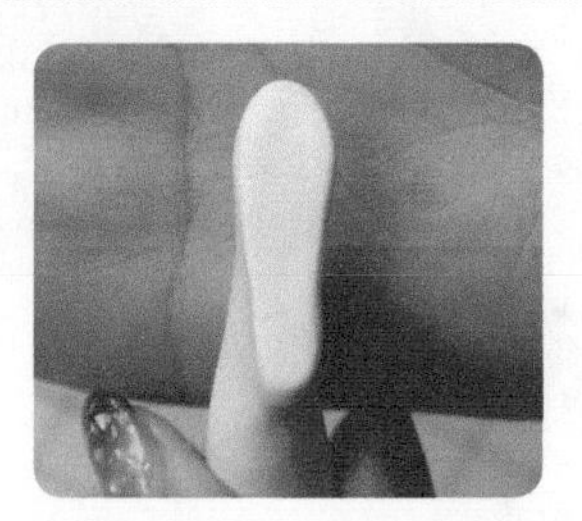
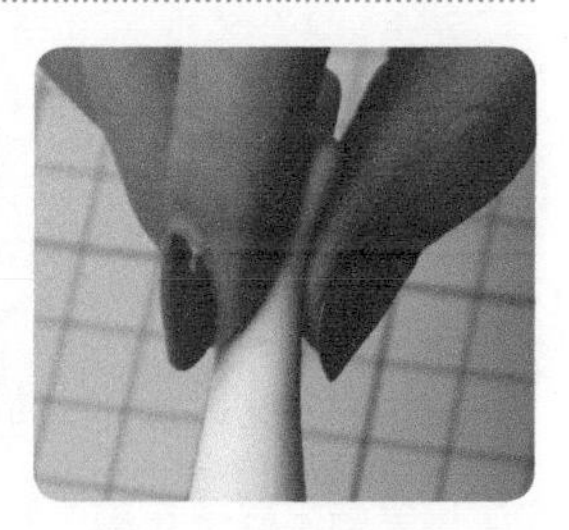

02 先用拇指抵住脚背，再用食指将脚掌往脚后跟方向推，推出脚后跟后调整脚形与脚长，多余的部分可用剪刀修正，最后捏出脚后跟。

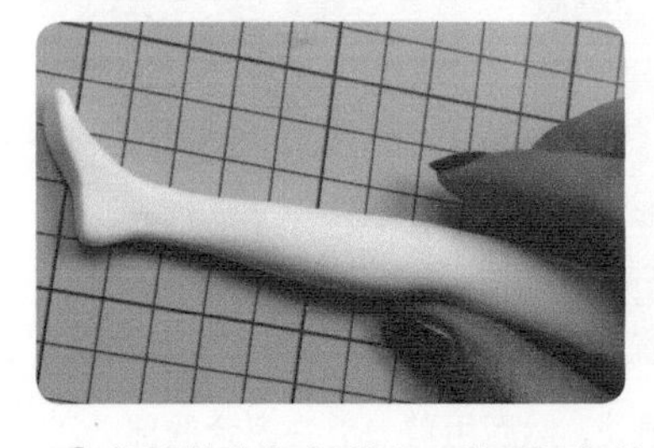
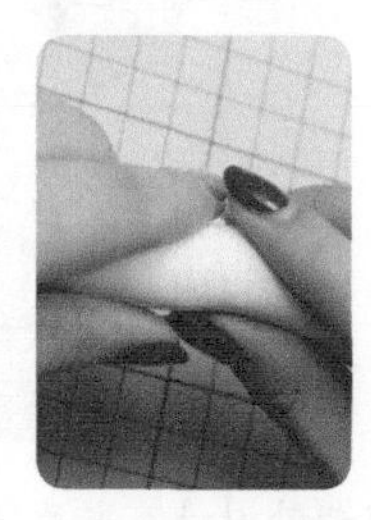
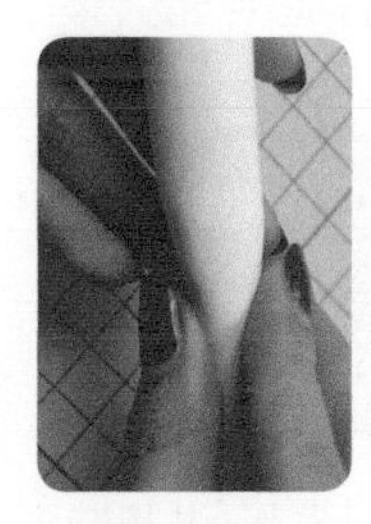
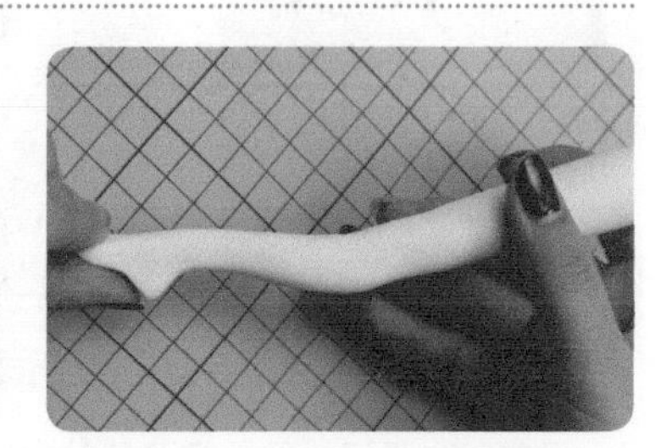

03 将腿放在切割垫上，利用切割垫上的标尺确定小腿的长度，随后捏出膝盖的骨骼结构，并调整小腿的形状。

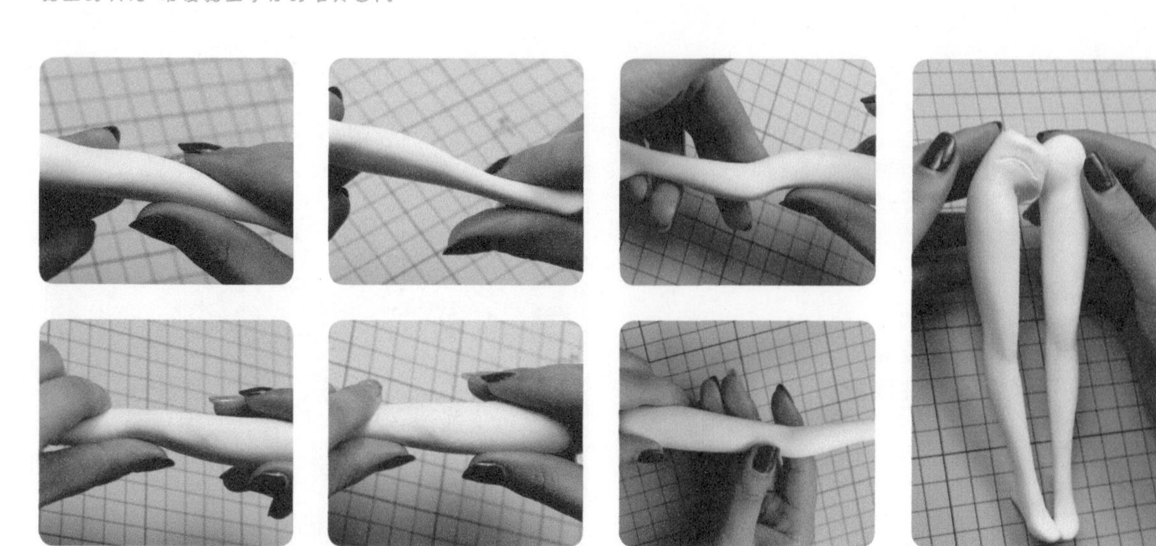

04 用手先捏出小腿弯曲的形态，再调整脚掌的朝向，最后调整大腿的形状。用相同的方法制作另一条腿。

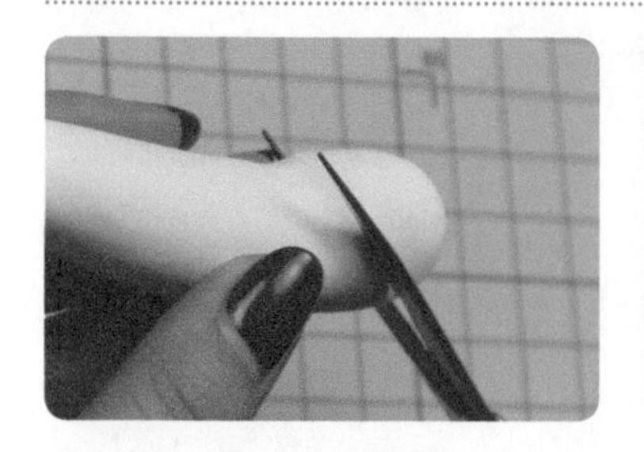

05 用剪刀修剪大腿根部，然后用刀形工具和手做出大腿根部与臀部的衔接面。

● 制作鞋子

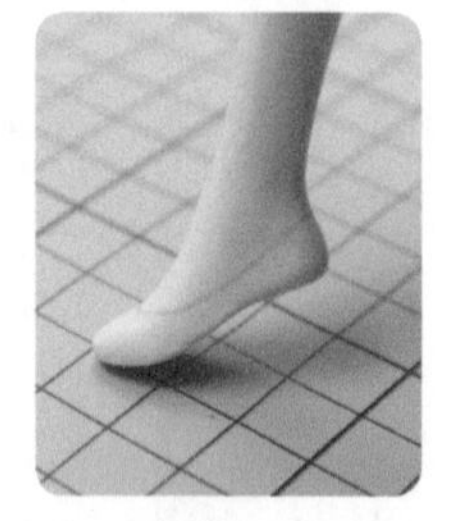

06 用笔标出鞋子在脚上的位置。

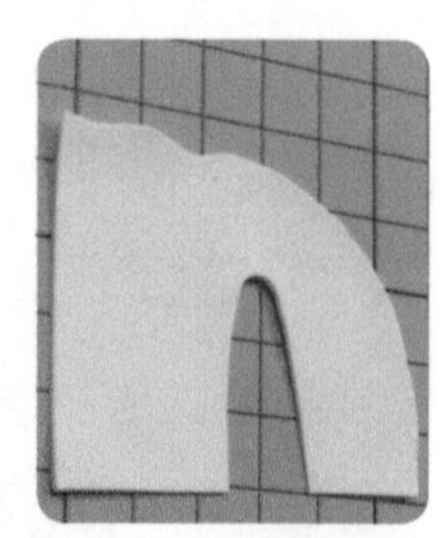

07 用与脚踝大小大致相同的切圆工具，在白色黏土薄片上压出鞋口，然后用短款刀片切出鞋面开口。

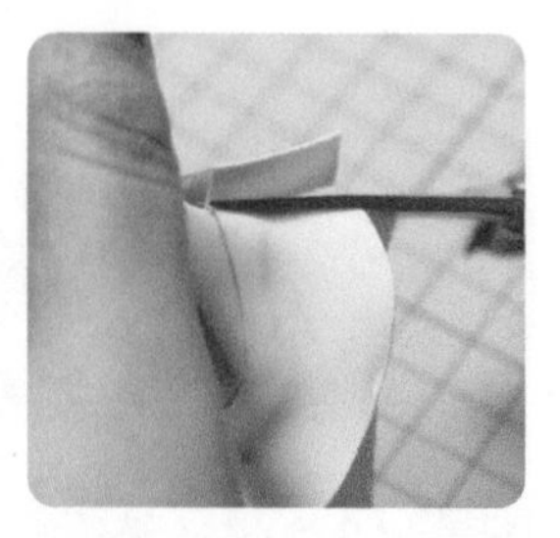

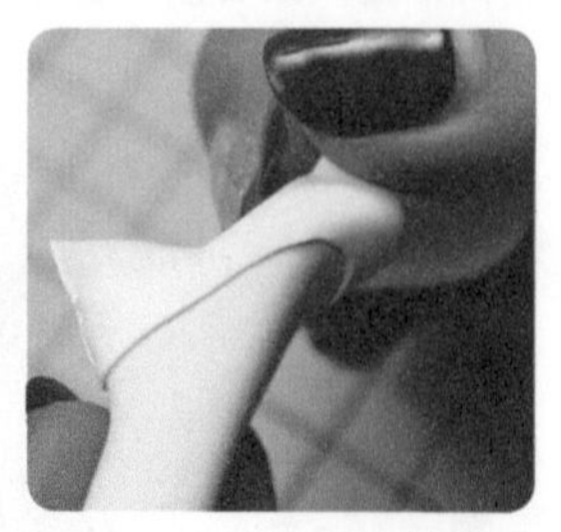

08 沿着事先画好的线条把薄片贴在脚背上，并把鞋面接缝处设计在鞋后跟处，然后用剪刀剪去多余的部分。接着用手将鞋面绷紧，让鞋面保持平整。

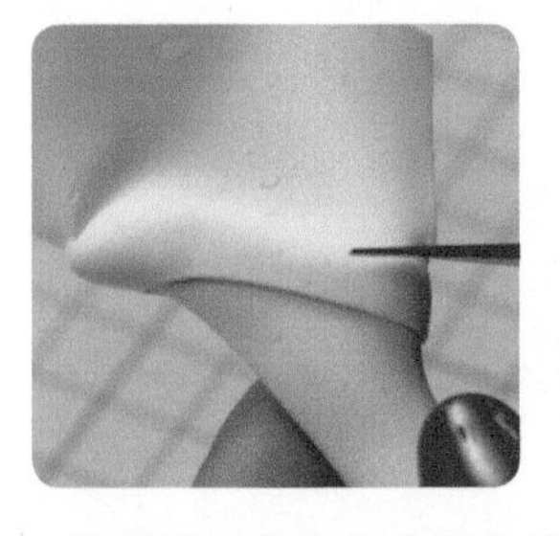
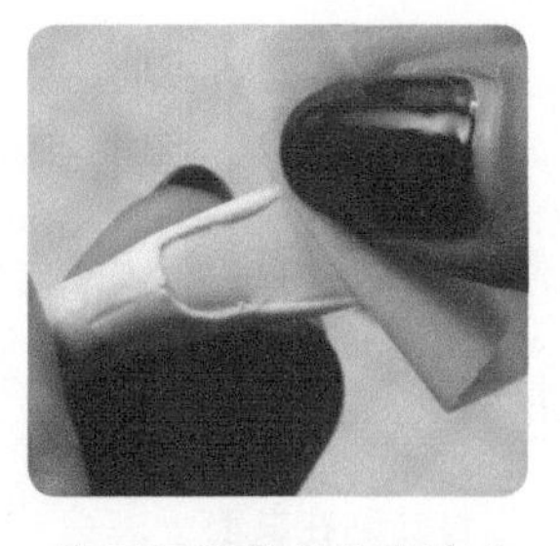
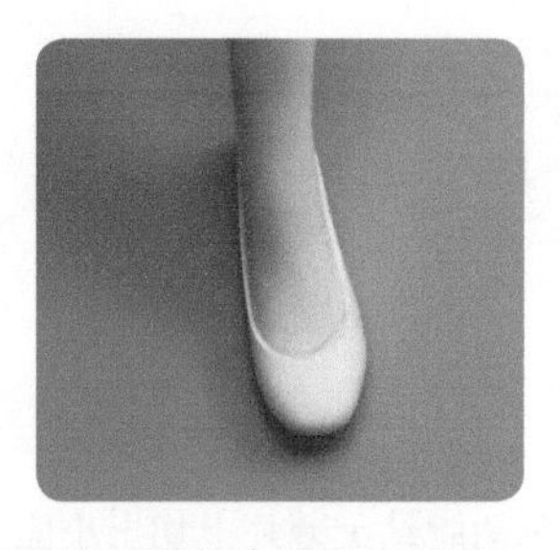
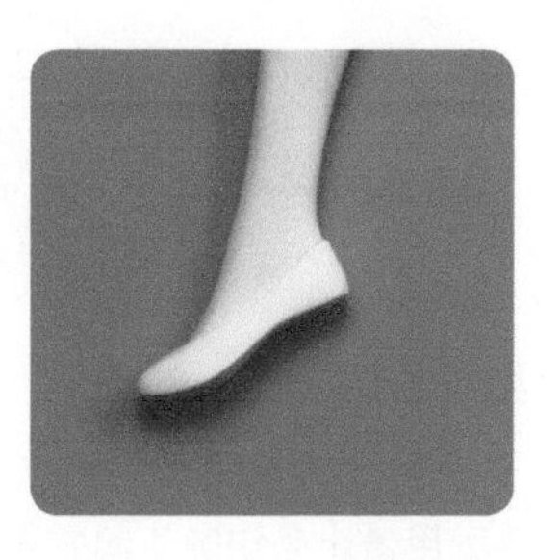

09 用剪刀剪去多余的薄片，并用酒精棉片抹平脚底，让剪口看起来平整、光滑一些。

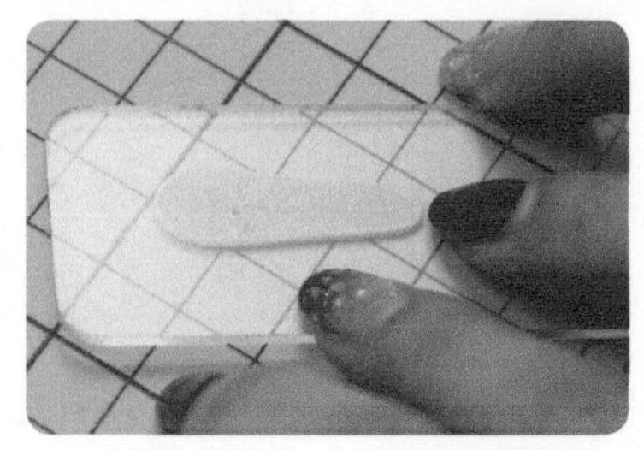
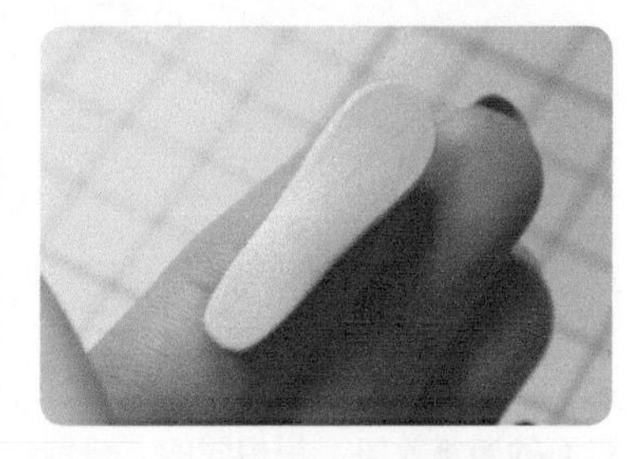

10 用金色树脂黏土和白色超轻黏土混合成浅金色黏土。用压泥板把浅金色黏土长条压扁，制作出浅金色鞋底。

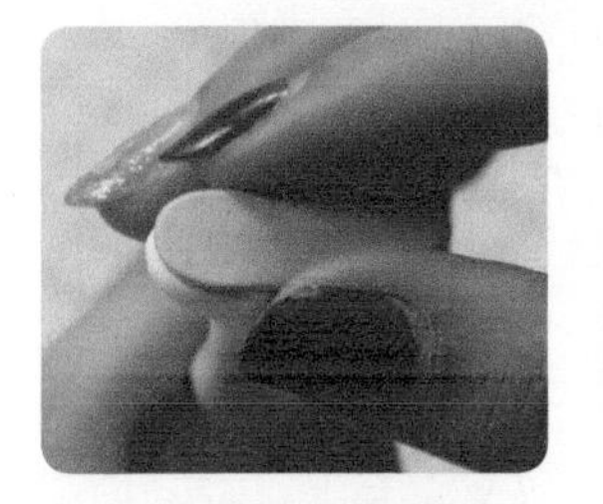
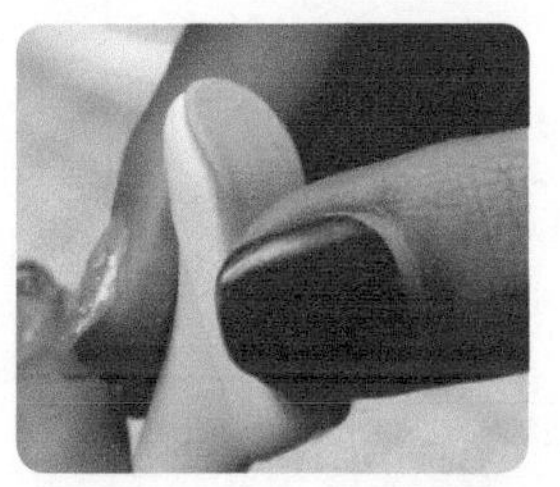

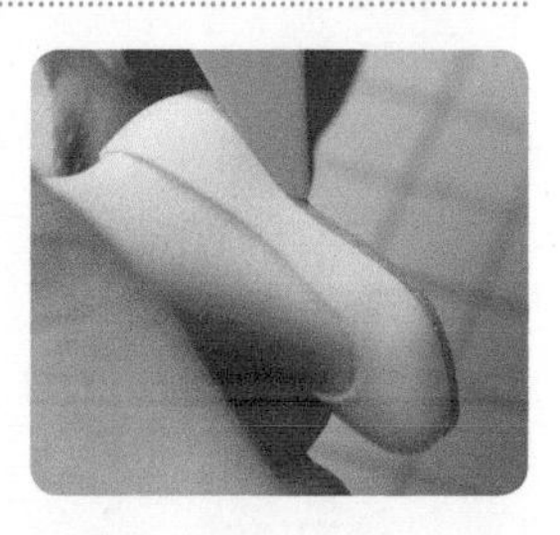

11 将浅金色鞋底贴在脚底，对比脚底的形状调整鞋底形状，然后用剪刀剪去多余的黏土，再用刀形工具调整鞋边。

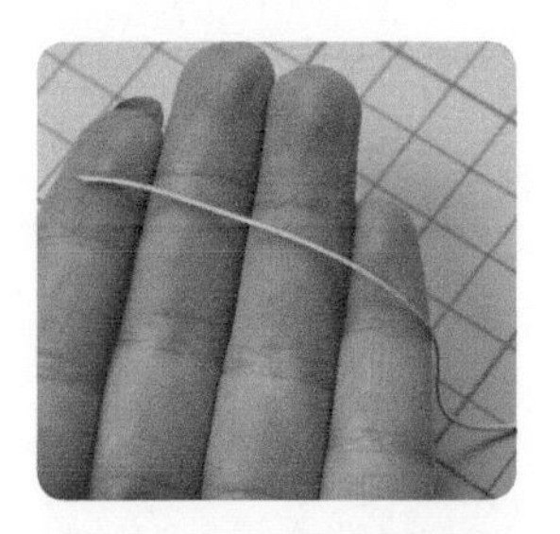
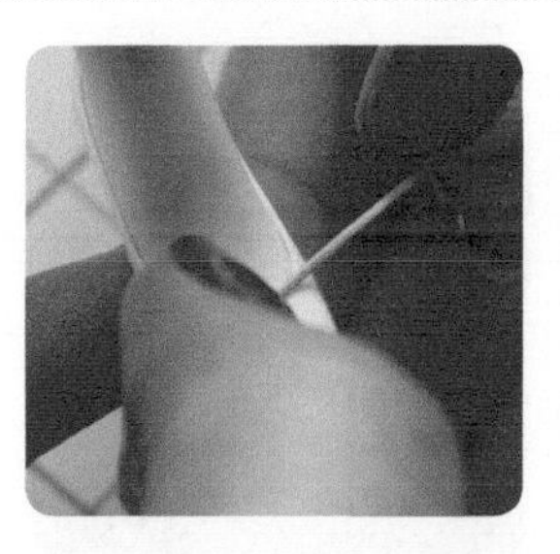

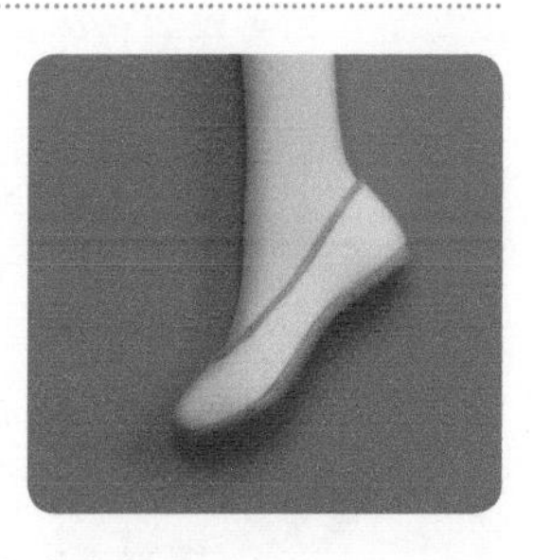

12 切一根浅金色细长条，将其沿着鞋面贴在鞋面的边缘上作为装饰，并用剪刀剪去多余的部分。

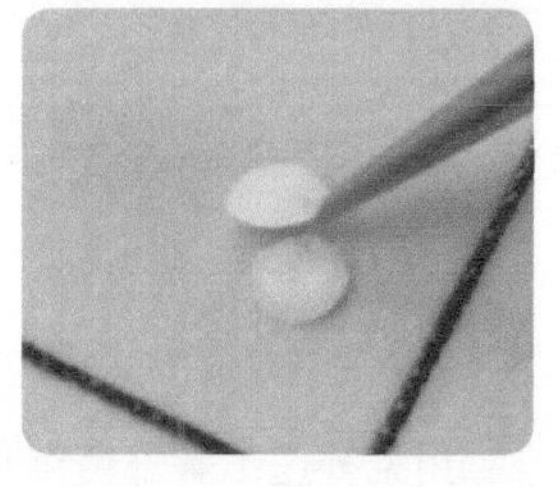

13 用最小号的切圆工具在白色黏土薄片上切出小圆片，用小圆片制作鞋面上的花朵装饰。用相同的方法制作适量花朵装饰以备用。

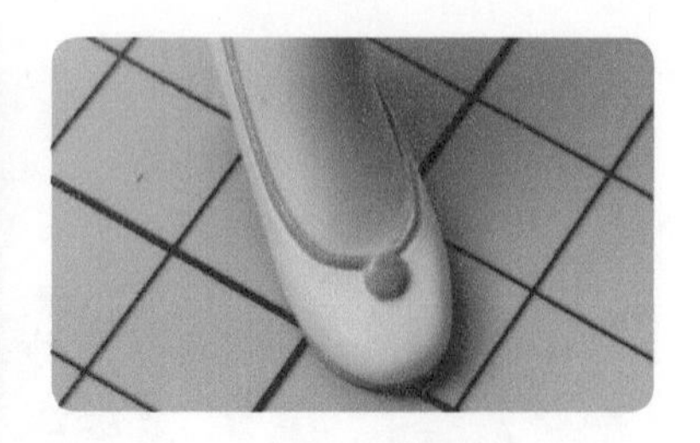

14 用最小号切圆工具在金色树脂黏土薄片上切出小圆片，将其贴在鞋面上。

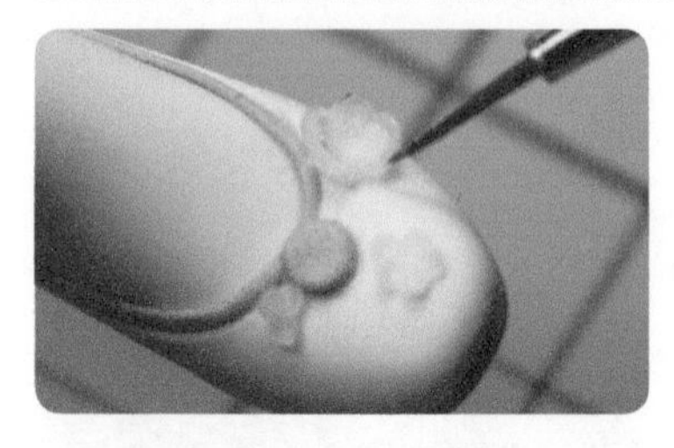
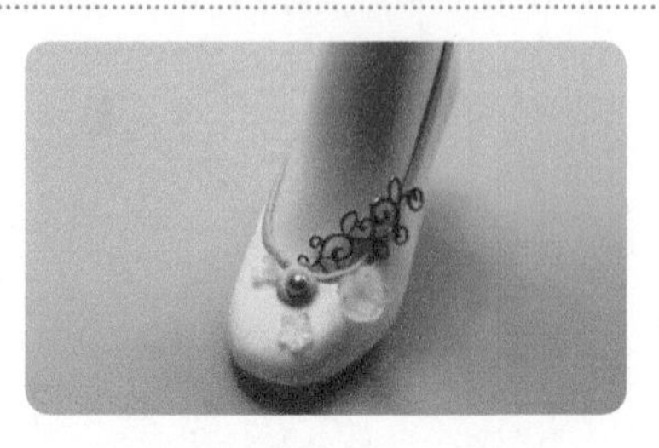

15 把前面制作的花朵装饰贴在鞋面上，同时用金色丙烯颜料给花瓣勾边，再加上金珠和金属花片，以丰富鞋面的装饰效果。用相同的方法制作另一只鞋。

● 组合双腿

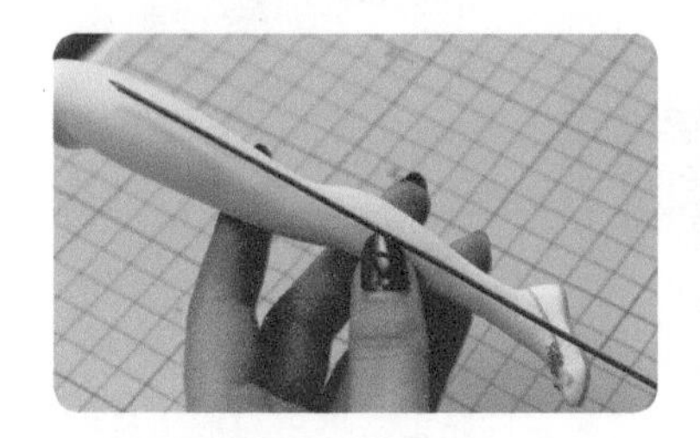

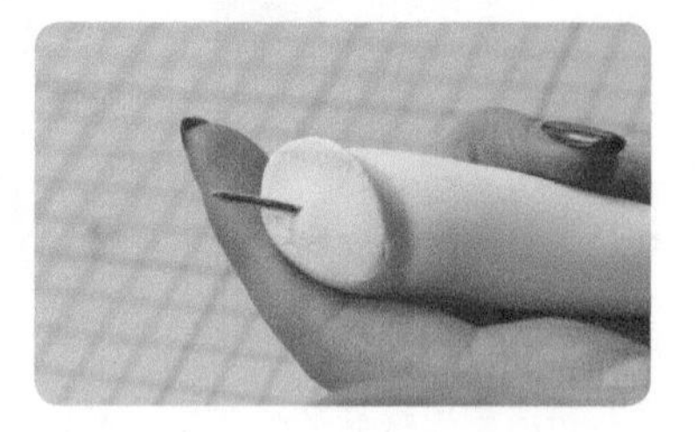

16 在腿里插入铜丝。

小提示：尽量在腿做完后的第二天再插入铜丝。

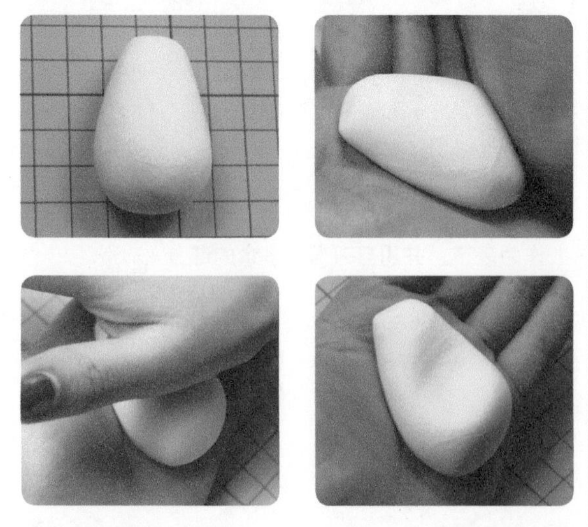

17 用白色黏土搓出一个“胖”水滴，用手掌先将“胖”水滴较宽的一端压扁，再在其表面压出凹印，制作出玉兔的臀部。

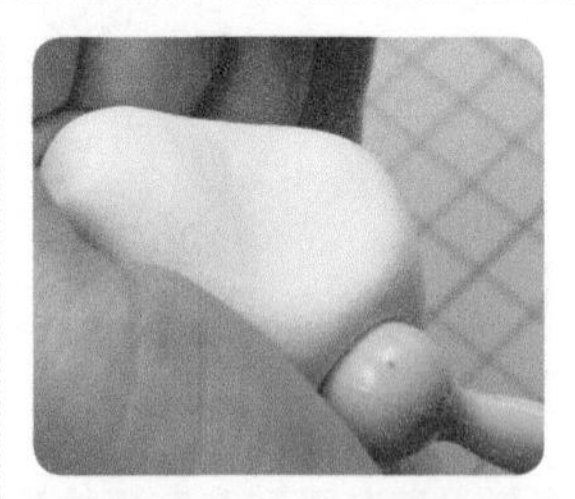

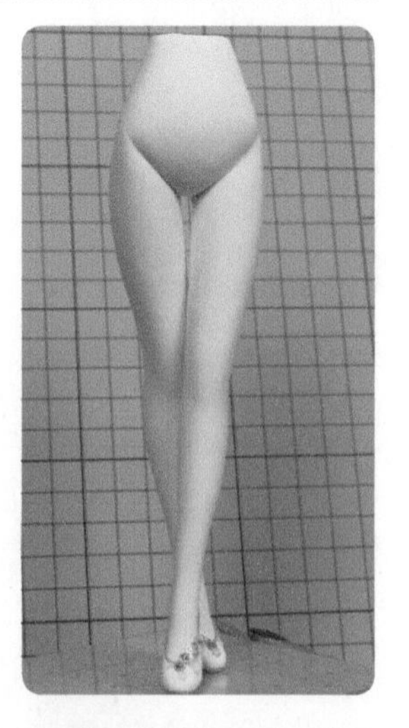

18 用丸棒压出臀部两侧与大腿衔接处的凹痕，然后把做好的双腿与臀部拼接起来。注意双腿呈交叉站立姿势。

• 制作上半身

玉兔的服装是露肩高腰长裙，因而需要将露出的一部分手臂与上半身一起做出来，这样手臂与肩膀的衔接就会比较自然。

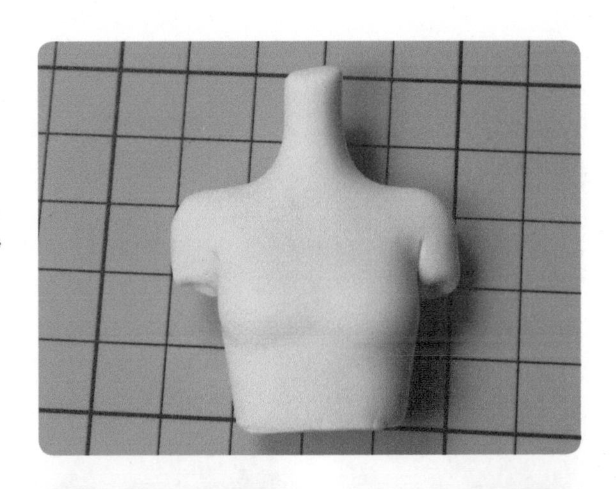

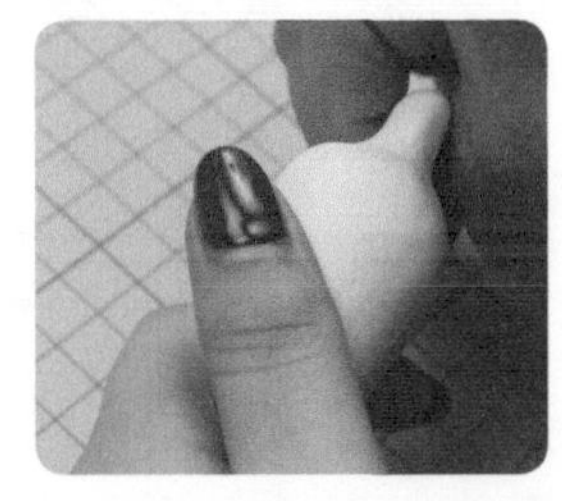
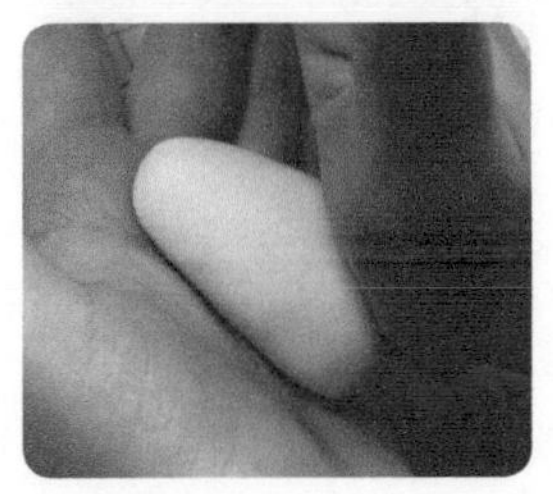

19 用肉色黏土搓一个上粗下细的圆柱形，用手在粗的那端捏出脖子，再用手掌把胸部压扁，制作出上半身的大体形状。

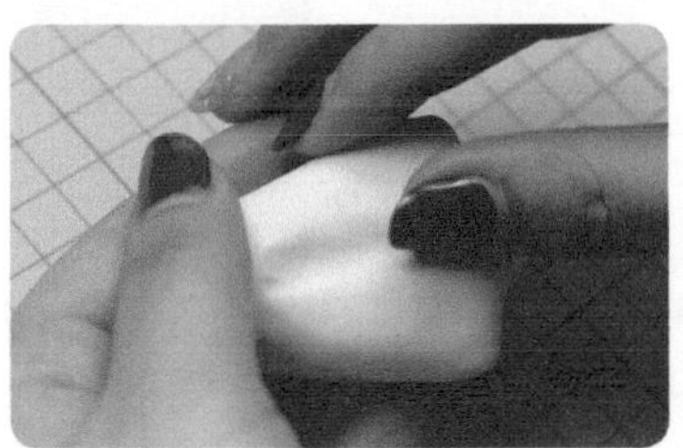

20 用棒针的圆头和手做出后背的脊椎结构。

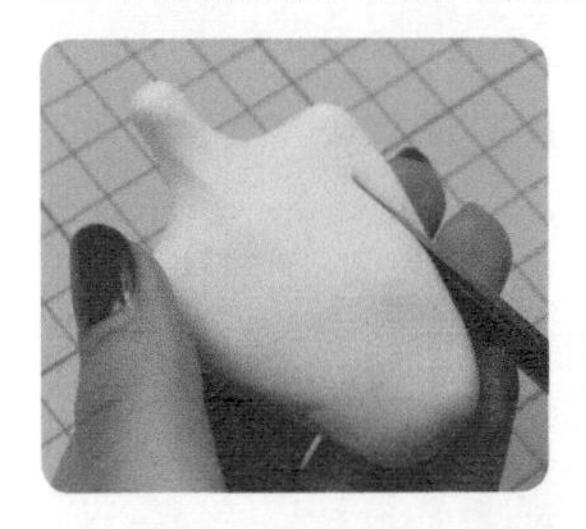
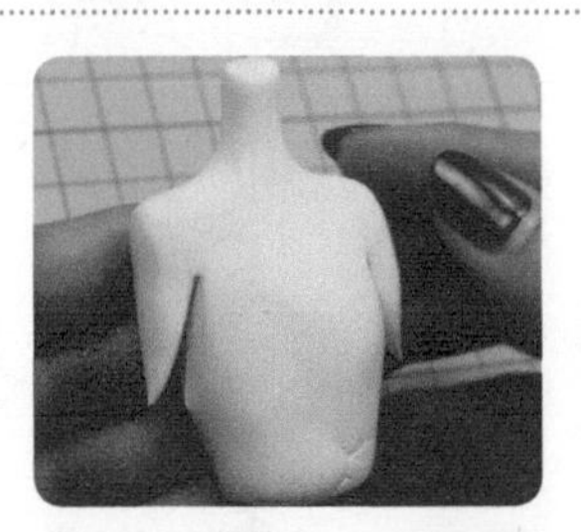
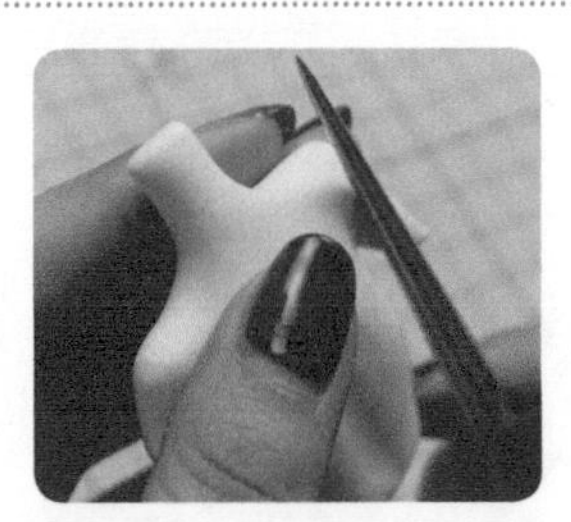

21 用剪刀剪出手臂，再用棒针的尖头调整手臂的形状，然后用剪刀将手臂剪至合适的长度。

22 用棒针的圆头压出胸部的形态。

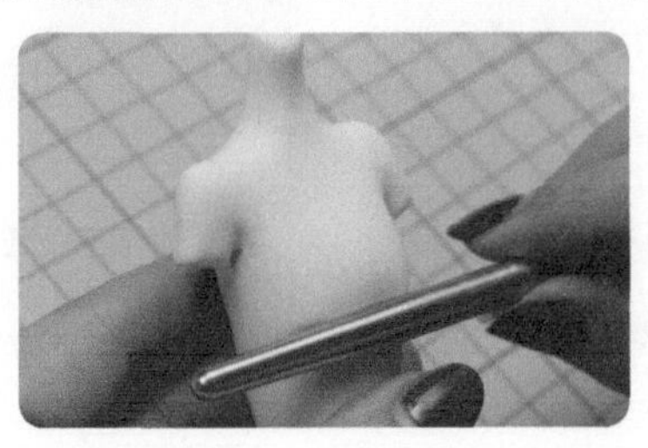
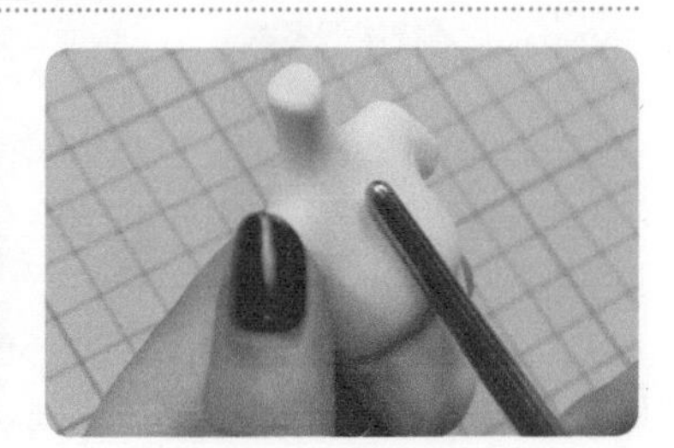

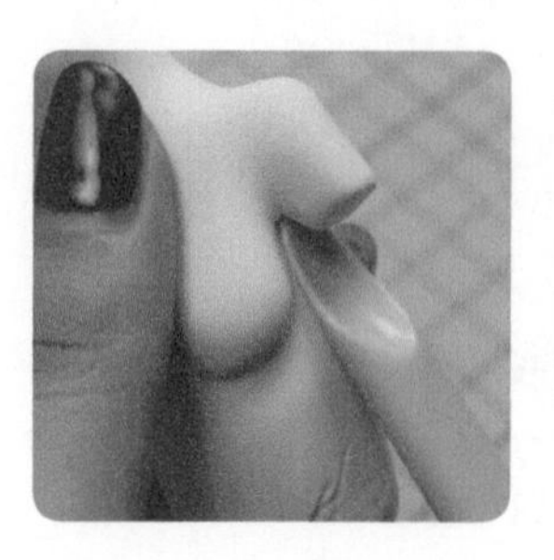
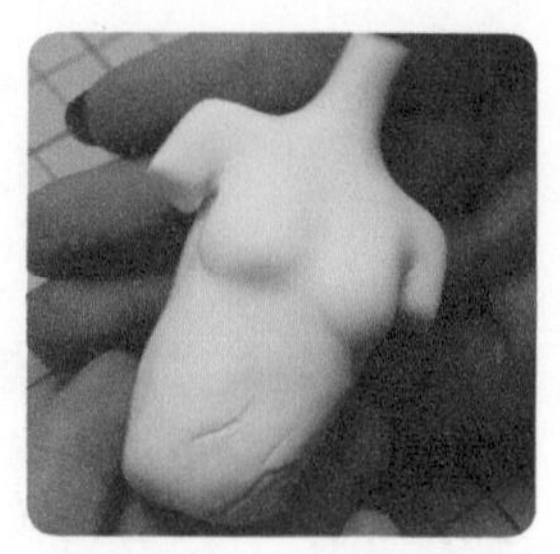

23 用手和鱼形工具的圆头共同调整胸部的形状。

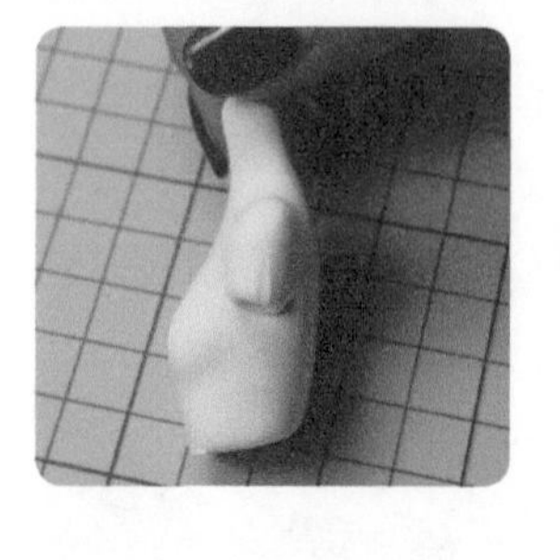
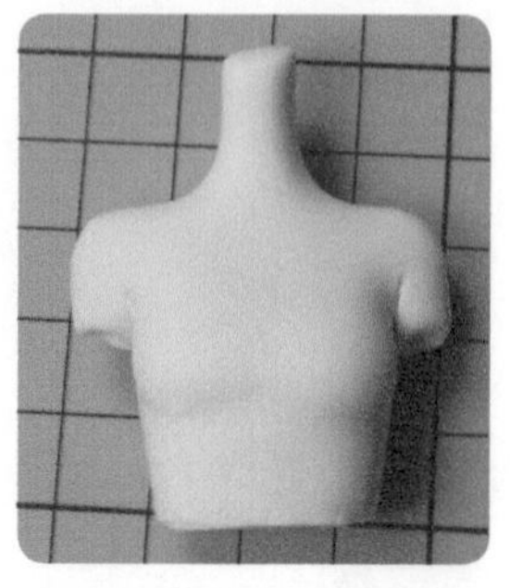

24 用剪刀剪掉多余的黏土。

小提示：腰部与臀部衔接处的横切面积，要和臀部预留的横切面积大致相同。

• 制作双手

此处为玉兔设计的手部姿势是双手手背朝外，双手放在身前，并用拇指与食指共同提着篮子。手部动作是一致且对称的。

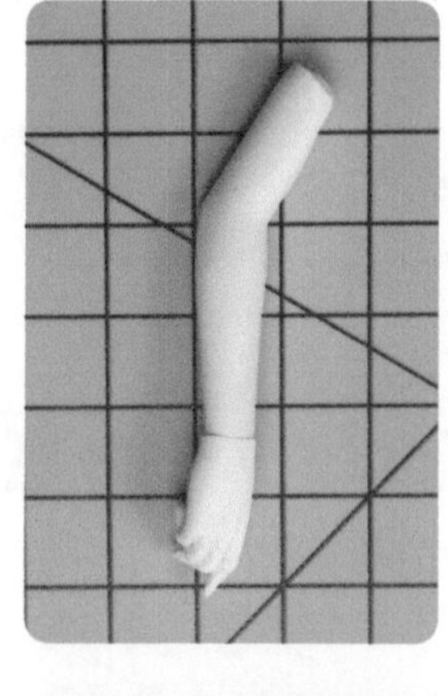
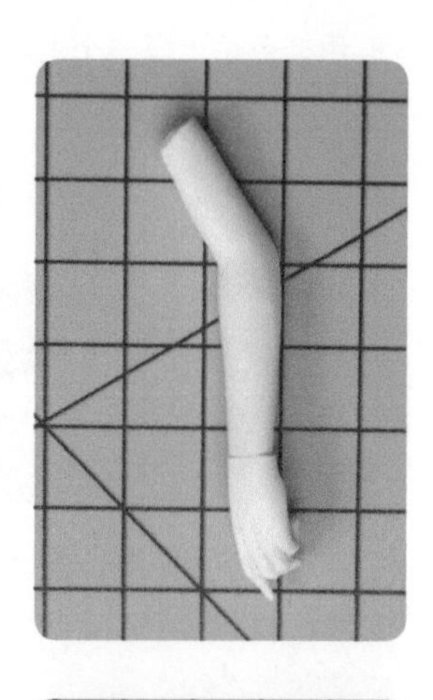

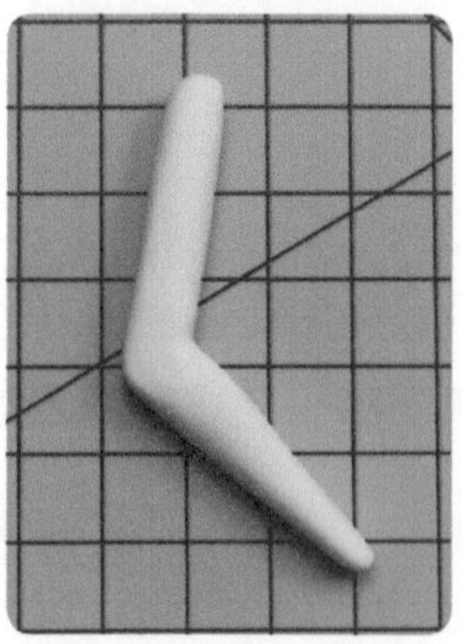
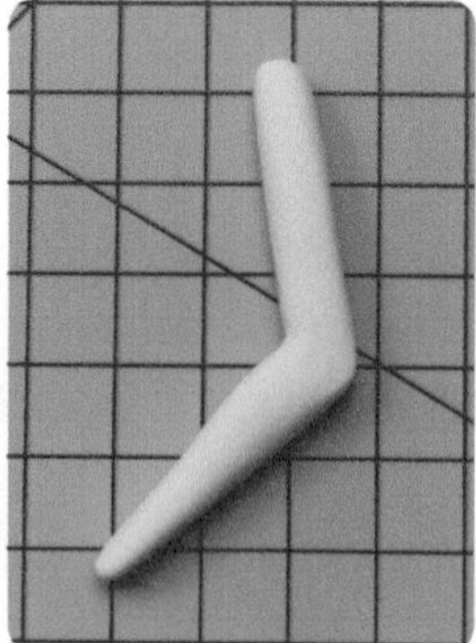

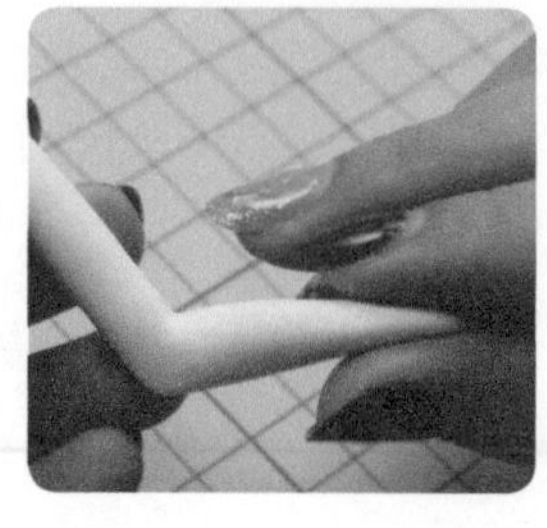

25 制作手臂。取肉色黏土搓出中间粗两头细的长条，然后搓出手肘以区分大臂与小臂，接着把小臂前端捏成横切面呈扁状的椭圆形。用相同的方法制作另一条手臂，将两条手臂放置在一旁晾干，待用。

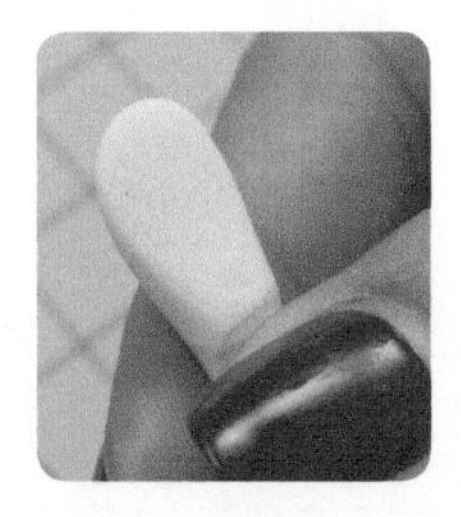

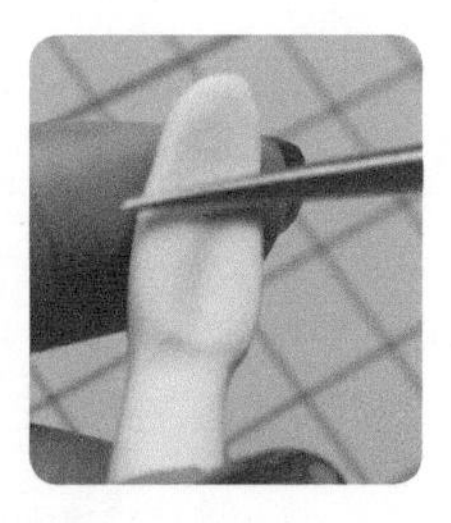
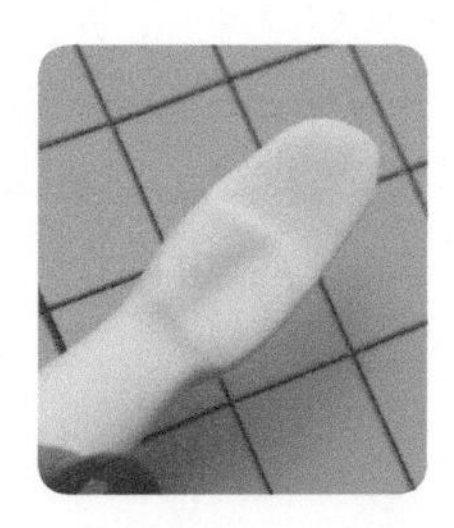

26 用手将肉色黏土长条的一端捏扁，捏出手掌的雏形，用手搓出手腕，随后用棒针的圆头压出手掌，用棒针的尖头压出手掌与手指的分界线。

27 用剪刀剪出四指，修剪时注意手指之间的长度比例，接着用手和镊子调整右手小指弯曲时的指节结构。

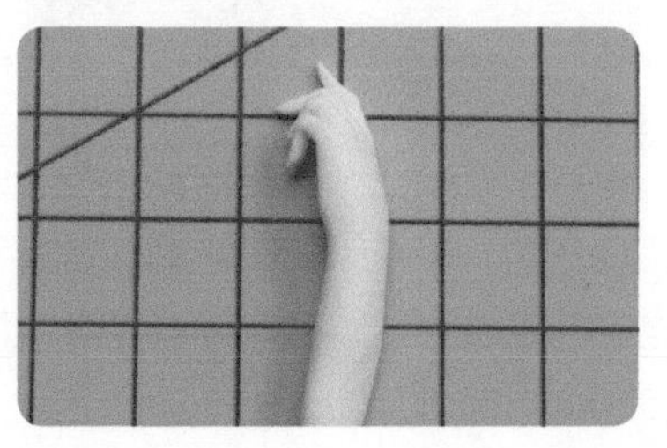
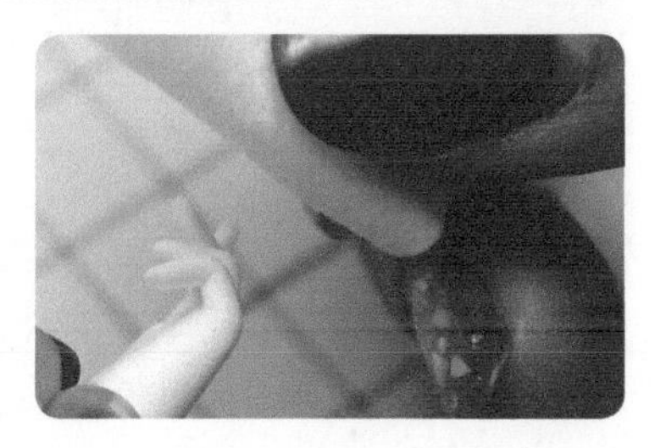

28 弯曲其他手指，用鱼形工具的圆头调整手指间的骨骼形态，然后用酒精棉片抹平粗糙的地方，修整指形，随后将手放在一旁晾干。

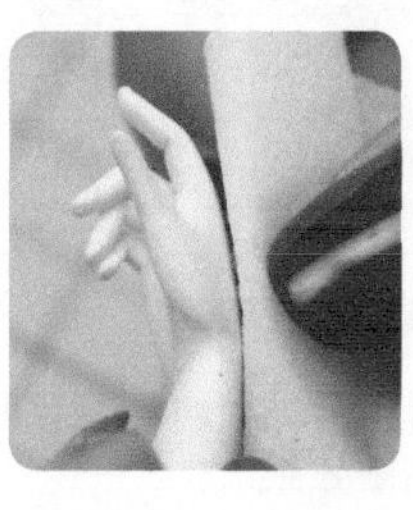
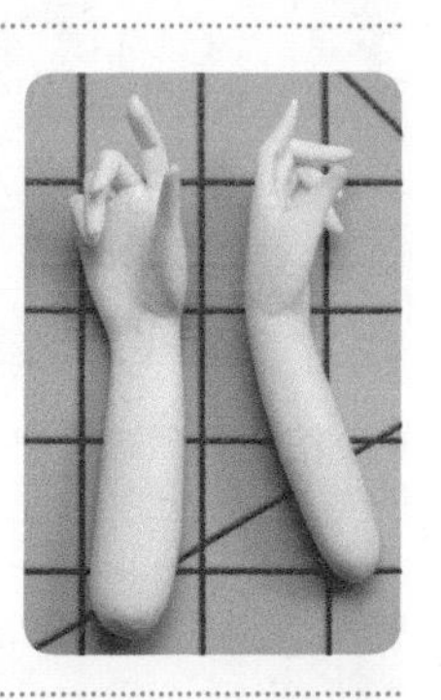

29 取适量同色黏土贴在拇指的位置，用剪刀修剪其形状，用棒针滚平接缝，用酒精棉片抹平接缝，消除拇指与手掌衔接的痕迹。用相同的做法做出左手。

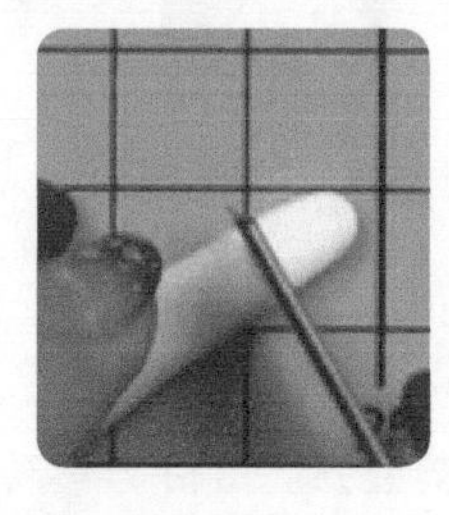
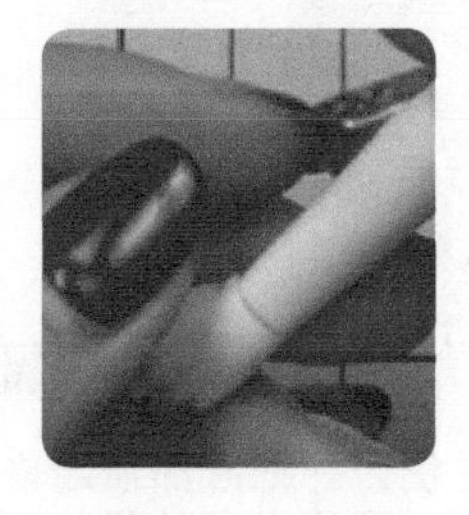
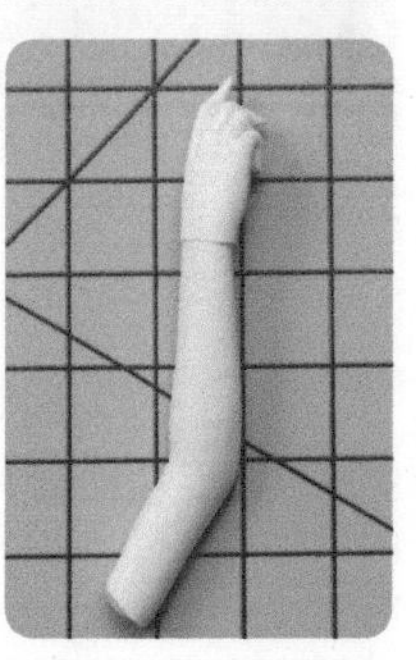

30 用短款刀片从手腕处切掉多余的黏土，随后将手与手臂衔接组合起来。

4.2.3 服装

● 制作裙子

本案例中制作裙子的重点是裙身的褶皱以及裙身两侧用半透明薄片做出的花边装饰。

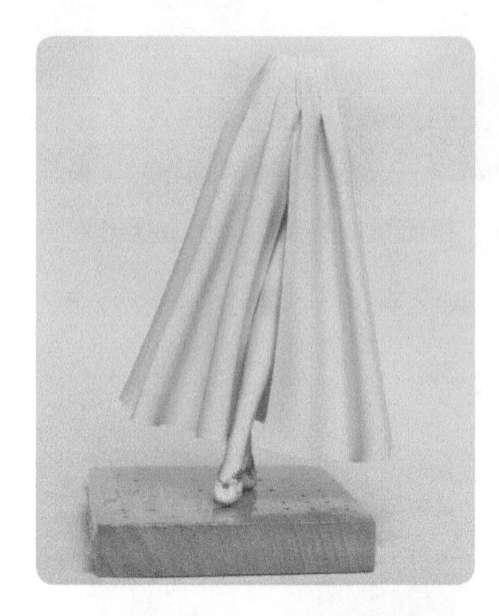

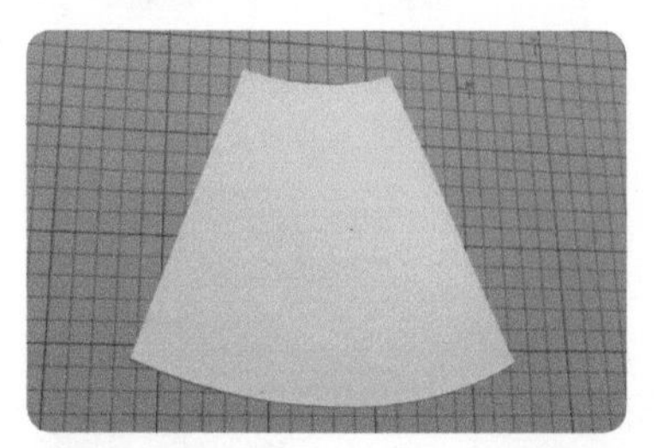

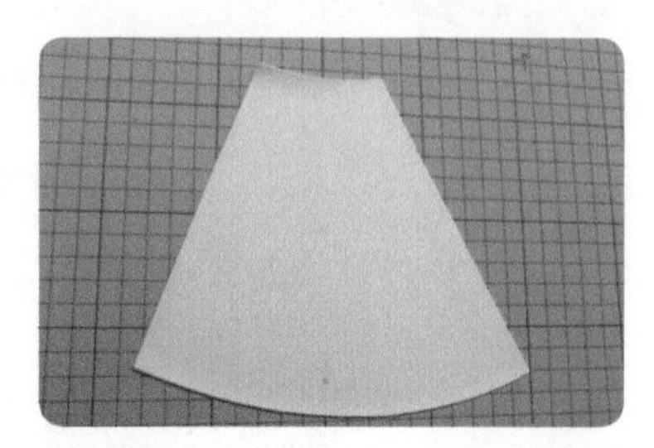

01 用大量白色黏土加黄色黏土调出浅黄色黏土，将其擀成薄片后用长款刀片切出一片扇形裙片，然后在裙片上压出浅浅的条纹，做出裙子上的线状暗纹装饰。

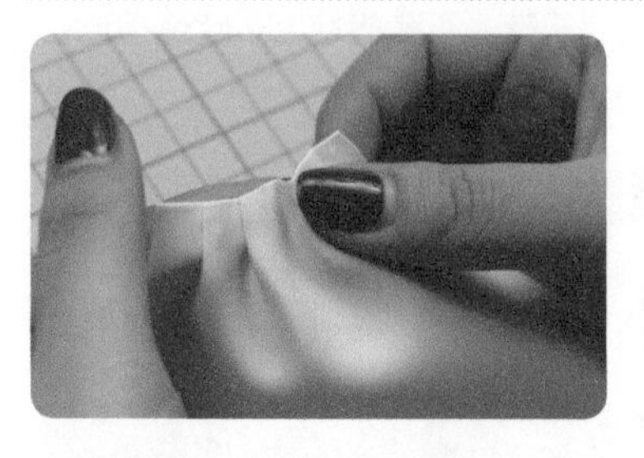
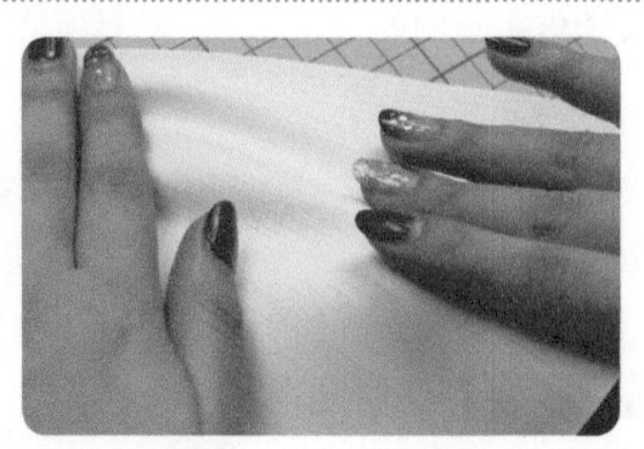

02 把裙片顶端折出褶皱，并顺着褶皱往裙尾方向拉伸以调整裙片的形态，随后用棒针的圆头调整褶皱之间的宽度，做出裙片的褶皱效果。

03 用擀泥杖把裙片顶端压薄，贴在腰部左侧，并把腰部顶端修剪整齐。用相同的做法做出新的裙片，将其贴在腰部右侧与已经贴好的裙片衔接，做出玉兔的裙子。

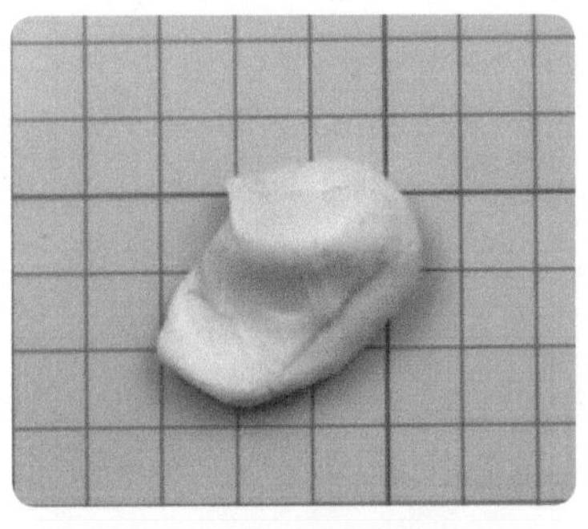
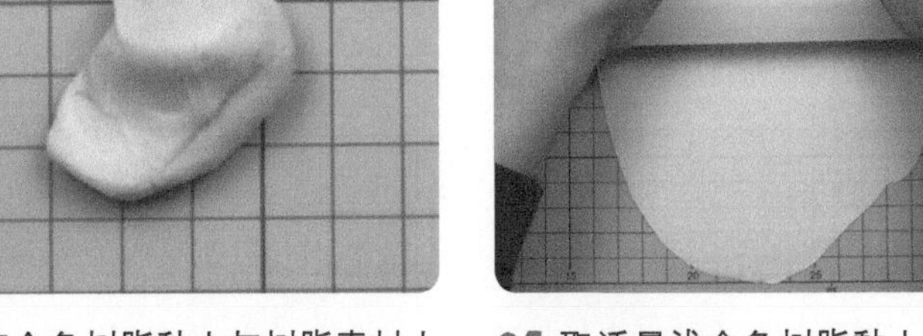
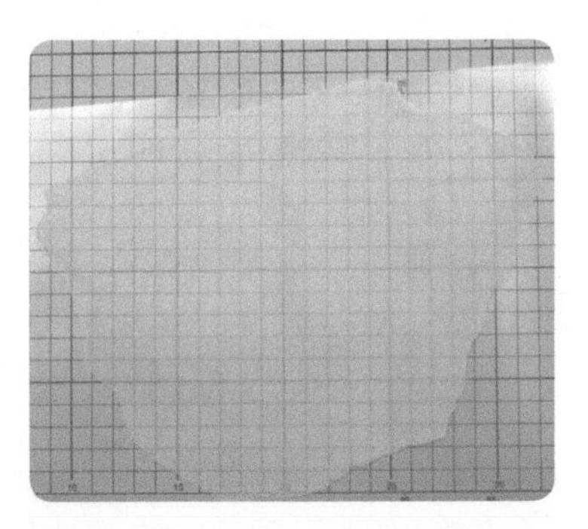

04 将金色树脂黏土与树脂素材土混合调出浅金色树脂黏土，备用。

05 取适量浅金色树脂黏土，用擀泥杖将其擀成半透明薄片，用来制作裙身两侧的花边。

小提示：此处可多做一些浅金色黏土，用于制作裙身的花边。

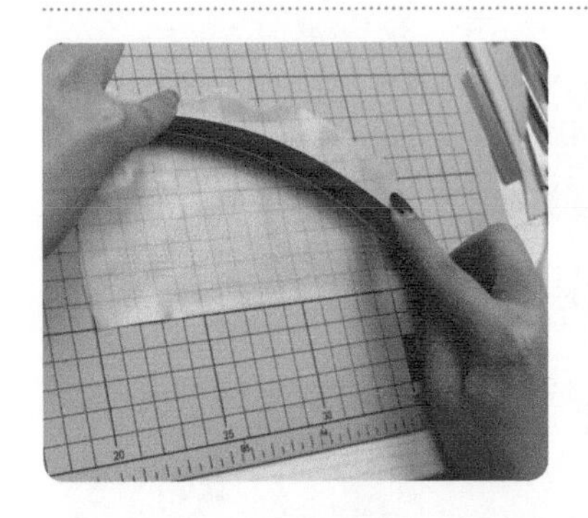

06 弯曲长款刀片将薄片切出一定的弧度，然后用花边剪在薄片上剪出花边。

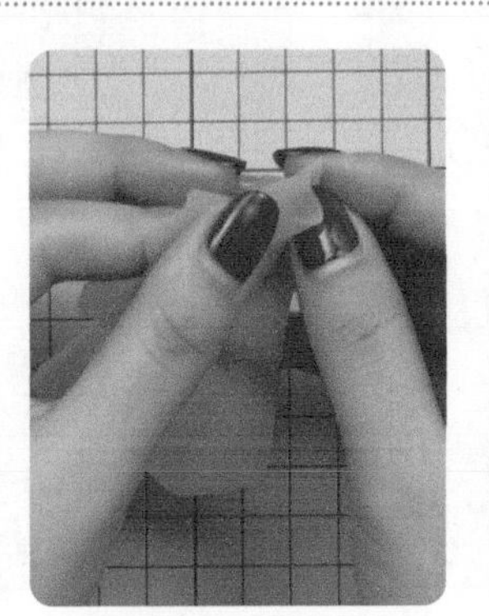

07 以薄片直边的 1/3 处为花边褶皱的黏合处，折出花边。

08 根据裙身的花边造型设计，一共需要制作 2 对 4 组花边，因此花边最好一对一对地制作，以确保花边大小相同、方向对称。

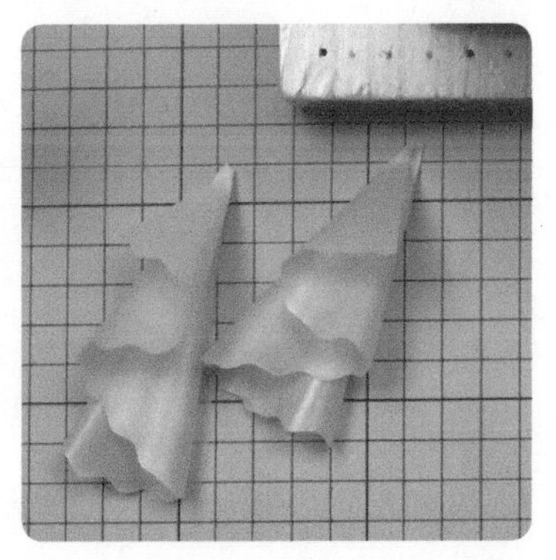

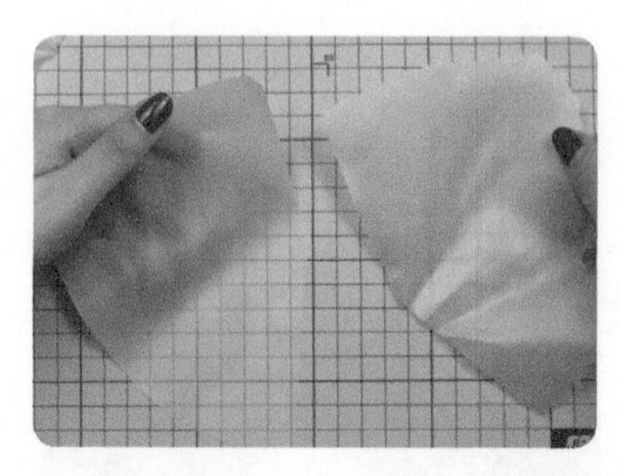

09 对比前面用来制作小花边的薄片大小，切出略大一些的薄片，并折出长度略长一些的花边。

10 将花边用白乳胶粘起来，再用花边剪将花边顶端剪出弧度，便于粘贴时与裙身相贴合。

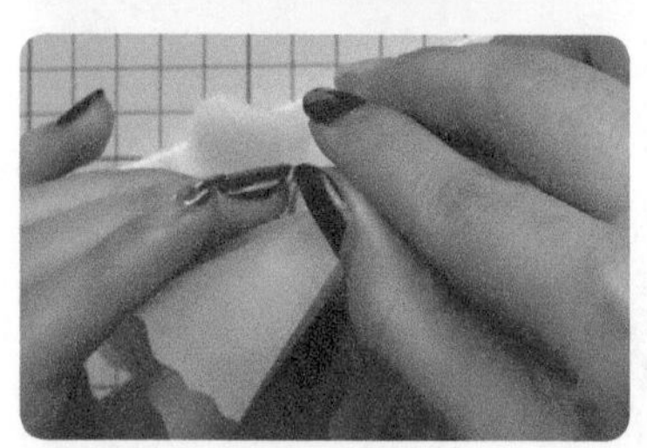
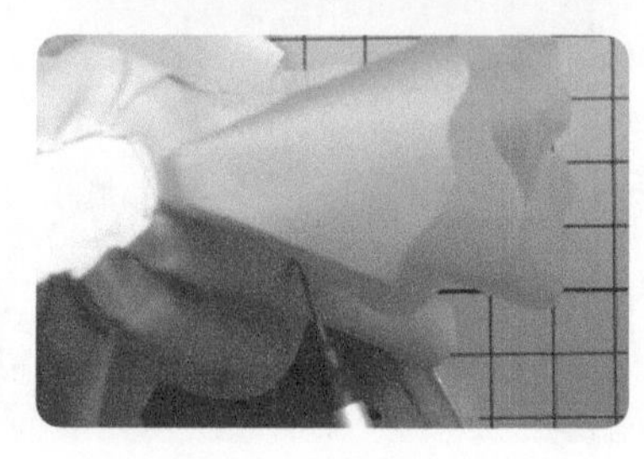

11 先把大一点的那对花边贴在裙身高度的 1/2 处，接着把较小的那对花边贴在腰部两侧，然后用白乳胶把所有花边粘在裙身上。

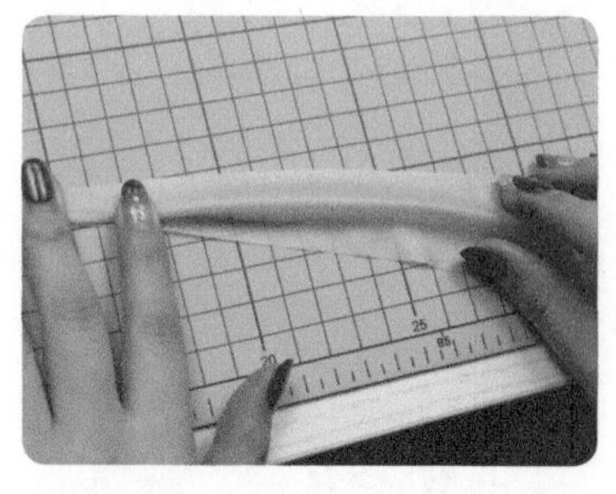
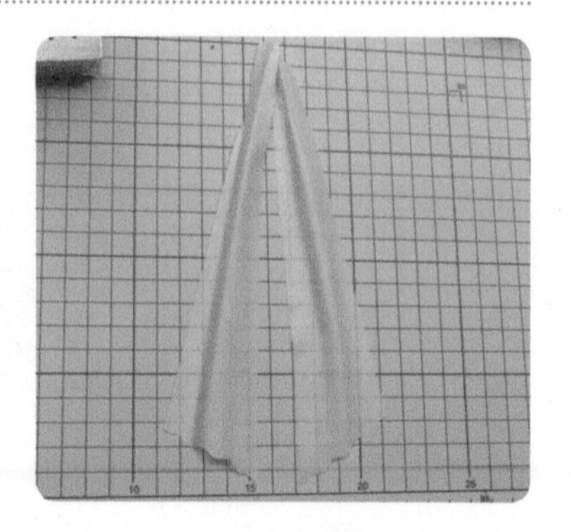

12 用相同的浅金色树脂黏土薄片制作两条位于花边后面的装饰飘带。

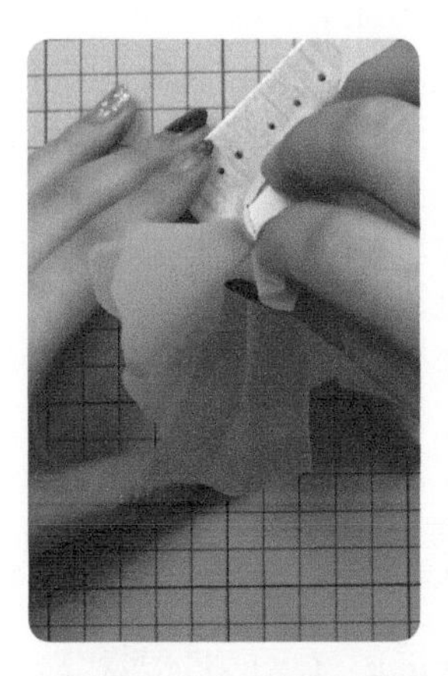
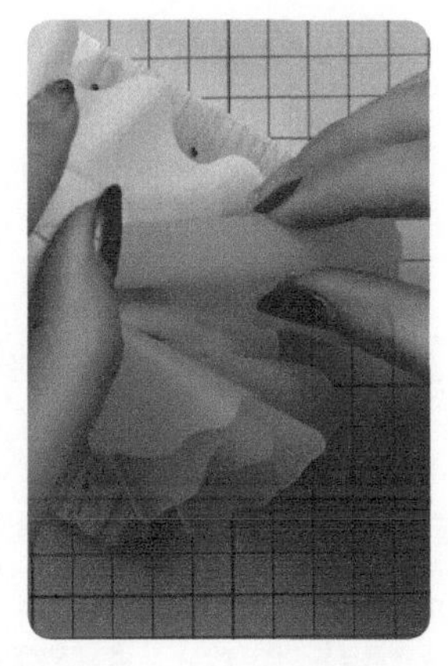

13 把制作好的装饰飘带贴在花边后面，完善裙身的装饰效果。

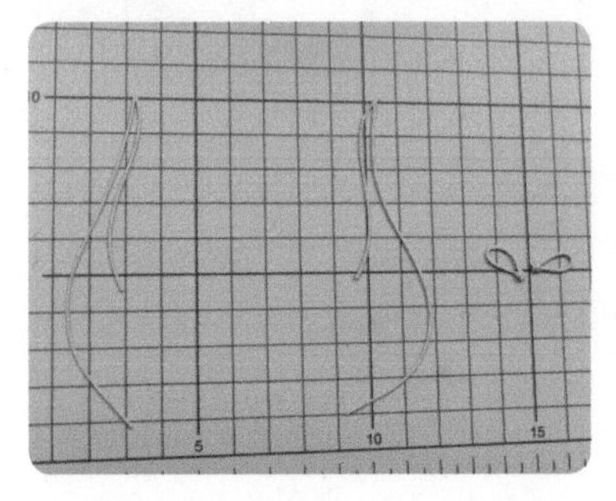

14 用金色树脂黏土和白色超轻黏土混合出的浅金色黏土制作裙腰上的蝴蝶结装饰绳，并将其粘在花边前面。

• 制作上衣

玉兔的上衣样式为露肩抹胸，在颈部运用了云肩和盘扣元素，胸部则使用了中国结元素，为服装增添了古风韵味。

15 准备两片与裙身颜色相同的浅黄色黏土薄片，以及一大一小两片半透明浅金色梯形薄片。

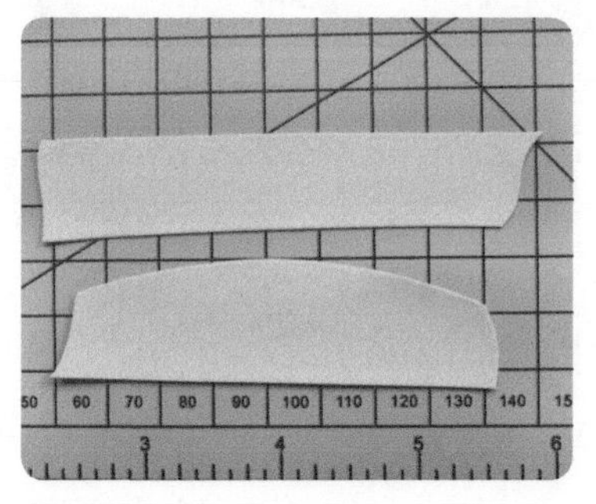
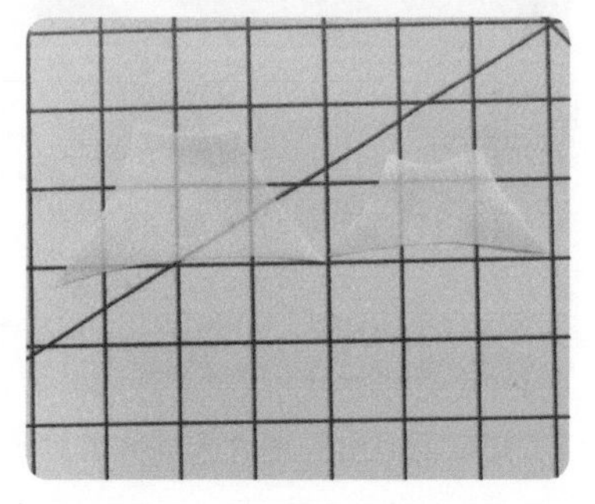

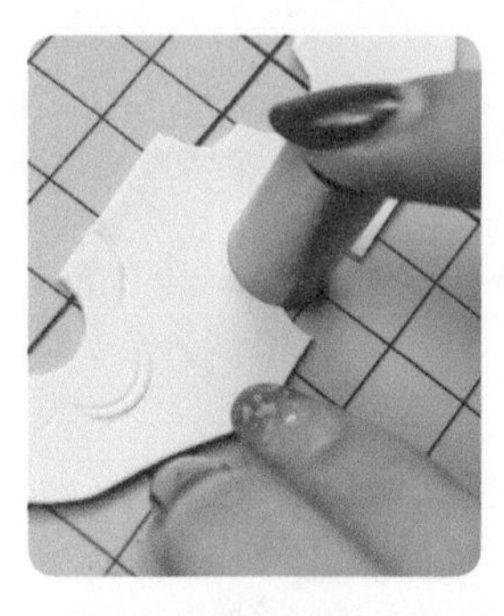

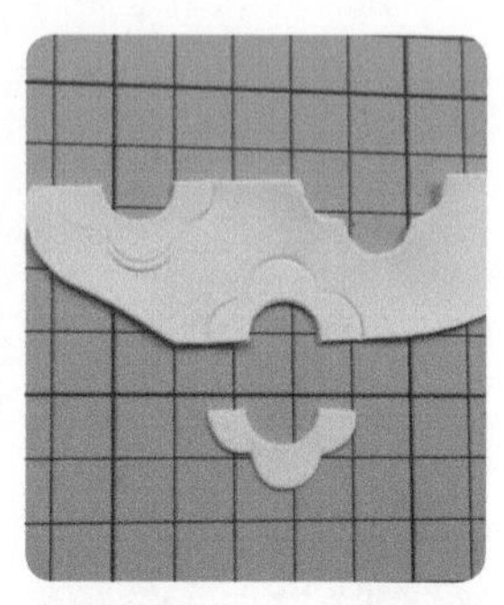

16 用大小合适的切圆工具在浅黄色黏土薄片上压出两组云肩的造型。

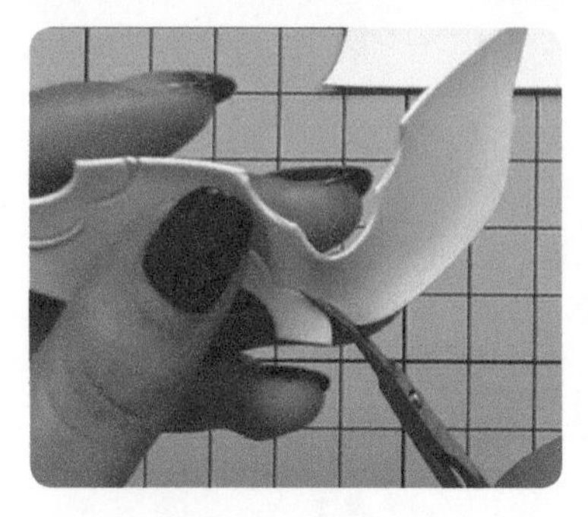
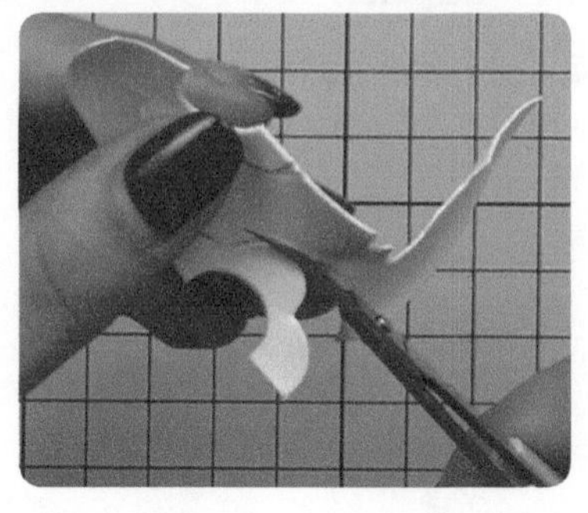
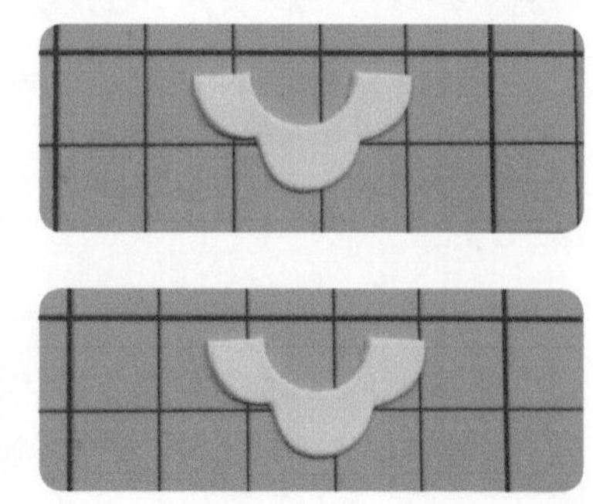

17 用弯嘴斜口剪钳剪下云肩，备用。

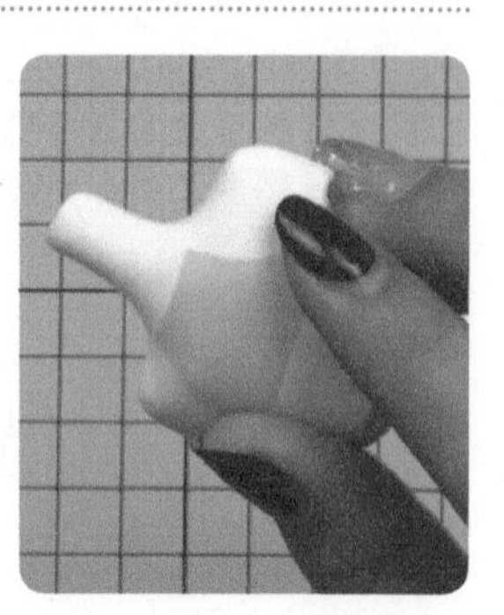

18 把准备的一大一小两片半透明浅金色梯形薄片贴在胸前与背后，用作上身衣片。不合适的地方可进行二次剪裁。

小提示：如衣片变干可用毛笔在黏合处沾水，进行黏合。

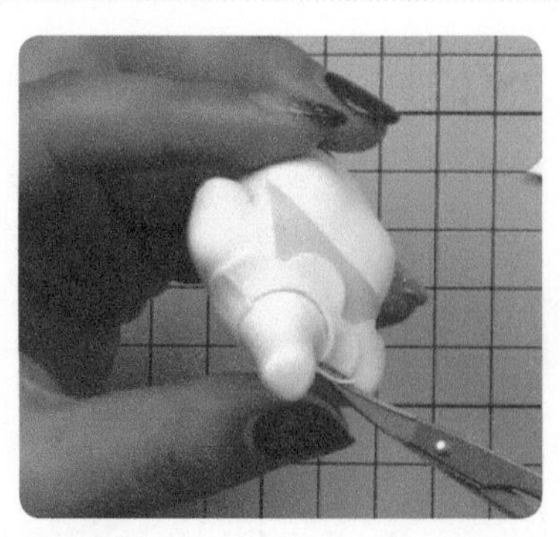

19 把前面剪出的两片云肩绕着脖子贴在肩膀上。

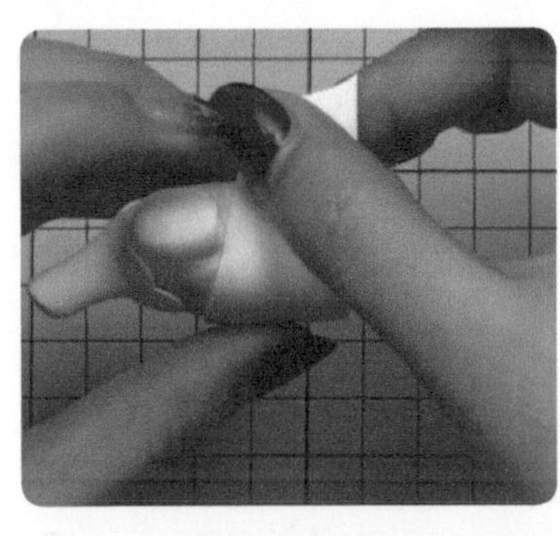
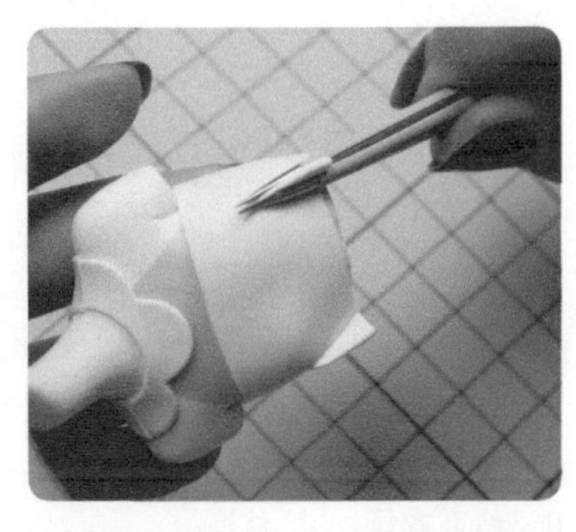
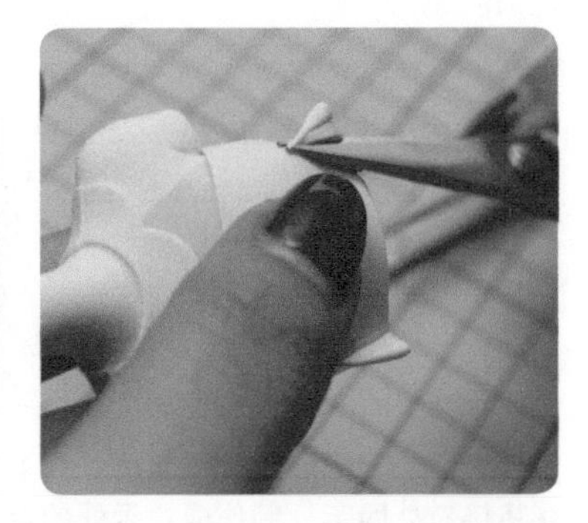

20 贴出身体正面的抹胸。抹胸的接缝尽量处理在腰侧，用镊子夹起多余的黏土，并用剪子剪掉。剪刀痕迹比较明显的话可以使用酒精棉片打磨，以消除剪痕。

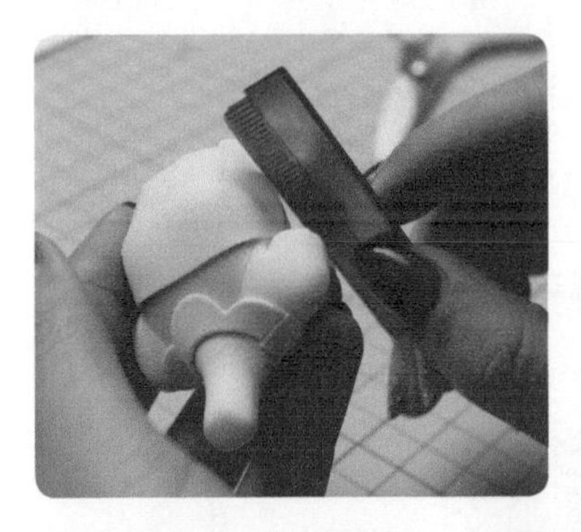
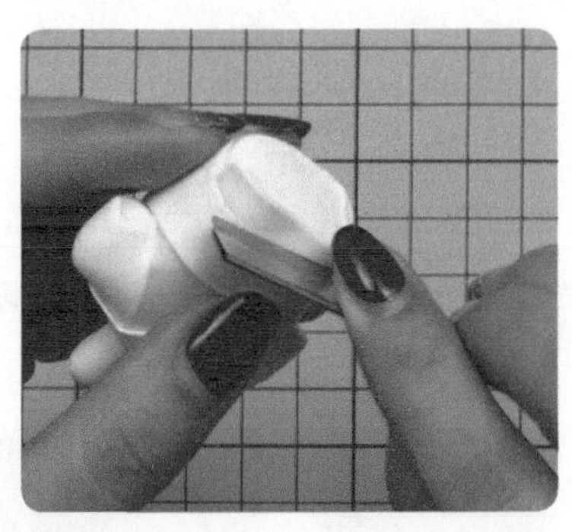
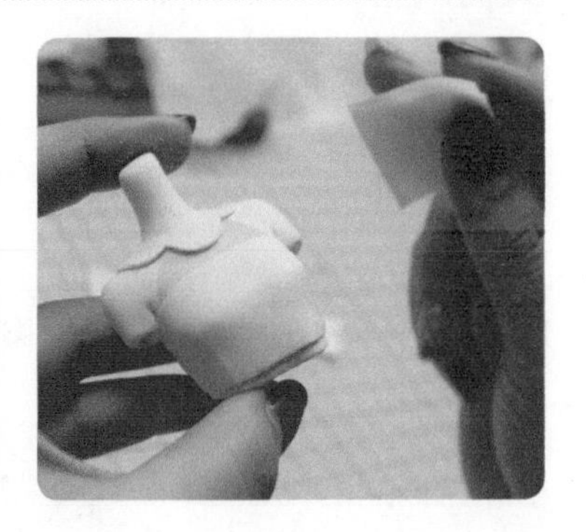

21 将身体背面的抹胸贴好，并用短款刀片切掉抹胸底端多余的黏土薄片。

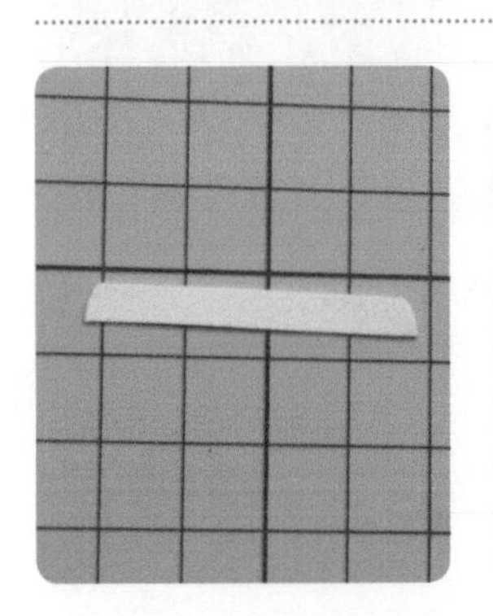
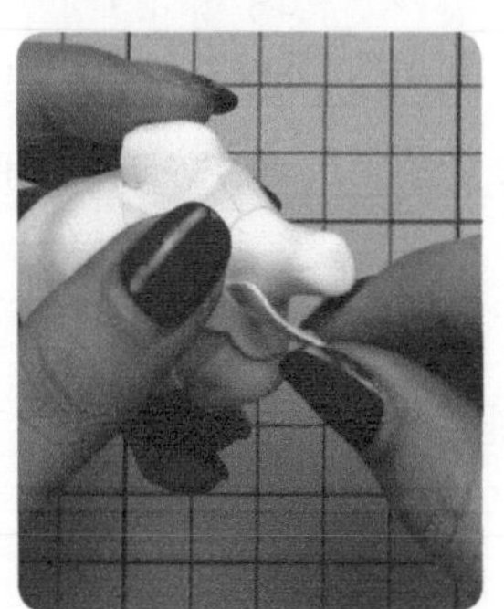
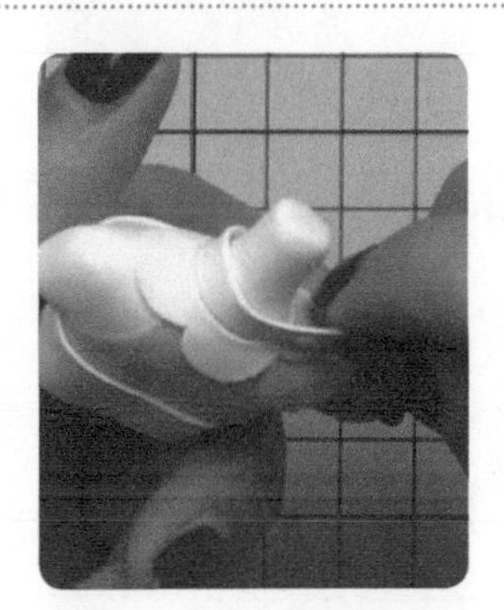
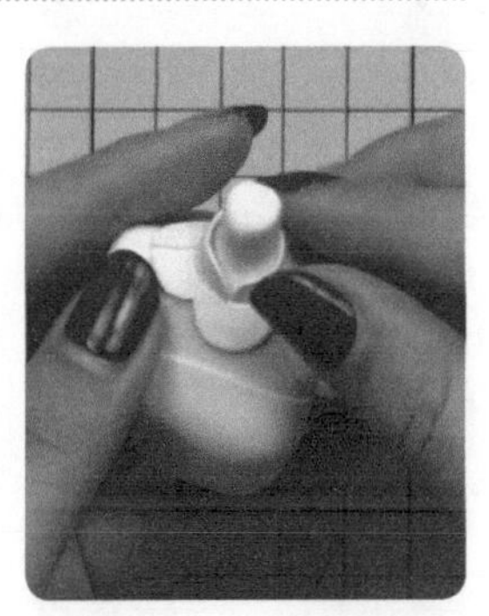

22 准备一个浅黄色黏土长条，将其贴在云肩上作为衣领。

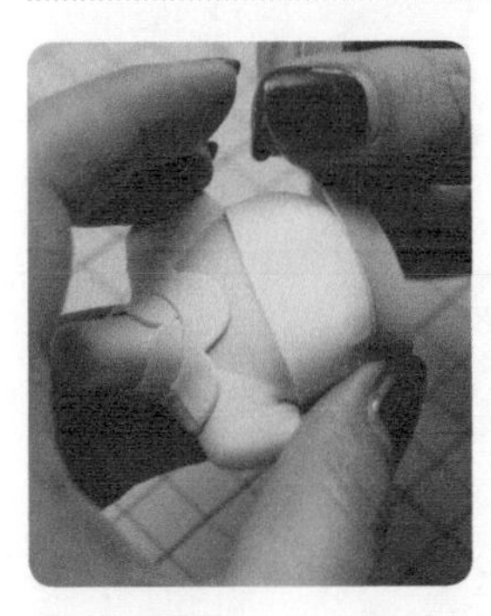

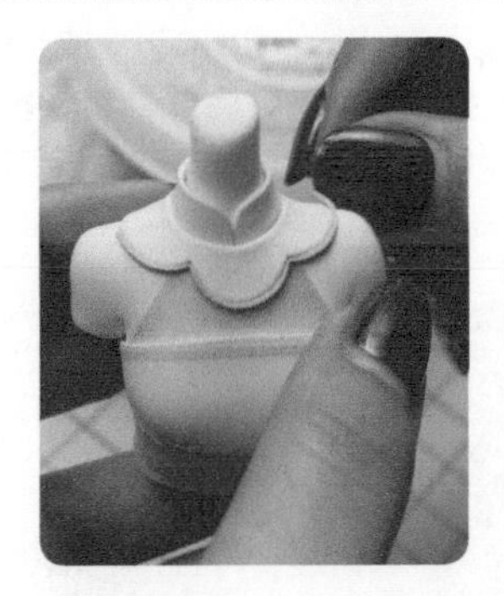
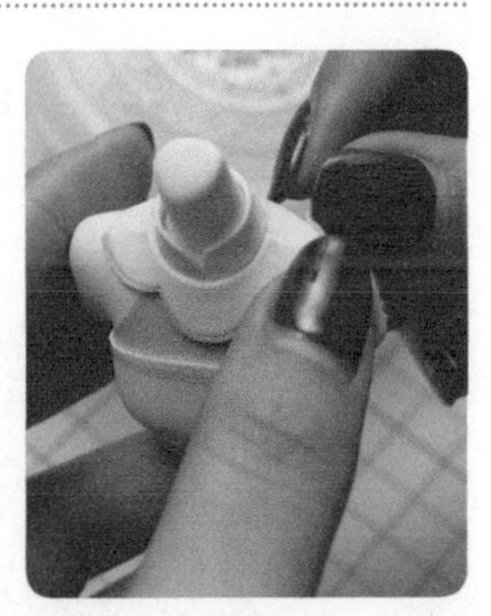

23 在腰部贴一片用混色后的浅金色树脂黏土制作的薄片作为腰带，然后用同种颜色的树脂黏土制作云肩上的装饰线条。

• 制作上衣装饰

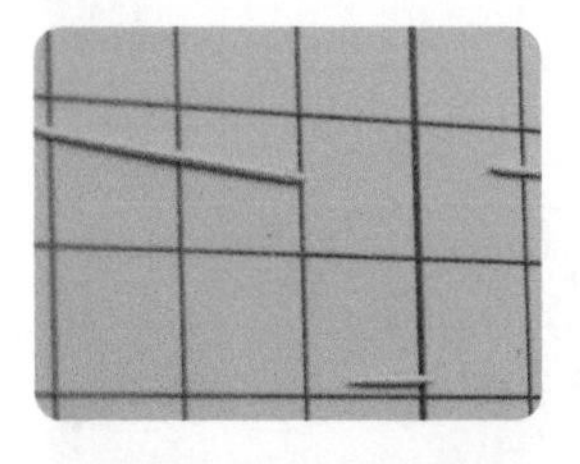
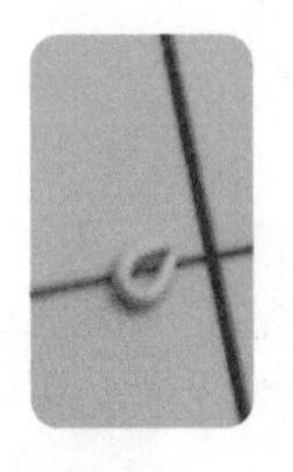

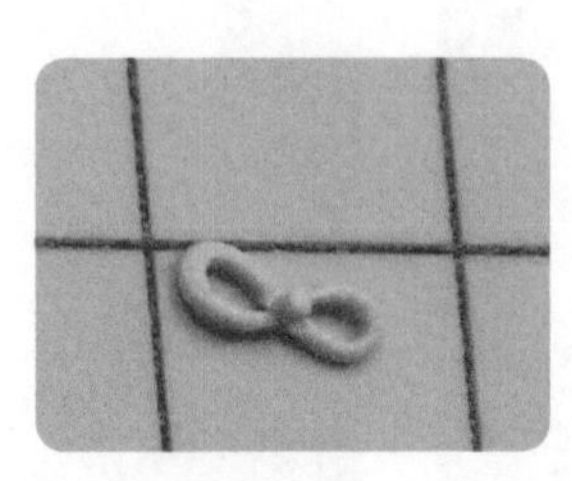
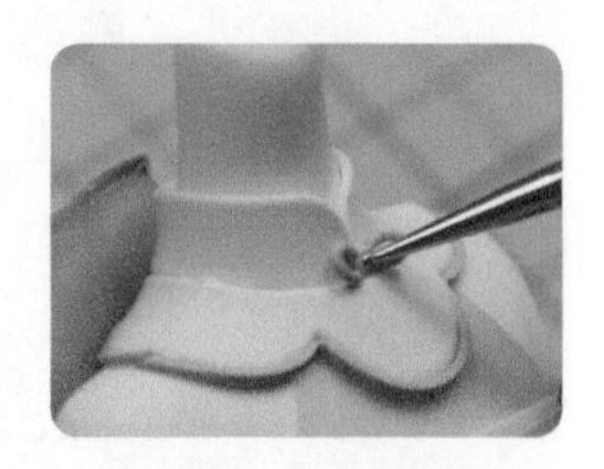

24 用金色树脂黏土和白色超轻黏土混合成浅金色黏土。将浅金色黏土搓出细长条，卷出两个水滴形圆环，并将接口处固定，制作成衣领处的盘扣，粘在衣领。

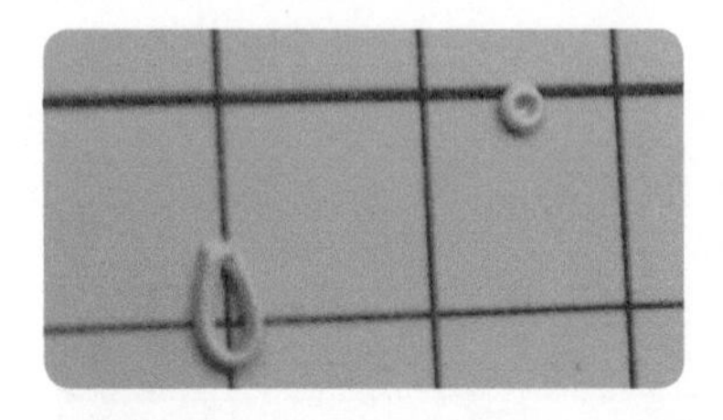

25 同样将浅金色黏土搓成细长条。卷出 3 个大水滴形和两个小水滴形圆环，如图固定。再揉一个小圆片，压痕，并将其粘在盘扣中间。制作胸部的中国结装饰上的盘扣。

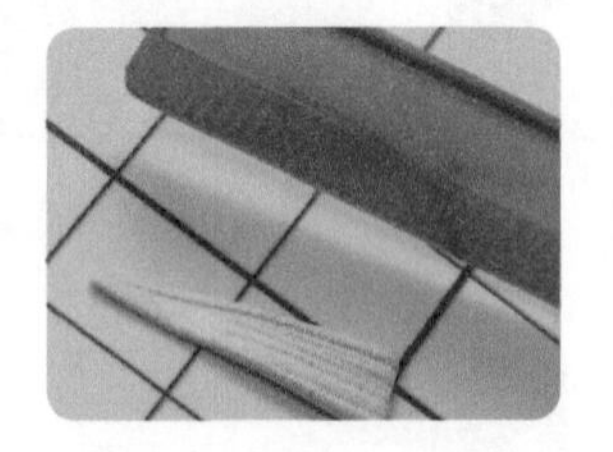

26 制作中国结装饰上的流苏。用压泥板将浅金色黏土压成长水滴形黏土片。用刀片划出花纹并截取适量长度。用剪刀沿着划痕剪出流苏。

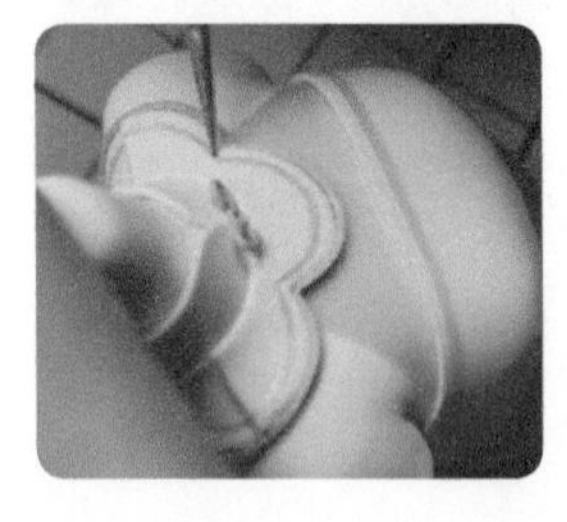
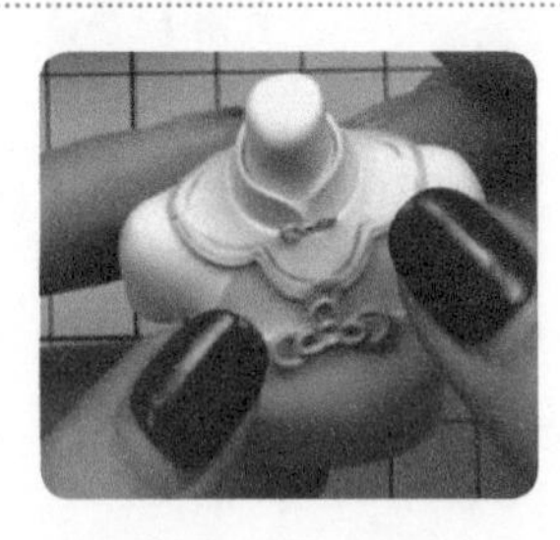

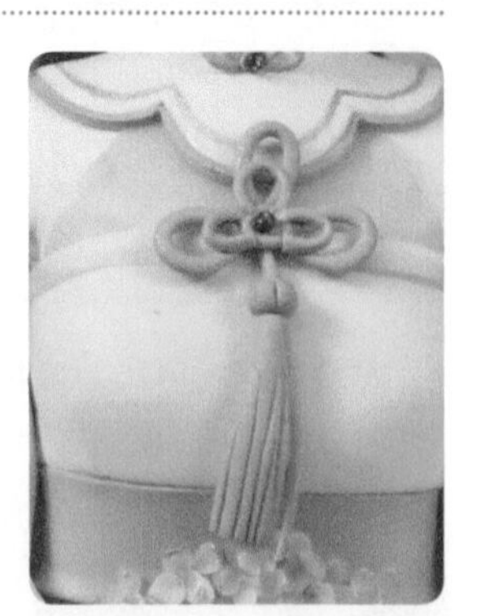

27 沿着云肩的形状，用面相笔蘸取金色丙烯颜料勾画出云肩边缘处的金线，并把制作好的中国结装饰上的盘扣和流苏贴在胸部，让其垂挂在胸口，随后在上下两个盘扣上加上装饰米珠，提升盘扣的装饰性。将头部底端挖洞，与上半身组装好。

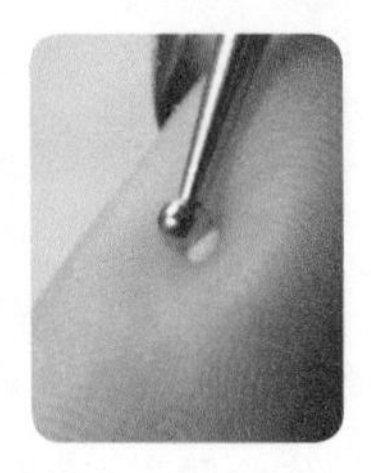
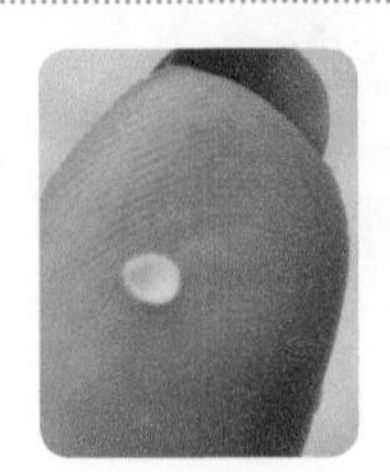
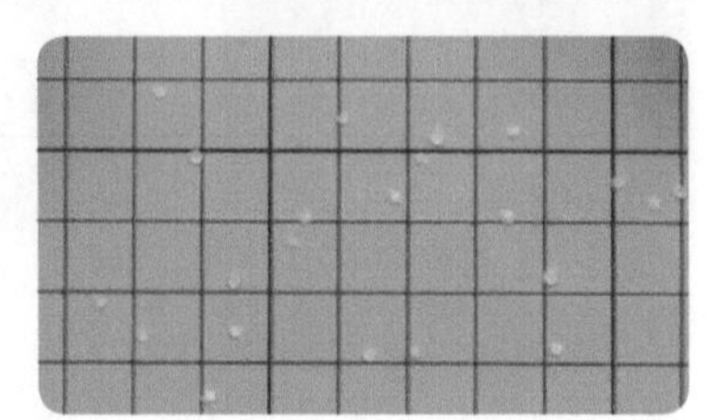

28 用树脂素材土制作出若干片迷你花瓣。

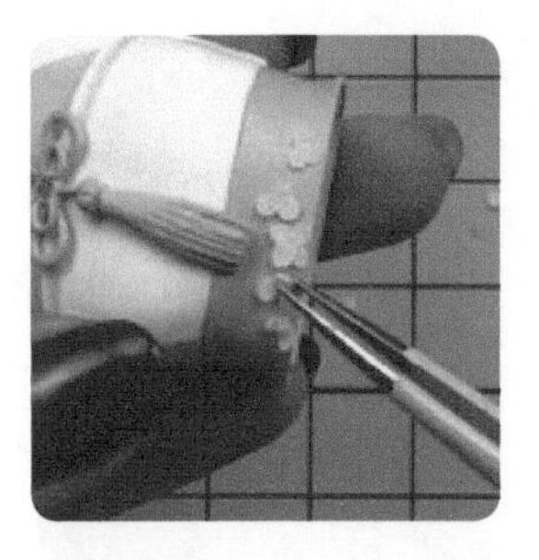

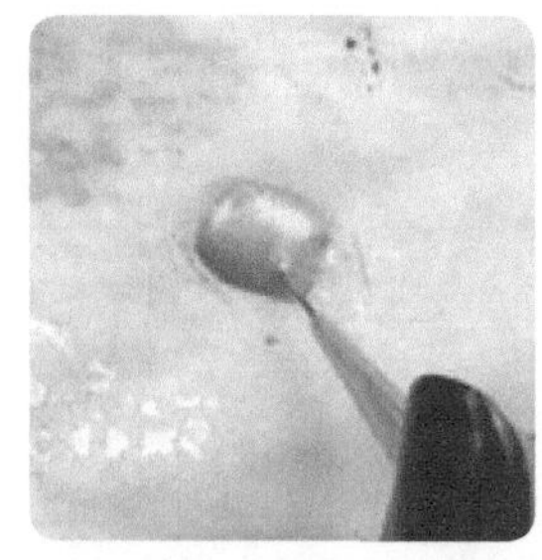

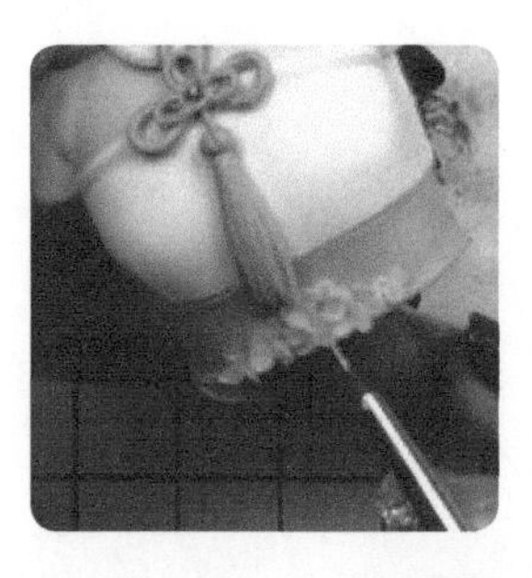

29 将制作好的迷你花瓣组合贴在腰间做装饰，再在花瓣边缘用金色丙烯颜料勾边。

● 制作衣袖

此处制作的衣袖样式为飞袖，飞袖与抹胸上端连接，露出肩头；在袖口处设计了镶边，使飞袖整体更加精美。飞袖独特的设计让玉兔看上去更加飘逸。

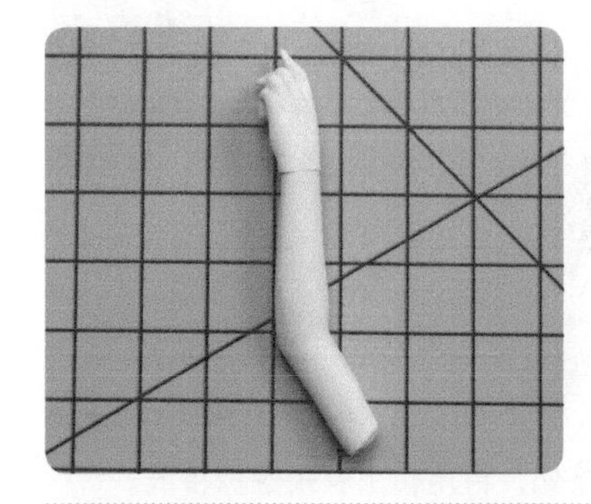

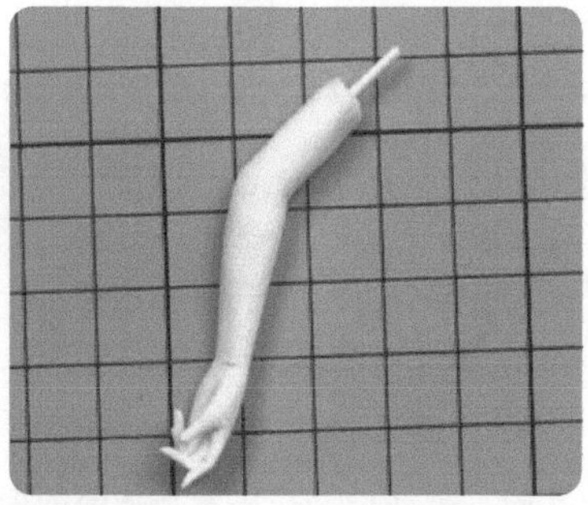

30 拿出前面组合好的手臂，给手臂插入一截包皮铁丝，便于让手臂能稳稳地固定在肩膀上。

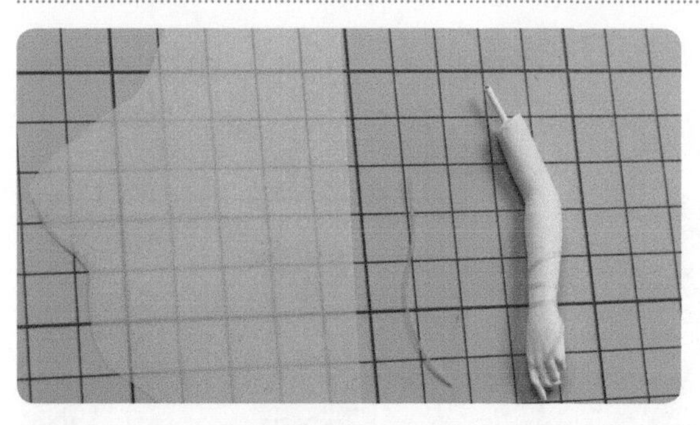

31 在半透明浅金色树脂黏土薄片上切出细长条，将其缠在小臂和手上以遮盖手与小臂之间的缝隙，也可以给手臂增加适当的装饰。

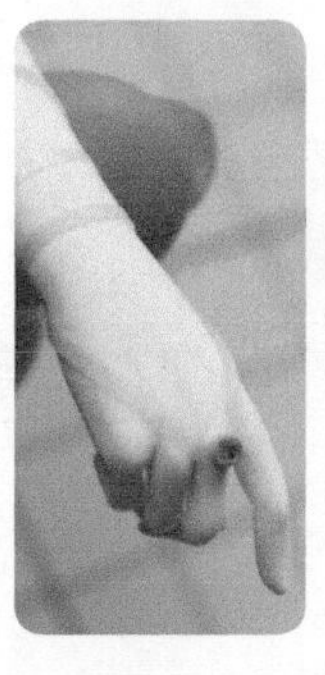

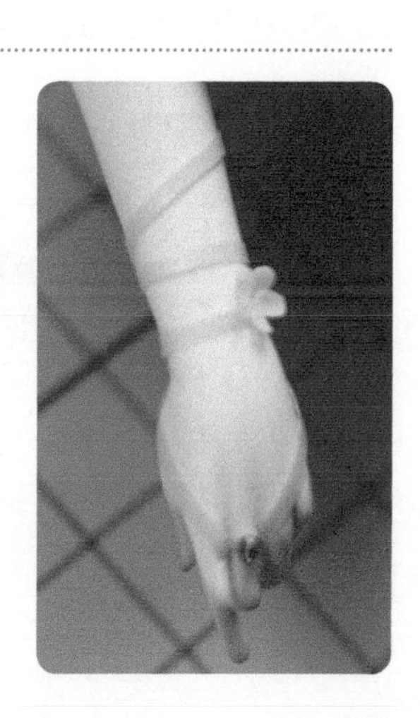

32 在长条上添加米珠装饰与花朵装饰。

33 用色粉给手上色，同时调整手臂动作，随后在包皮铁丝上涂上白乳胶，将手臂与肩膀衔接起来。用相同的方法制作另一侧手臂装饰和衣袖。

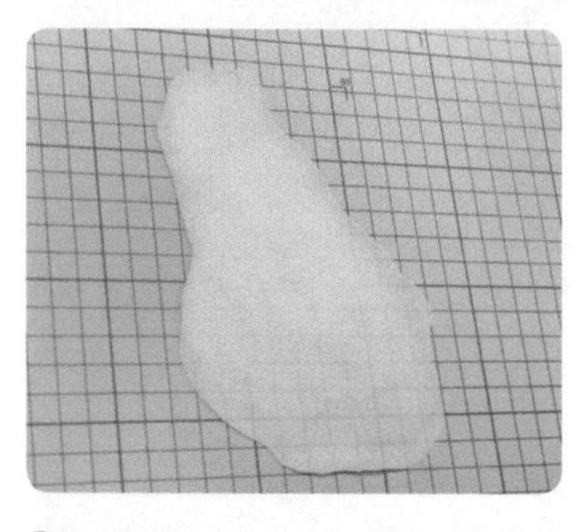
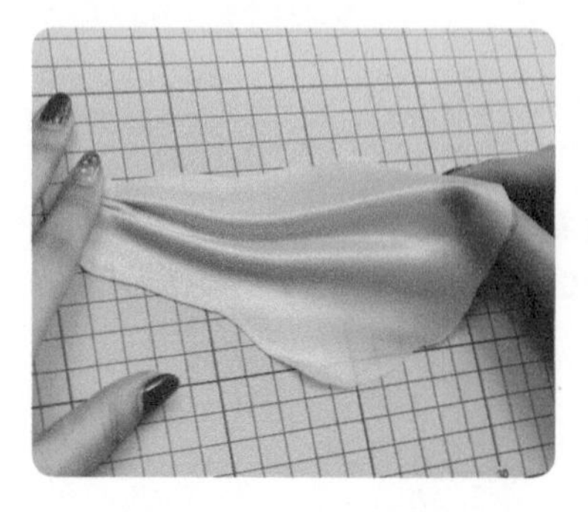
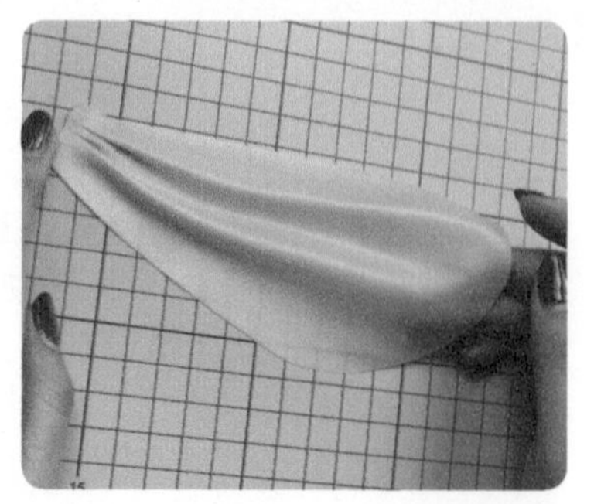

34 取适量浅金色黏土擀成薄片用来制作飞袖，参考前面制作褶皱的方法调整飞袖上的褶皱，然后把薄片修整成大水滴形。

35 切出一个浅金色黏土长条并涂上白乳胶，把飞袖贴在手臂与肩部的衔接处，再用黏土长条遮挡接缝。

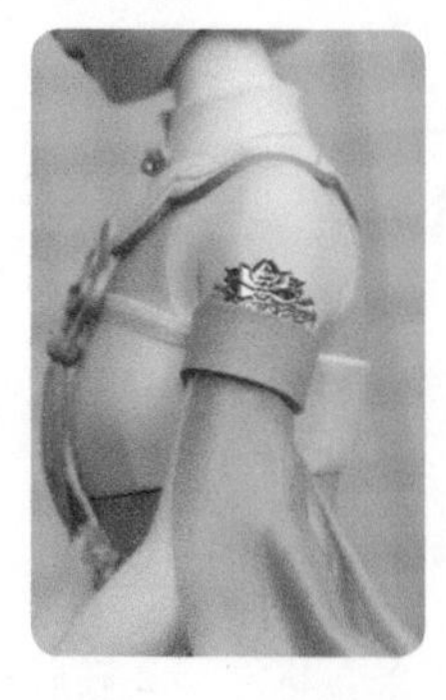

36 选择合适的金属花片，用镊子将其装饰在手臂上。用同样的做法做出右手臂上的飞袖，并进行装饰。

4.2.4 道具与细节装饰

• 制作篮子

篮子大家平时都接触得不多，对篮子的编织方法也不了解，所以在实际制作时，可以找一些参考案例，以便快速做好篮子。

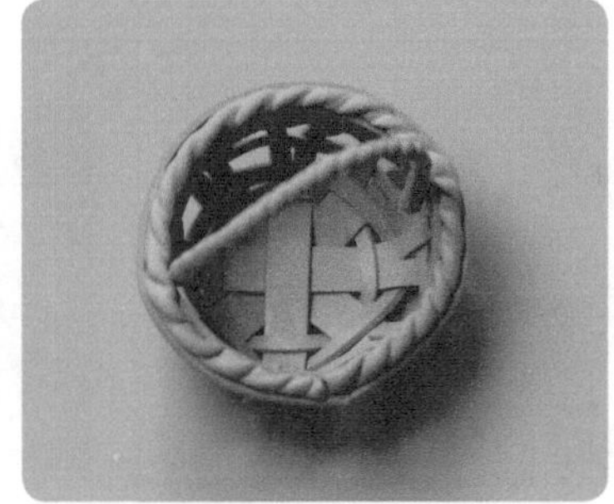

01 取适量黄色、红色和少许黑色黏土混合成土黄色黏土，并将其擀成非常薄的薄片，先切出6根较细的长条与4根较粗的长条，然后把4根较粗的长条交错搭成“米”形。

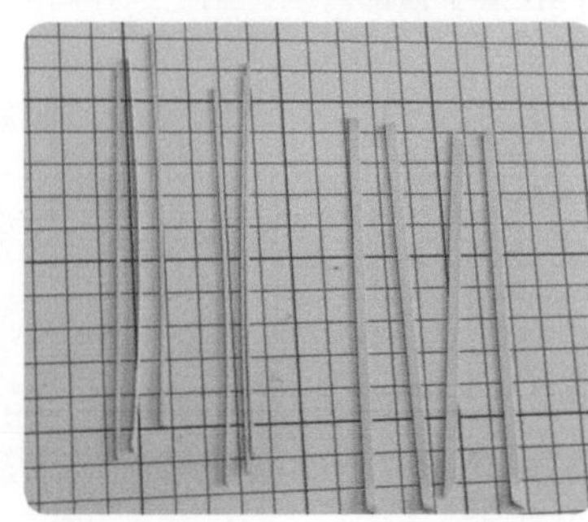

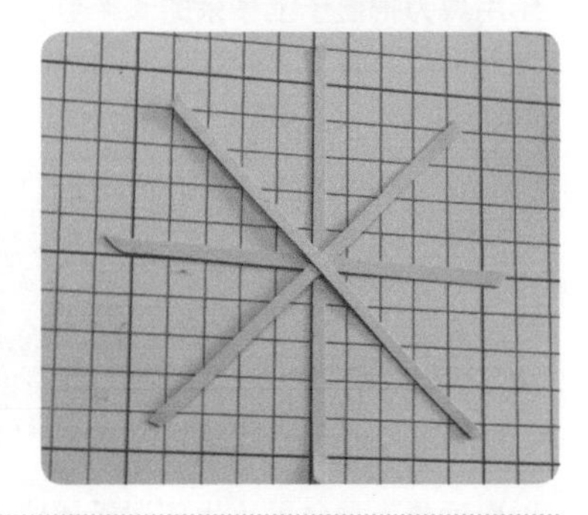

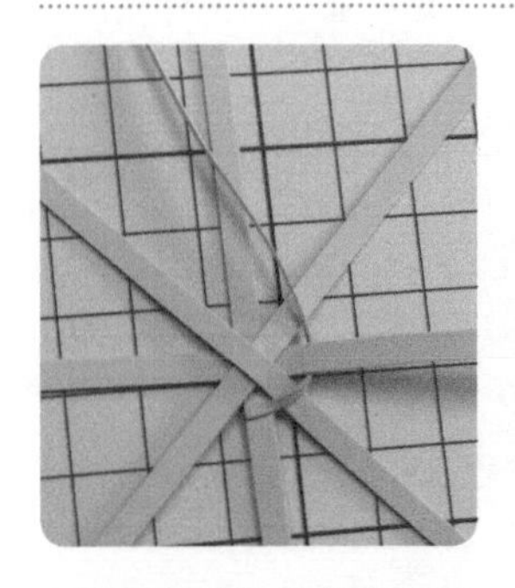

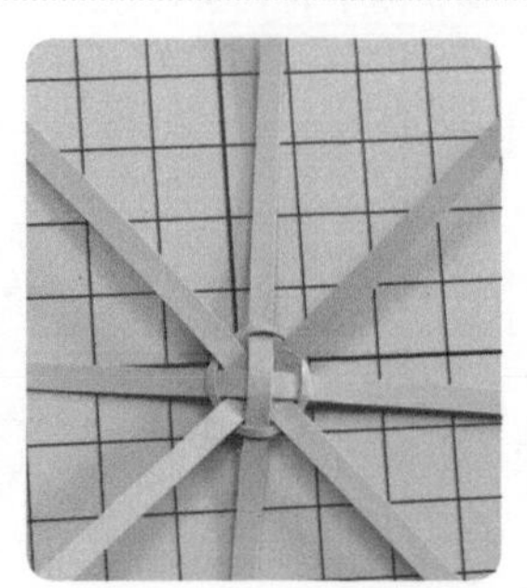

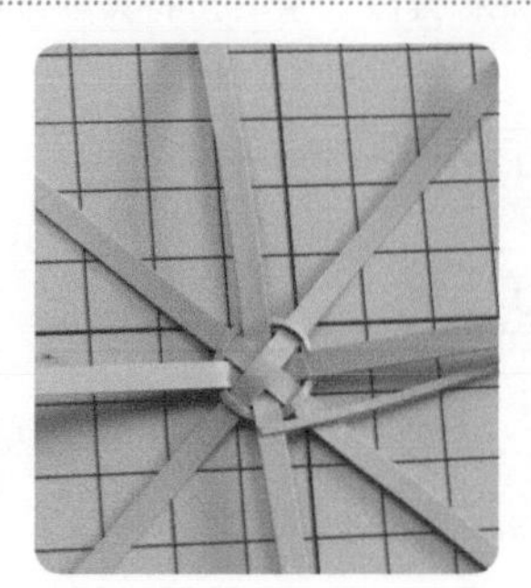

02 参考竹篮的编织方法，用4根较粗的长条和1根较细的长条确定篮子的底部与框架。

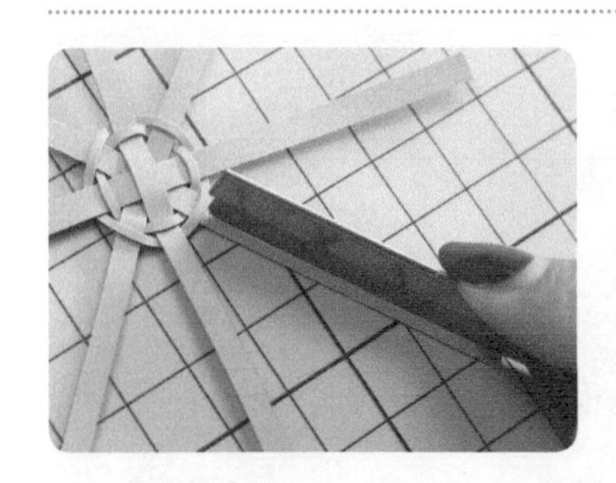

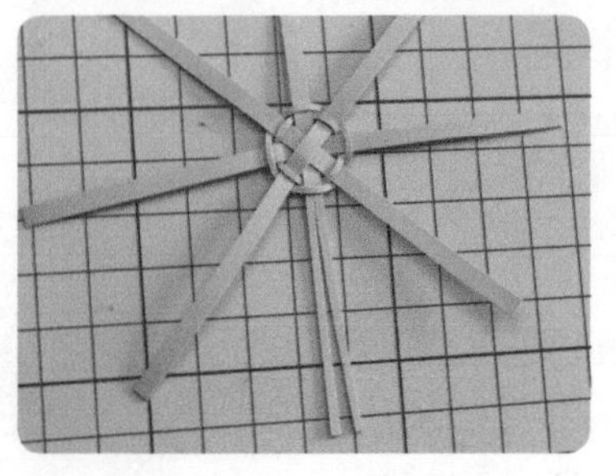

03 用短款刀片将8段较粗的长条一一切开。

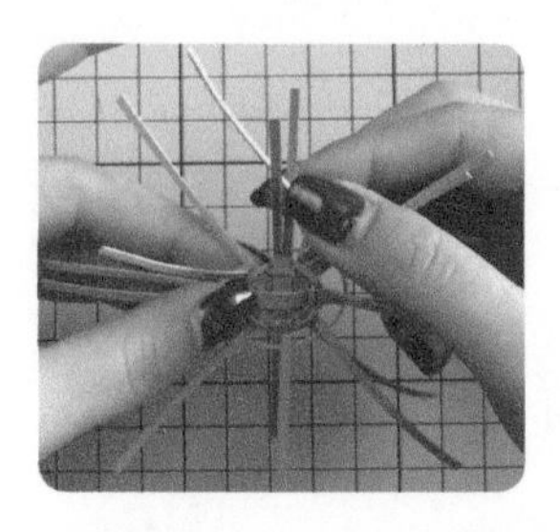
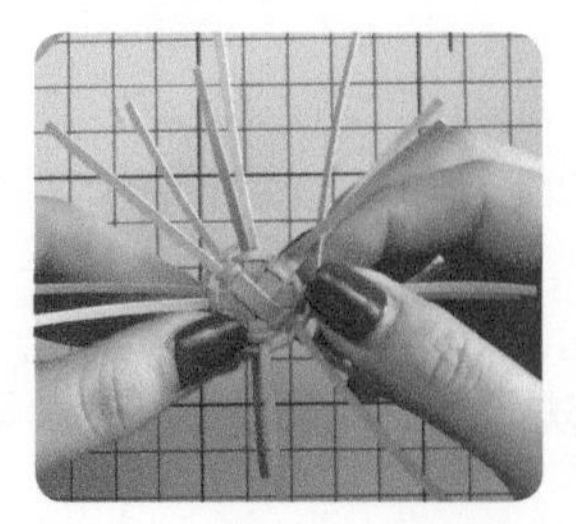
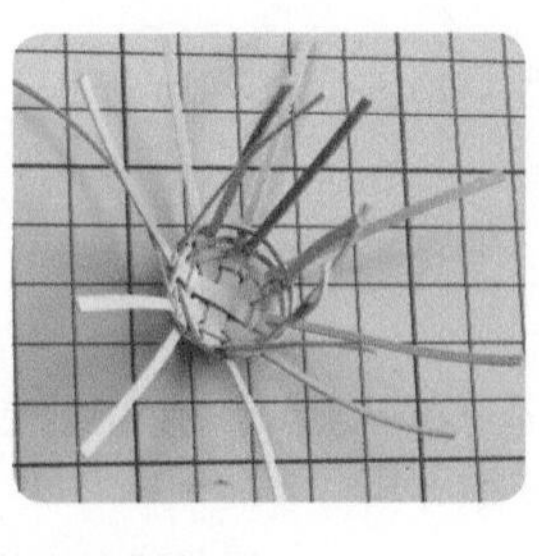

04 采用一上一下交错缠绕的方式，将较细的长条绕在篮子的框架上。

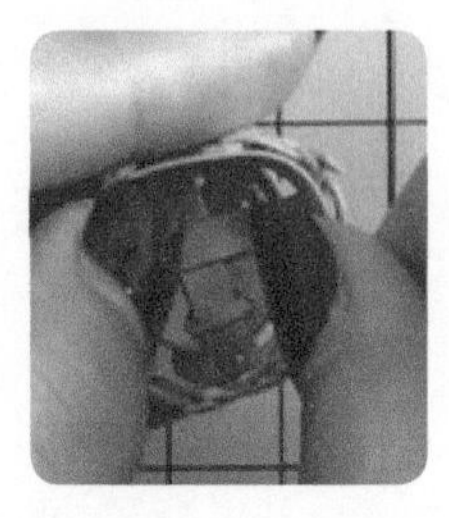

05 用剪刀把篮子上多余的长条剪去，再在篮子顶部内侧，贴上一片同色黏土片，确定篮子的造型。

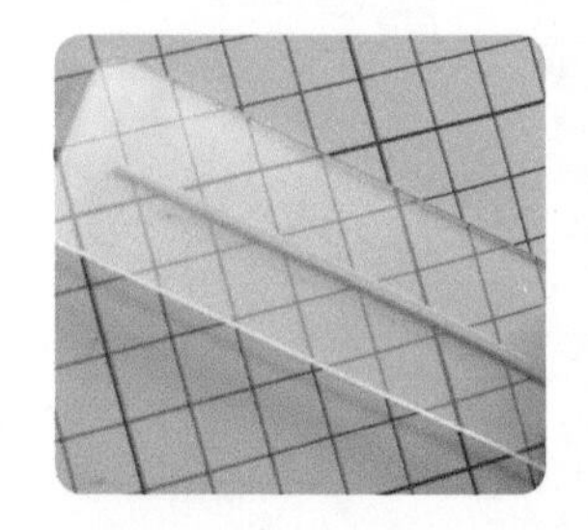

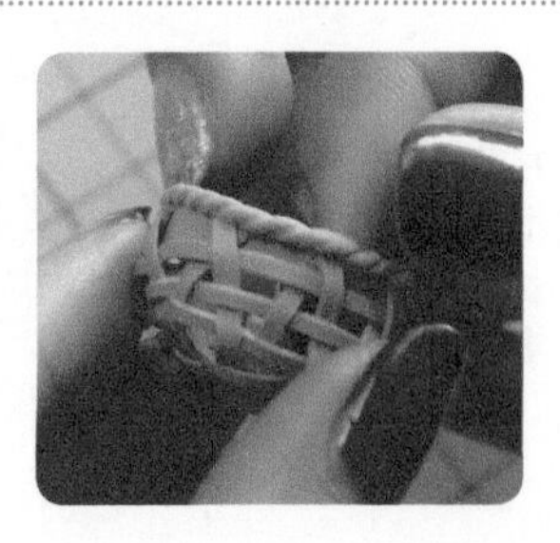

06 取适量土黄色黏土用压泥板搓成长条后，将其轻微压扁，用手将长条拧成麻花状，贴在篮子顶部外侧。

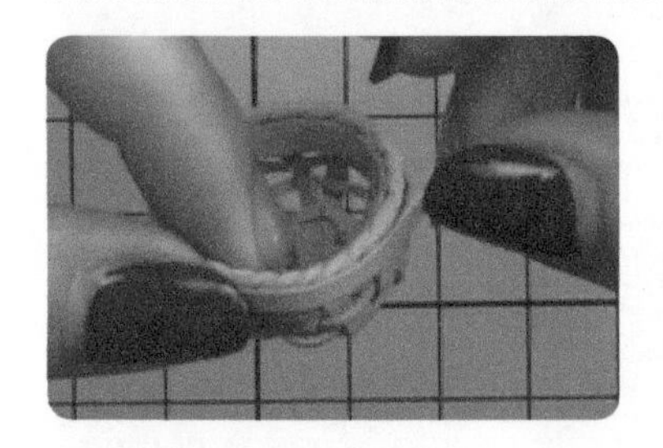
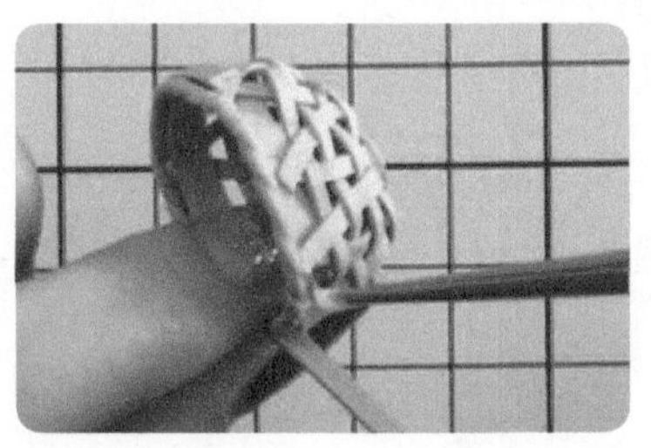

07 在篮子顶部外侧贴一片与内侧一样的同色长条，完善篮子的造型。

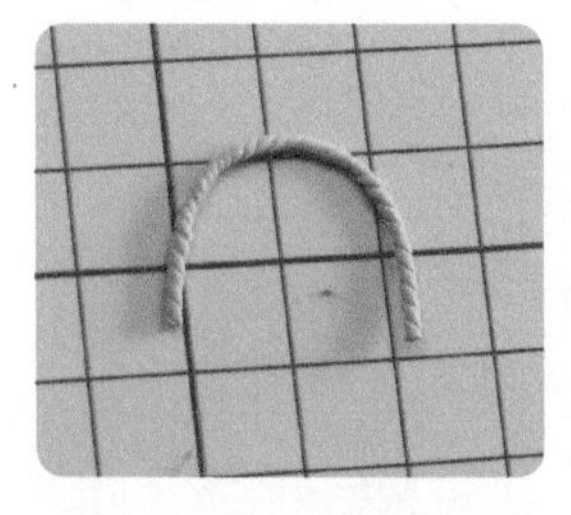

08 做出麻花状提手并在篮子顶部内侧相应的位置涂上白乳胶，将提手固定在篮子上。至此，篮子制作完成。

● 制作月饼

本案例选用了一些清新可爱的颜色来制作月饼，其具体制作分为两部分：一是先做出扁圆状主体，二是借助硅胶模具翻模制作月饼表面的花纹装饰。

09 准备3D立体浮雕花硅胶模具。

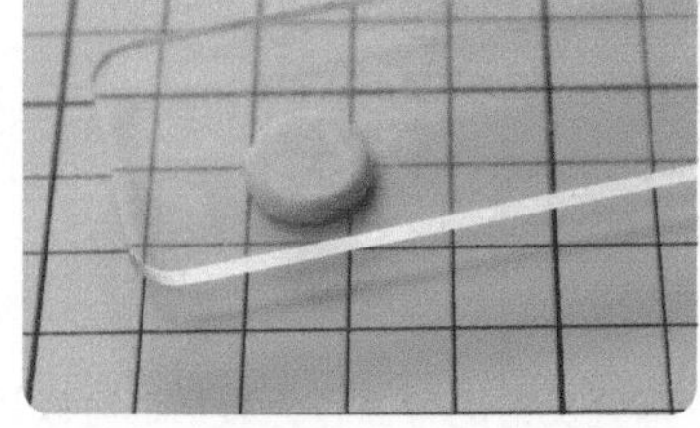

10 用金色树脂黏土和白色超轻黏土混合成浅金色黏土，并揉成黏土球。用压泥板把浅金色黏土球压扁。

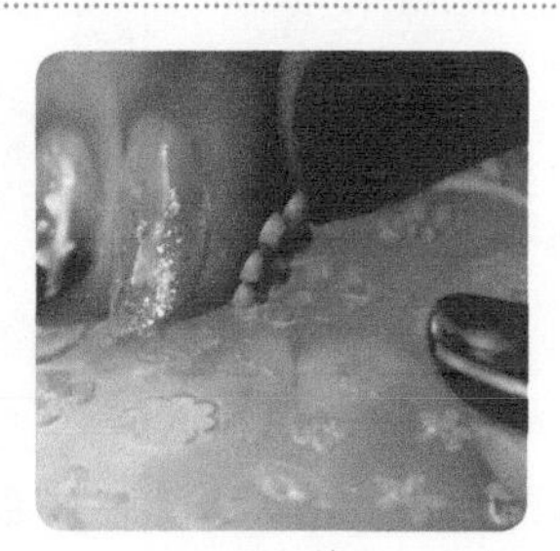

11 在模具上填充金色树脂黏土制作花形薄片，等模具上的黏土稍微晾干后（防止变形）再取出贴在扁圆状黏土上，做出月饼。

12 用相同的方法，制作一些花纹样式不同、颜色不同的月饼。再做出两朵粉色的花。

13 将月饼粘在篮子里，注意月饼和花摆放的位置。

● 添加细节装饰

14 用白色黏土搓出若干个小圆球，再拿出毛绒粉。

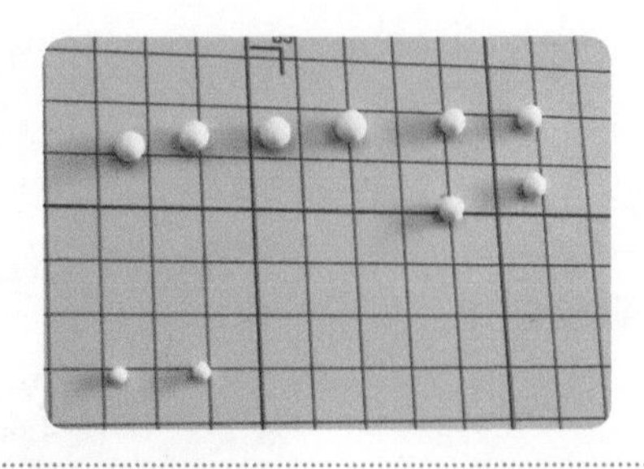

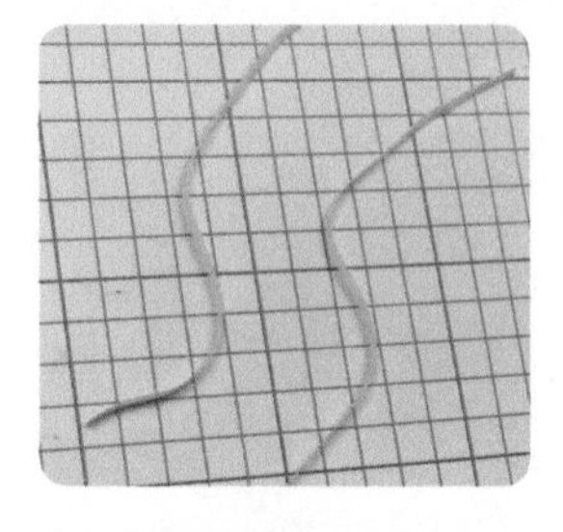

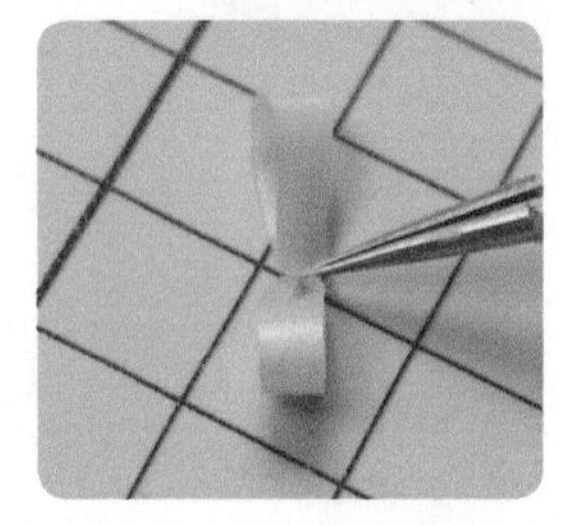

15 制作蝴蝶结飘带，将其贴在玉兔双耳式发髻的背面作为装饰，可以添加金属花片来装饰。

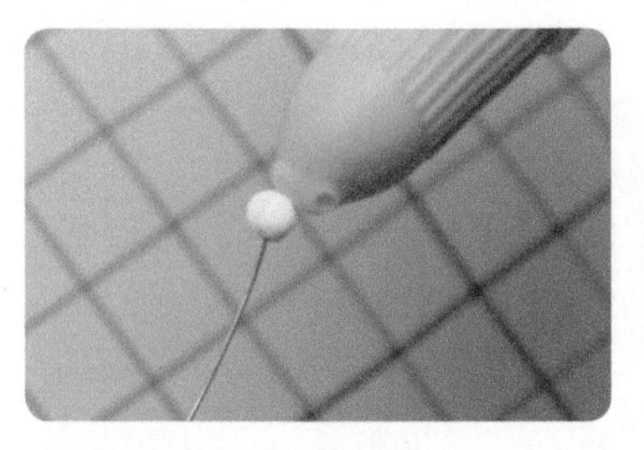

16 先把小圆球插在铜丝上，然后在小圆球表面涂上白乳胶，再给小圆球裹一层毛绒粉，制作出玉兔专属的毛球。

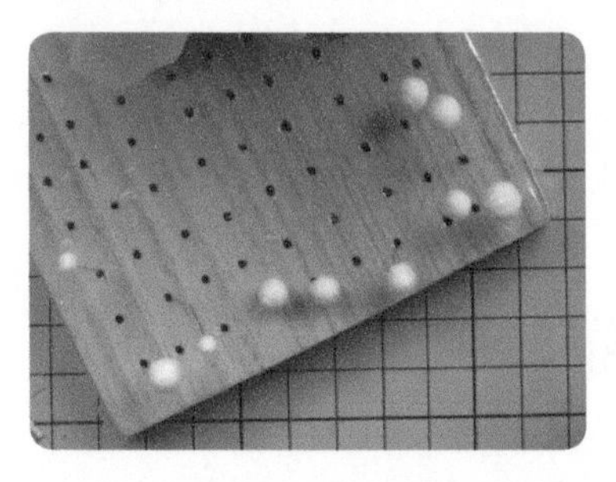

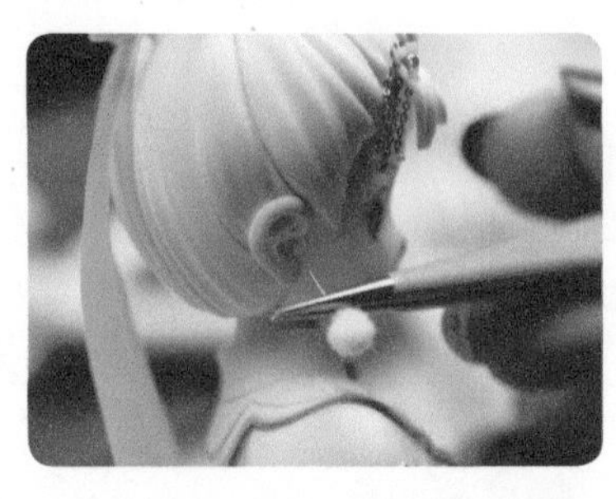

17 等毛球完全晾干后，剪掉多余铜丝，将毛球插在玉兔耳朵上作为耳饰。

18 将毛球粘在腰间的蝴蝶结装饰绳的绳头处。

• 制作底座

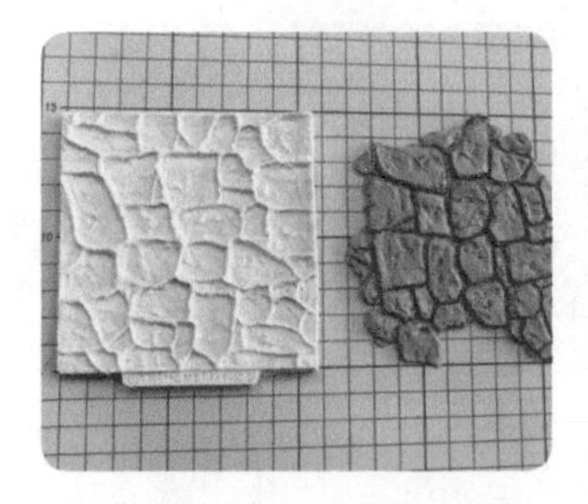
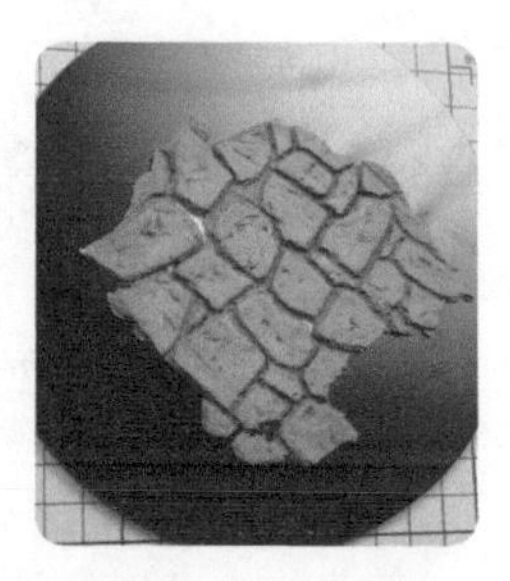

19 用石纹模具与灰色黏土制作出底座上的土块装饰，并在土块的缝隙里扫上青色眼影作为青苔。

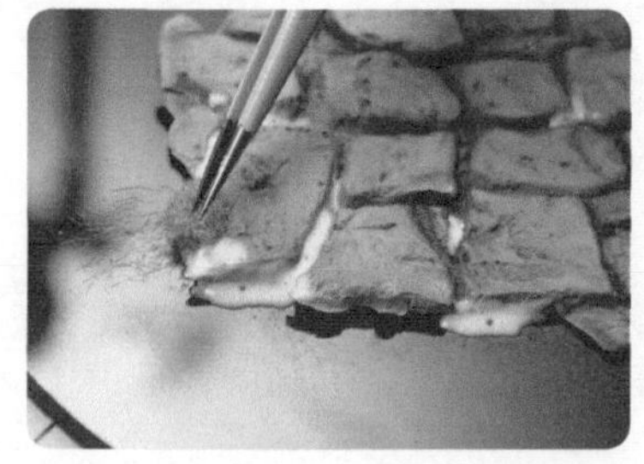

20 拿出草粉，用白乳胶把草粉粘在土块上，制作出草地。

21 在草地上添加青草和微缩模型花簇，完善草地装饰。

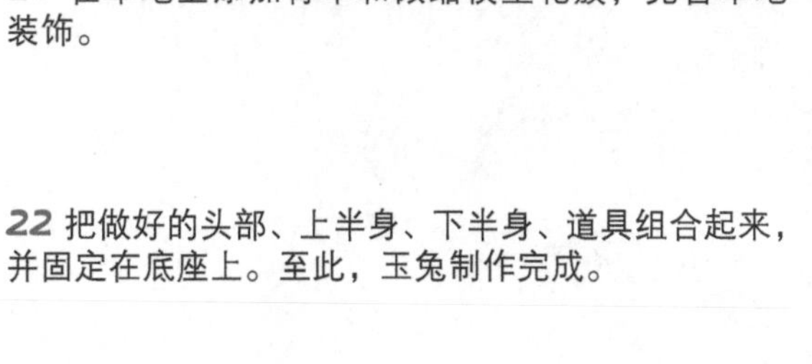

22 把做好的头部、上半身、下半身、道具组合起来，并固定在底座上。至此，玉兔制作完成。

第5章

敦煌飞天1的制作

5.1 特征分析

5.1.1 所用黏土色卡

肉色

黑色

红色

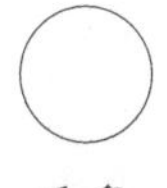
白色

蓝色

黄色

草绿色

绿色

串珠与金饰组合制作装饰

飘带

腰带

金属装饰

人物形象设定
敦煌飞天形象。

发型
螺旋式高髻。

脸形及妆容特点
脸形修长、直鼻、大眼、小嘴，妆容艳丽精致。

服饰颜色
以深红色和绿色系颜色为主，再配以橘色。

5.1.2 元素选用

本案例制作的飞天形象造型优美，有露背、赤足等飞天形象特有的特征。

本案例主要使用了串珠金属配饰以及长长的腰带、飘带等元素，来制作飞天形象整体造型的装饰。

5.1.3 造型分析

本案例制作的飞天形象脸形修长，有直鼻、大眼、小嘴；头束螺旋式高髻，戴有装饰宝冠；身材修长，上身仅着抹胸，腰缠长裙，肩披长飘带；其身体扭转呈侧身升腾的飞天姿势。

5.2 敦煌飞天的制作方法

5.2.1 身体

● 制作双腿

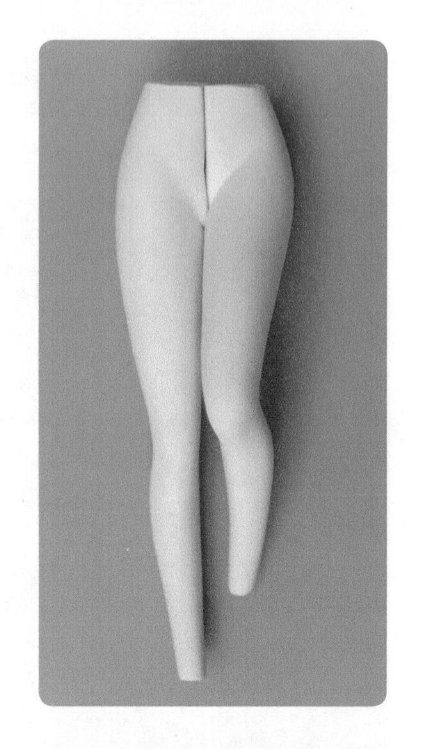

本案例制作的敦煌飞天处于升腾飞起的姿势，右腿伸直，左腿叠靠右腿并略微弯曲，因此制作双腿时要随时观察腿形是否与腿部动态相符。

另外，虽然敦煌飞天没有露出太多腿部，但仍需重点注意双腿的比例。裆部到膝盖与膝盖到脚踝的距离均为6cm。

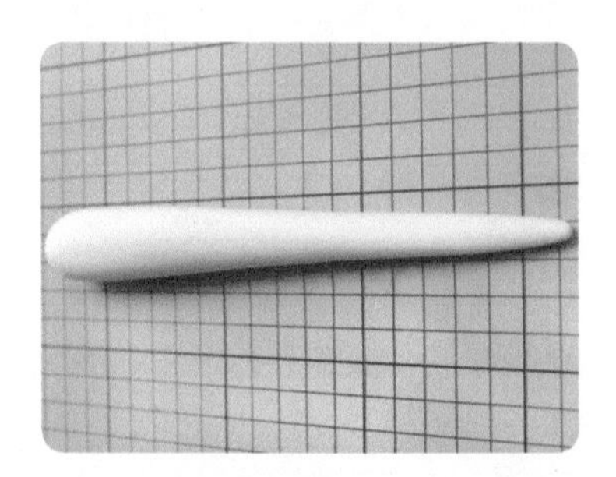

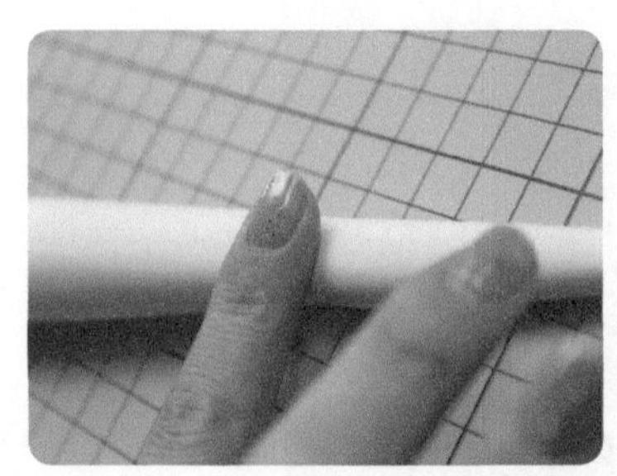

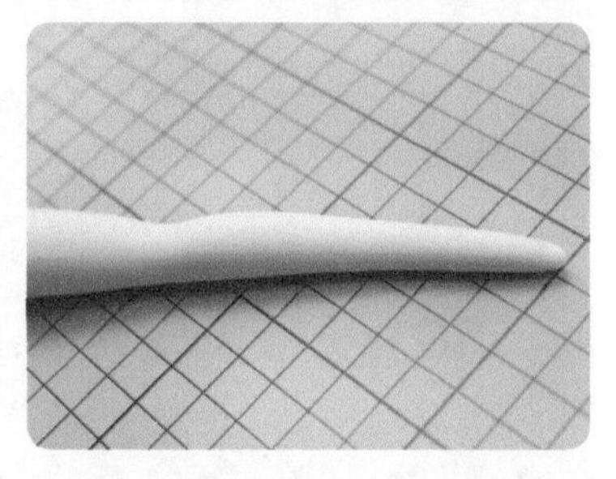

01 用肉色黏土搓一个一头粗一头细、形似萝卜的长条，找到膝盖的位置后用手指稍稍搓细，并搓出腘窝。

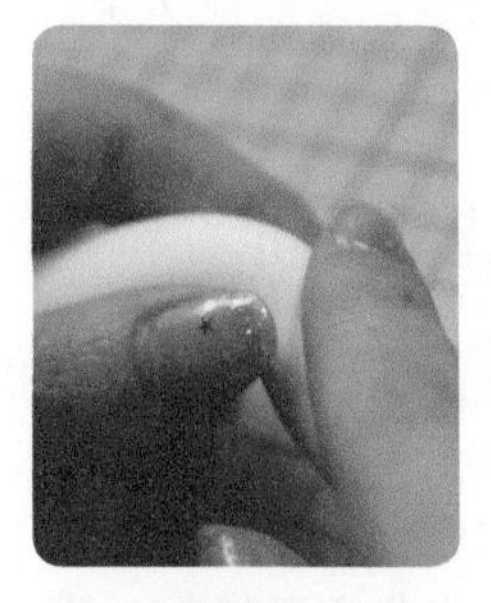

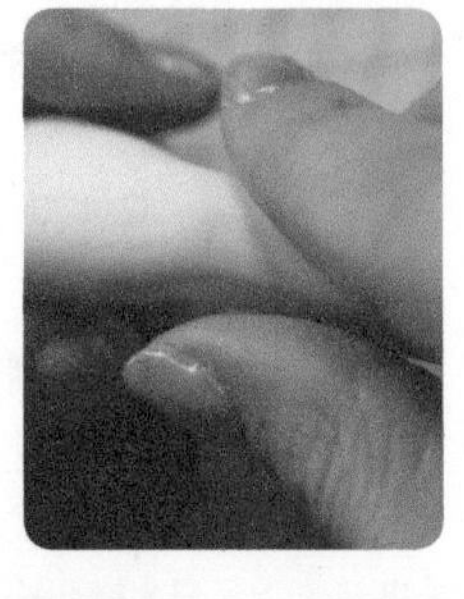

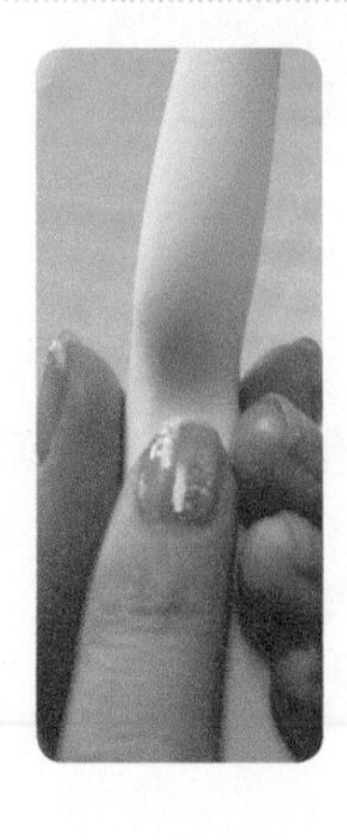

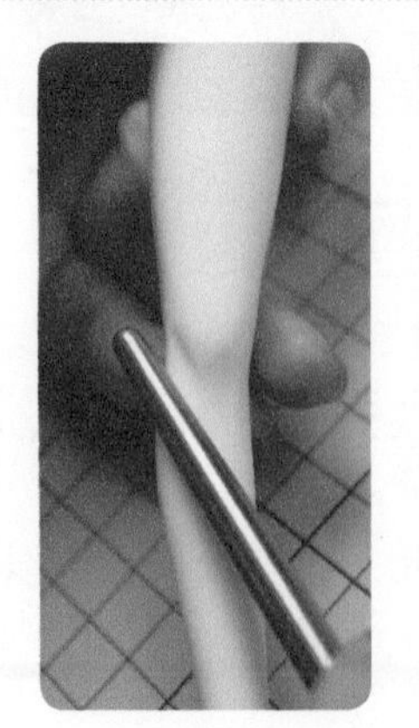

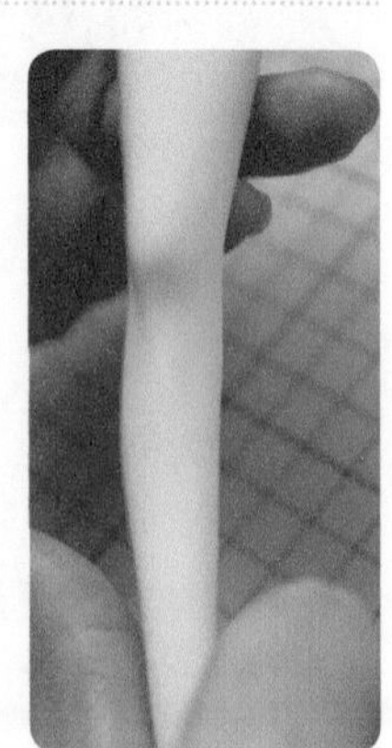

02 用手将腿从膝盖处稍微弯曲，推出膝盖后再把腿掰直，接着再抹出膝盖窝，然后用棒针的圆头压出膝盖上的骨骼特征。

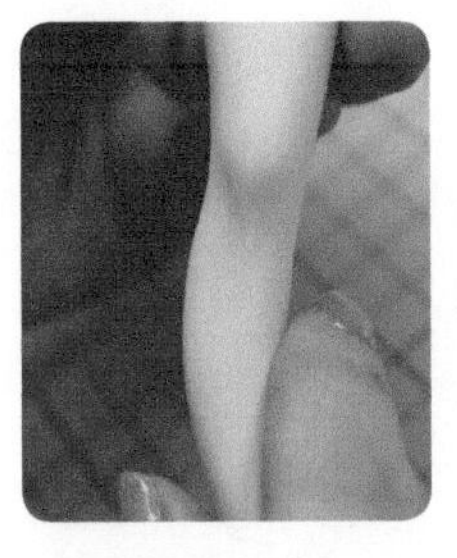
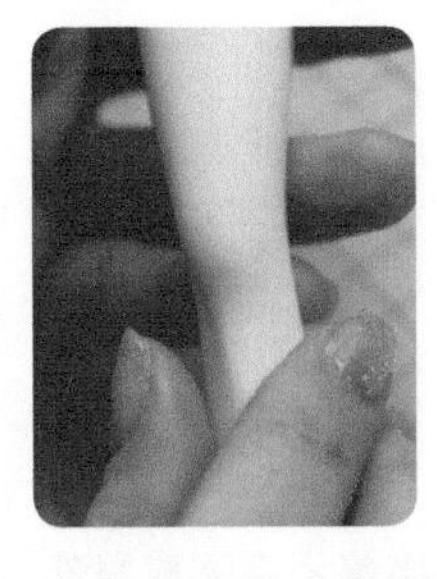
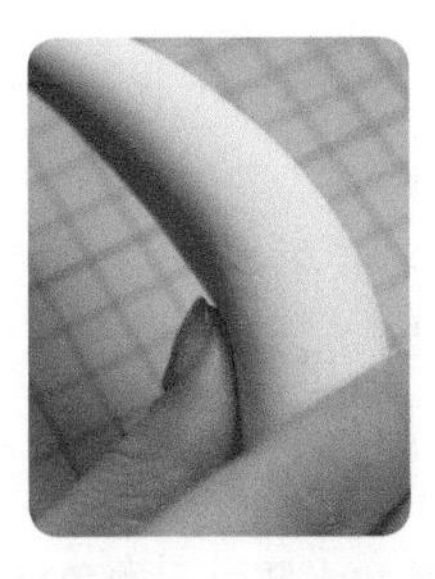
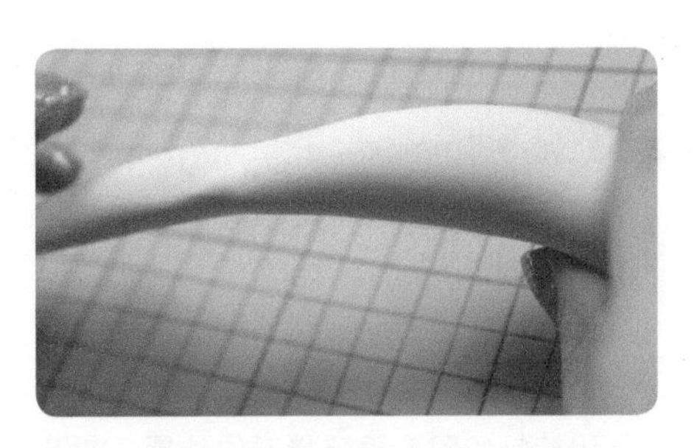

03 调整小腿曲线并把小腿向外掰，接着捏出小腿的骨骼特征，然后再把大腿从裆部开始向大腿内侧弯出小弧度。

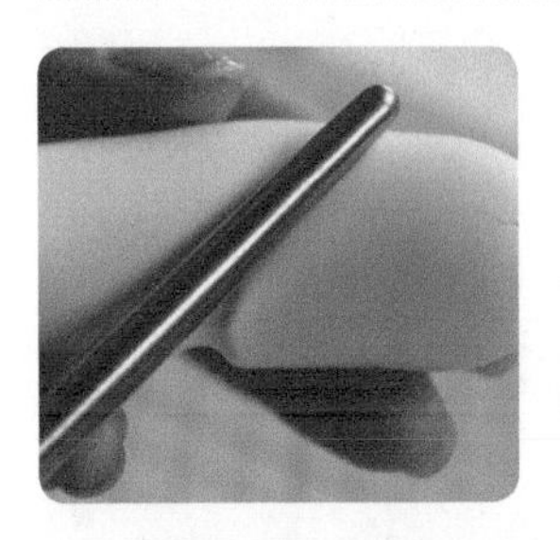
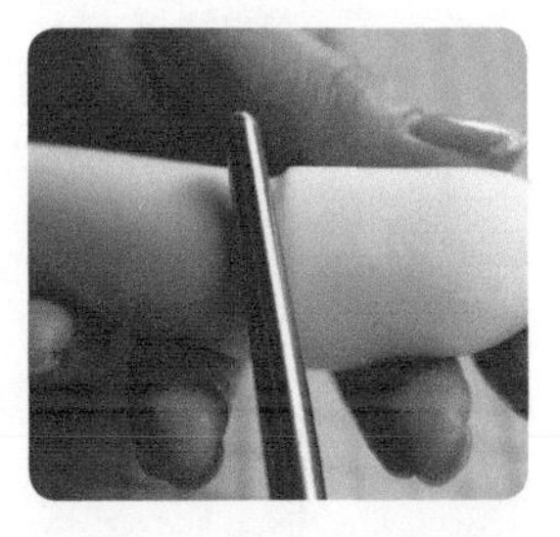

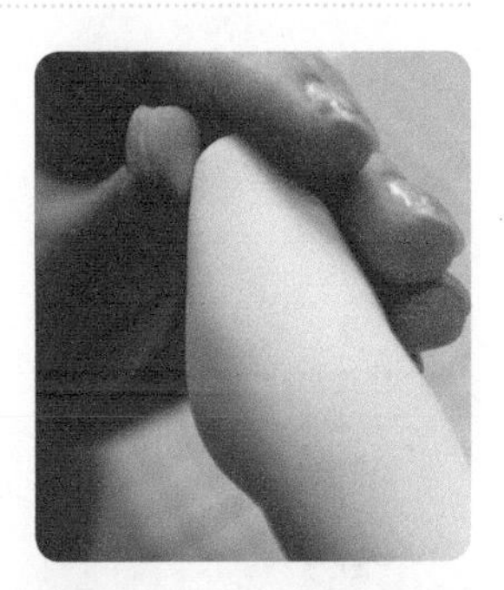

04 用棒针的圆头压出裆部和臀部的位置，再用棒针的尖头按压出臀部的弧度。

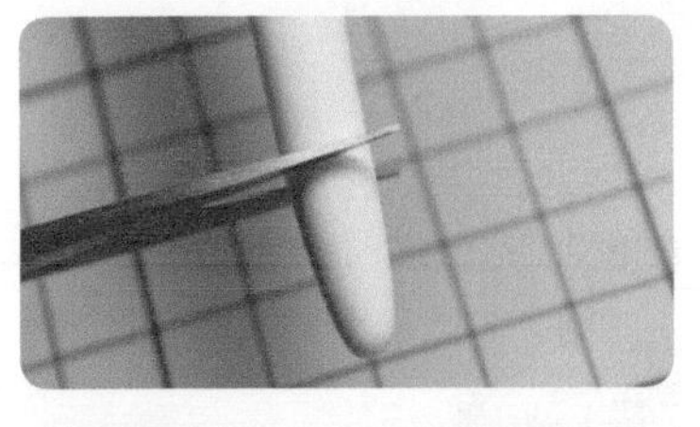
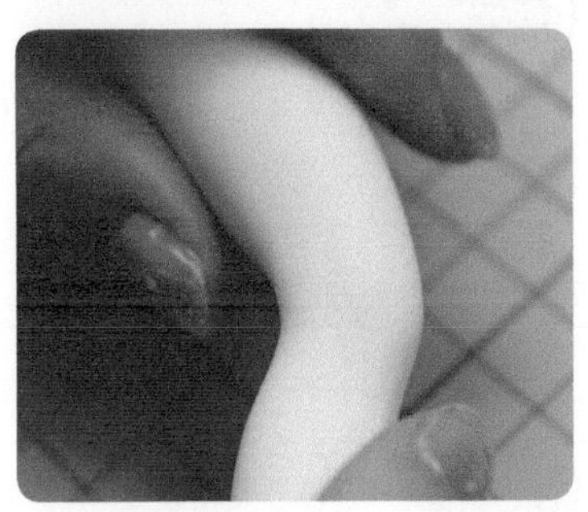
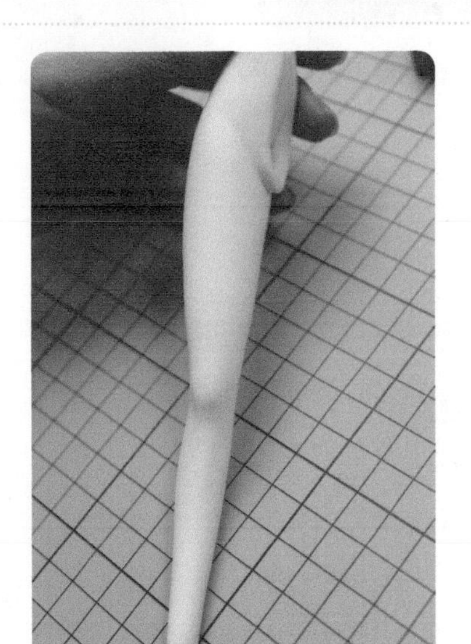
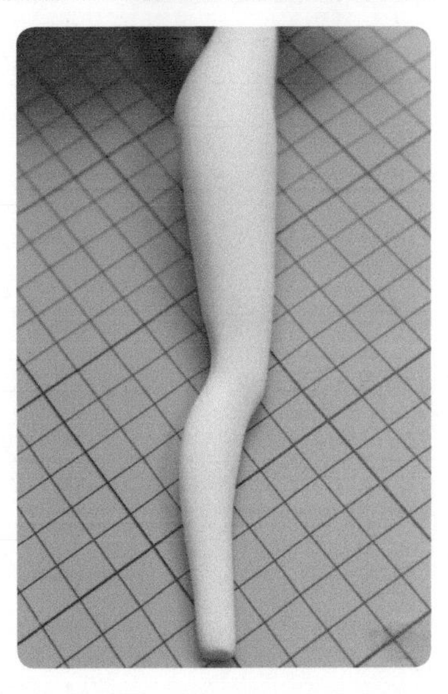

05 确定脚踝的位置，用剪刀把脚踝以下多余的黏土剪掉，然后再次调整腿形。至此，右腿制作完成。

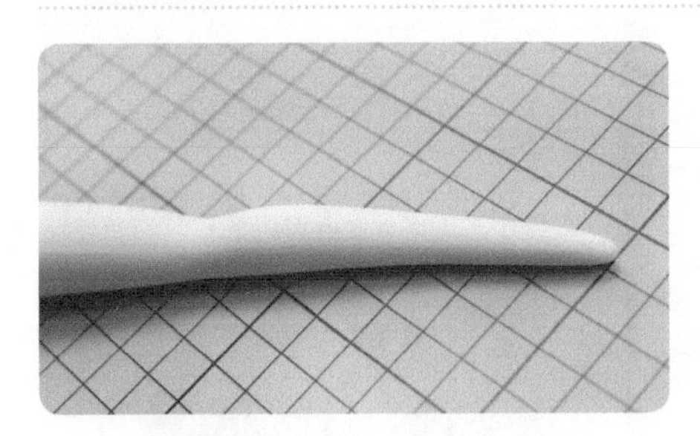
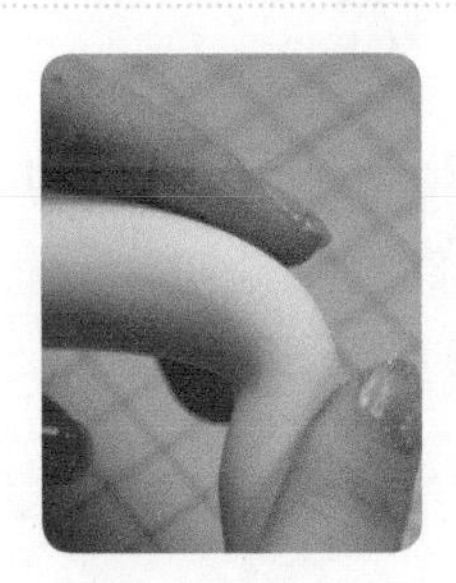
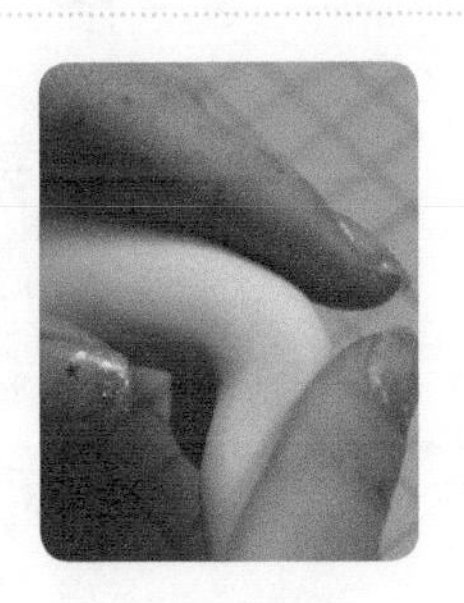
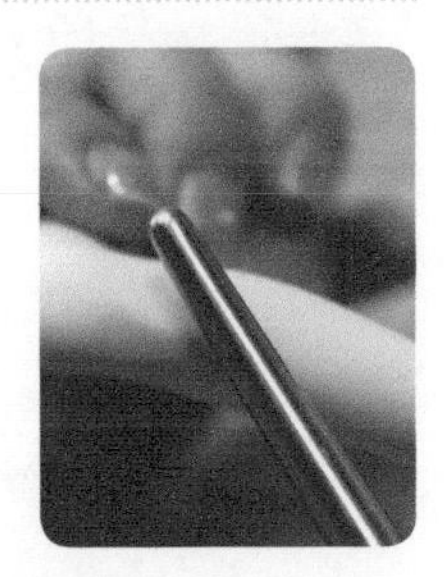

06 用相同的方法做出左腿的基础腿形，然后把腿弯成需要的角度，接着将膝盖收小，并用棒针的圆头按压出膝盖处的骨骼特征。

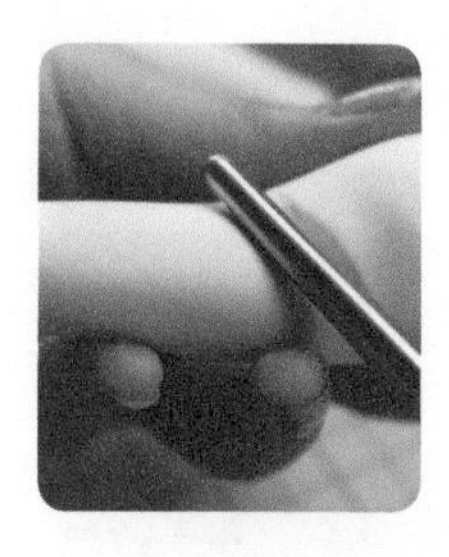
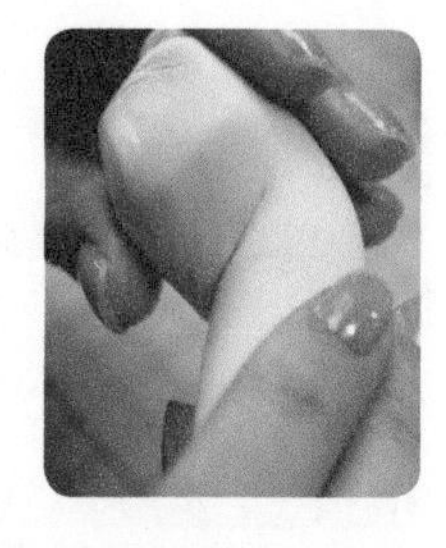
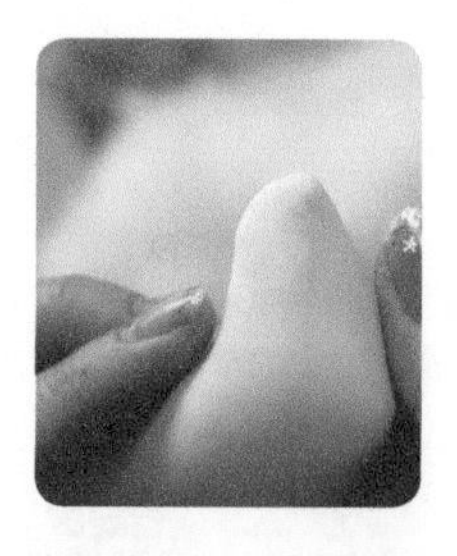
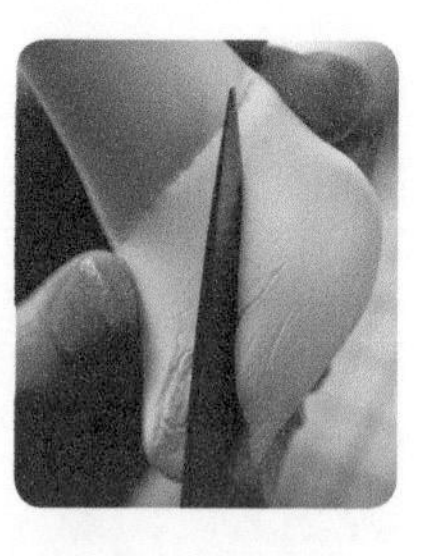

07 用棒针的圆头确定裆部的位置，再弯出胯和大腿之间的角度，接着用手调整臀部曲线，然后剪掉裆部多余的黏土。至此，微微弯曲的左腿制作完成。

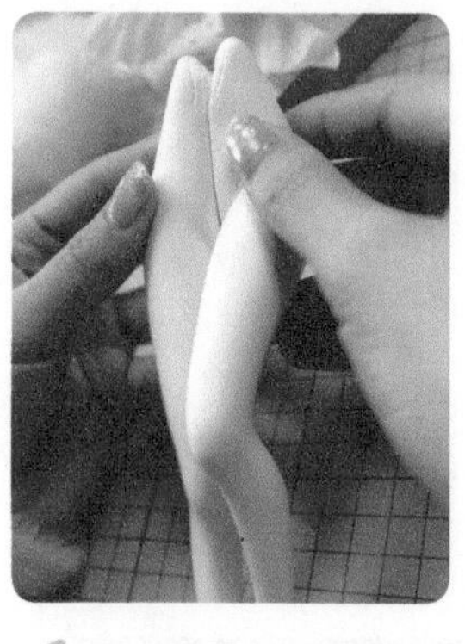
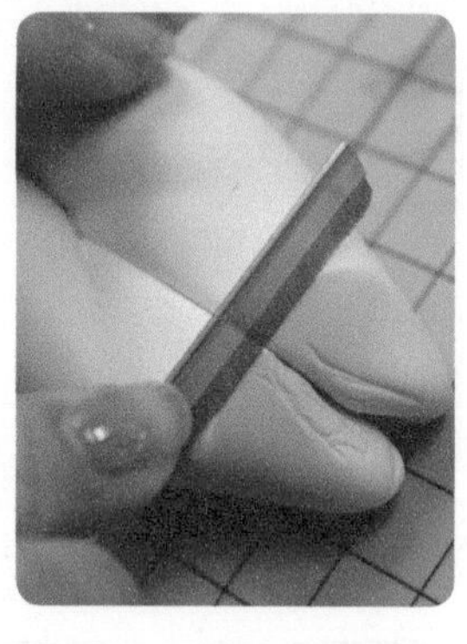
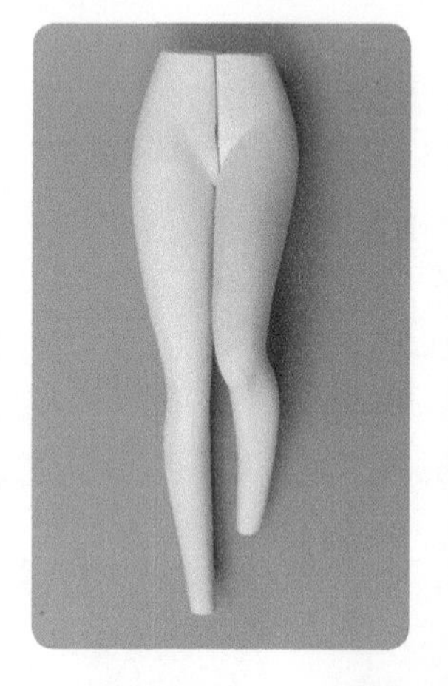
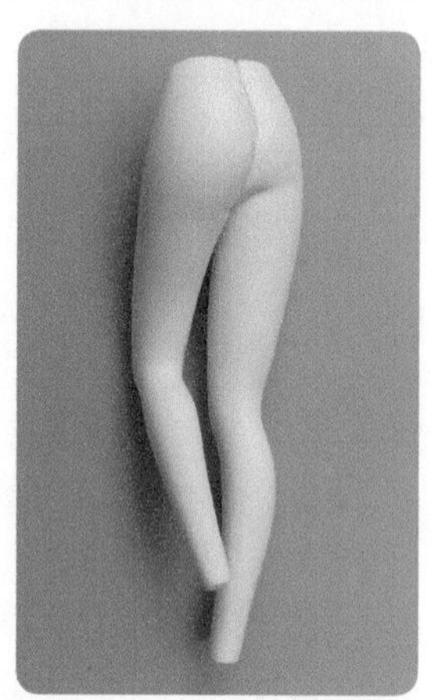

08 把双腿对齐确定腿形是否合适，确定后用短款刀片切去多余的部分。

● 制作双脚

在飞升姿势中，脚背需要绷直，脚趾向下扣，呈现出飞升时脚背用力的状态。因而此处制作的双脚脚背呈坡形，脚掌前宽后窄。

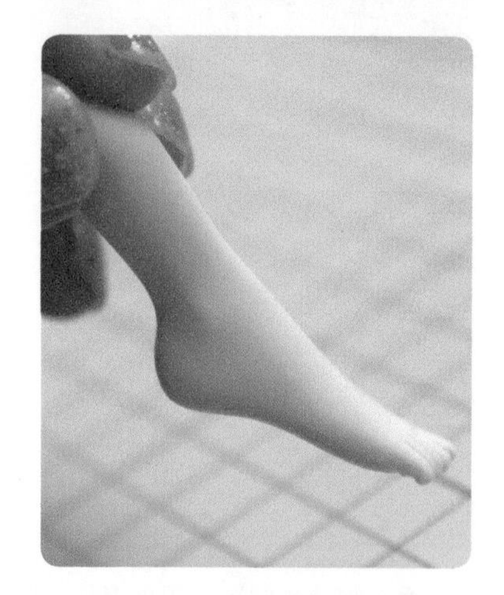

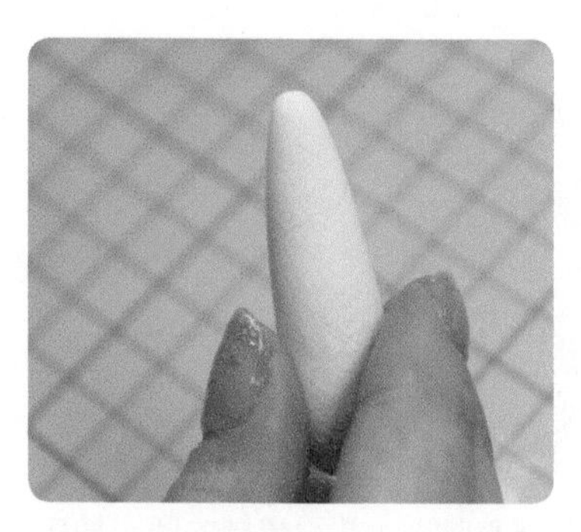
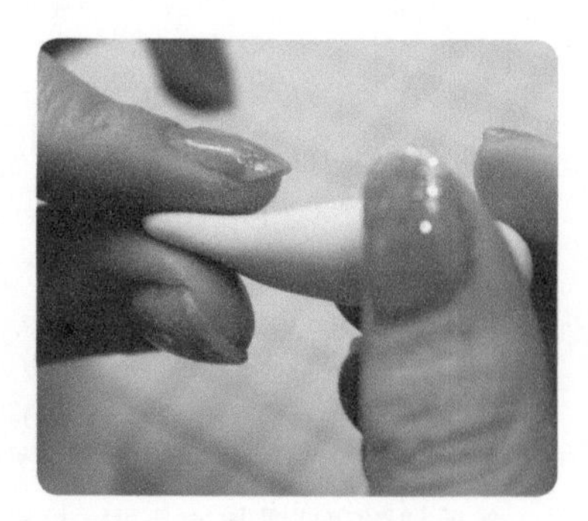

09 取一小块肉色黏土搓成长水滴形，再用手把尖端捏扁一些。

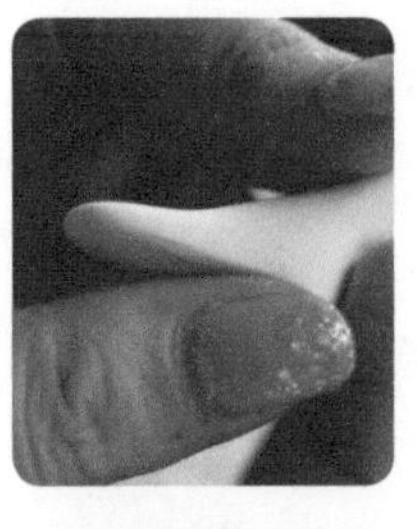

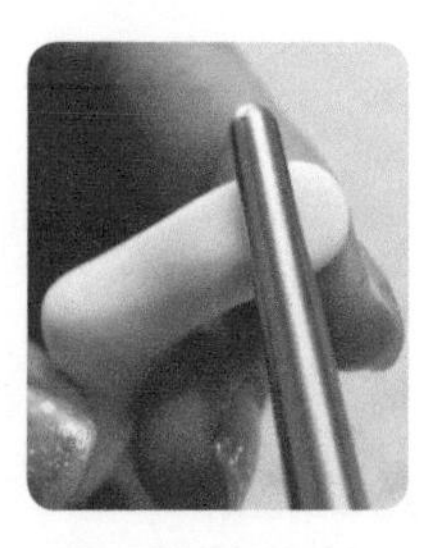

10 用手把脚底的黏土向脚后跟的方向推，把脚踝处的黏土向下推的同时挤压出脚后跟，接着捏一捏脚后跟，使脚背绷直，然后用棒针的圆头压出脚窝，并用手调整脚形。

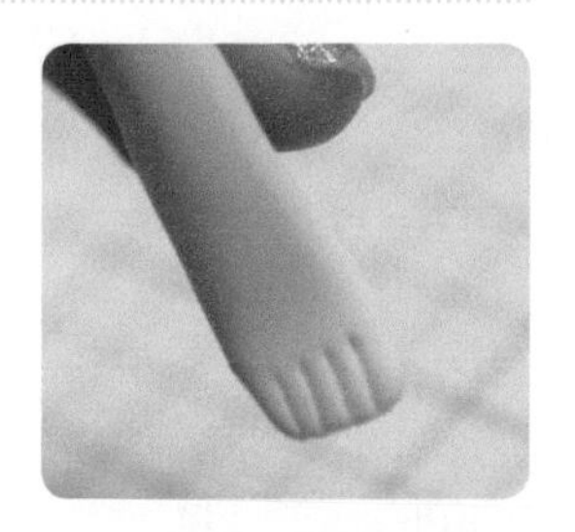

11 用剪刀剪出脚趾的大致形态，再依次剪出脚趾。

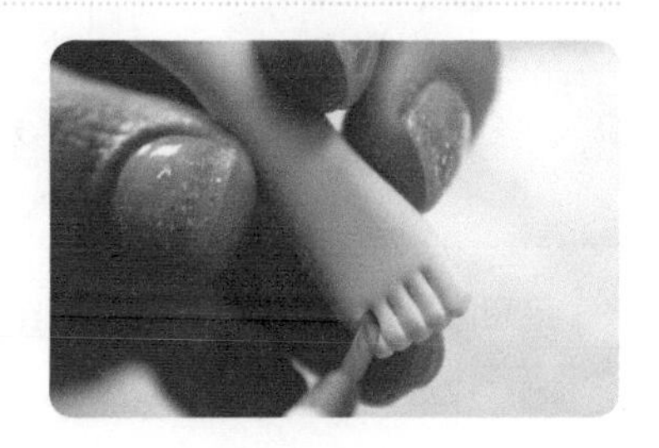

12 用剪刀再次修剪脚趾，随后用抹刀抹圆脚趾头、加深脚趾缝。

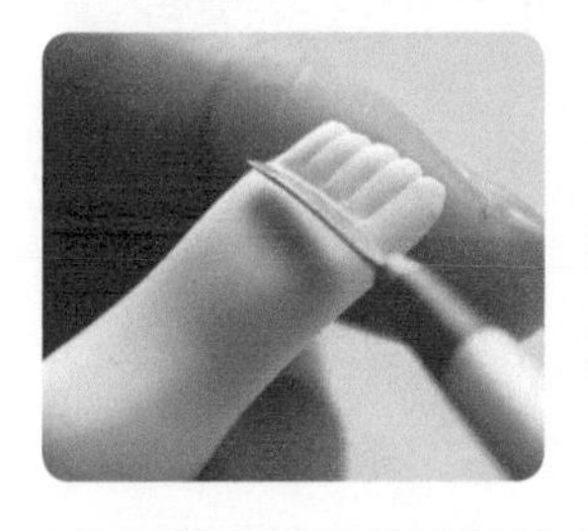
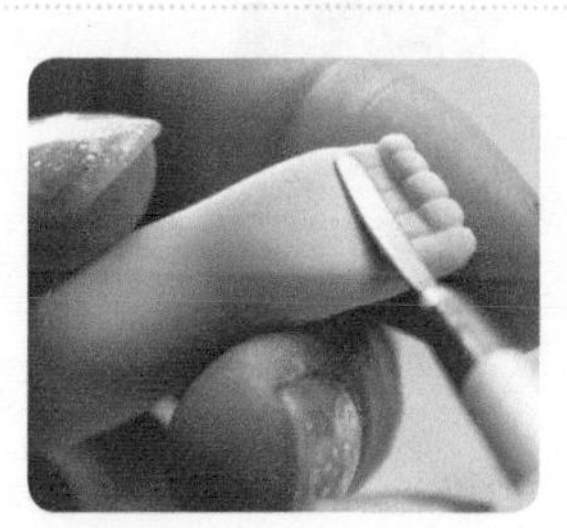
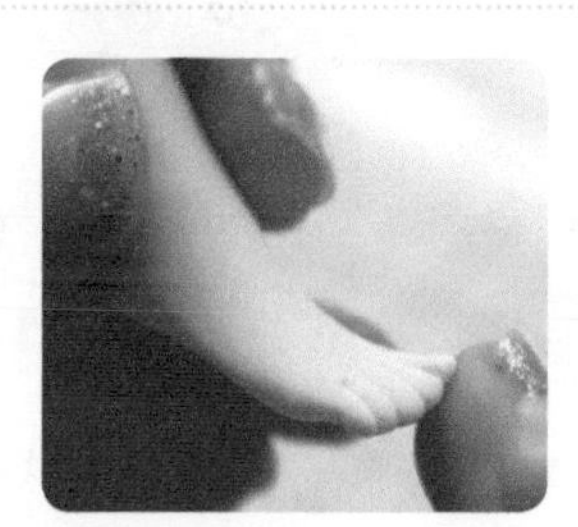
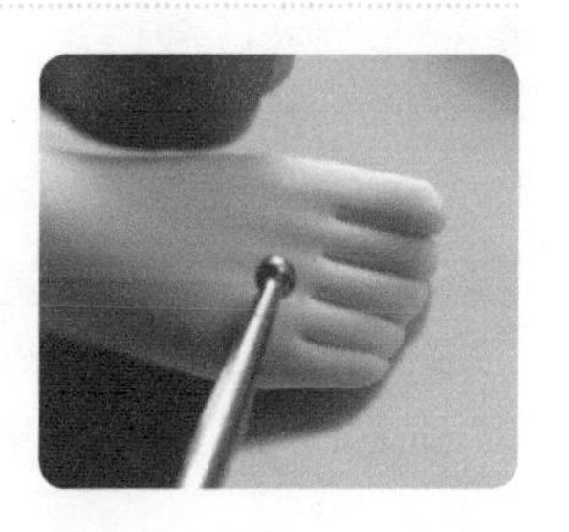

13 用抹刀压出脚趾的折痕，将除了大脚趾以外的其他四趾弯折，接着用手把大脚趾往上翘，然后用压痕笔划出脚背上的骨骼特征。

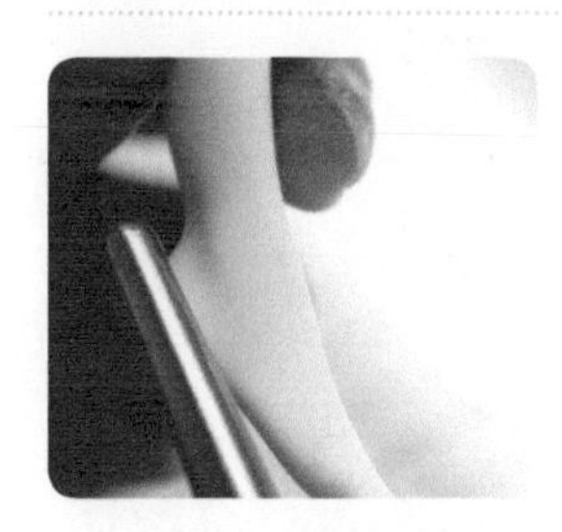
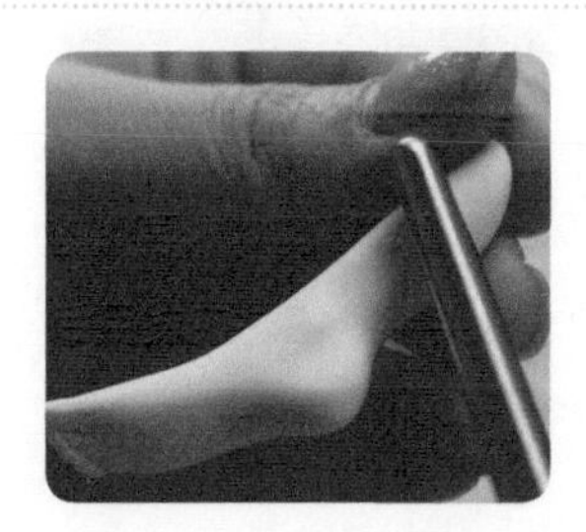
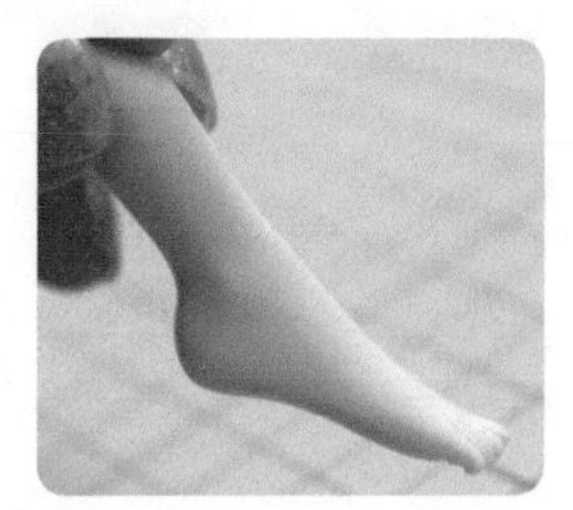

14 用棒针的圆头将脚踝处的黏土从四周向踝骨的位置挤压，堆出脚踝。至此，右脚制作完成。用相同的方法制作另一只脚。

● 组合脚与腿

组合脚与腿时需注意腿部的动态美感，而脚腕处的衔接缝隙可以用脚饰加以遮挡。

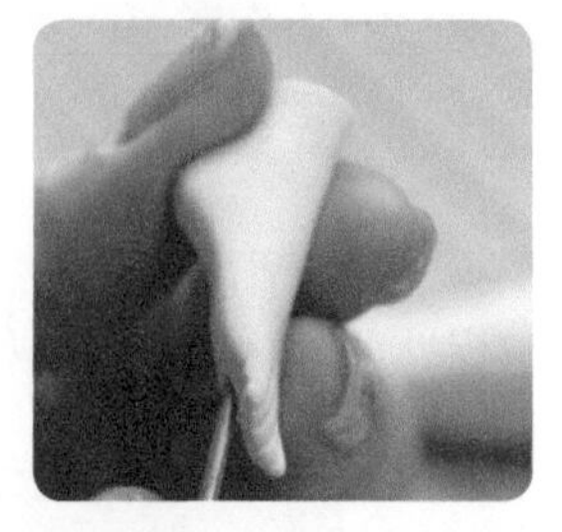

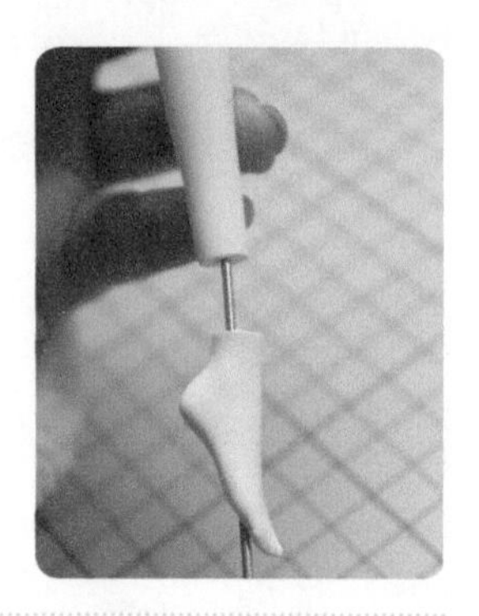

15 用短款刀片从脚踝处裁切，对比腿长后选取相应长度的铜丝，然后把铜丝从脚底穿入，再穿入整条腿。

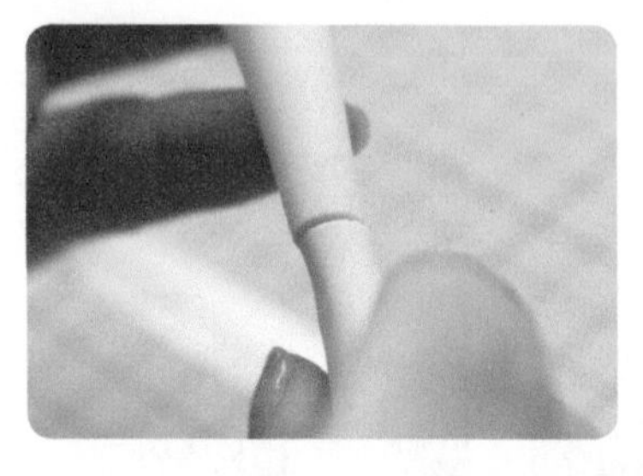

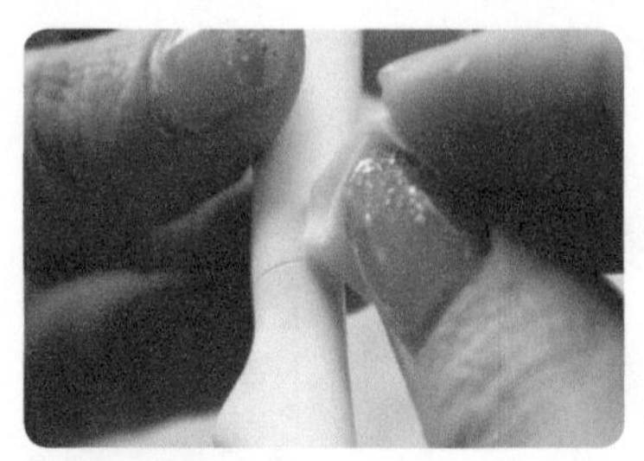

16 把脚与小腿对齐，用酒精棉片将腿与脚的连接处抹平。

● 美化与装饰脚部

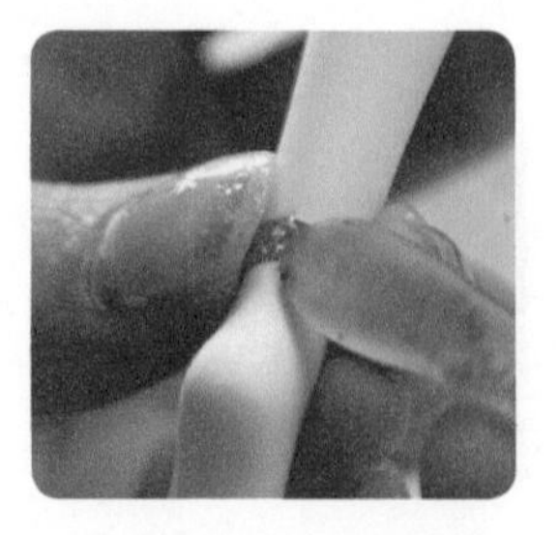

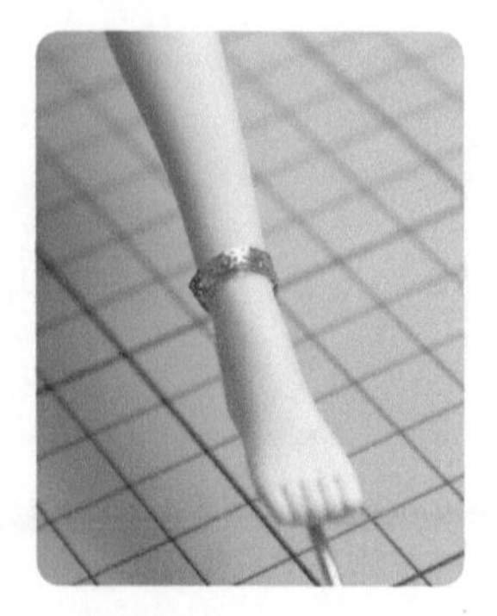

17 取一片金属花片，剪下需要的部分将其环绕在脚腕处，并用羊角工具调整花片的接缝。

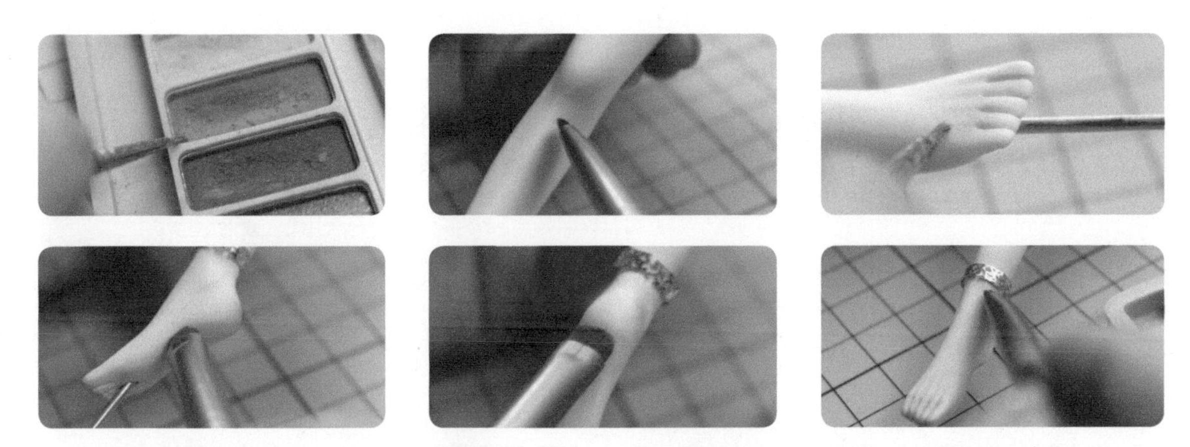

18 用色粉刷蘸取粉色眼影给膝盖、小腿骨骼、脚趾缝、脚背骨骼、脚底和脚后跟等多处上色。

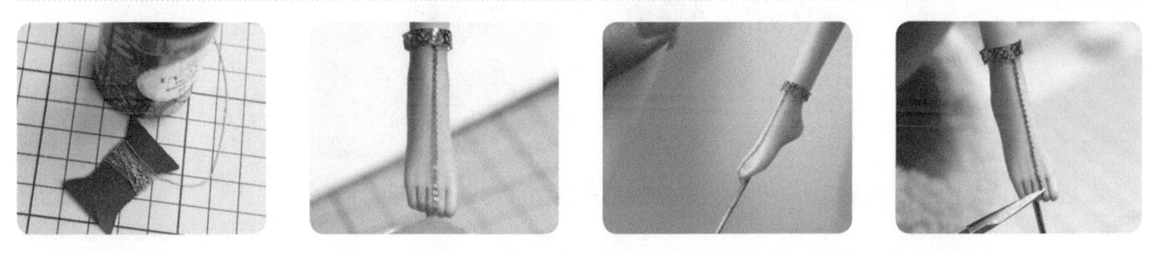

19 拿出金属链，用 UV 胶将其粘在金属芯片上并连接在脚趾上，然后用剪刀剪去多余的部分。

20 在脚上增加金属链装饰。

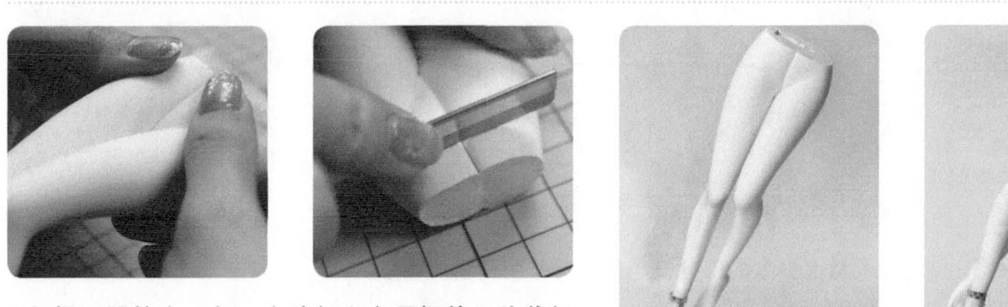

21 把双腿粘在一起，在胯部上方用短款刀片裁切整齐。

22 在脚趾处的金属链上粘一颗馒头珠，以丰富装饰效果。

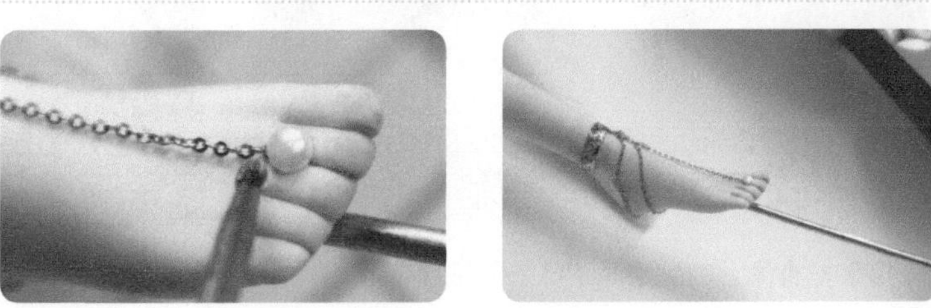

• 制作上半身

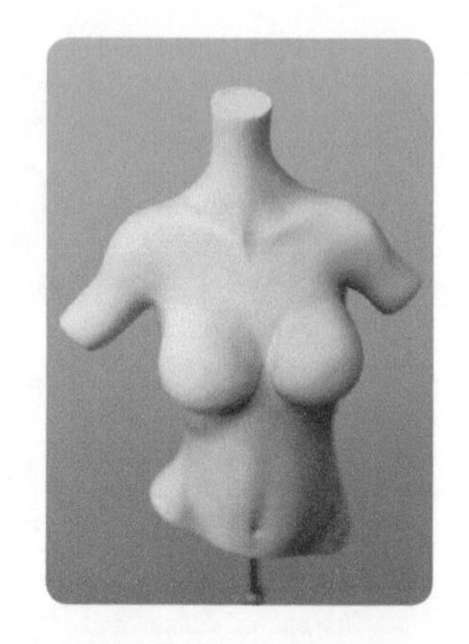

因为飞天形象上半身的造型特征为半裸与露背，身体暴露的部分较多，所以在制作时需把人物上半身的骨骼特征与肌肉特征表现出来，同时也可连带着将肩膀一起做出。

本案例捏制的上半身肩宽约为 4cm，肩膀到腰部的长度为 3.5cm，腰部到裆部的长度为 3.5cm。

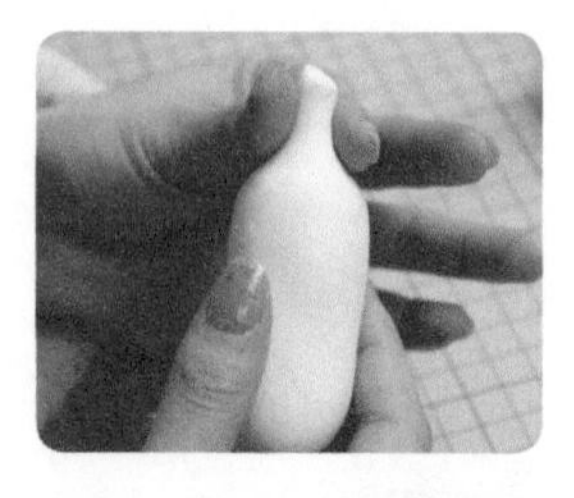
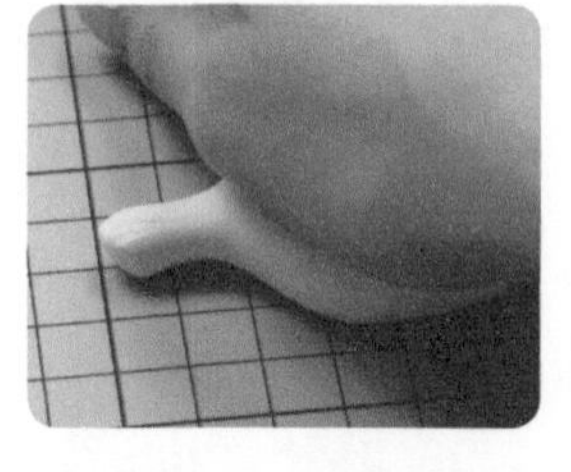
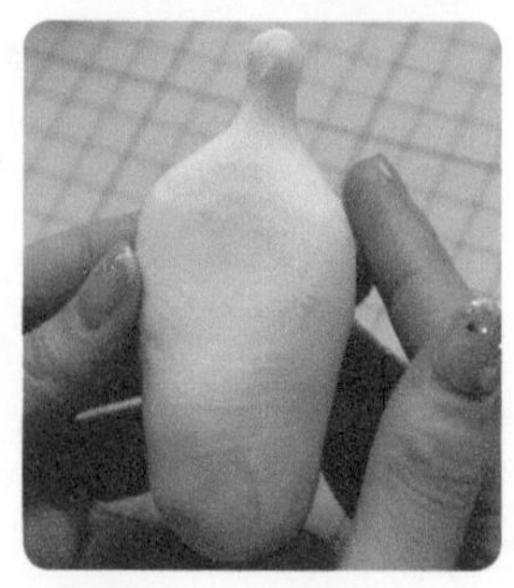

23 取适量肉色黏土搓成椭圆形，用手指把椭圆形的一头捏成脖子，用手掌把肩部轻轻压扁。

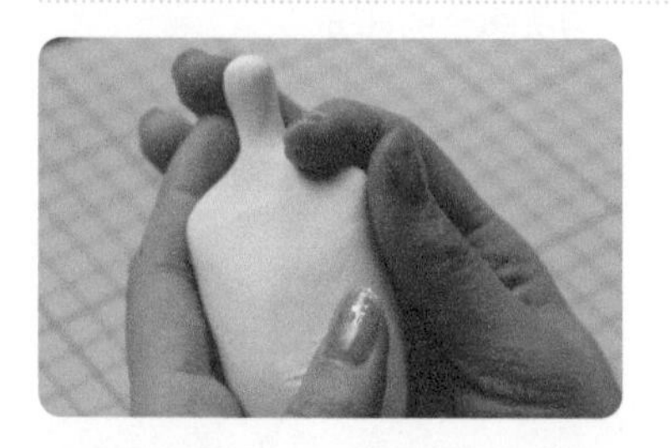
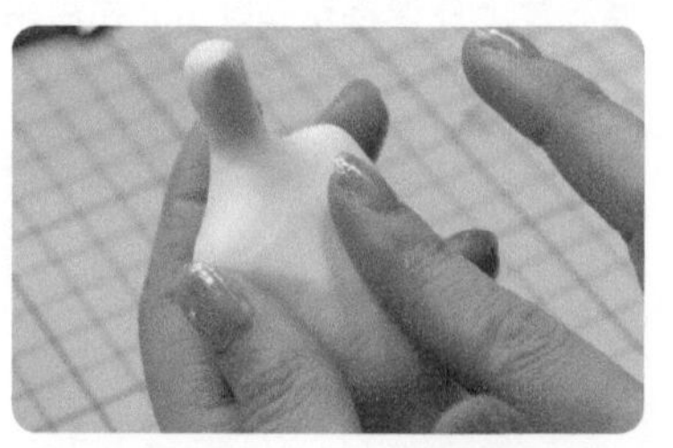
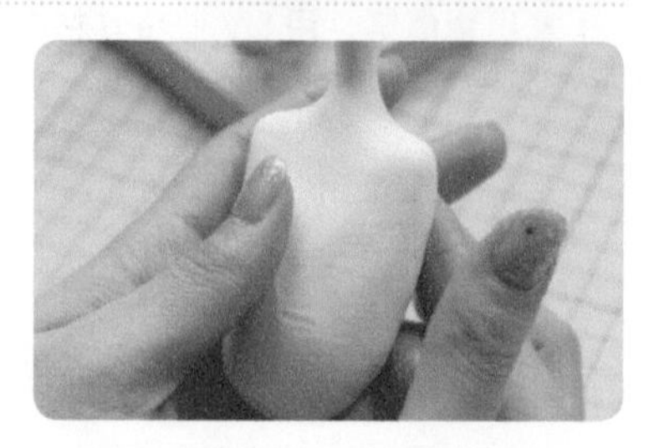

24 用手指先捏起两侧突出的肩膀，然后再把两臂所在的位置稍稍捏扁。

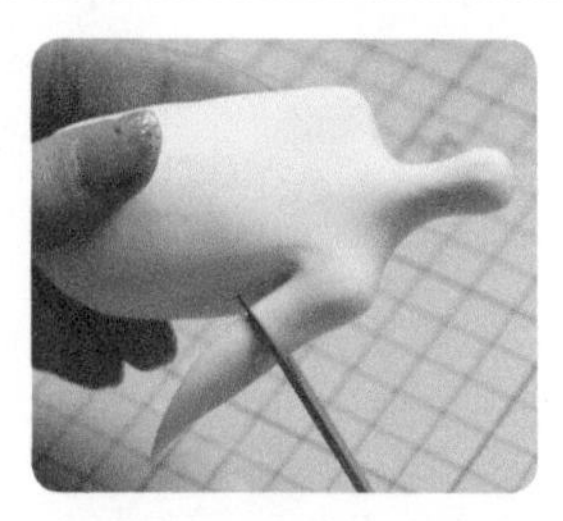
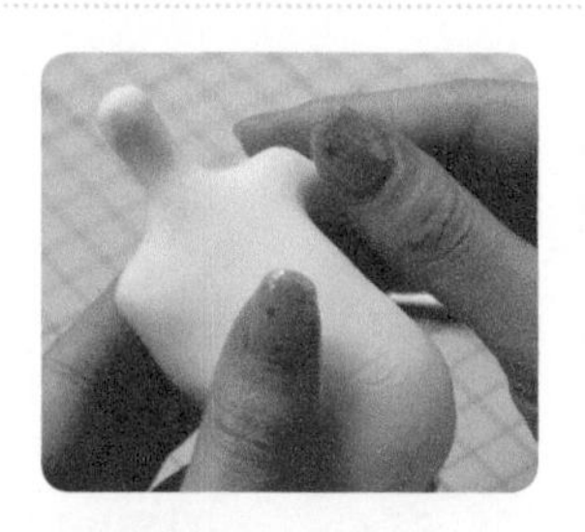
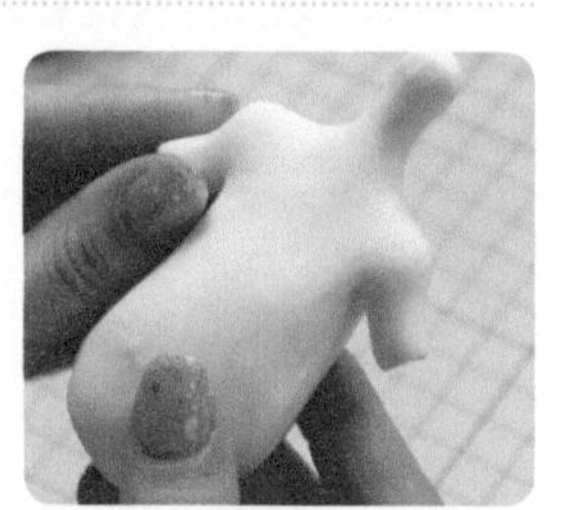

25 用剪刀剪出手臂，并剪去手臂上多余的部分，再把手臂推到适当的位置。

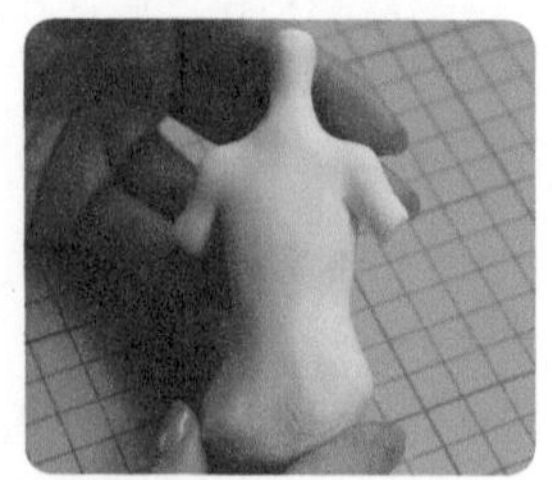

26 用手把身体上的黏土向下抹，并把腰部收小、收细，接着捏出纤细的腰身和腰部曲线。

 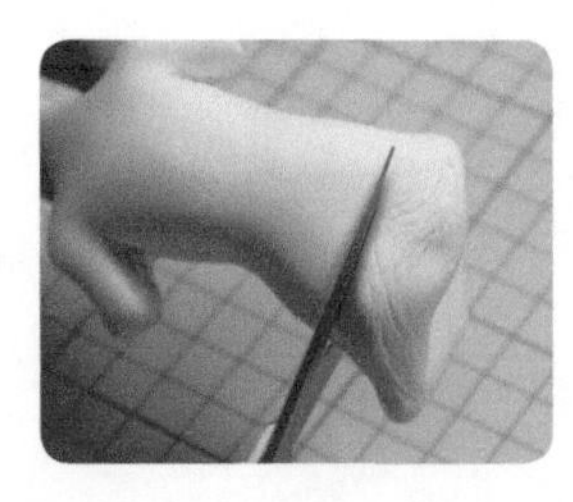 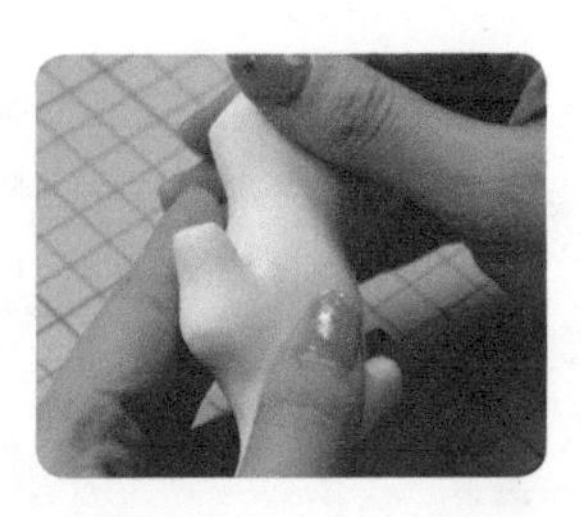 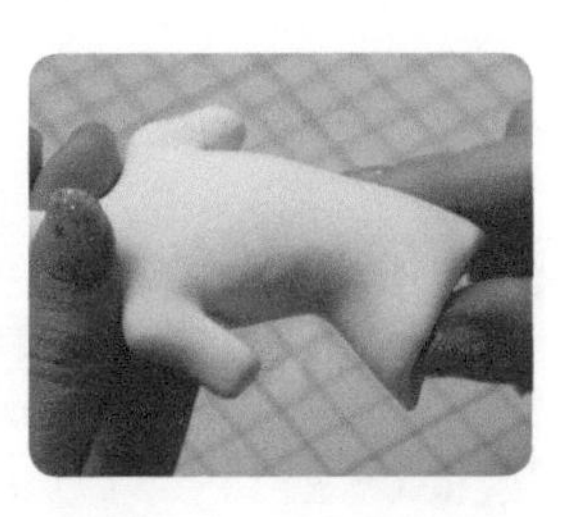

27 用棒针的圆头采用滚动的方式使身体与肩膀的连接处过渡自然，然后剪去身体上多余的黏土，整理剪切面，再把身体弯曲成侧身飞升的姿势。

 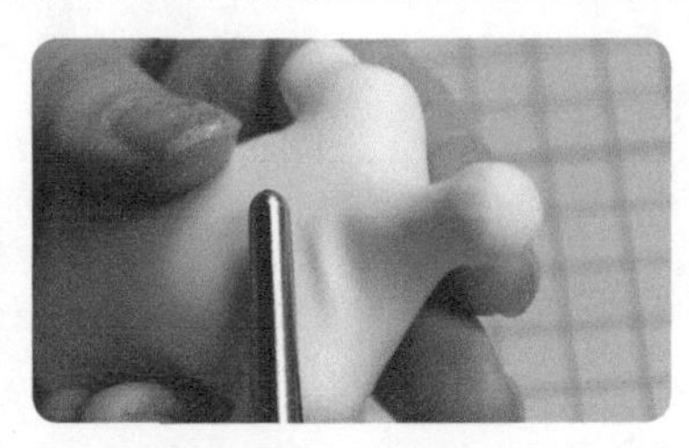 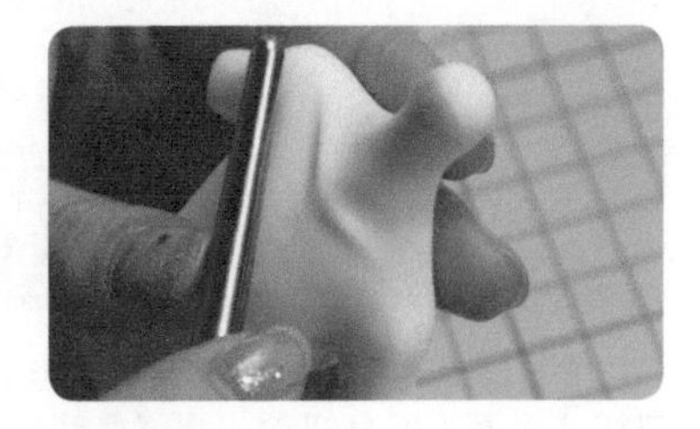

28 用棒针的圆头将颈部的黏土向下滚压，再把身体上的黏土向上滚压，挤出锁骨。

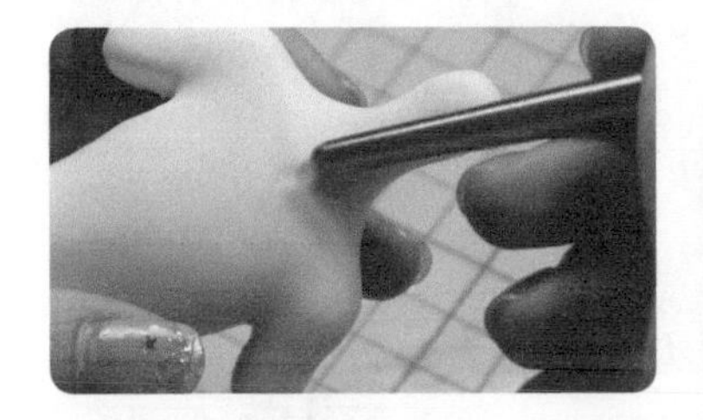  

29 用棒针的圆头在锁骨中间轻轻推出一个“U”形，然后用羊角工具加深锁骨的骨骼特征。

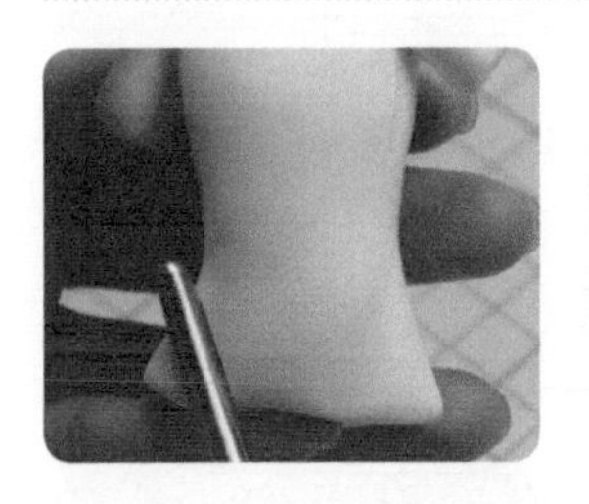 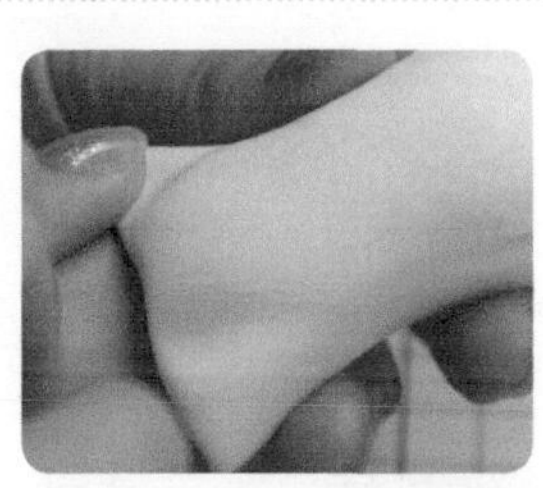 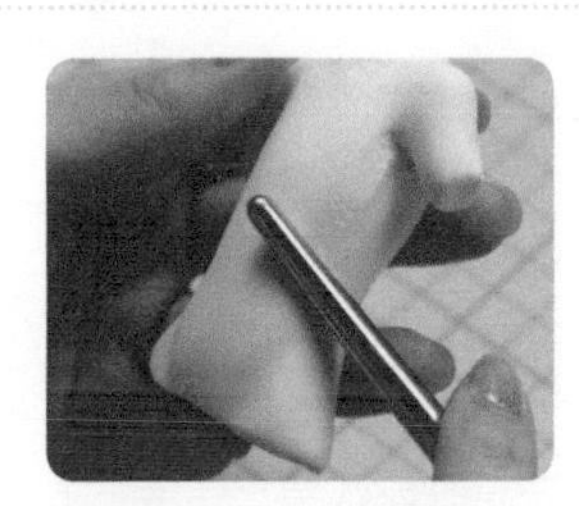 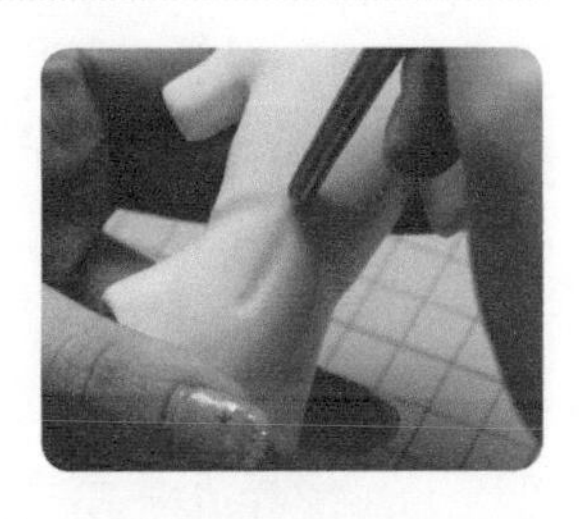

30 用棒针的圆头先压出人鱼线，再在腰部上方斜压出肋骨的骨骼特征，然后划出腹肌。

 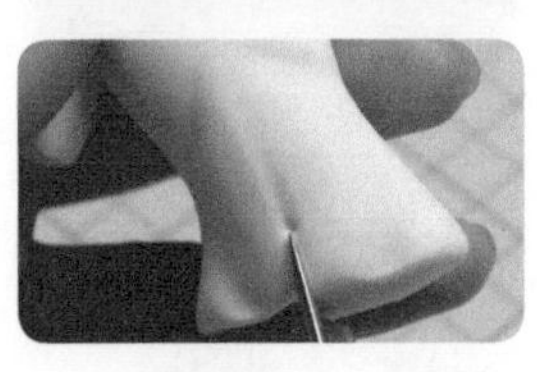 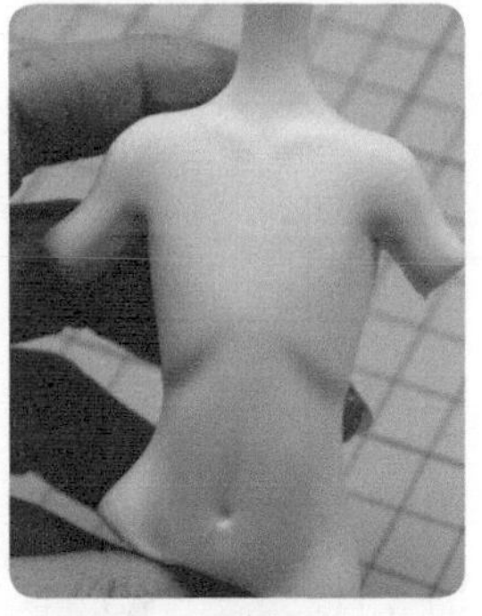

31 用压痕笔从上往下戳出肚脐，随后用棒针的尖头调整肚脐的形状。

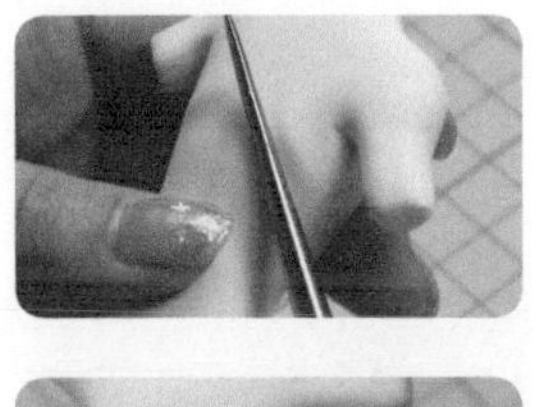 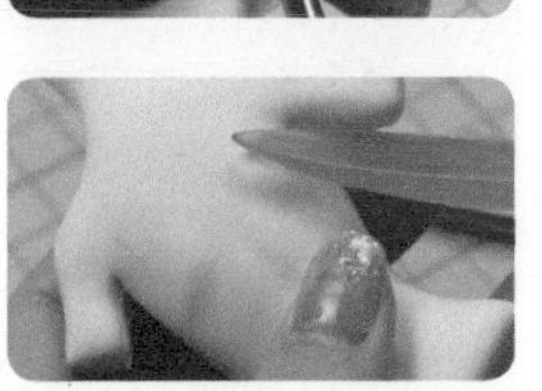 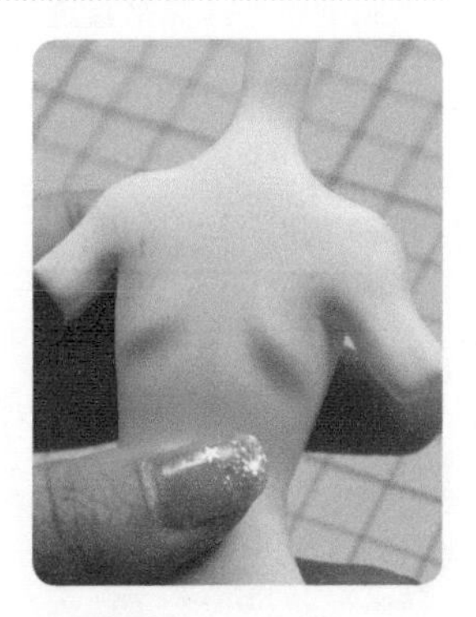

32 用棒针搭配羊角工具挤压后背制作出肩胛骨。

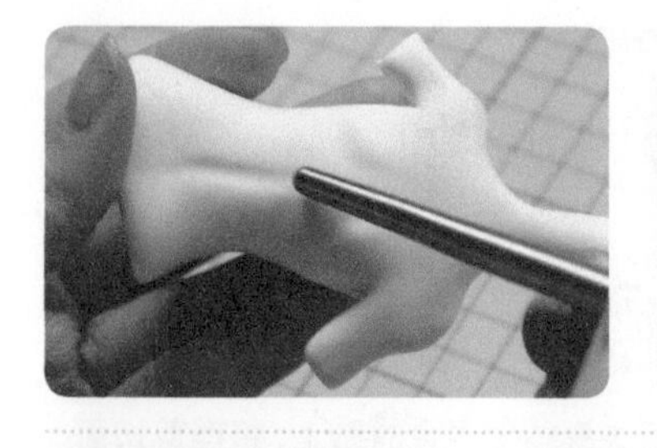

33 用棒针的圆头划出脊柱沟。

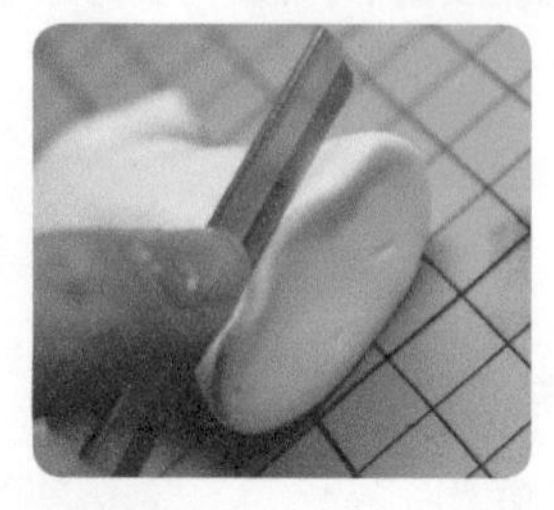
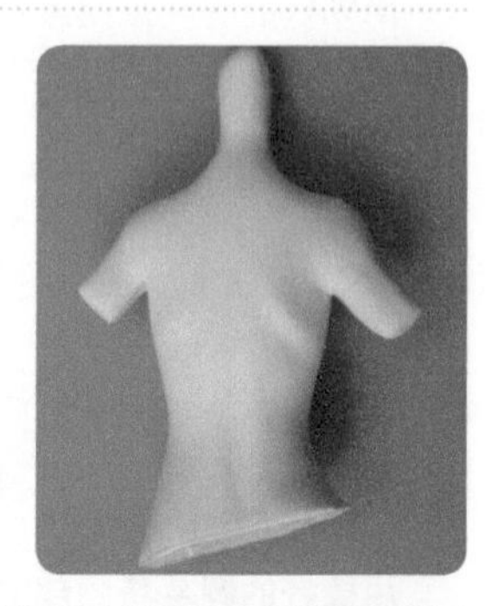

34 用酒精棉片打磨细节，再次用短款刀片把身体底部切成斜面（侧身扭动，腰部呈倾斜状态）。

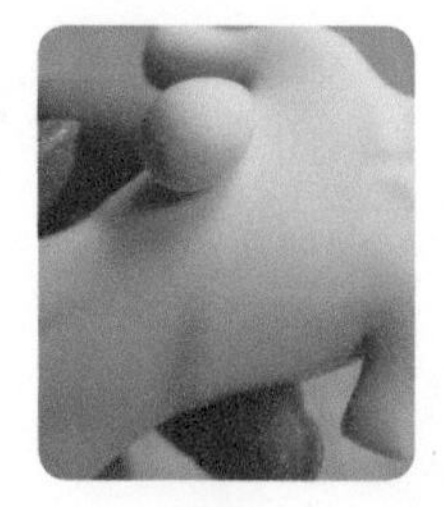
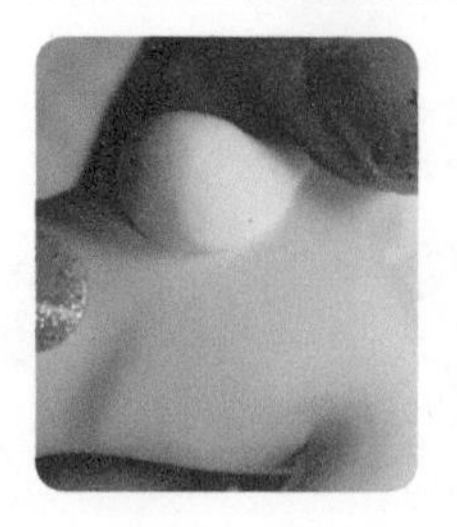
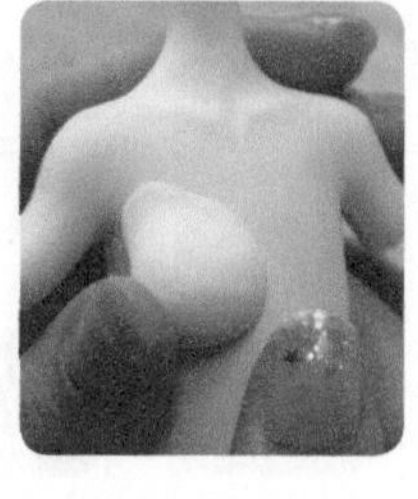
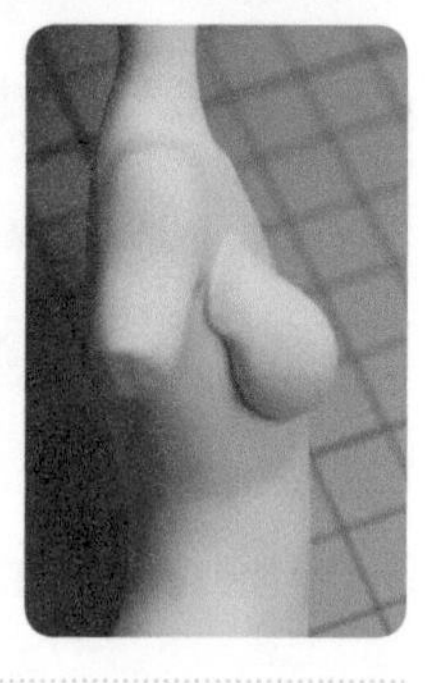

35 取适量肉色黏土搓成水滴形，把水滴形的尖端朝向胳肢窝的方向，将其贴在胸部位置，接着用手把水滴形的上半部分向上抹平，将下半部分向四周抹平。

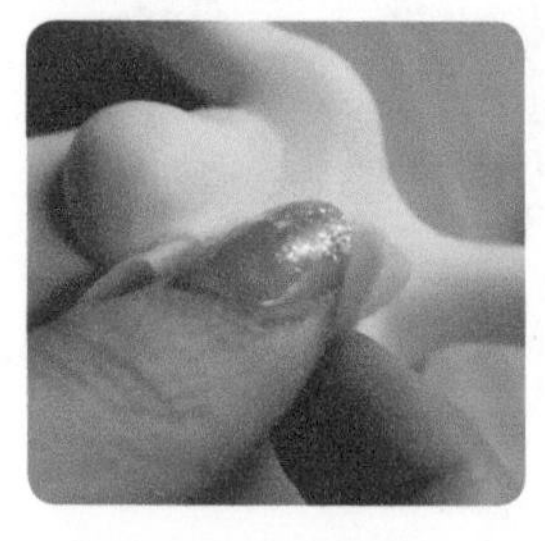
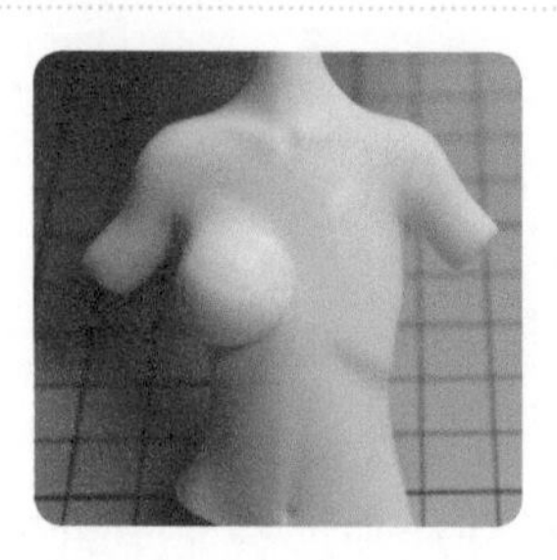

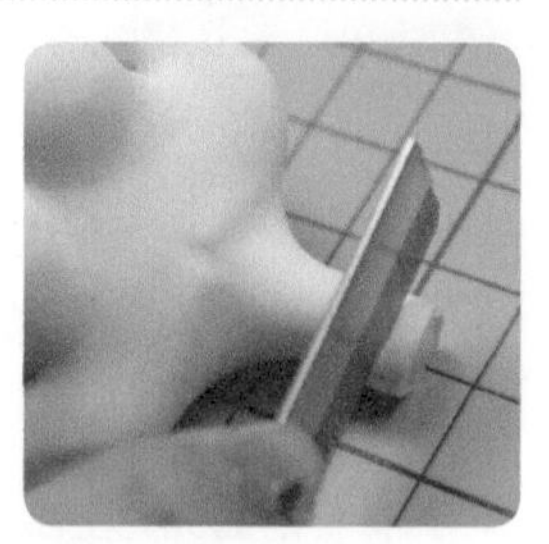

36 用酒精棉片抹平接缝，等黏土干后用同样的方法做出左侧胸部，最后用短款刀片把脖子切至合适的长度。

给上半身上色

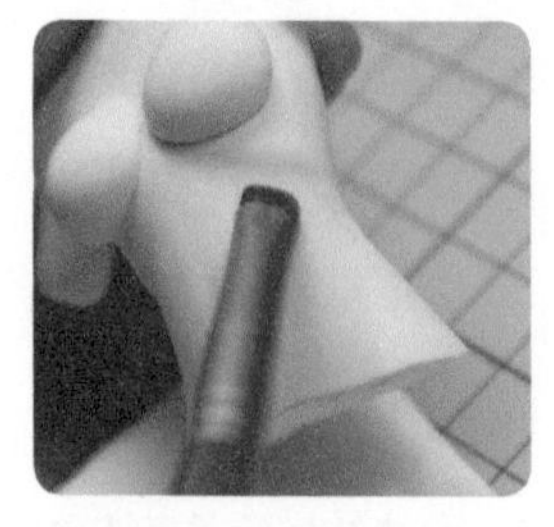

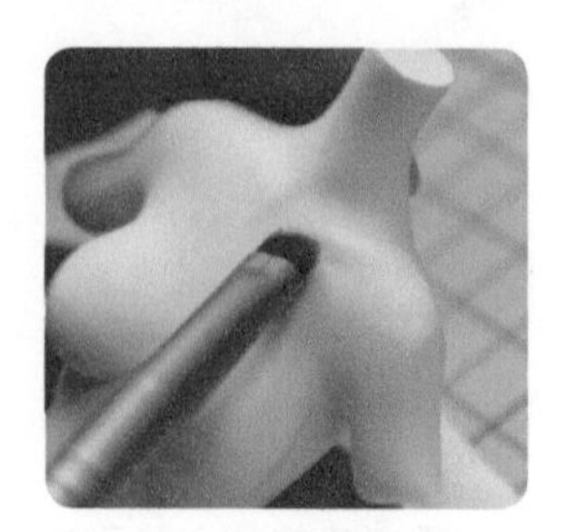

37 用色粉刷蘸取粉色眼影刷在肋骨、人鱼线、肚脐和锁骨等位置，给身体上色。

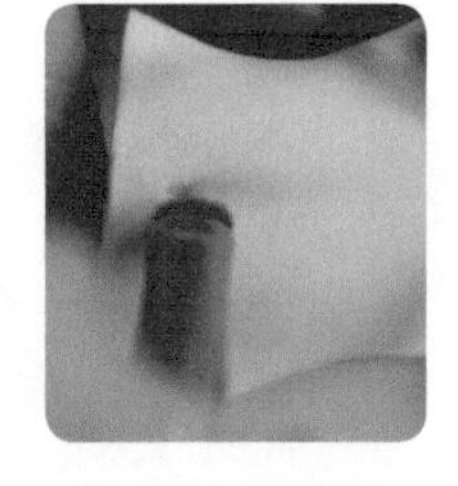

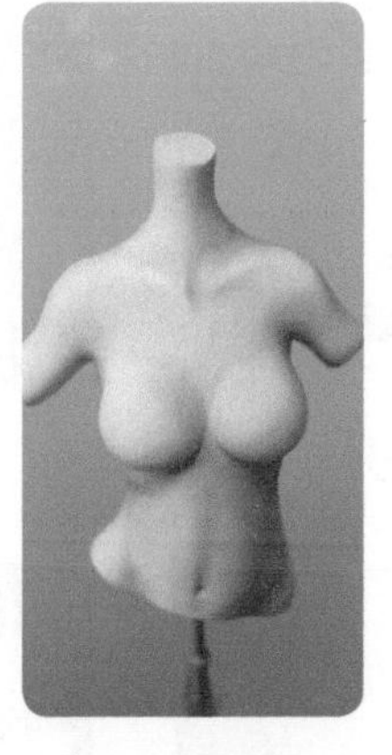
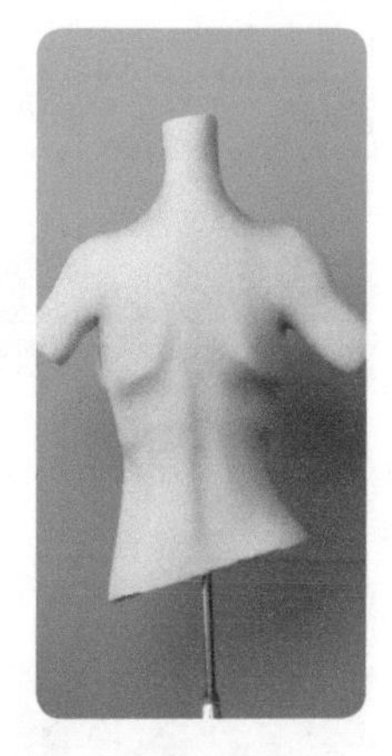

38 用色粉刷蘸取红棕色眼影加深身体上凹陷处的颜色，为身体添加阴影。

● 制作手

飞天形象展示的是女性的曲线美与动态美，在手形上没有动作的限制，只要与整体的动态造型保持和谐，体现动态美即可。此案例制作的是与兰花指类似的手形。

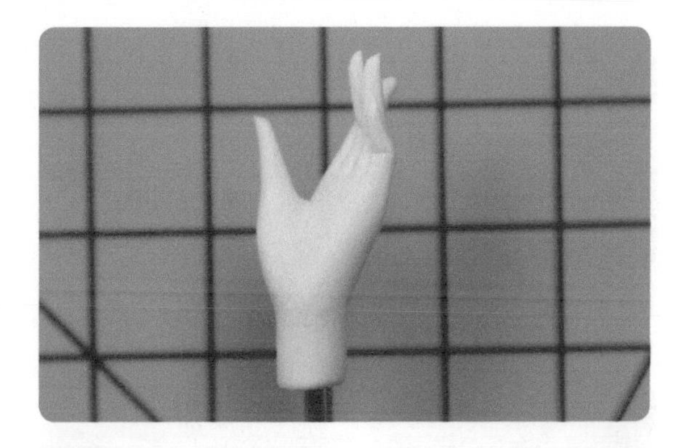

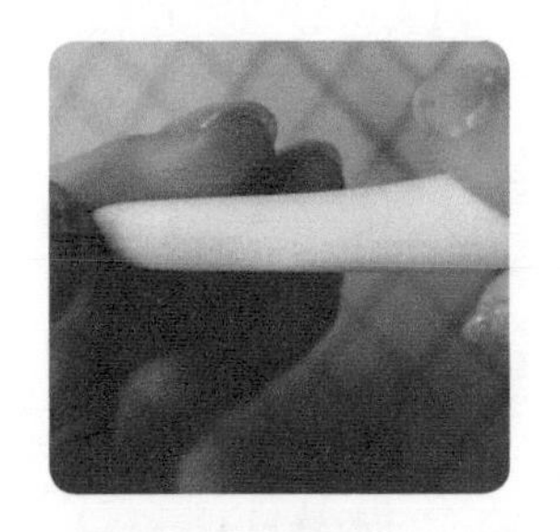
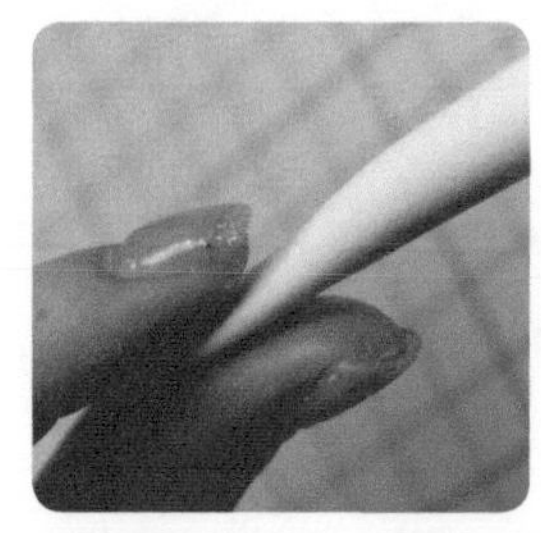

39 将肉色黏土搓成长条，并把其中一端压扁做出手掌，然后搓出手腕。

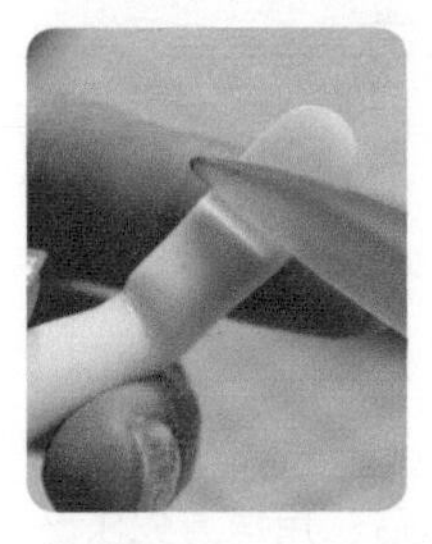

40 用羊角工具在手掌中间大约 1/2 处压出折痕，划分出掌心与手指各自的区域。

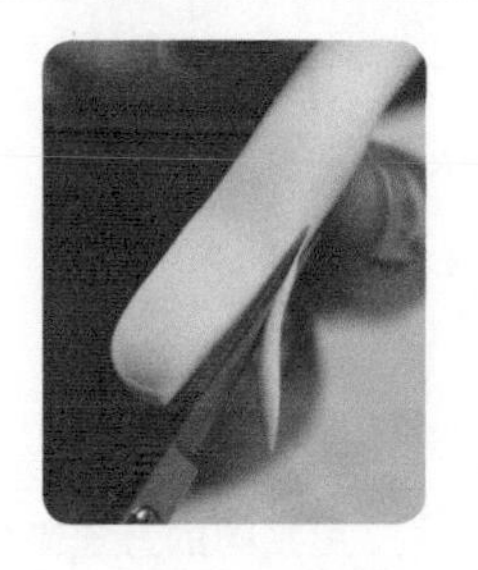
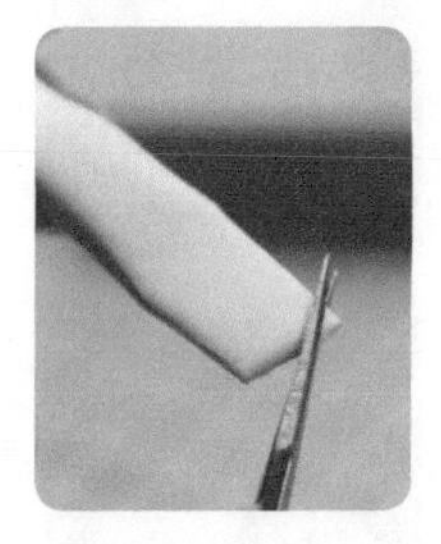
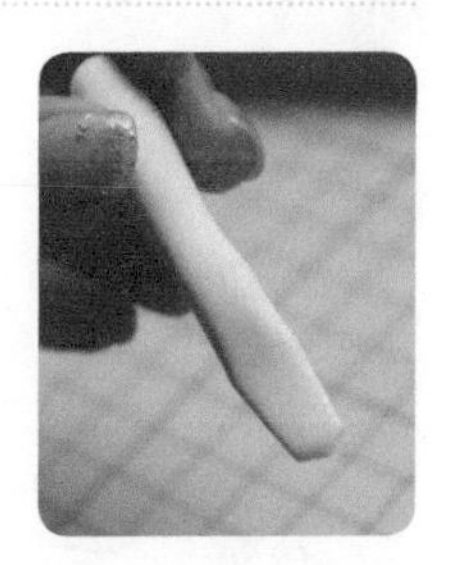

41 剪出手指所在区域的大致外形。

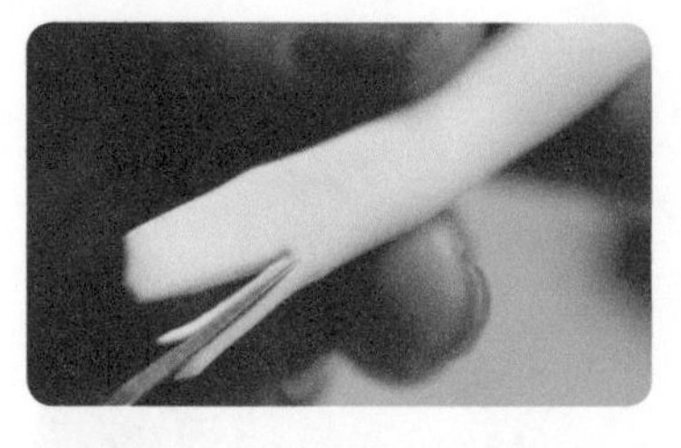

42 剪出右手小指，用棒针的尖头滚压出小指处的骨骼特征。

43 修剪指尖，用手弯曲小指使其稍微翘起。

44 剪出其余手指，调整不同手指翘起的不同角度。

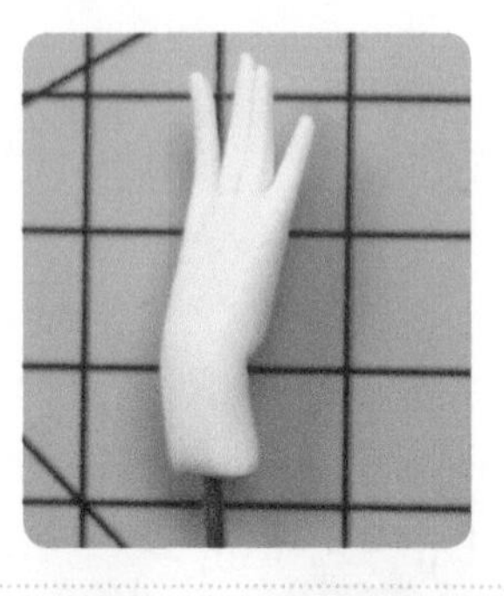
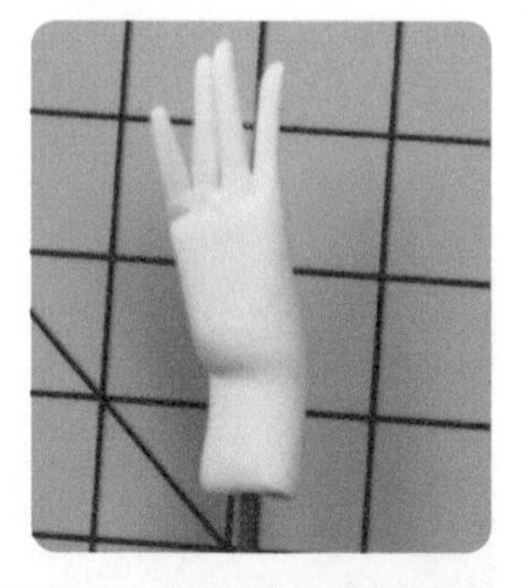

45 用手弯曲手腕，用羊角工具强化手腕的造型。至此，完成右手的制作。

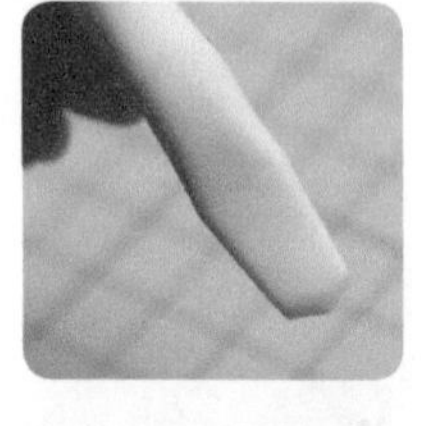
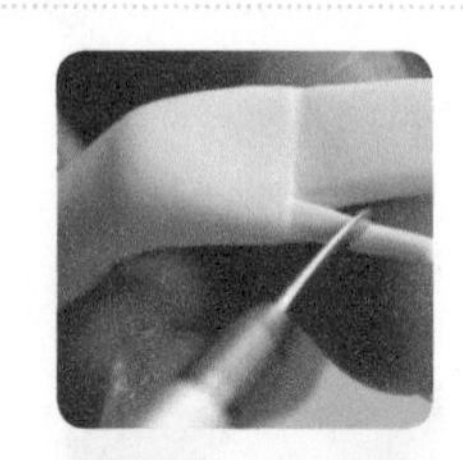

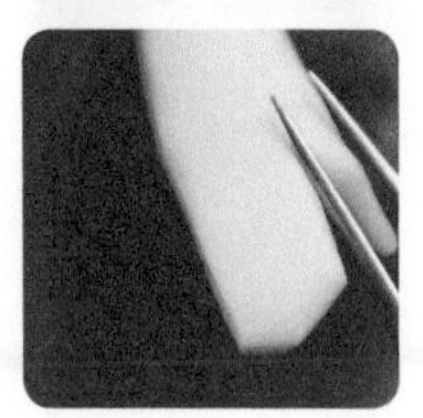
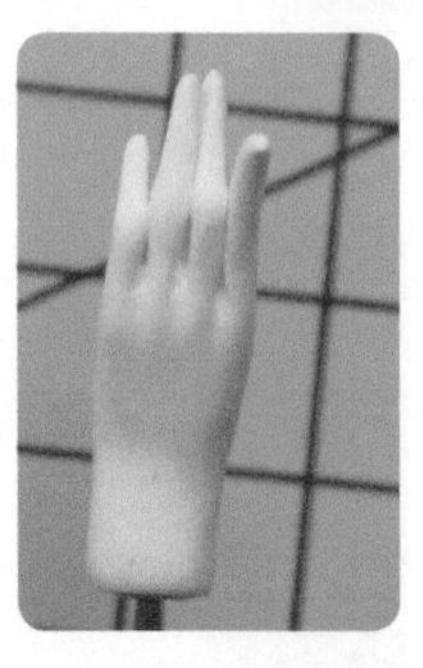
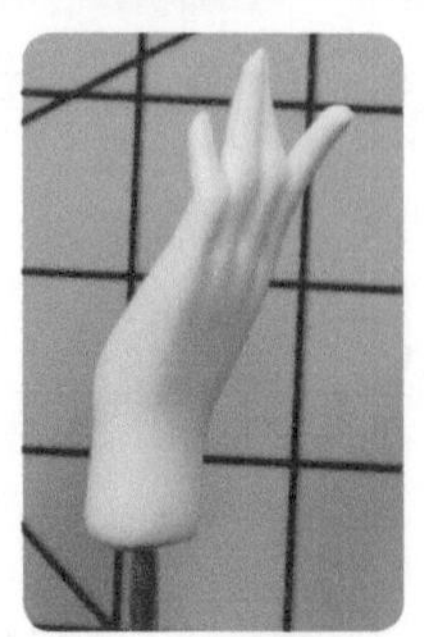
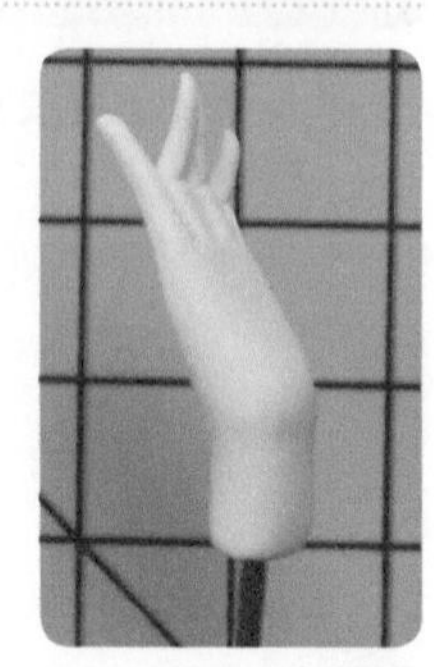

46 用相同的方法制作出左手手掌，剪出小指后；用抹刀先压出小指的关节折痕，再弯曲小指，并用镊子夹窄关节处。用相同的方法做出其他弯曲的手指。

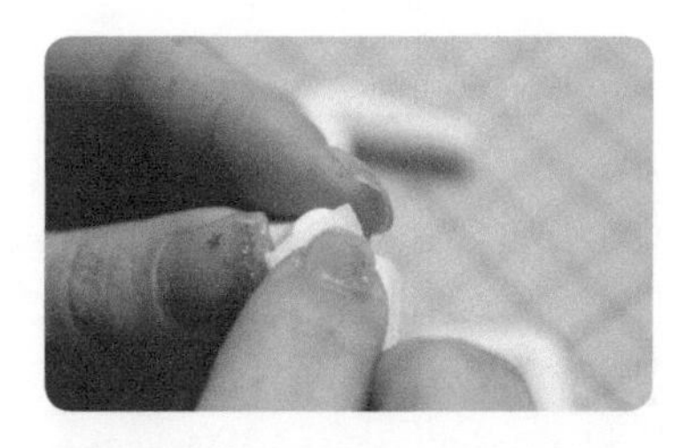

47 用短款刀片从手腕处切掉多余的部分，用酒精棉片打磨指关节并抹平手指剪痕，同时把手腕处打磨平整。

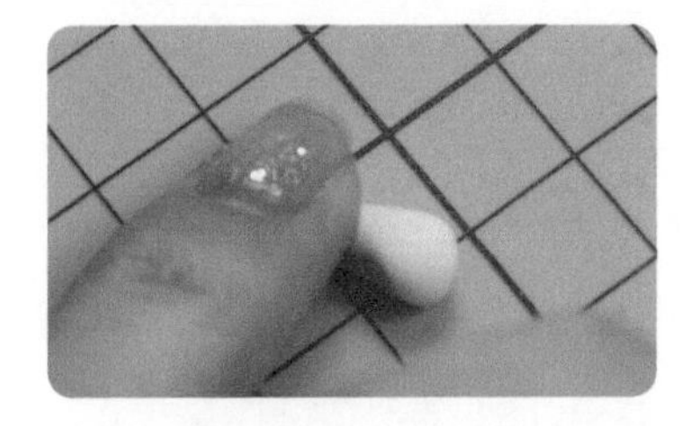
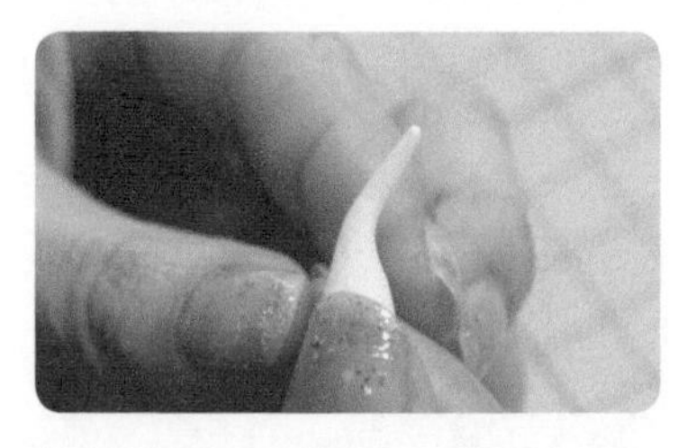
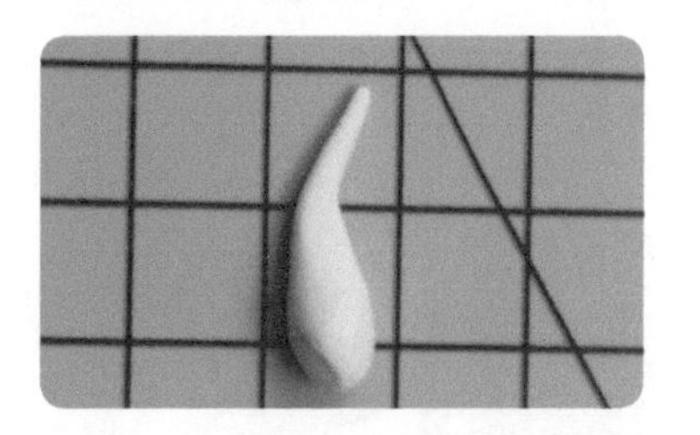

48 取适量肉色黏土搓成长水滴形，把尖端搓细同时弯折出一定的角度。

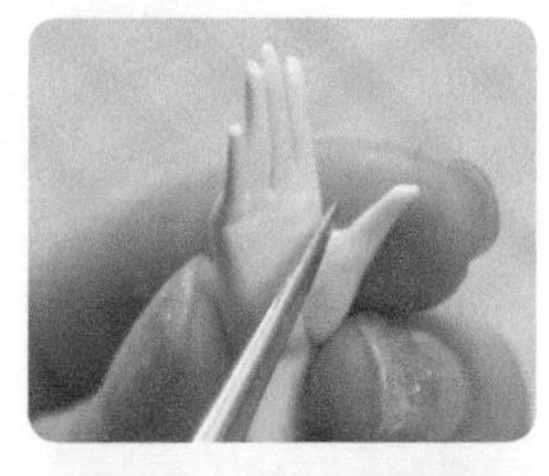

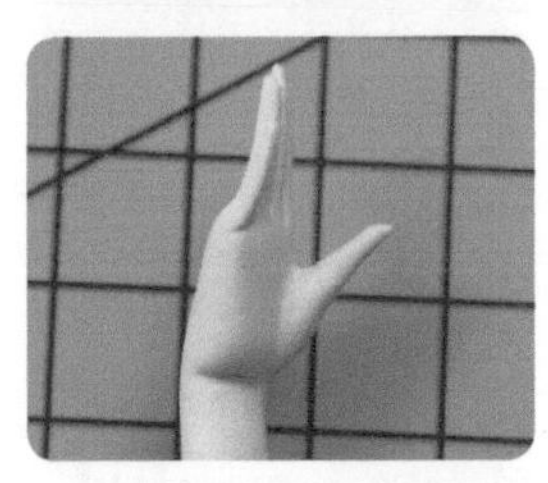
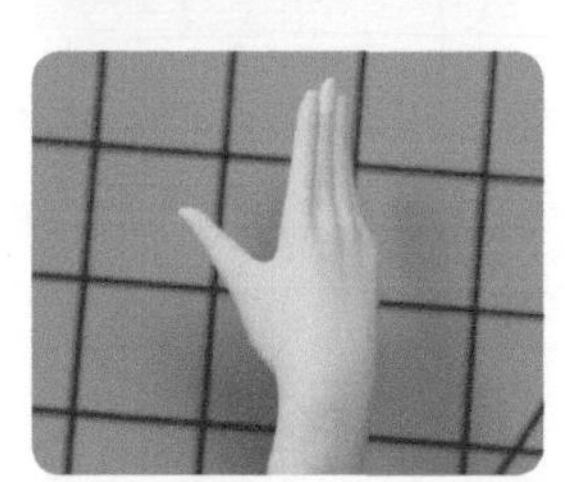

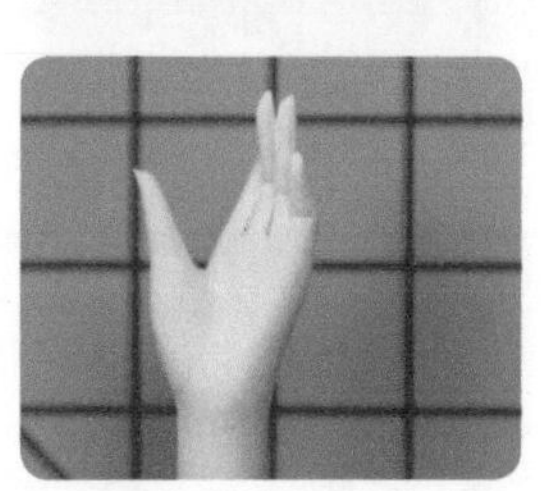

49 剪下需要的部分贴在手上，修剪指形，用棒针的尖头压出虎口，然后用酒精棉片抹平接缝。

● 制作手臂

本案例中，飞天形象双手伸展并微微弯曲，手臂的长度比例与身体的长度比例相同，肩膀到手肘的长度等于手肘到手腕的长度，都是3.5cm。

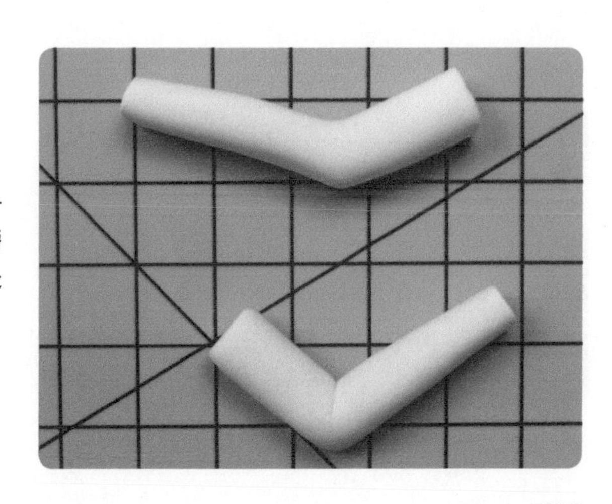

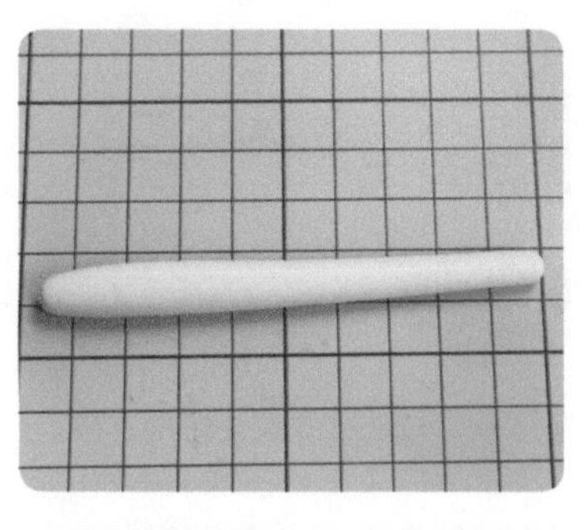
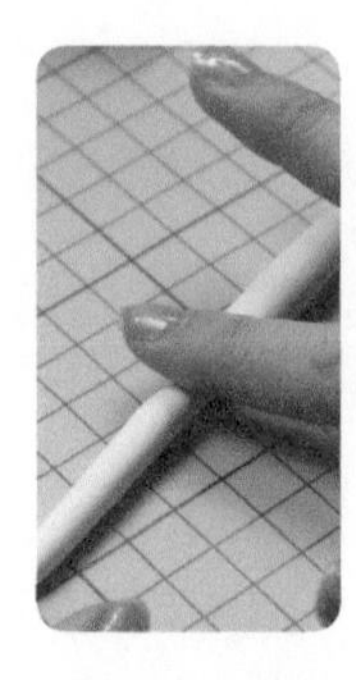
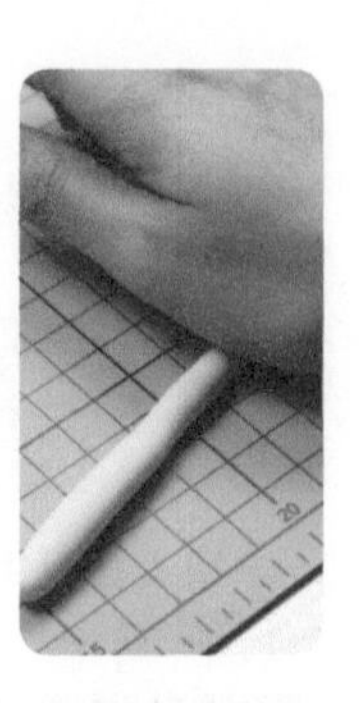
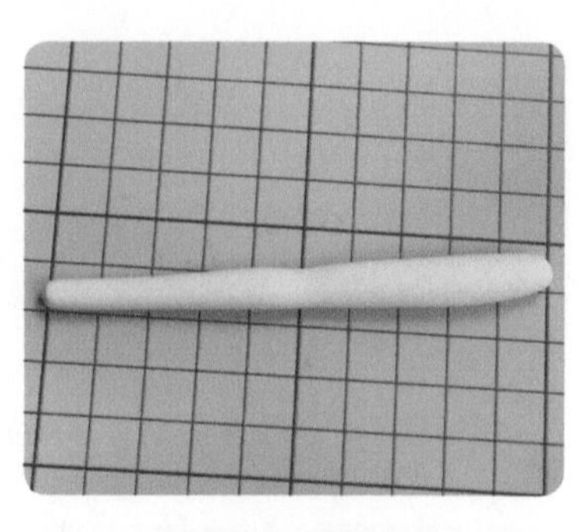

50 取适量肉色黏土搓成长条用来制作手臂，确定手肘的位置后用手搓出手肘窝，再把小臂稍稍压扁，搓细手腕。

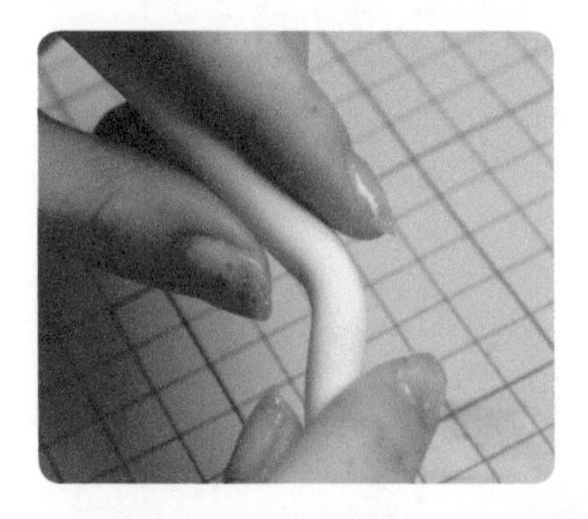
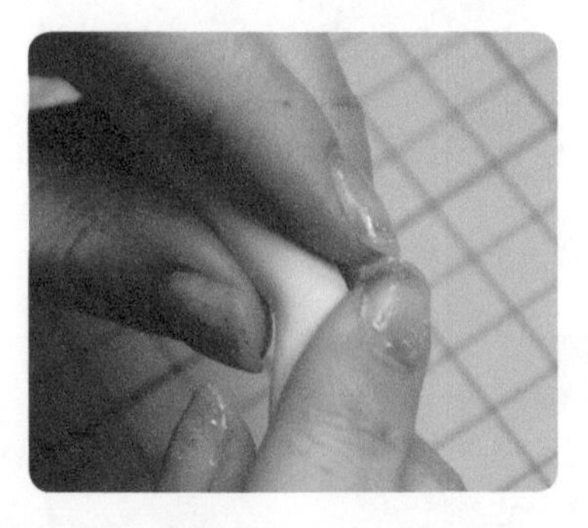
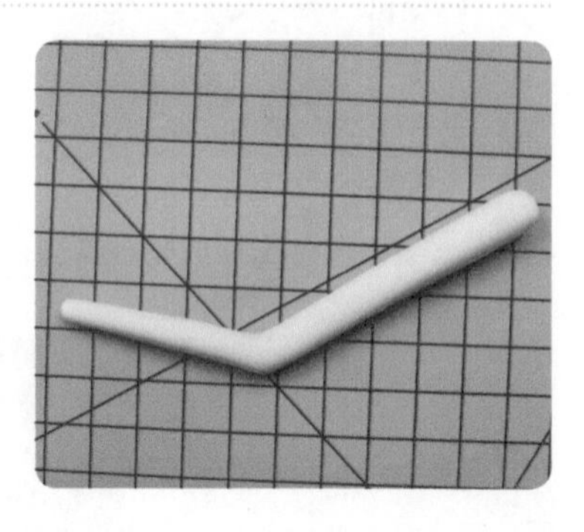

51 从手肘处弯折手臂，再把手肘凸起的那面挤压成手臂弯曲时的形状。

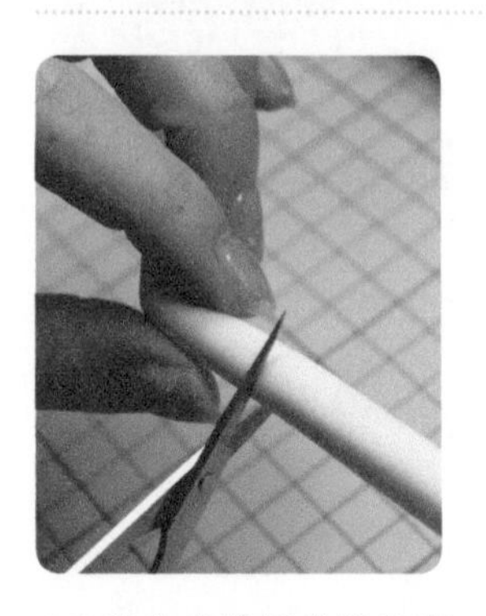

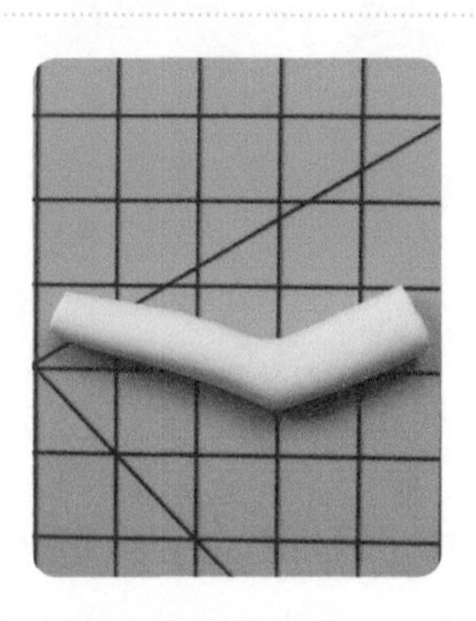
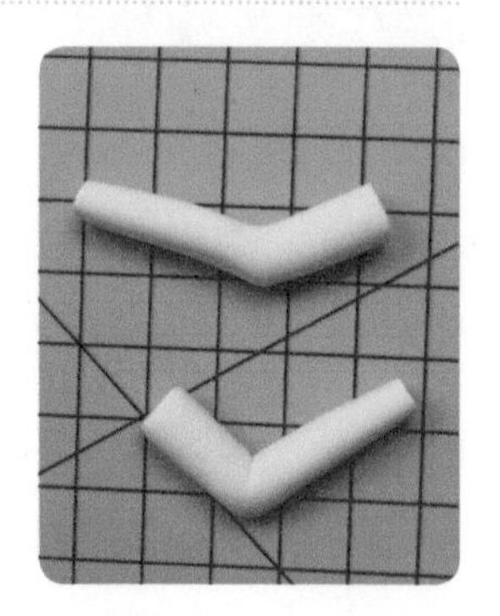

52 结合肩膀部分的长度，剪去手臂上多余的部分。用同样的方法再做出另一只弯曲的手臂。

• 组合手与手臂

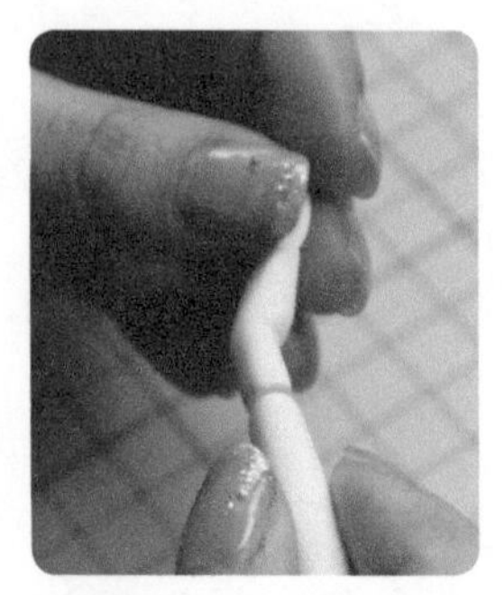
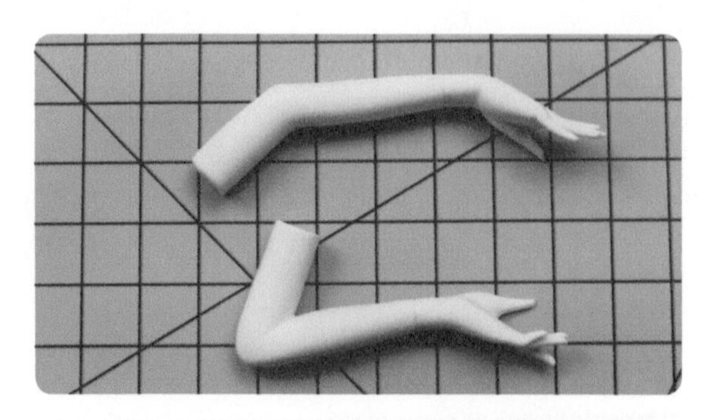

53 把前面做好的手与手臂粘起来。

5.2.2 服装

● 制作裙子

敦煌飞天腰缠长裙，因此长裙上的褶皱是制作的一大难点，同时需要把握裙片的干湿度，使其在制作褶皱时不粘连。隐藏长裙上的接缝也是相关的制作重点。

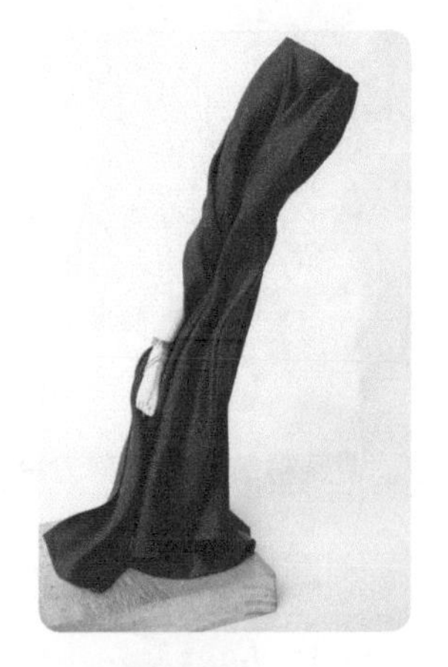

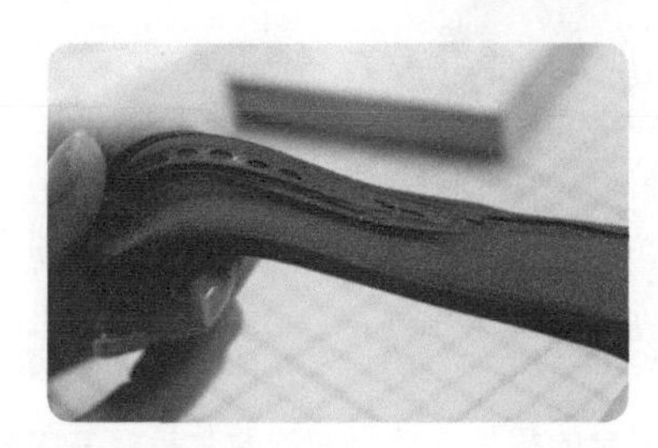

01 用红色黏土和黑色黏土混合，调出深红色黏土以备用。

小提示：制作裙子需要的深红色黏土的量比较多，此处可多混合一些。

02 取适量深红色黏土，用擀泥杖将其擀成薄片。

03 等薄片晾至较干时，将其贴在右腿上，然后用手挤压出褶皱并将裙片斜着拉向左腿膝盖，将裙子的整体走向转至两腿之间。

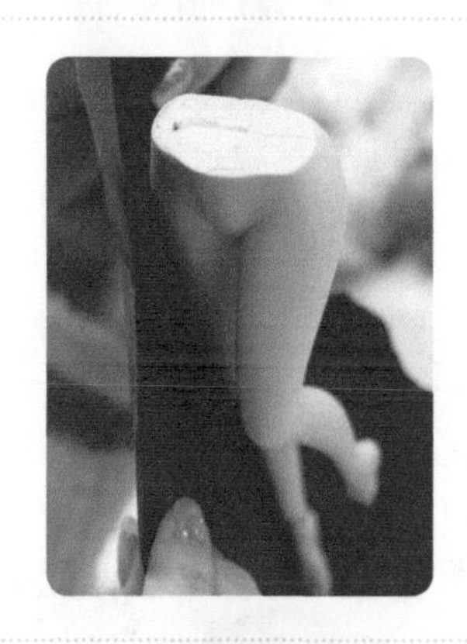

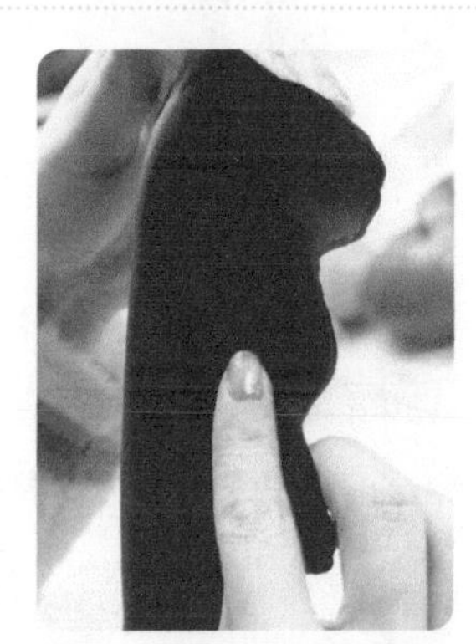

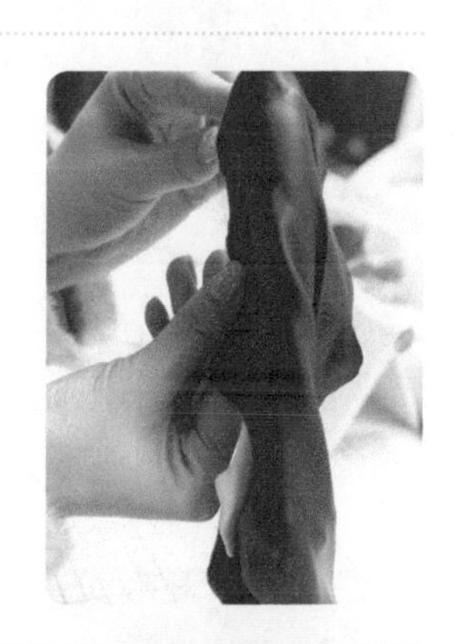

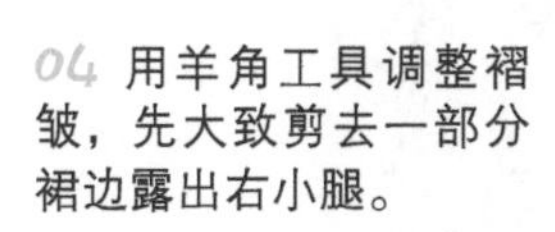

04 用羊角工具调整褶皱，先大致剪去一部分裙边露出右小腿。

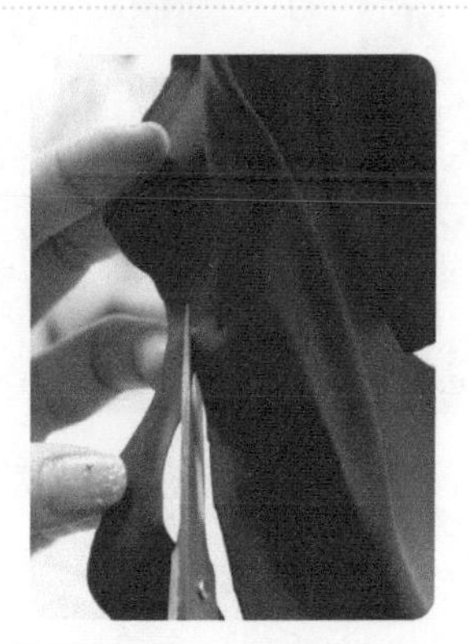

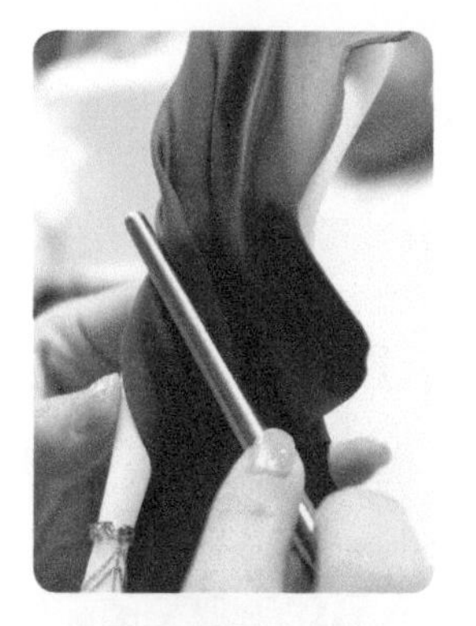

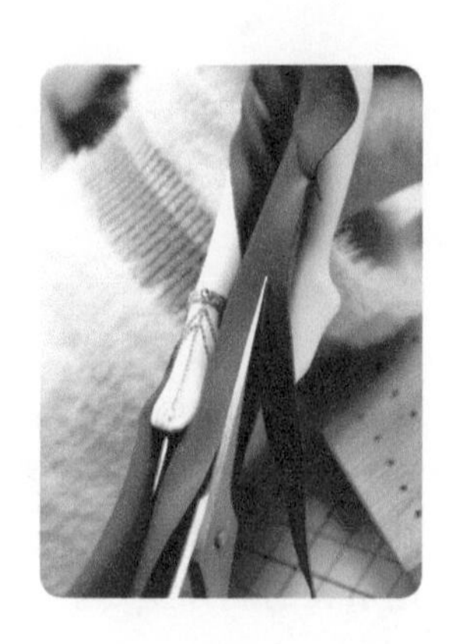

05 用棒针再挤压出一条褶皱，调整褶皱，再用剪刀将裙边修剪整齐。

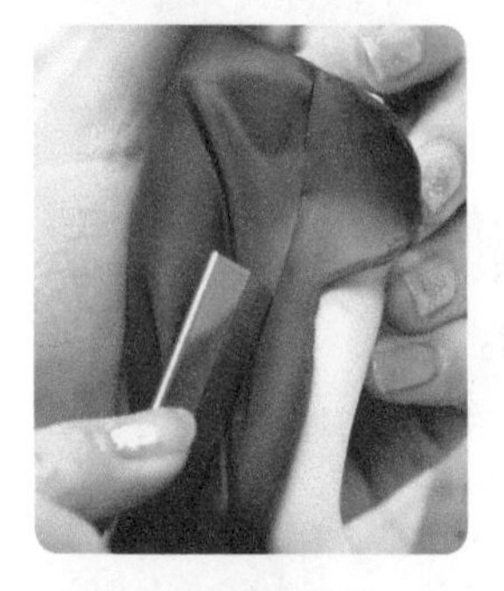
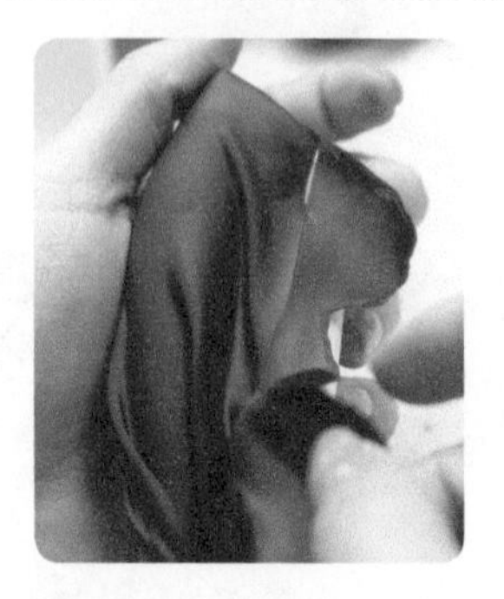
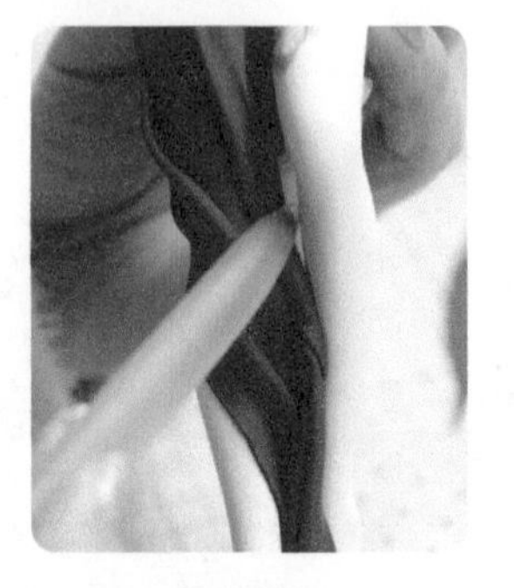
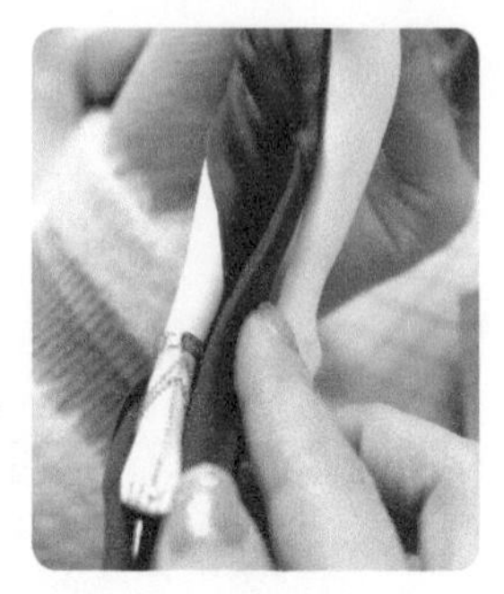

06 以两腿中间为界用短款刀片切去多余的裙片，将腿间的裙片折好并向内收，再把裙尾绕至两腿之间。

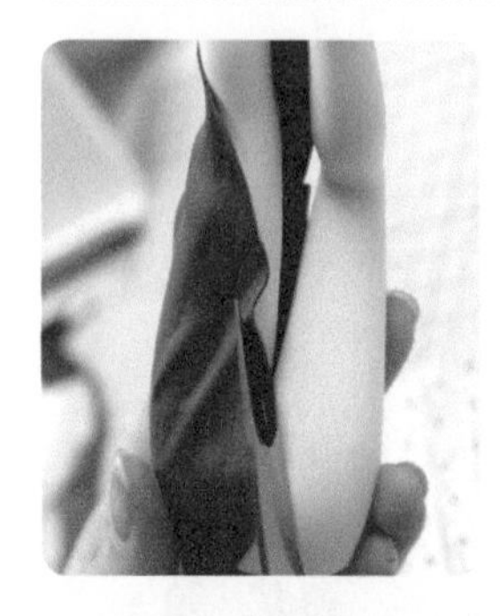

07 用剪刀和短款刀片将右腿上的裙片边缘全部修剪整齐。

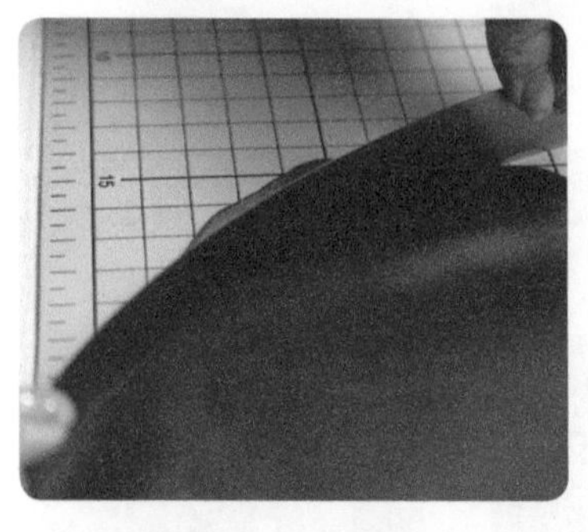

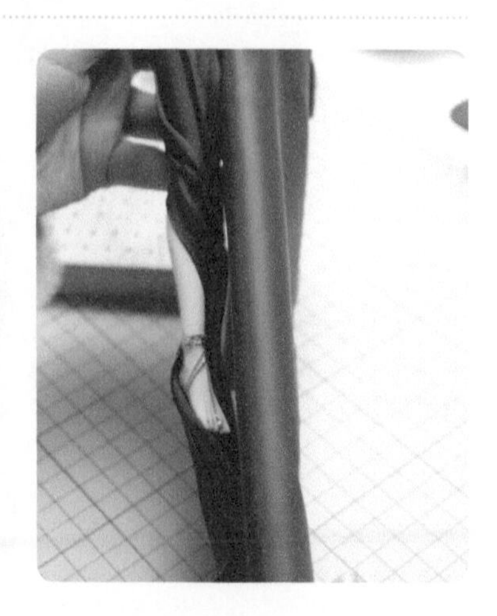

08 取深红色黏土擀成薄片，稍稍晾干后用弯曲的长款刀片将一边切齐，把薄片边缘向内弯折后贴在左腿上。

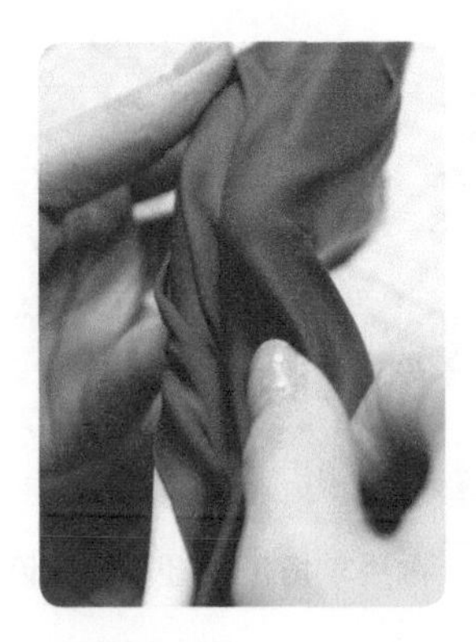
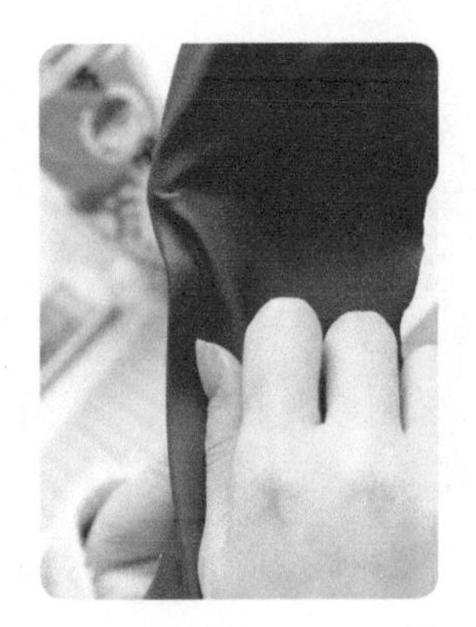
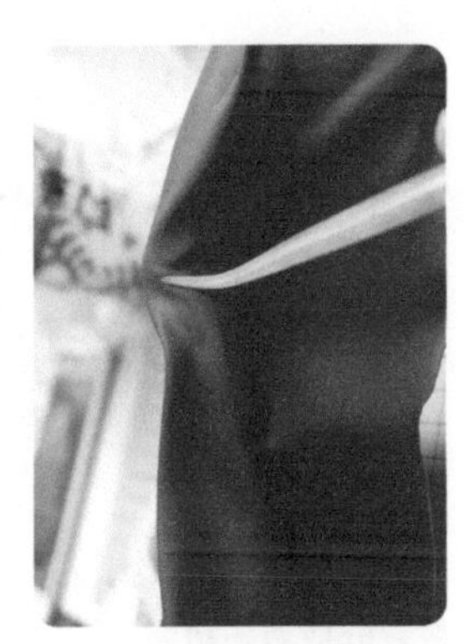

09 先固定好顶端，然后向下顺着左腿弯曲的走向捋出褶皱，所有褶皱均以膝盖为起点或终点。再用勺形工具挤压出膝盖后方的褶皱。

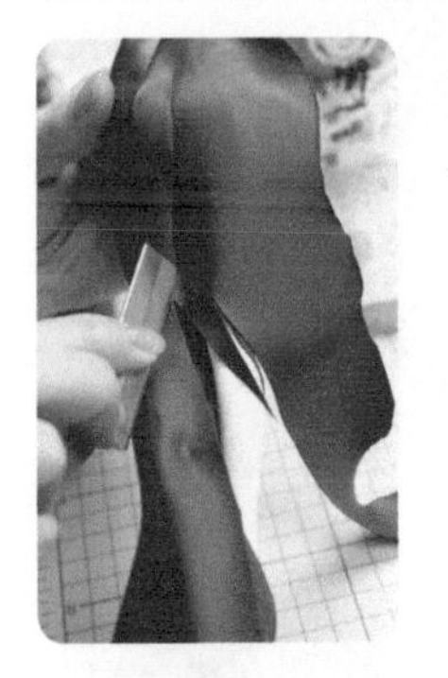
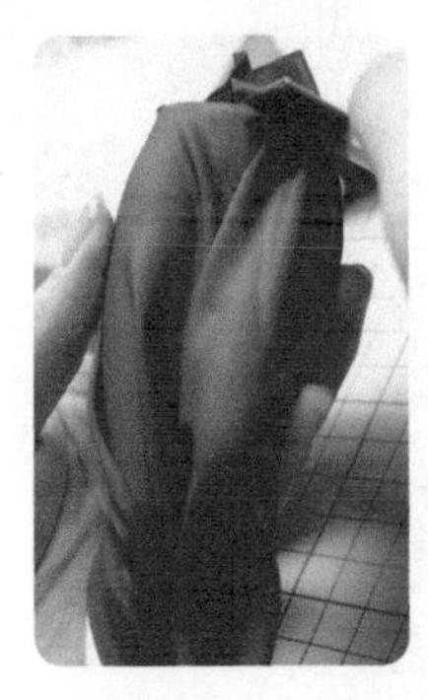

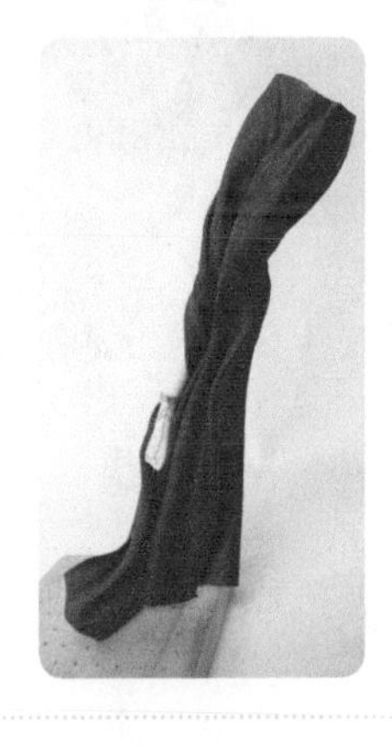

10 用短款刀片把裙片边缘修整齐，然后调整裙尾的褶皱走向。

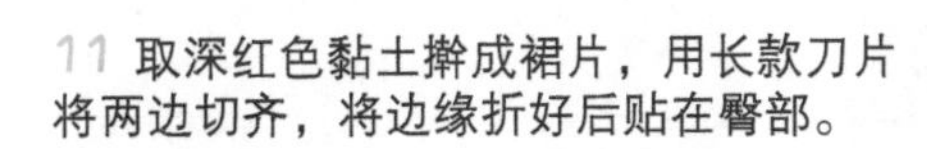

11 取深红色黏土擀成裙片，用长款刀片将两边切齐，将边缘折好后贴在臀部。

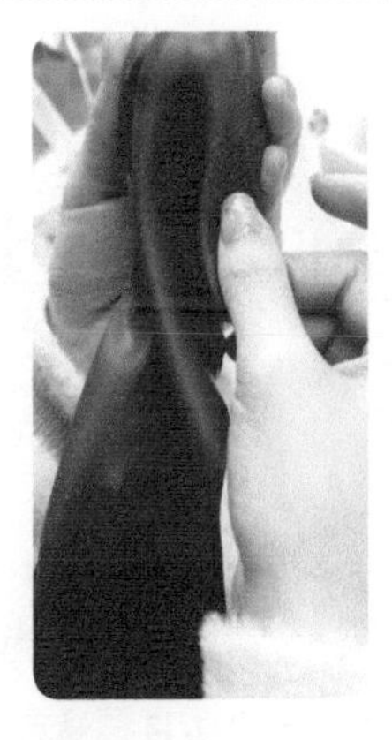

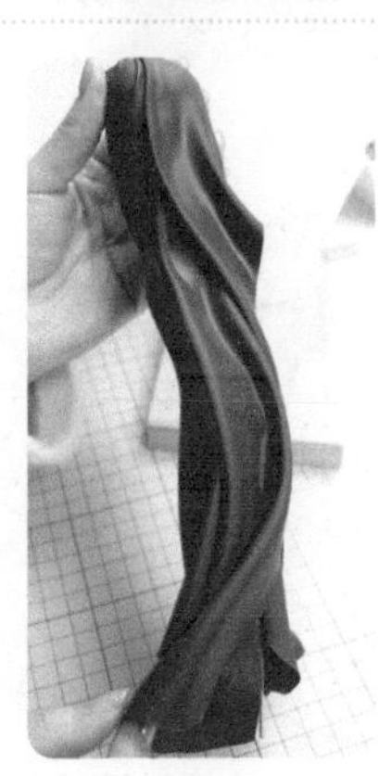

12 依图调整裙片上的褶皱。

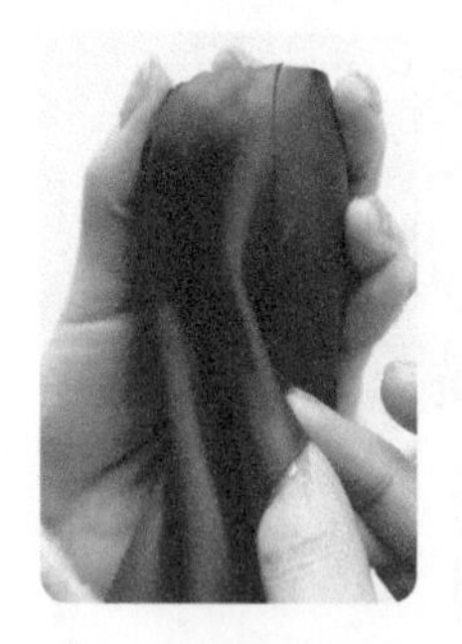

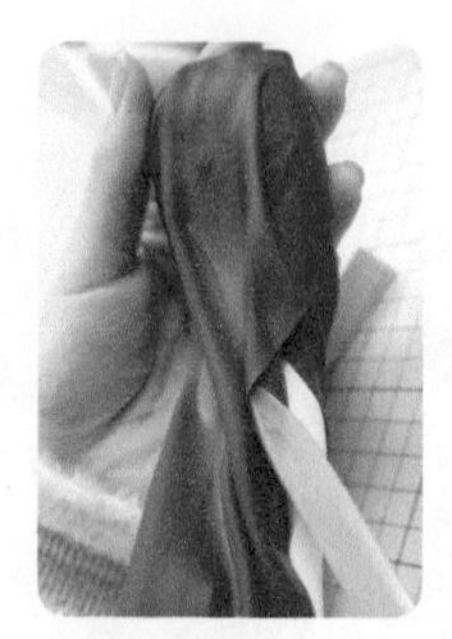

13 用剪刀将裙片边缘剪齐，把裙边向内折，藏好接缝，再用羊角工具轻轻按压因裙边内折而鼓起的褶皱，将它分成两条褶皱。

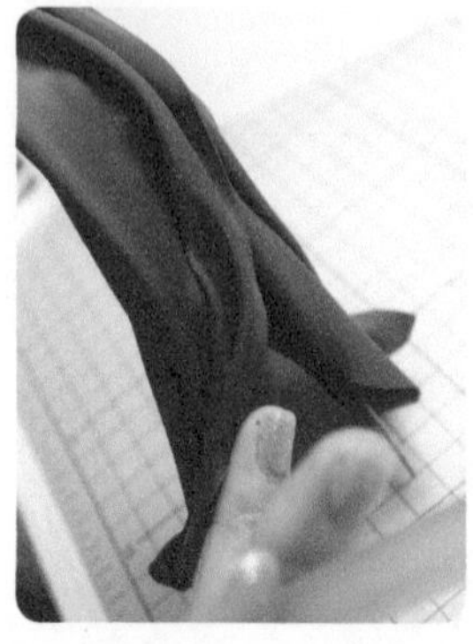
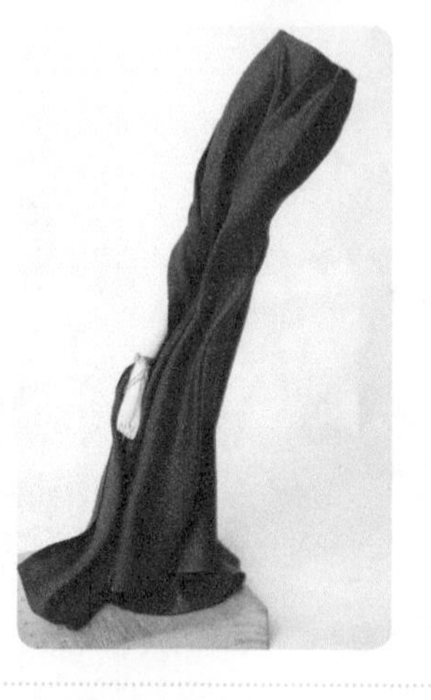
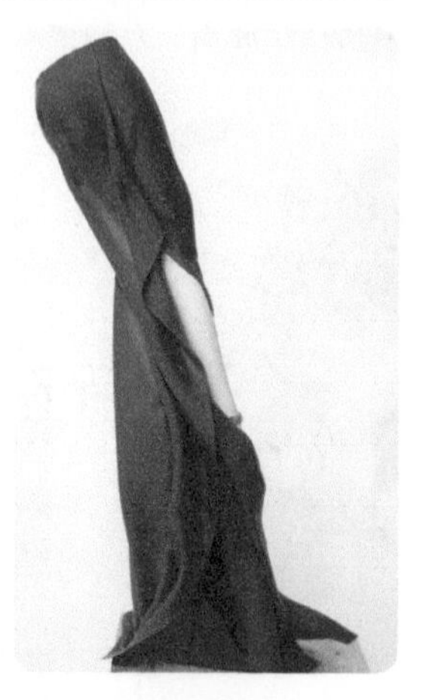

14 用剪刀修剪裙尾，并把裙尾向前调整。至此，深红色长裙就制作完成了。

15 用大量的白色、绿色黏土和少量黑色、蓝色黏土混合出蓝绿色黏土以备用。

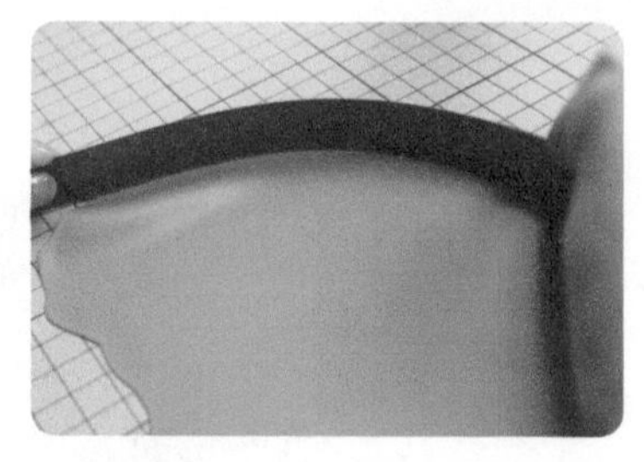

16 取适量蓝绿色黏土擀成薄片，再用弯曲的长款刀片将薄片的一边切成圆弧形，用来制作包裹臀部的短裙。

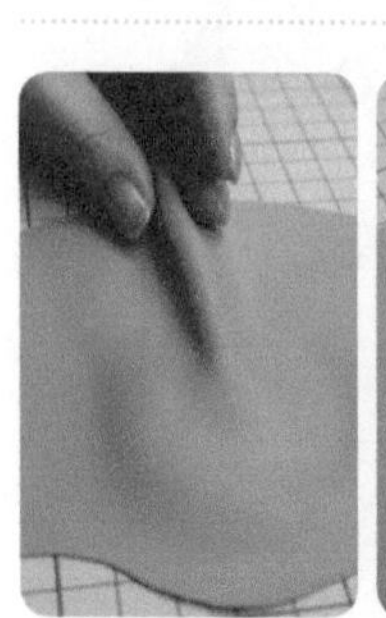

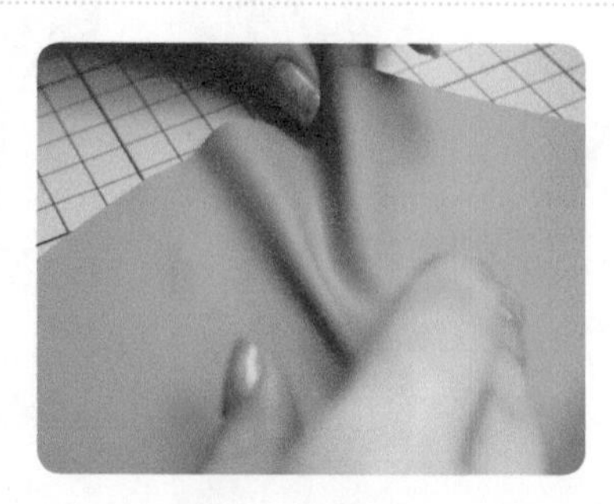

17 这片裙子不能出现折痕，因此用手将薄片挑起一条褶皱后，用棒针的尖头将褶皱两边向中间挤压定型。用同样的方法做出裙片上的其余褶皱，并稍稍晾干，这样后面把裙片包在臀部上时褶皱才不会轻易塌掉。

18 把裙片包在臀部上，并再次调整褶皱的走向，接着用剪刀将正面的裙边剪出弧度，随后捏出褶皱。

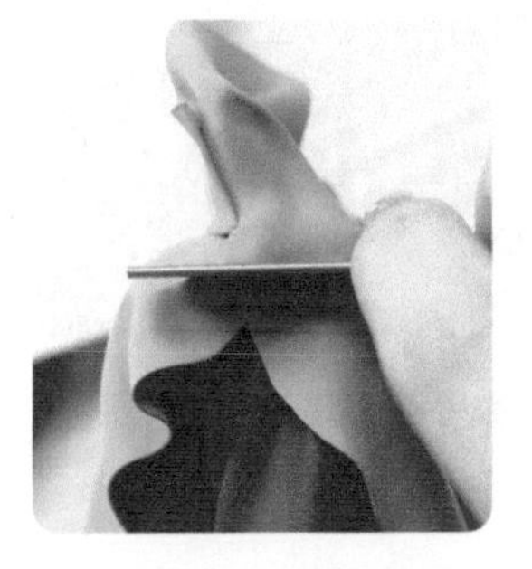
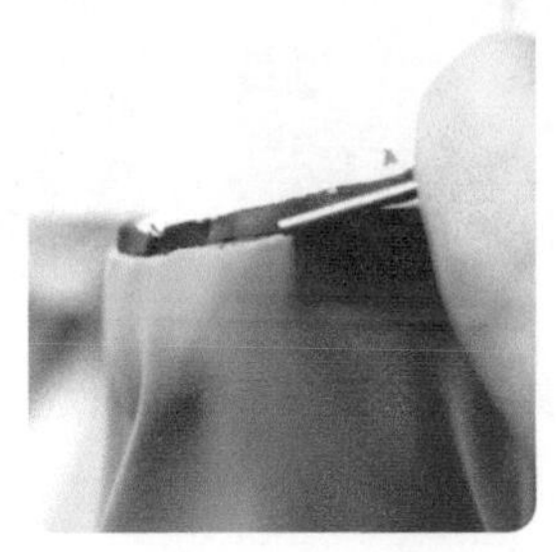

19 用短款刀片把裙子上方切整齐。

小提示：**此处可露出一部分腰，添加了腰带后，腰部就不会显得过粗。**

● 制作抹胸

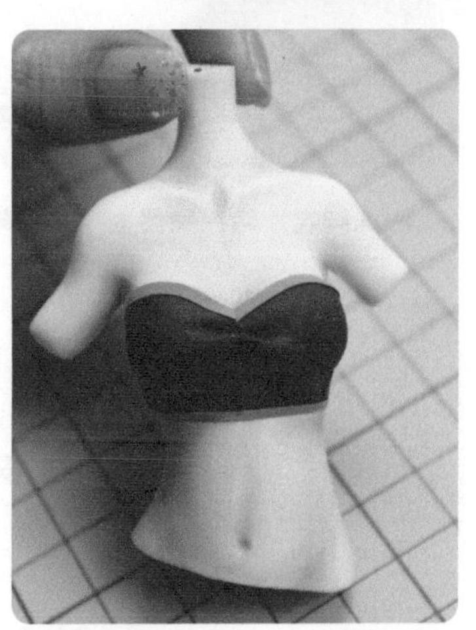

抹胸以深红色为主色，带有蓝绿色镶边。抹胸的制作重点在于中间的褶皱，为确保褶皱的造型，抹胸可分开制作。

20 拿出做好的上半身并擀一片深红色黏土薄片。再用短款刀片从深红色黏土薄片的中间切开。

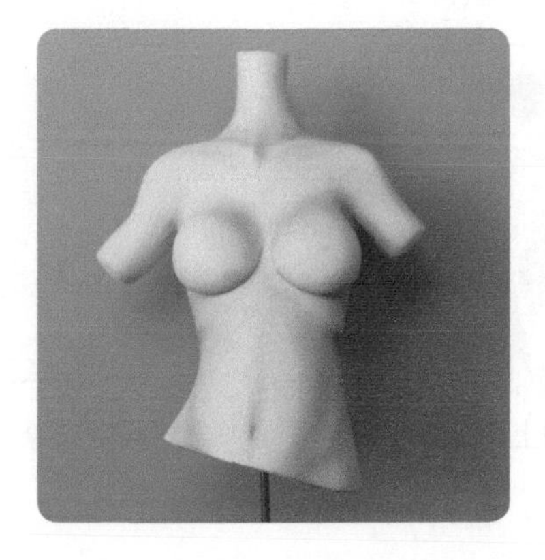
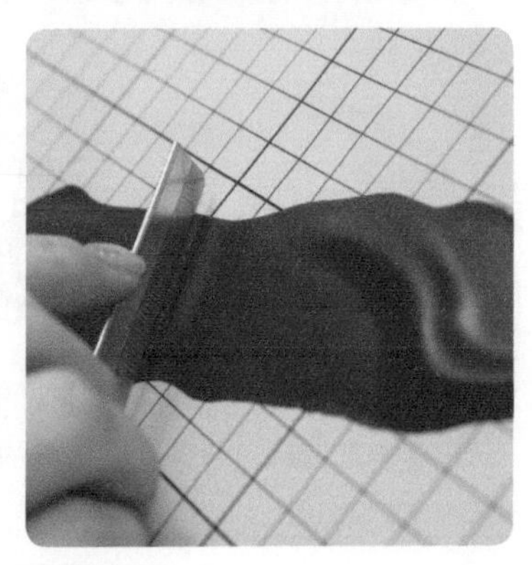

 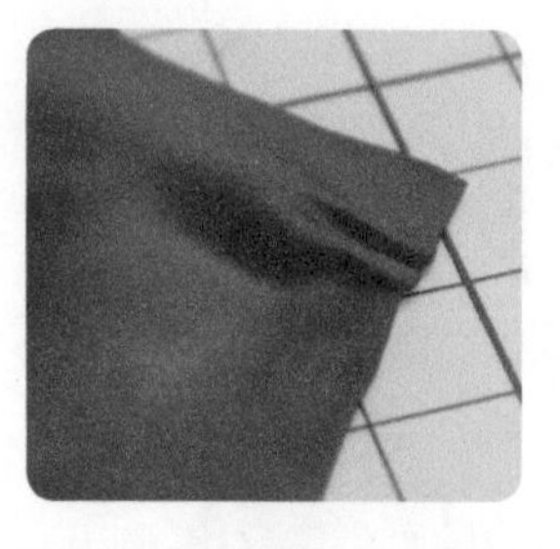  

21 在薄片的直边上折出细密的褶皱，然后用短款刀片把褶皱的黏合处切齐。

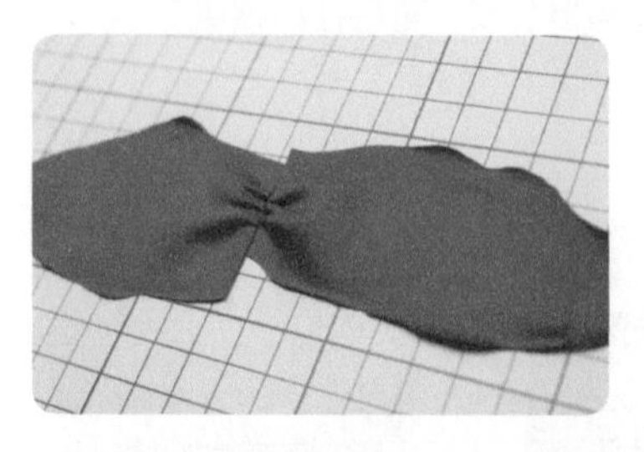 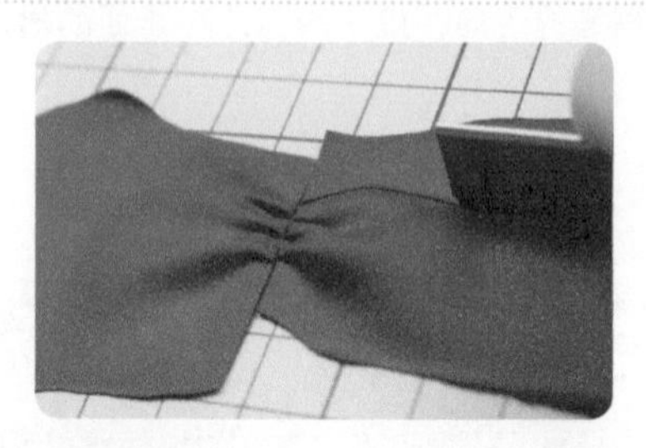 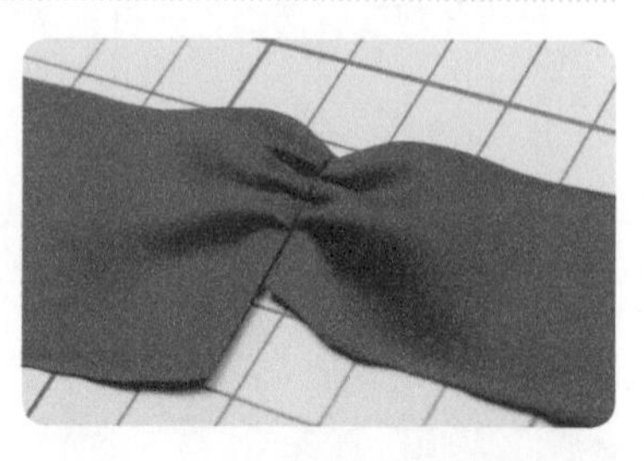

22 参照上一步的做法制作另一片镜像褶皱薄片，并将其与上一片薄片拼在一起，然后用短款刀片在薄片上划出抹胸上边缘的形状。

23 把抹胸衣片贴在胸部上，根据胸形用棒针调整衣片，再剪去多余的衣片。

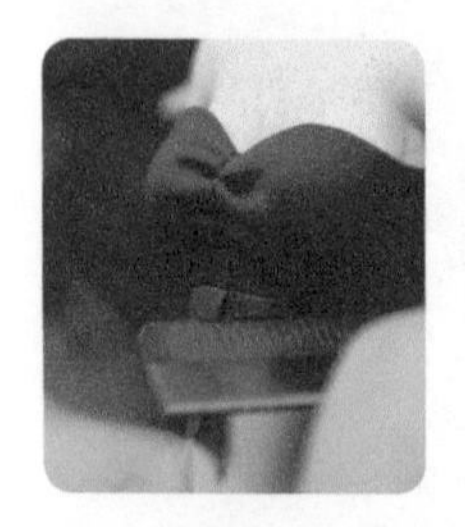   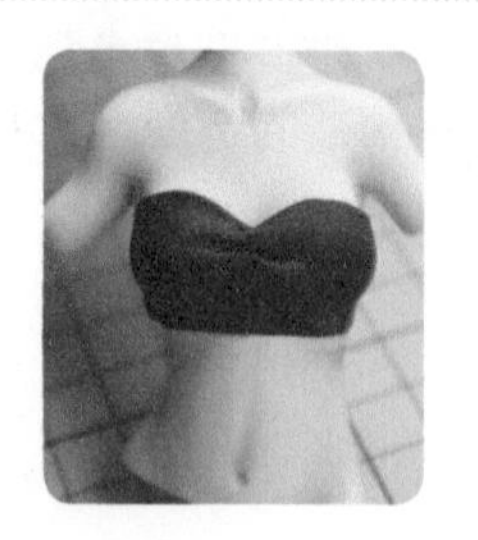 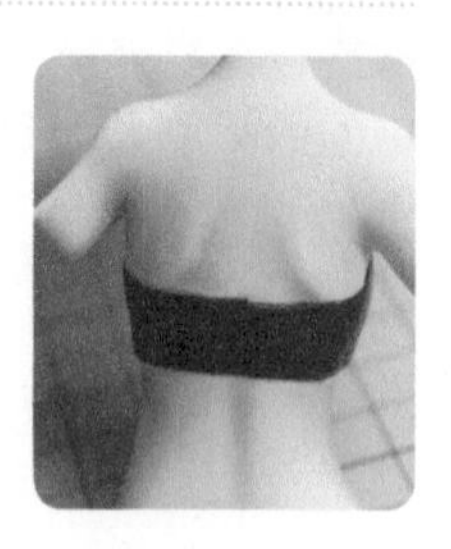

24 用短款刀片将抹胸上下多余的部分切掉。

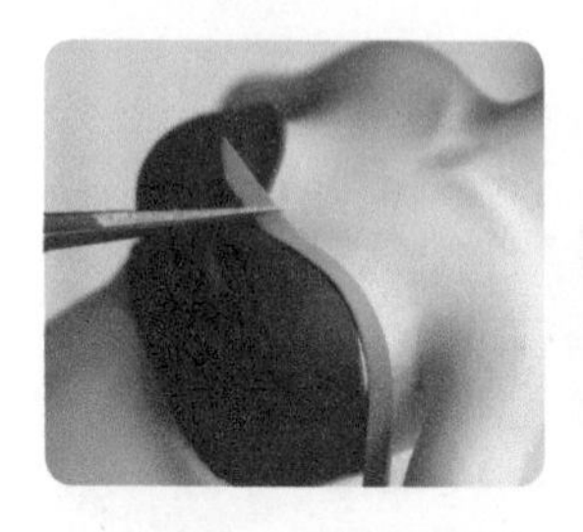  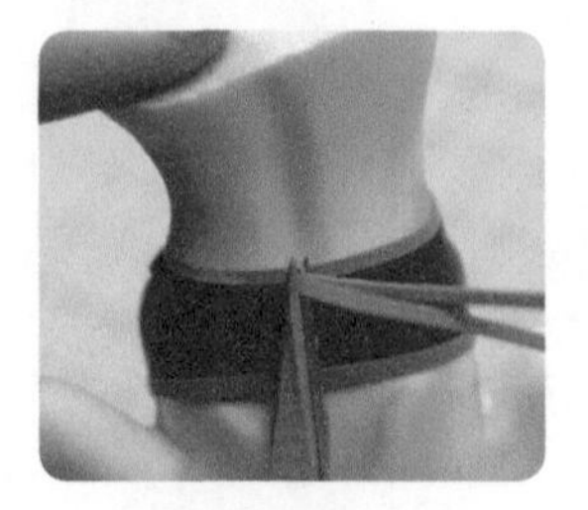 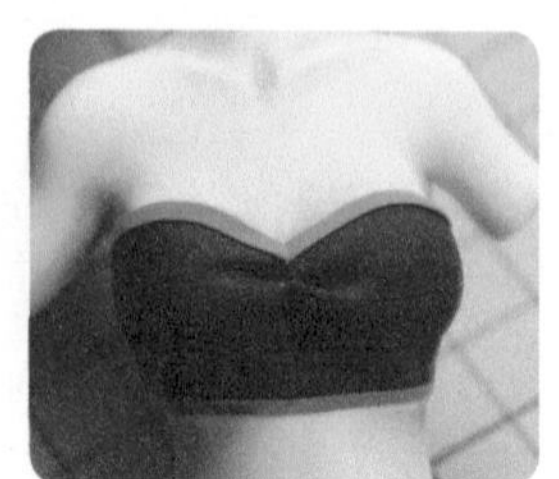

25 制作一条蓝绿色长条，在抹胸的上下边缘各贴一圈，做出抹胸的蓝绿色镶边。

小提示：抹胸上边缘的接缝在胸前，下边缘的接缝则在背后。

● 制作腰饰

蓝绿色的荷叶边与动态飘逸的长腰带是这部分的制作重点，注意把握腰带整体的动态美。

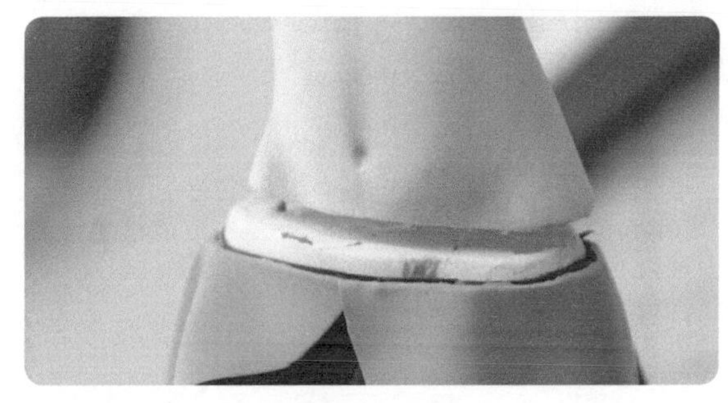

26 把上半身与下半身连接起来。

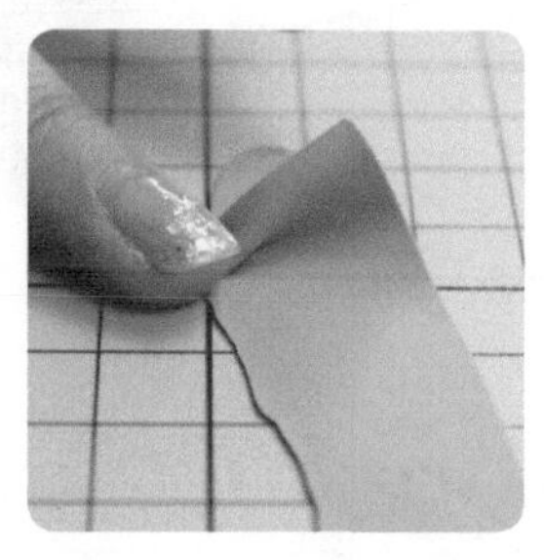
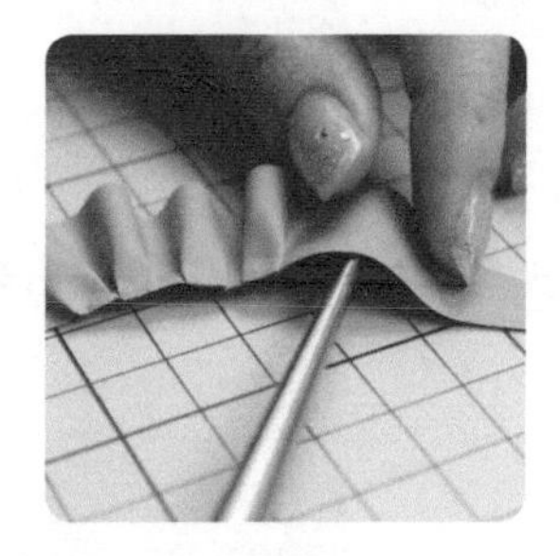
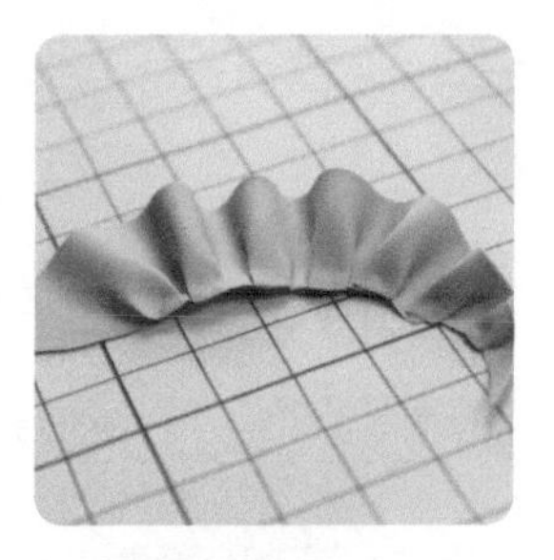

27 擀出一片蓝绿色薄片，用棒针的尖头挑起一截后用手将一头压扁做出褶皱。用相同的方法将薄片做成一条完整的花边。

28 用弯曲的长款刀片在花边上切下一条两头尖的小花边。

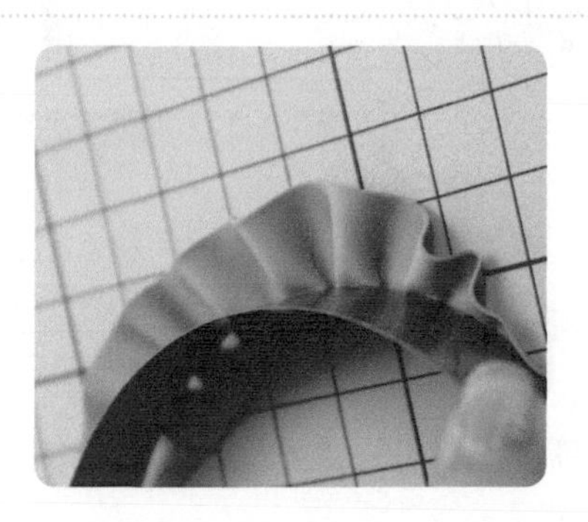
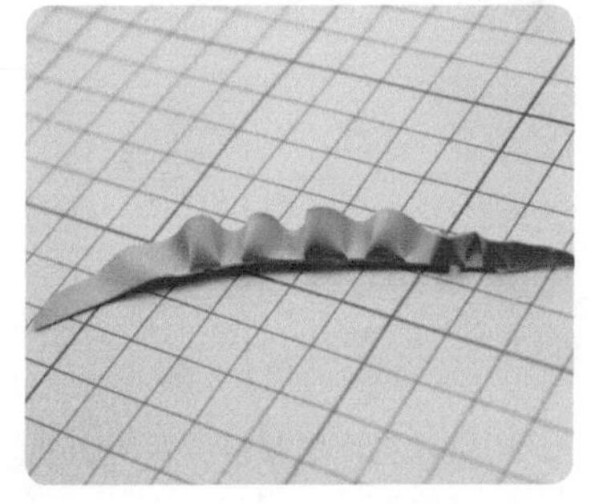

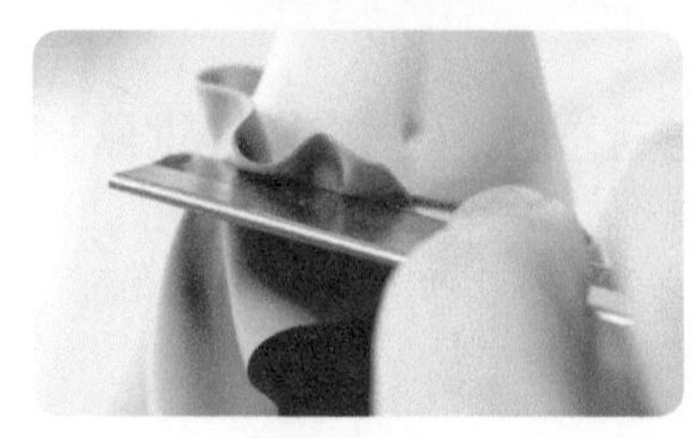

29 把小花边贴在腰部右侧的接缝处，并留出腰带的位置。接着再制作另一条小花边，贴在腰部左侧。

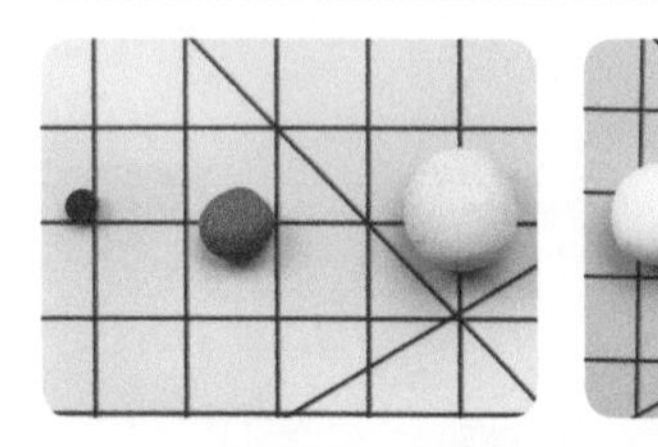

30 用大量黄色黏土、白色黏土、少量红色黏土、一点黑色黏土，混合出浅棕色黏土以备用。

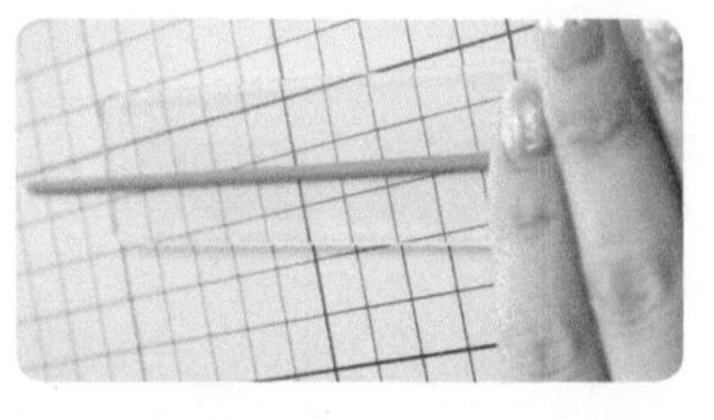

31 取适量浅棕色黏土，用压泥板将其搓成细长条后再压扁，用来制作腰带。

小提示：压出的薄片不可太薄。

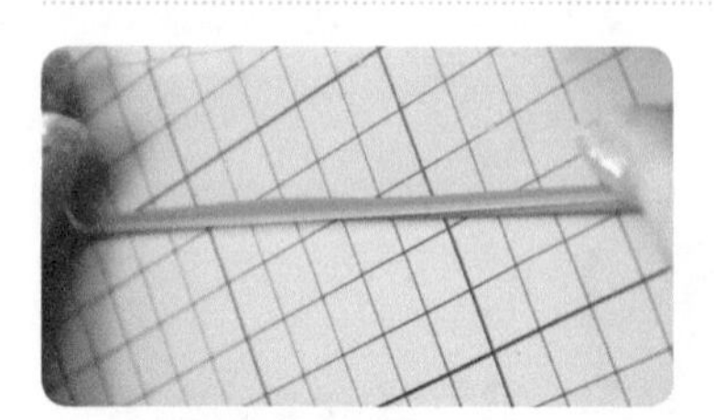
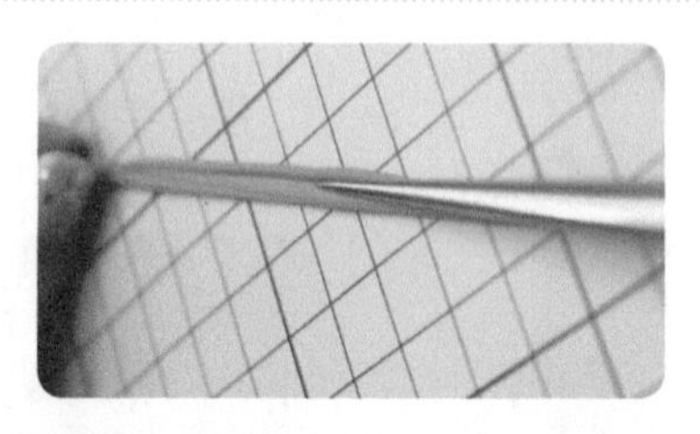

32 用压泥板结合棒针的尖头在浅棕色薄片上随意压出腰带上的纹路。

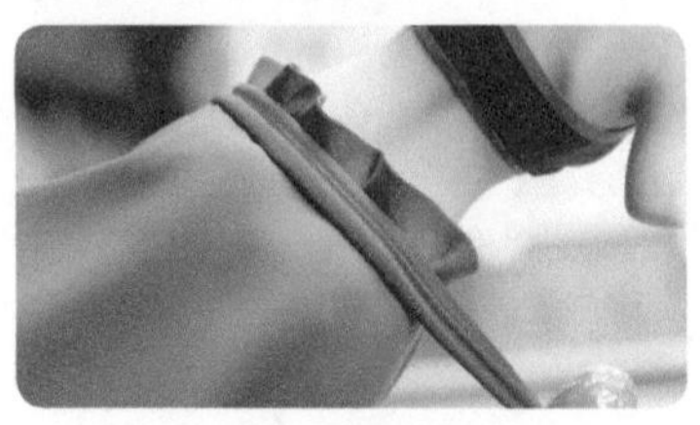
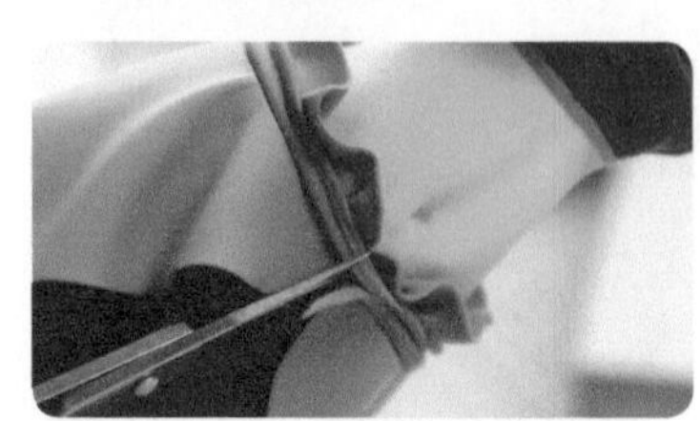

33 用短款刀片把腰带的两端切尖，随后把腰带贴在腰上，并用剪刀剪去多余的部分。

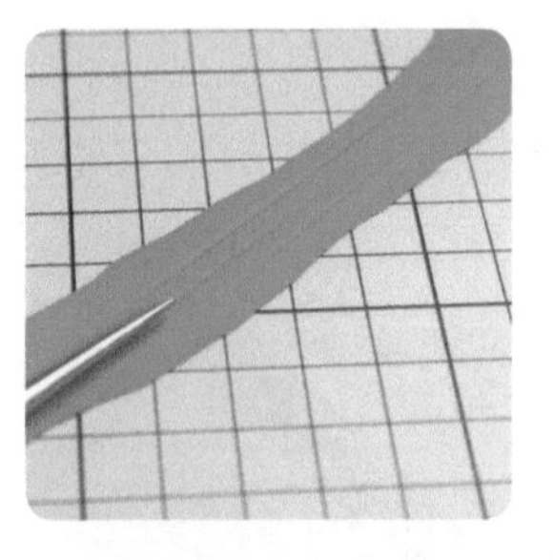

34 取适量浅棕色黏土将其擀成薄片，用棒针的尖头在浅棕色薄片上随意划出纹路，再用长款刀片将薄片切成需要的宽度，用来制作腰上的飘带。

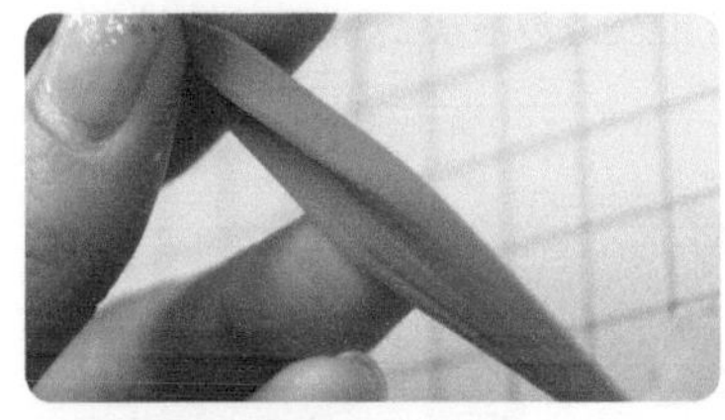

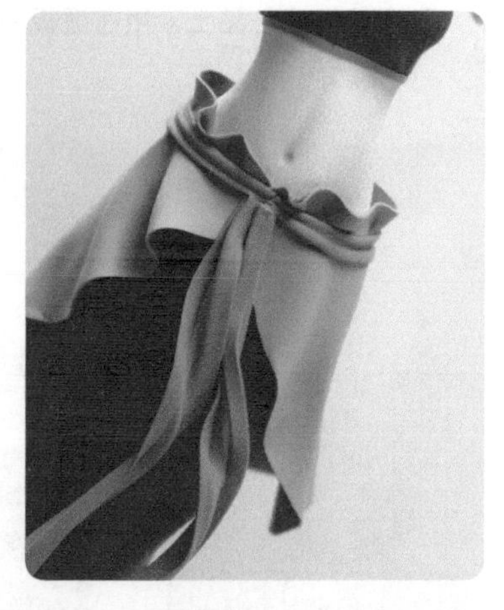

35 先将薄片放在手上，然后朝不同的方向折叠、挤压、扭曲薄片，制作出动感十足的飘带。用相同的方法捏出另一条飘带。随后把制作好的飘带粘在腰带的接缝上，再把两条飘带的底端粘在一起。

小提示：制作飘带时，有的地方需收紧一些，有的地方需散开一些，总之，尽量做得随意一点。

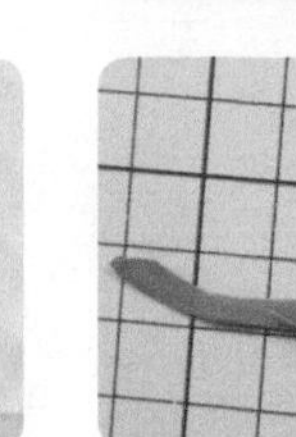
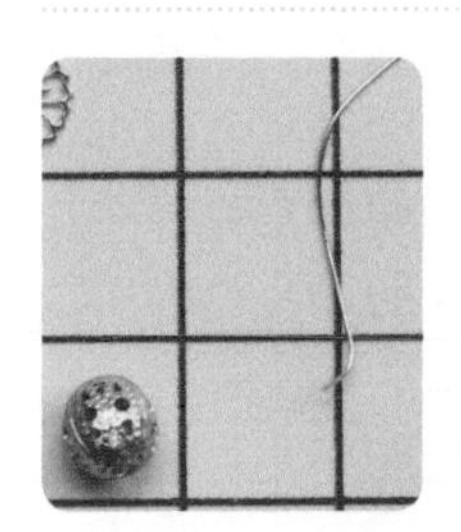

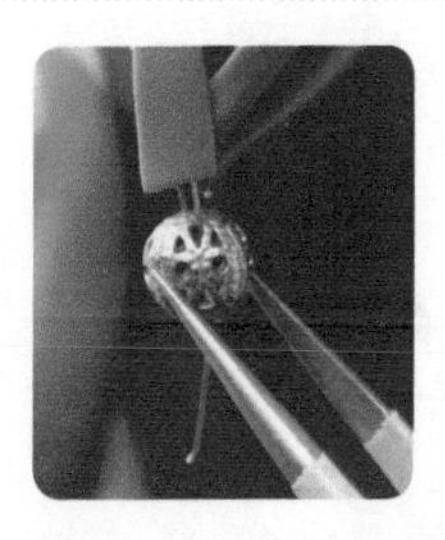
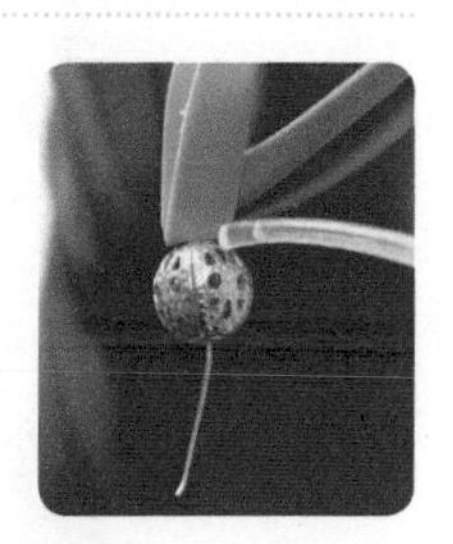

36 准备铜珠和铜丝。先用铜丝穿过飘带底端黏合处最厚的地方，接着串上铜珠，并用胶水粘牢。

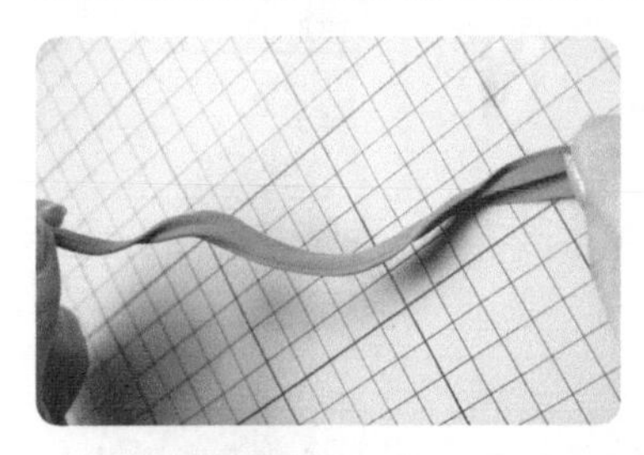

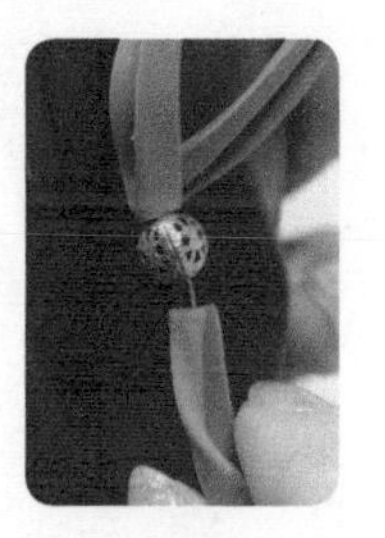

37 参考前面飘带的制作方法再做出两条飘带，并把两条飘带的顶端叠在一起用剪刀修剪，然后穿入铜丝，和铜珠连接起来。

小提示：此处飘带的底端一定要散开。

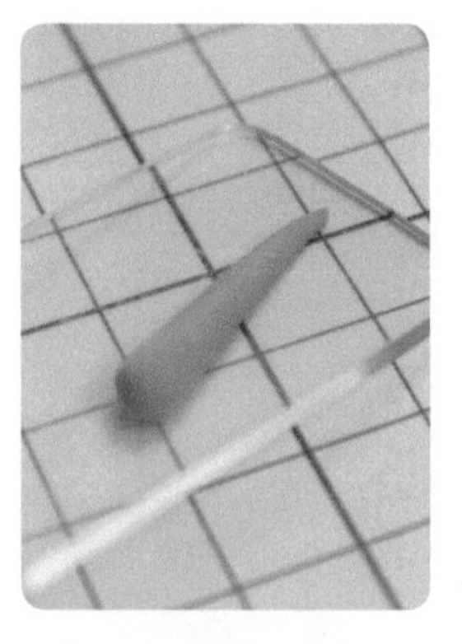

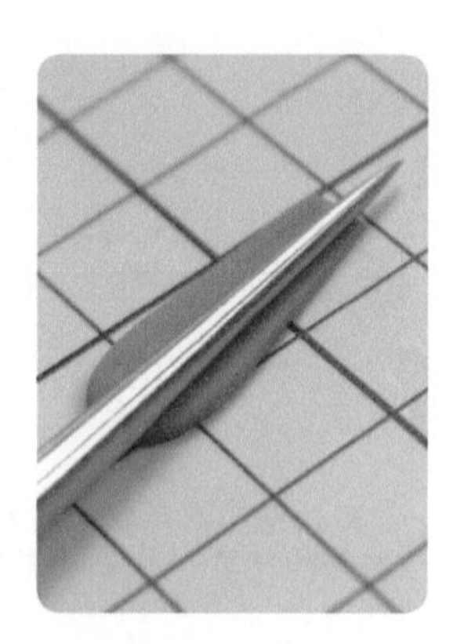

38 取适量浅棕色黏土，用压泥板将其搓成长水滴形，然后压成薄片，接着用剪刀剪去尖端，再用棒针的尖头在薄片上压出纹路。

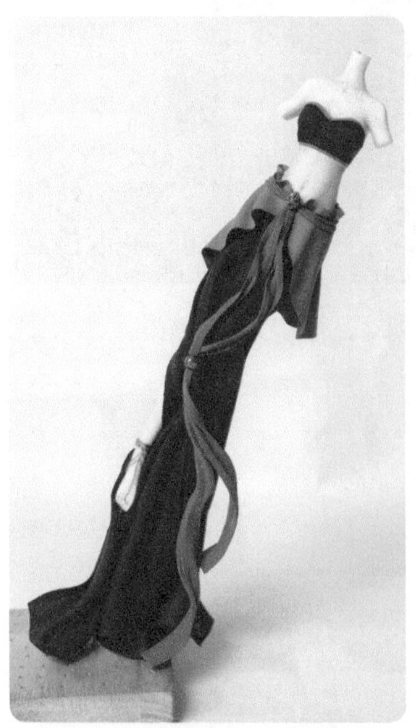

39 把薄片贴在腰带和飘带的接缝处，用剪刀剪去多余的部分，用抹刀将薄片向内弯折，做出腰带打结的造型，最后贴上金属花片做出腰扣并挡住接缝。至此，飞天形象的服装就制作完成了。

5.2.3 头部

● 画脸

本案例制作的飞天形象五官精致，直鼻大眼；妆容精致，且眉间有花钿装饰。

01 用肉色黏土翻模制作出一个古风人物的脸形，再拿出深红、钛白、大红、肉色、土黄、熟褐等颜色的丙烯颜料，准备画脸。

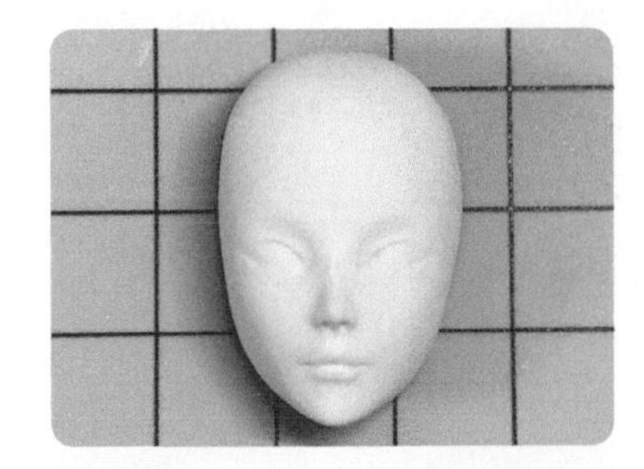

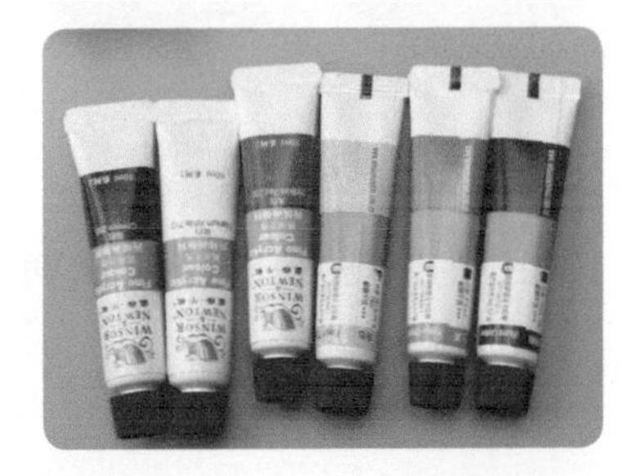

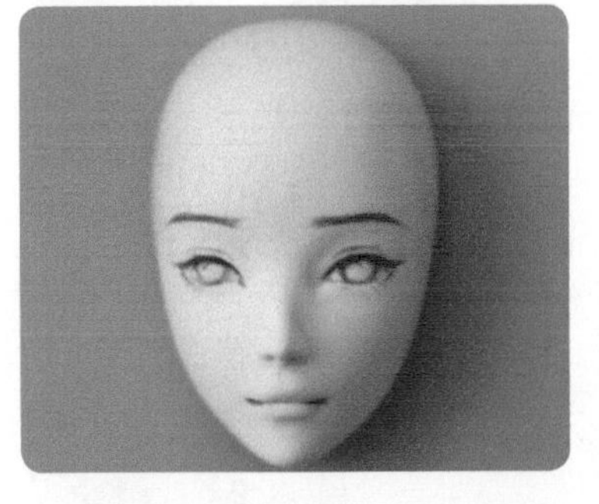

02 用熟褐画出人物五官的线稿并勾勒出嘴角，再用肉色画出内眼角。

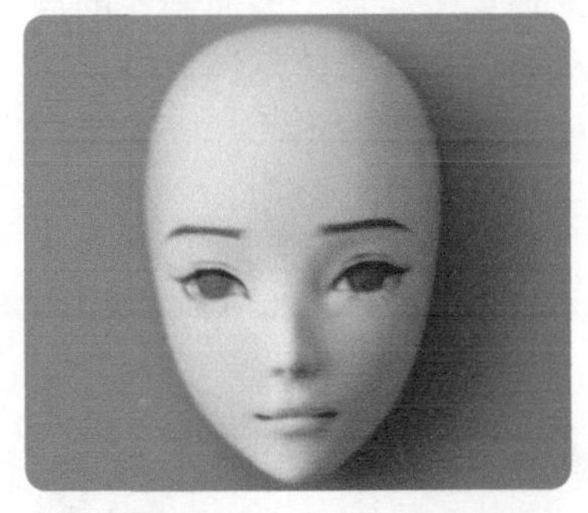

03 用熟褐加肉色，给眼球上底色。

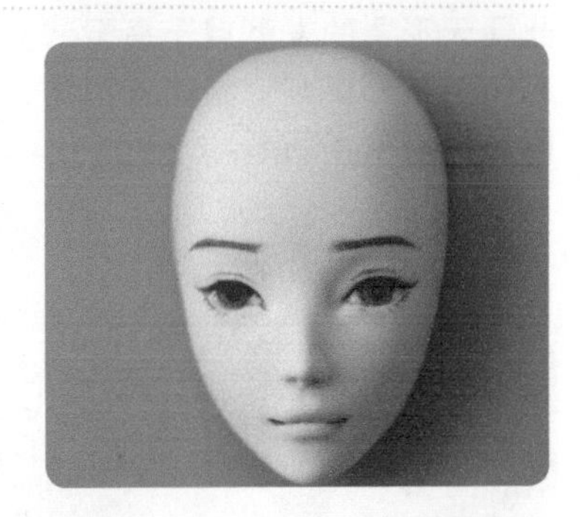

04 用熟褐画出瞳孔以及眼珠的阴影。

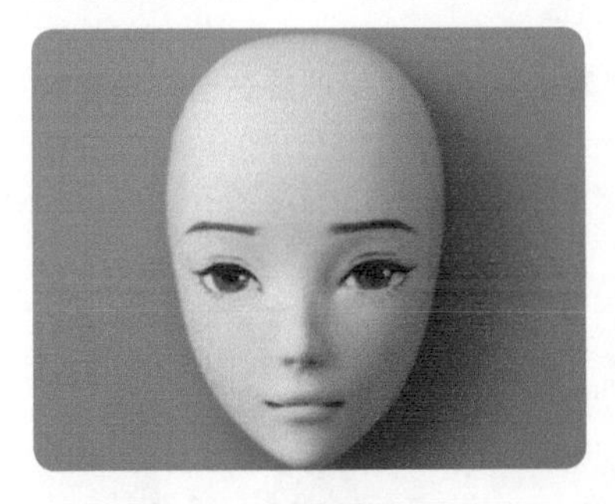

05 用钛白画出眼睛上的高光和眼白。

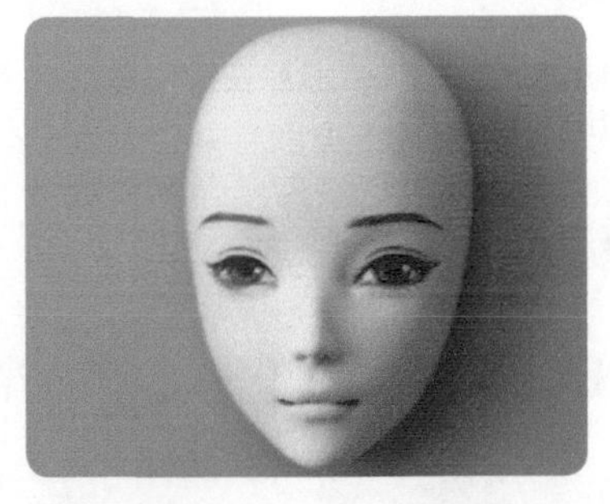

06 用熟褐画出睫毛，用肉色加一点大红调色后画出下眼线，用熟褐和大量水稀释，调出浅褐色，吸去颜料中过多的水分后，轻轻画出卧蚕。

07 用大红画出唇妆的底色，接着用深红加深嘴唇中间的位置。

08 在脸颊、眼尾、眼窝等位置扫上红色眼影给人物上妆，再用深粉色眼影勾勒出眼尾。

09 在眉间用大红画上花钿装饰，再给眼睛和嘴巴刷上水性亮油，添加光泽感。

● 制作后脑勺

此飞天形象的发型属于高髻，头发均束于头顶，因而制作的后脑勺的顶部要圆，整体要饱满，从而使头部整体从侧面看以下巴为尖端呈水滴形。

10 取与脖子粗细一致的切圆工具在脸部底端挖洞，然后在脸形背后包上黑色黏土，用手调整黏土与脸形的衔接面并让黏土包住一部分额头，做出后脑勺。

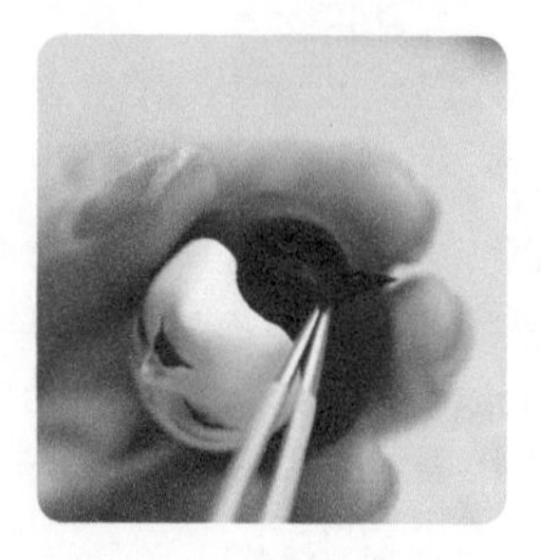

11 用切圆工具在头底挖出脖洞，然后用镊子取出脖洞里的黏土，用棒针的圆头将脖洞内部压平。

● 制作头发与耳朵

本案例中，飞天形象的发型为螺旋式高髻，头发整体均要朝着头顶发髻这个集点。另外，在制作头顶发髻时应注意保留发际线处头发的厚度。

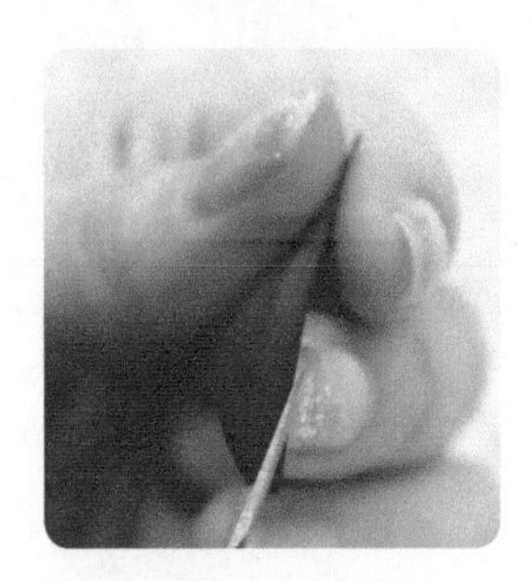
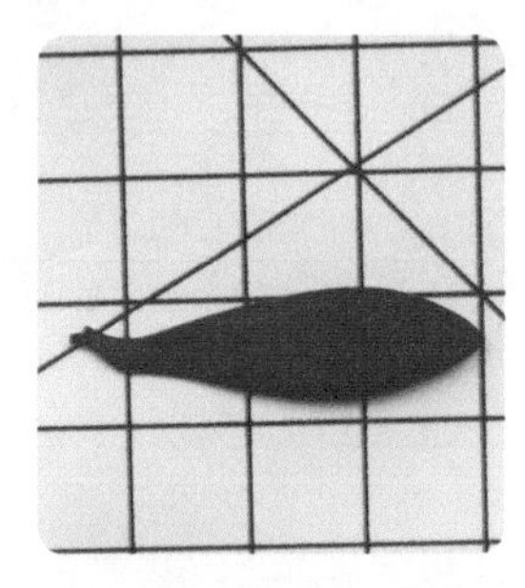

12 用压泥板斜着把黑色梭形黏土压成一端略厚一端略薄的黏土片，然后把黏土片的侧面也稍稍压扁，用剪刀把略厚的一端剪成尖头，做出头顶中分线上的发片。

13 用手将发片弯曲一定的弧度，从略微超过发际线的位置，向后把发片贴在头顶上。

小提示：制作这片发片时，要使发片的顶端无论是从侧面还是从正面看，都呈尖状，这样发片贴上去后，发际线处的头发就会自然鼓起。

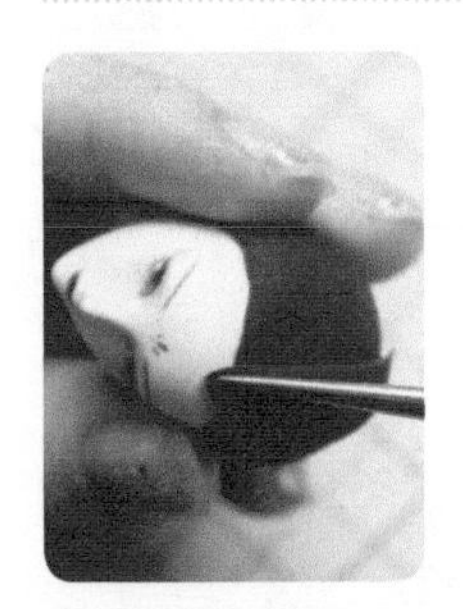
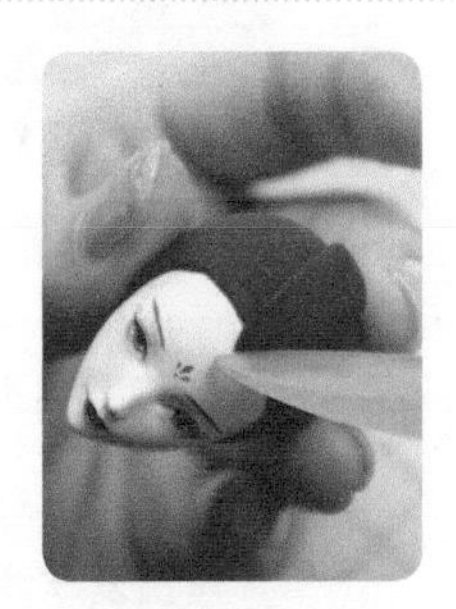
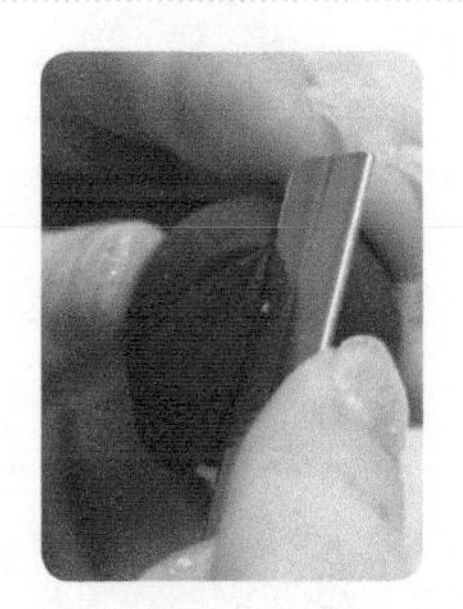

14 依次用棒针、羊角工具等工具在发片上压出形状不同但方向一致（朝向头顶发髻）的纹路，随后用短款刀片将发片修成两头尖尖的梭形。

15 贴上一片略细的发片，并用短款刀片将发片两端修尖，用抹刀将发片尖端抹平，然后用棒针的尖头压出发丝纹路。

16 继续在头上贴发片并修剪出形状，用羊角工具压出发丝纹路，注意越靠近发际线发丝纹路越深。

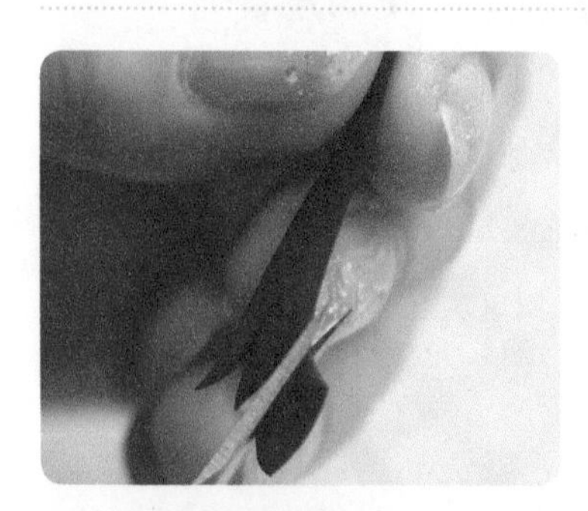

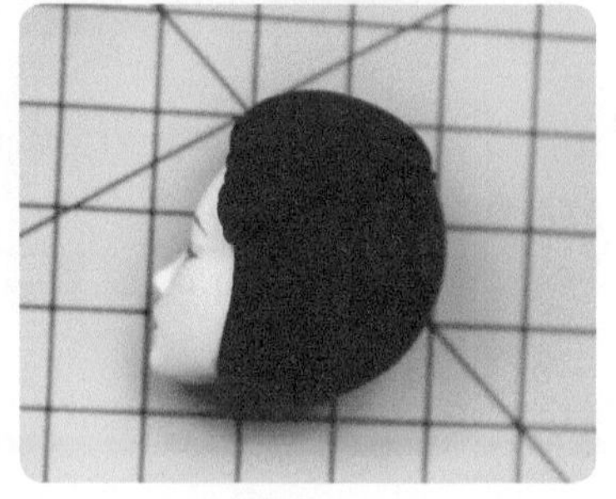

17 制作一片一头宽一头细的发片，将宽的那头用剪刀剪出分叉后再将分叉合拢贴在头上，用抹刀抹平发片尖端，随后用短款刀片压出发丝纹路。

18 空出耳朵所在的位置，继续做出耳朵下方的头发。

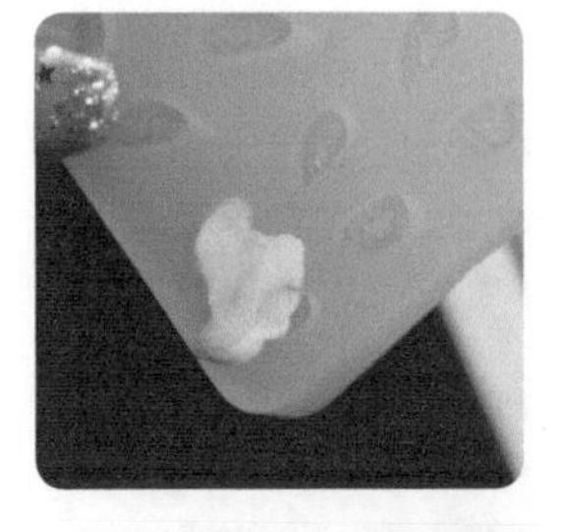

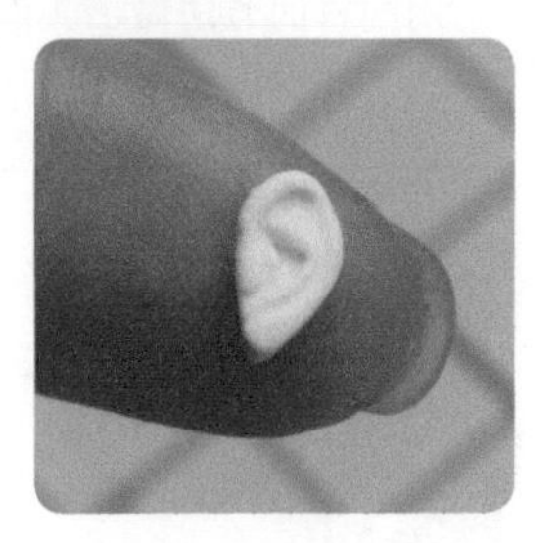

19 用肉色黏土在耳朵模具上翻制耳朵，用剪刀斜着剪去耳朵上多余的黏土。

20 将耳朵贴在空出的位置，用抹刀修整黏合处的边缘。

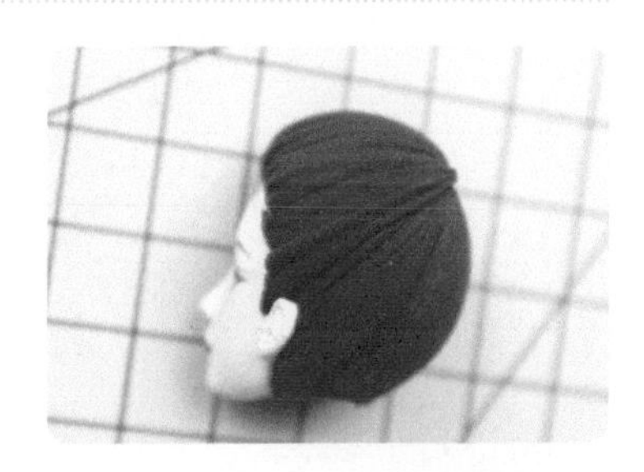

21 在耳朵空缺的位置贴上发片，让发片遮住一部分耳朵。

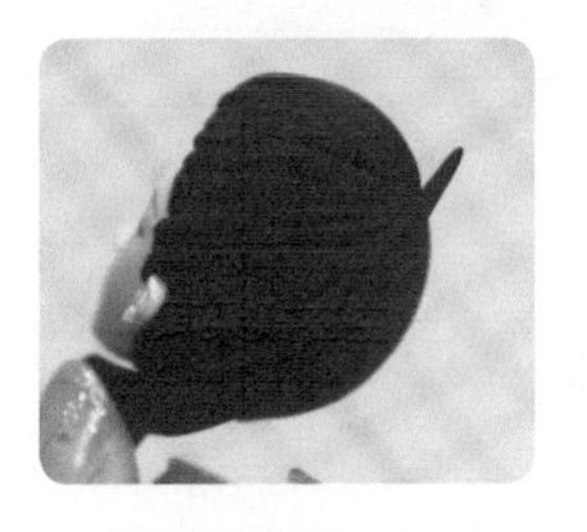

22 做出后脑勺左侧剩余的头发。

23 用同样的方法做出头部右侧的头发，留出后脑勺中间的位置。

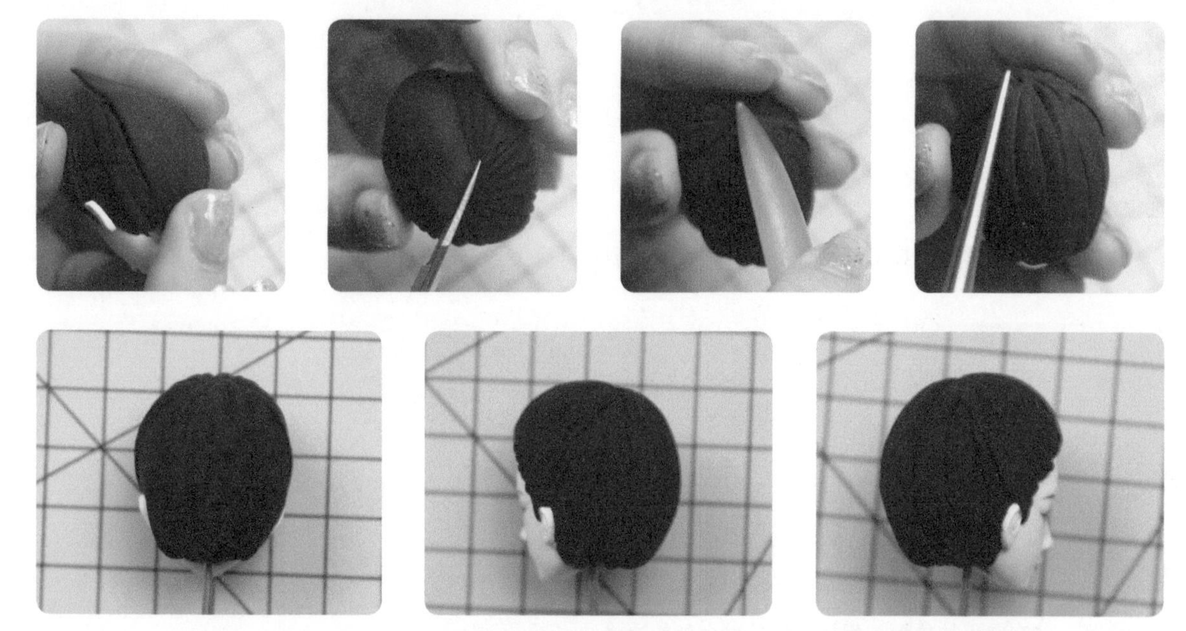

24 制作一片大发片，按照后脑勺空出的位置修剪发片，然后用羊角工具搭配棒针划出发丝纹路。

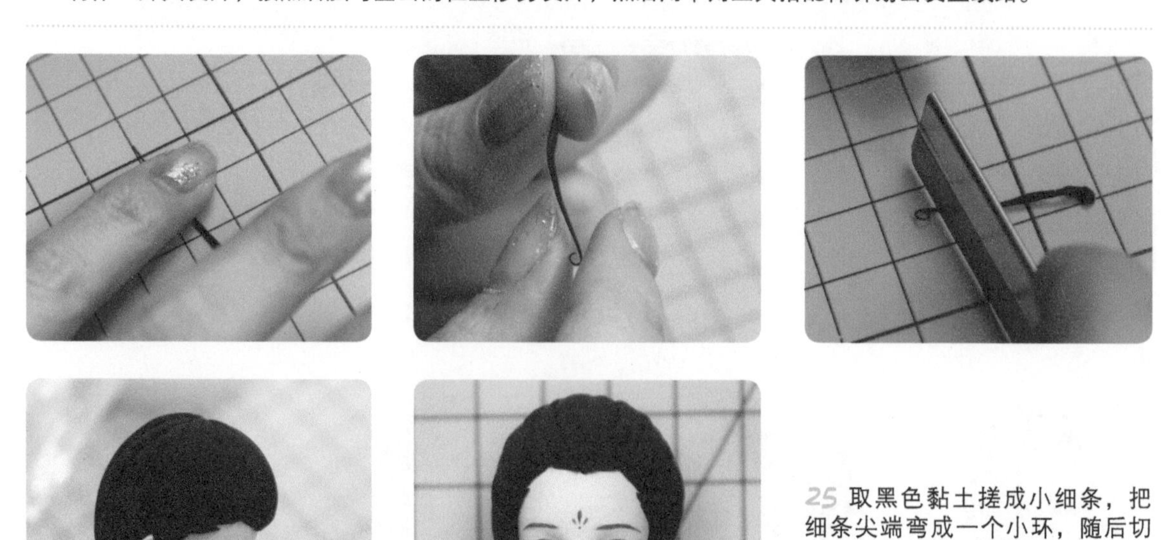

25 取黑色黏土搓成小细条，把细条尖端弯成一个小环，随后切下小环将其粘在鬓角上。

贴假睫毛

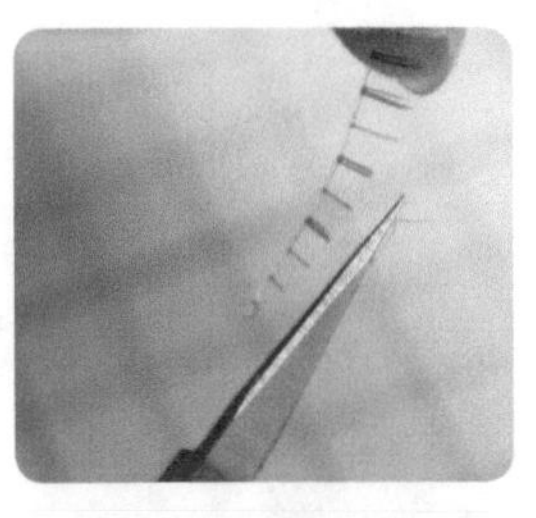

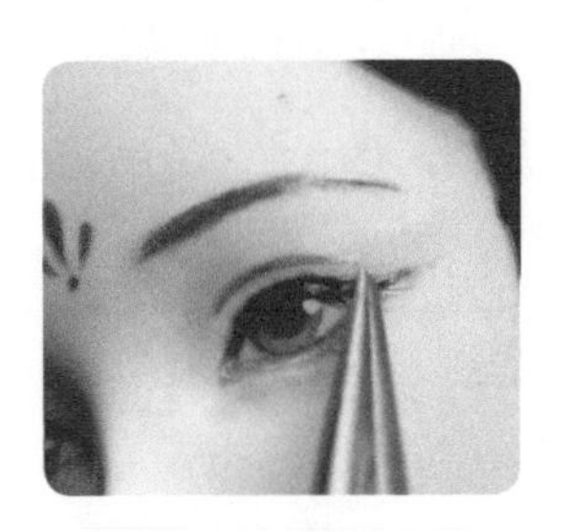

26 准备假睫毛，并剪下假睫毛尖尖的部分，然后用镊子夹住假睫毛蘸取白乳胶（或 UV 胶），将其斜着粘在眼线上以强化人物的眼妆效果。

制作高髻

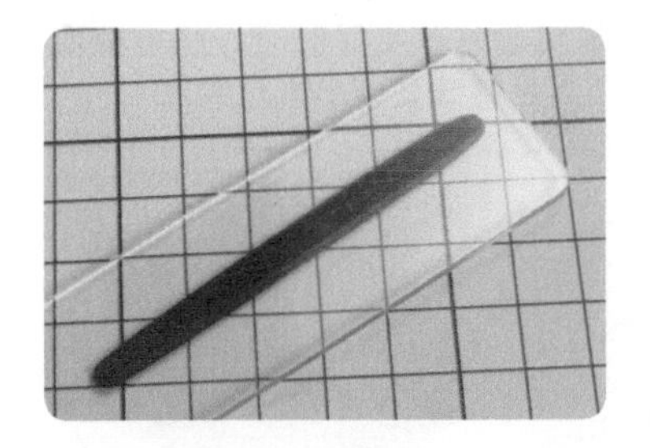
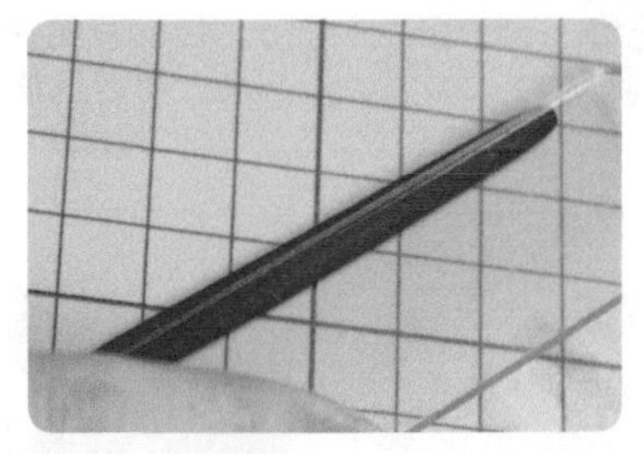
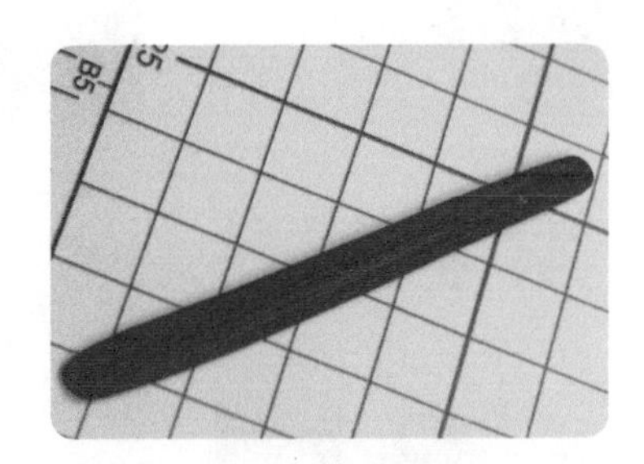

27 先用压泥板把黑色黏土搓成长条并压扁，再倾斜压泥板，在长条上压出发丝纹路，做出发片。

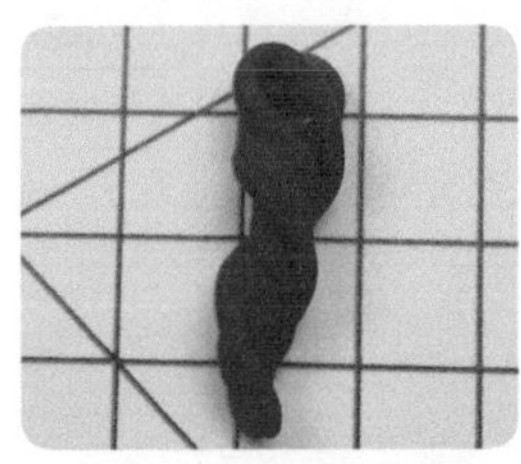

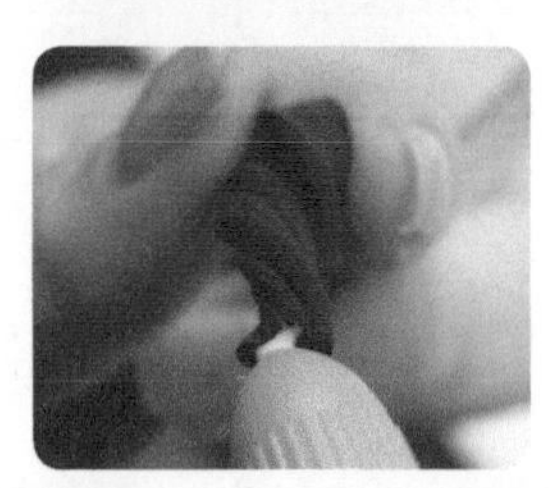
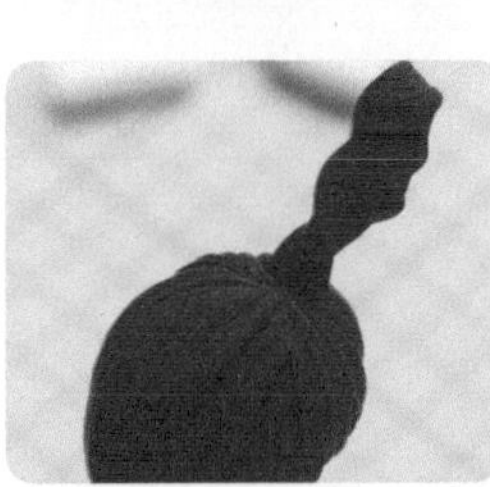

28 将发片对折扭曲成螺旋式发髻，晾干后剪齐发髻底部，抹上白乳胶将发簪粘在头顶上。

29 用相同的方法再制作一片发片，将其斜着缠绕在发髻上，并用剪刀剪去多余的部分。

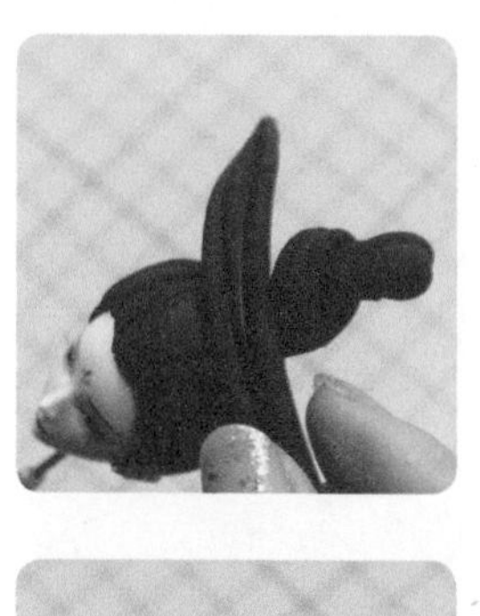

30 用相同的方法再制作一片较宽的发片绕于发髻底部，把发片的两端剪尖后将其交叉黏合，将接缝藏起来，然后用羊角工具在接缝处压出发丝纹路。

31 取一个金属花片，将其放在圆柱形物体上弯出一定的弧度，粘在发髻底部中间作为发饰。

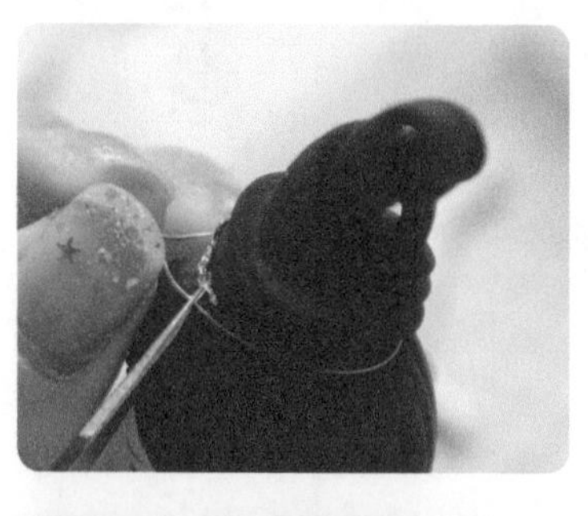
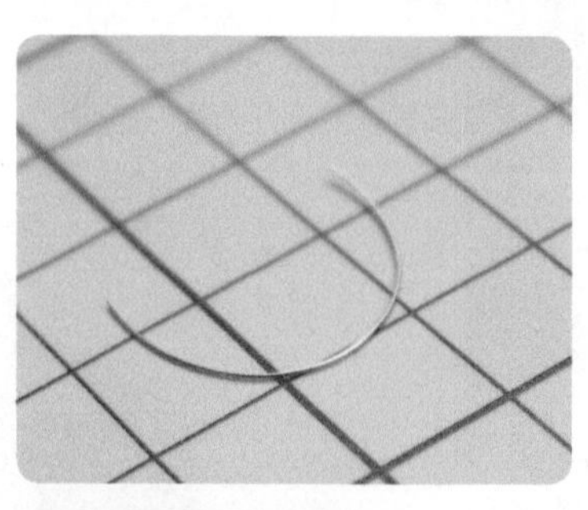

32 用铜丝圈住发髻，确定需要的铜丝长度，接着把铜丝弯成弧形卡在发髻底部，然后贴上金属花片、米珠等装饰。

5.2.4 配饰与飘带

● 制作身体配饰

飞天形象身上的装饰以金属配饰为主，再搭配与服装同色的串珠。

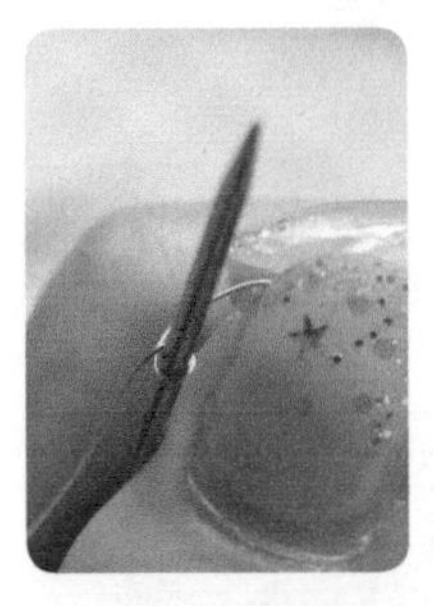

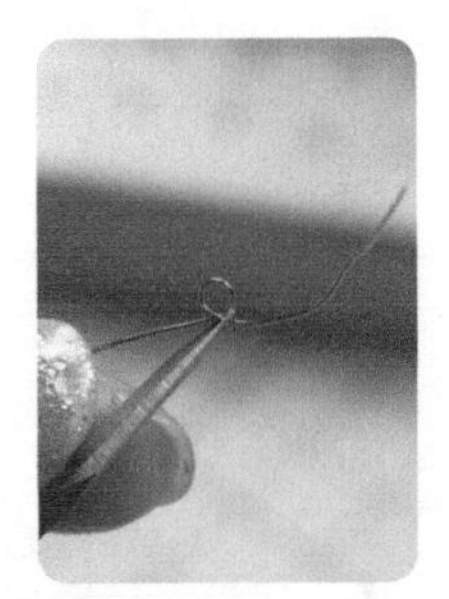

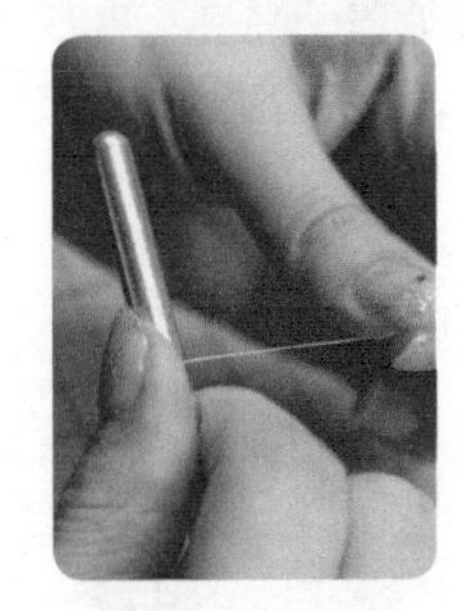

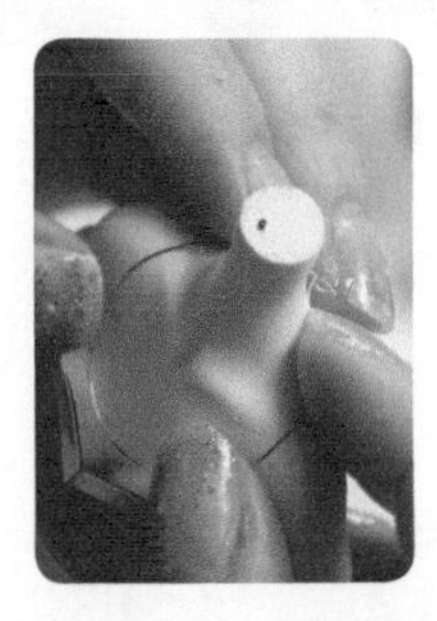

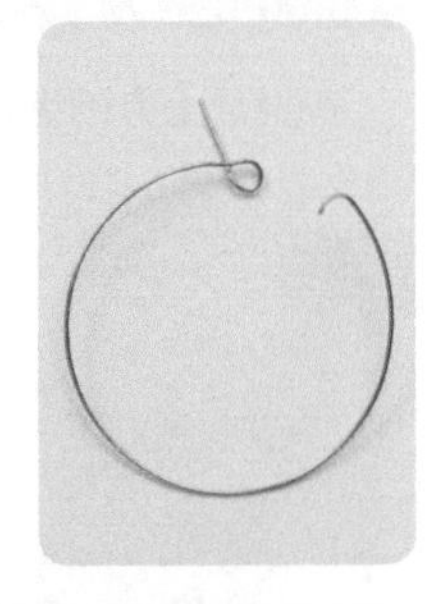

01 用铜丝先在细节针上绕出一个小圈，然后用细节针的另一端用力扯铜丝，让铜丝形成圆润的圆环。

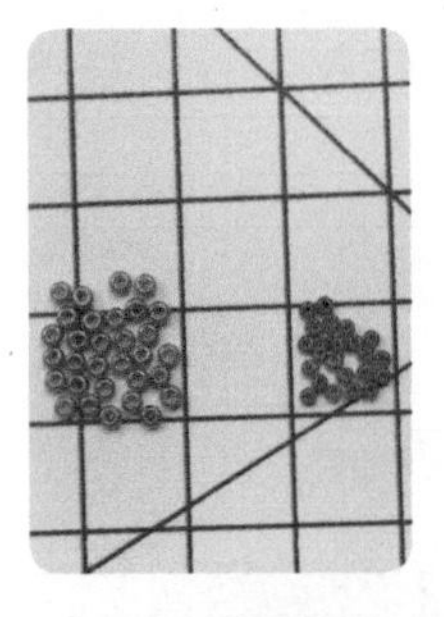

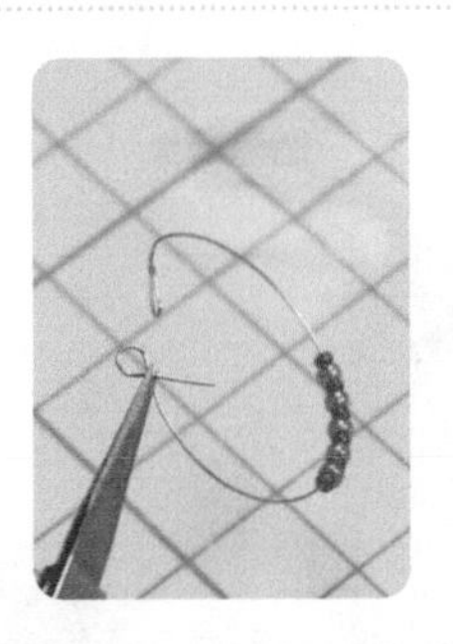

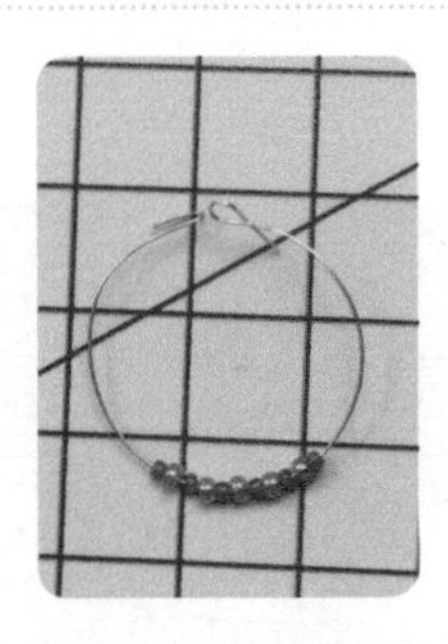

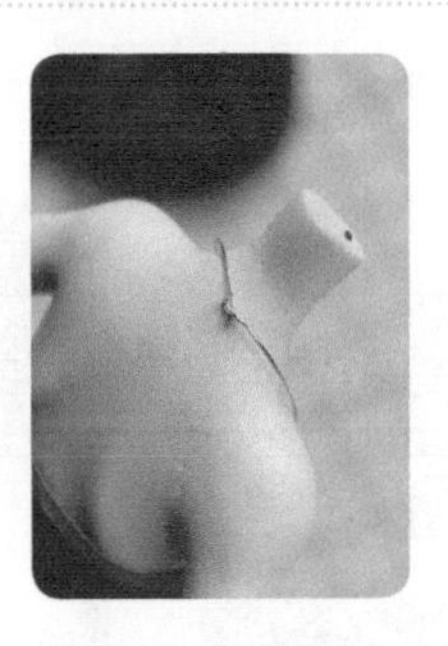

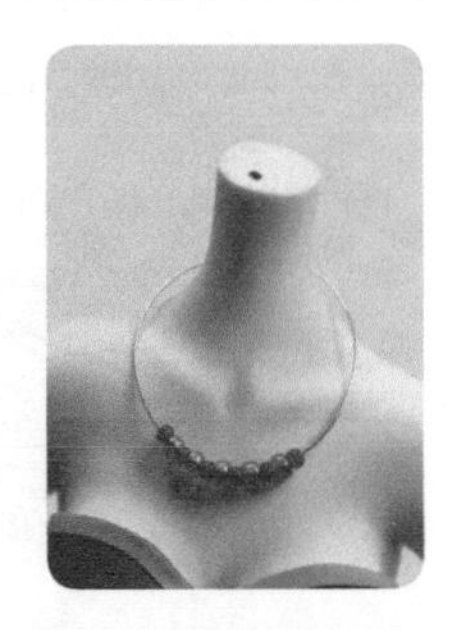

02 准备土黄色和红色的米珠，把两色米珠交叉穿在铜丝上后将铜丝的另一头弯成一个勾，再把珠串套在脖子上，让铜丝在脖子后扣上，制作出颈饰。

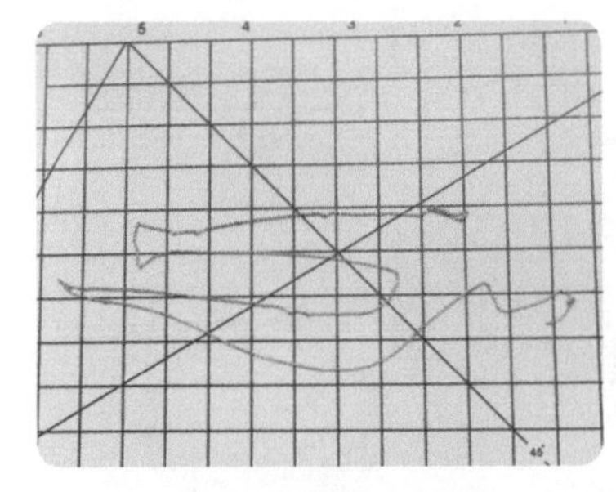

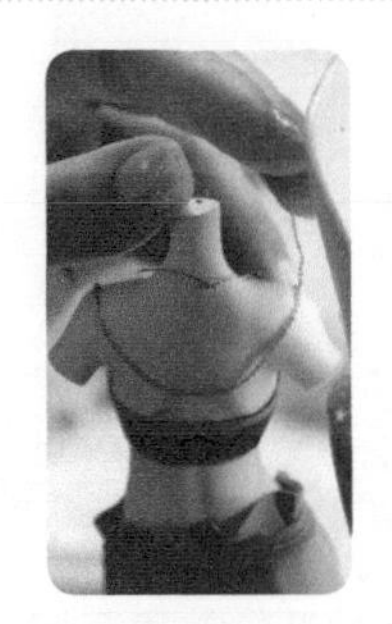

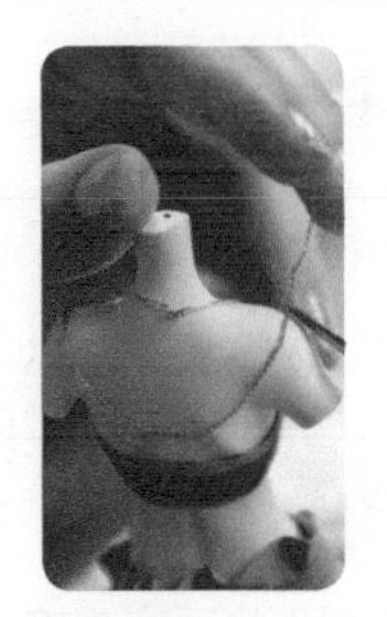

03 拿出金属链，将其缠绕在人物的前胸与后背上，并用 UV 胶固定，然后用剪刀剪去多余的部分。

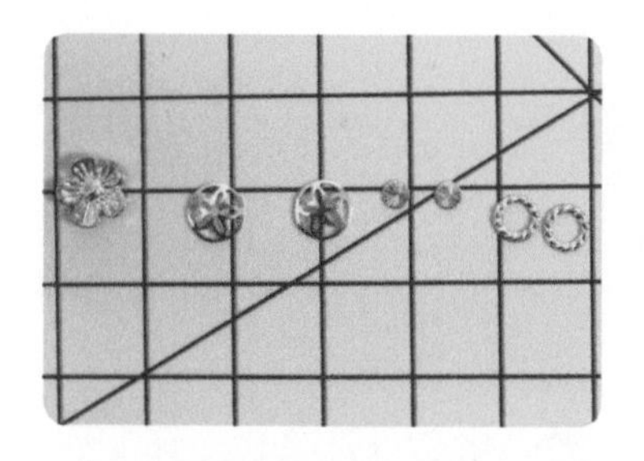

04 准备上图所示的金属花片，用 UV 胶将其分别粘在金属链上。

05 在胸部上方的金属链上涂上 UV 胶，贴上环形花片。

06 在胸前添加金属链做装饰。

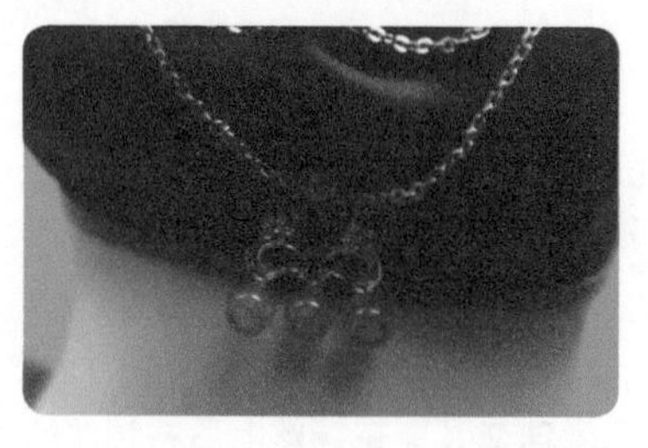

07 在胸前的金属链底端粘上金属花片，再将与裙子颜色相近的绿色米珠粘在金属花片的底端。

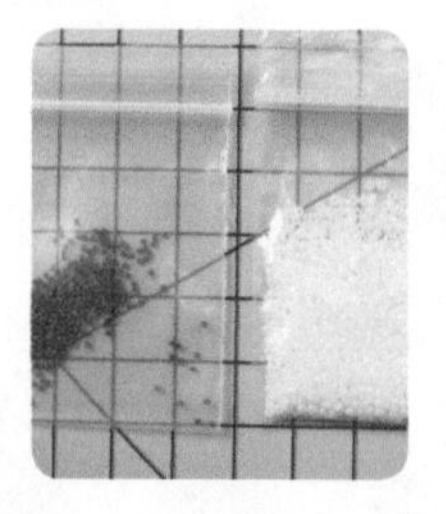
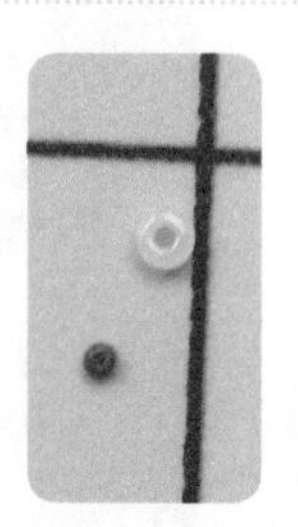

08 在做出胸部的佩饰后，发现之前制作的颈饰与整体的装饰效果不搭，因此将其取下，用深红色和白色米珠重新制作一个颈饰挂在脖子上。

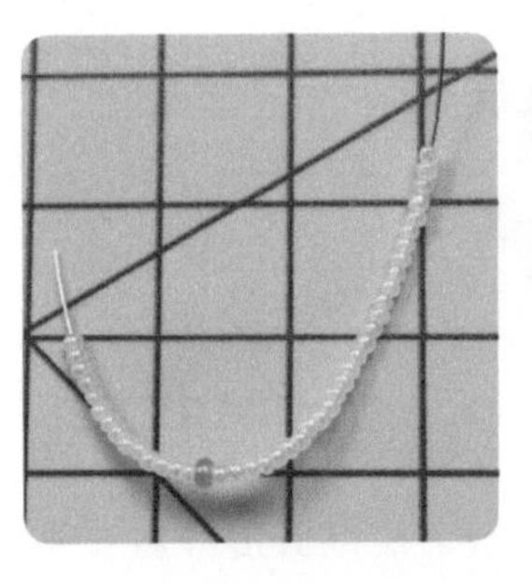

09 在铜丝上穿好白色和绿色米珠，将珠串的一头用UV胶粘在胸部底端的绿色米珠上。

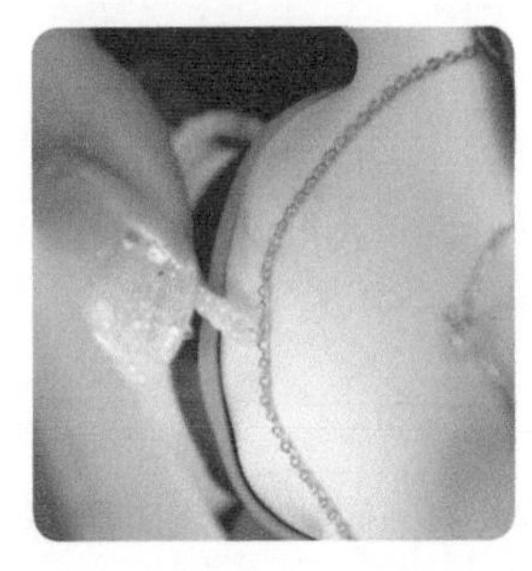

10 把珠串的另一头用UV胶固定在背部的金属链上。用相同的方法制作身体另一侧的珠串装饰。

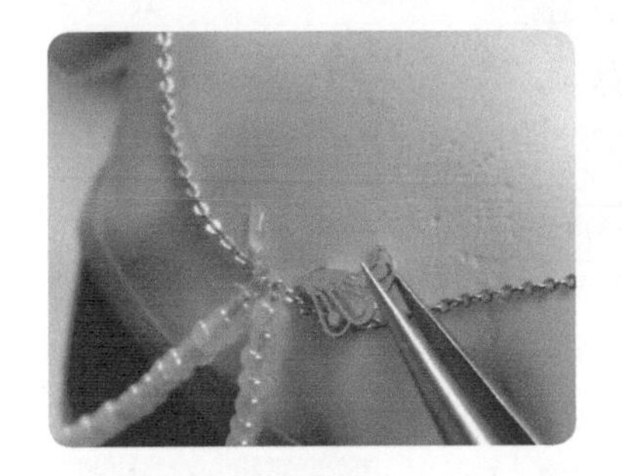
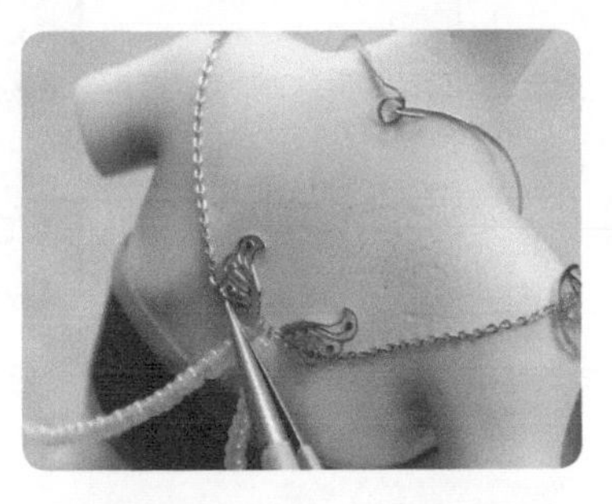
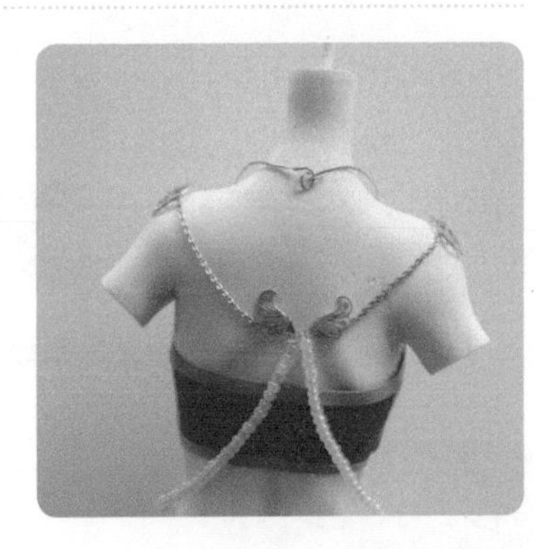

11 在背部的金属链上粘上一对形似蝴蝶翅膀的金属花片作为背部装饰。

制作手部配饰

尽量制作有一定宽度的手部装饰品，这样既能装饰手部，又能遮住手腕处和手臂上方的接缝。

12 取一根发簪，将其金属花片环绕在右手腕上，挡住手腕处的接缝，再剪去多余的部分。

13 把铜丝在棒针上绕成圆形并戴在手腕上。

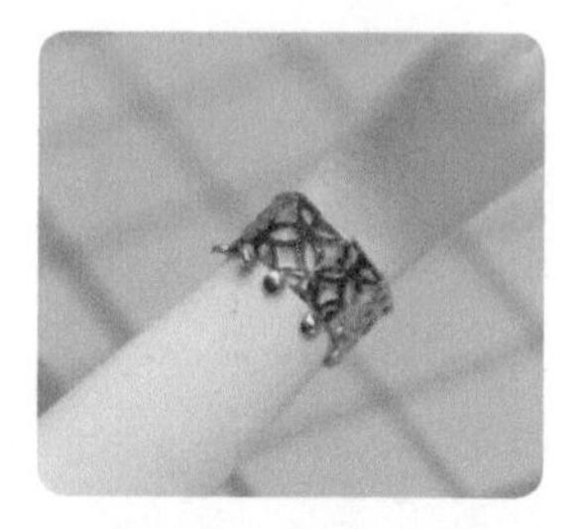

14 剪下长条花片将其绕在左手腕上，接着在花片朝向肩膀的一侧贴上金属小圆球以完善手环的造型。

15 用色粉刷蘸取粉色眼影给手指缝、手肘、指尖、手掌等多个位置上色。

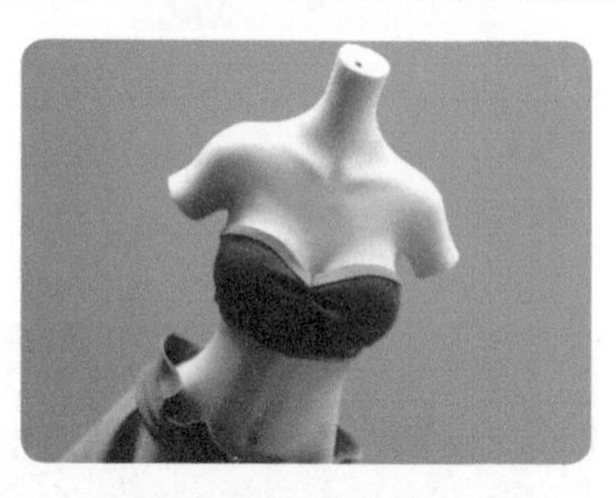

16 用酒精棉片把手臂衔接处打磨平整，然后把手臂与肩部连接起来。

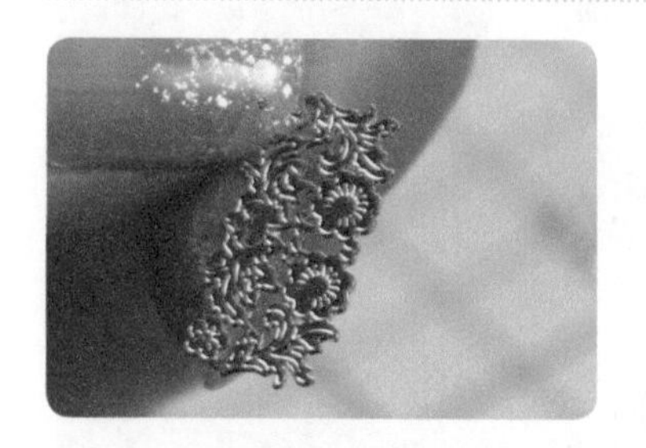

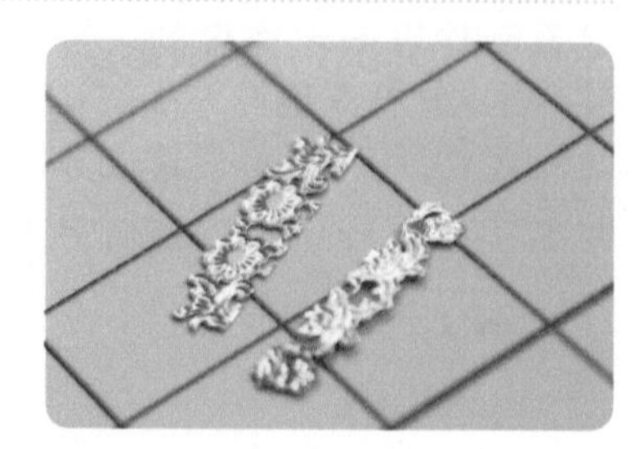

17 用剪刀把一片大金属花片剪成两片小花片。

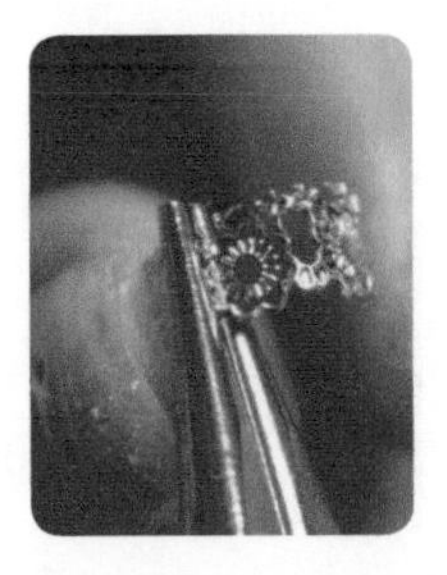

18 用圆嘴钳把上一步剪出的小花片凹成半圆形，卡在两条手臂的接缝处，作为臂饰。

19 将头与身体组合。并用色粉刷蘸取粉色眼影给耳朵上色。

• 制作飘带

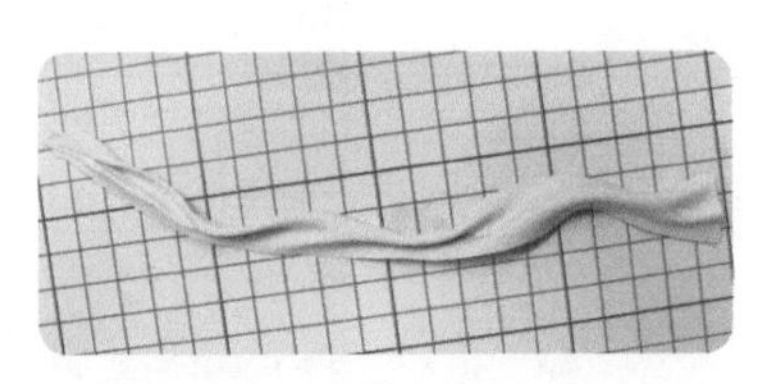

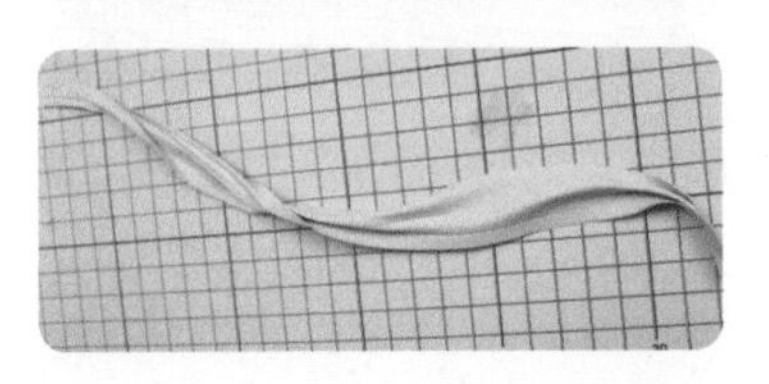

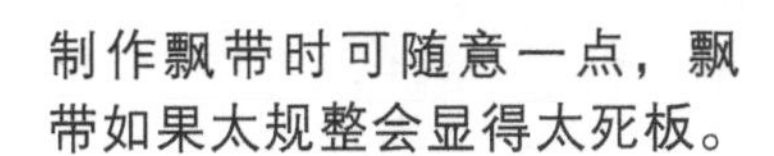

制作飘带时可随意一点，飘带如果太规整会显得太死板。

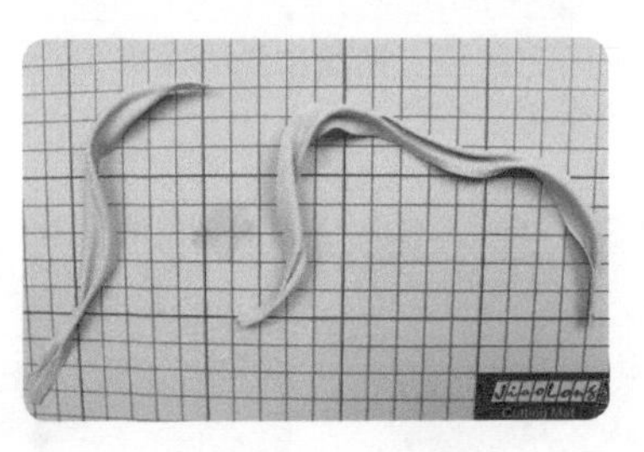

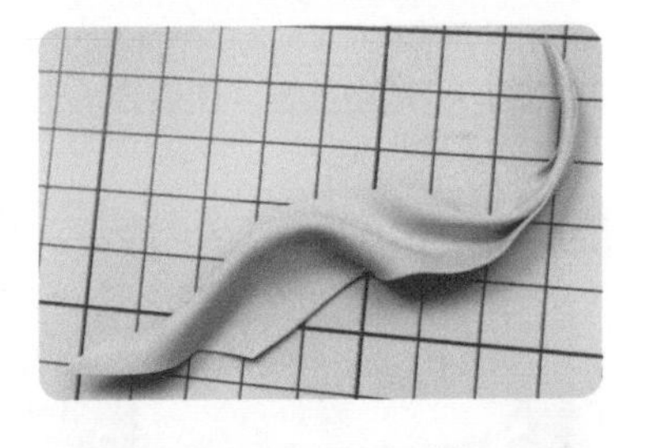

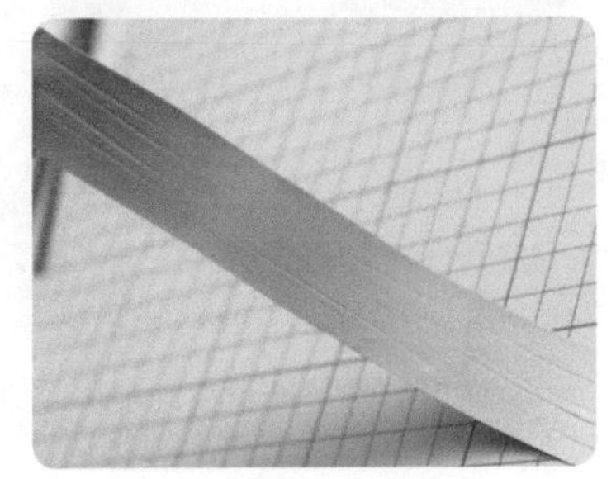

20 用大量草绿色黏土、黄色黏土、少许黑色黏土和适量白色黏土混合出浅绿色黏土，并将其擀成长条薄片，用棒针划出折痕，用来制作飘带。

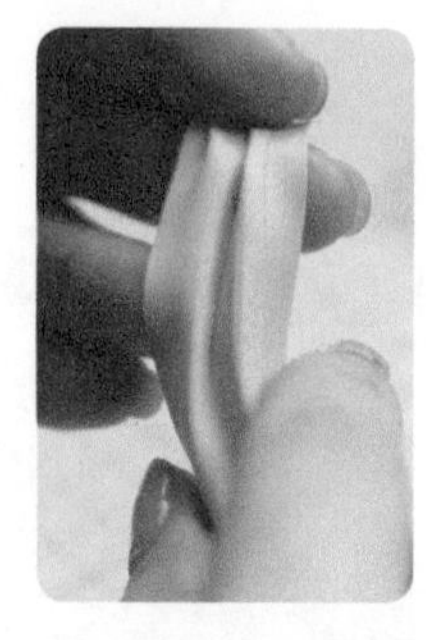
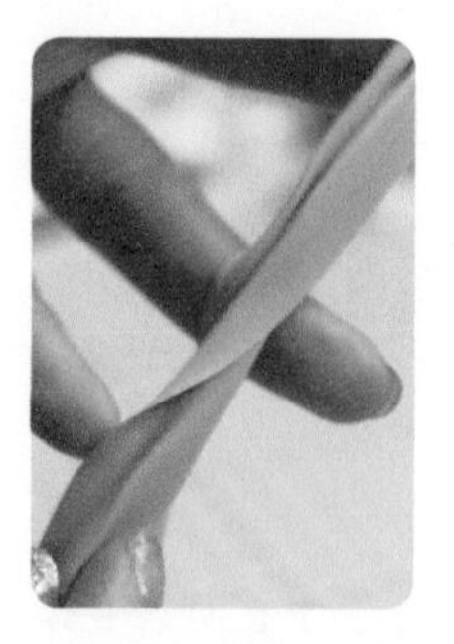
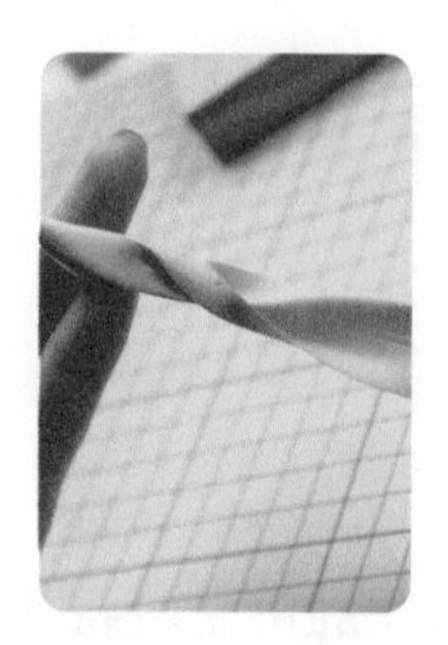
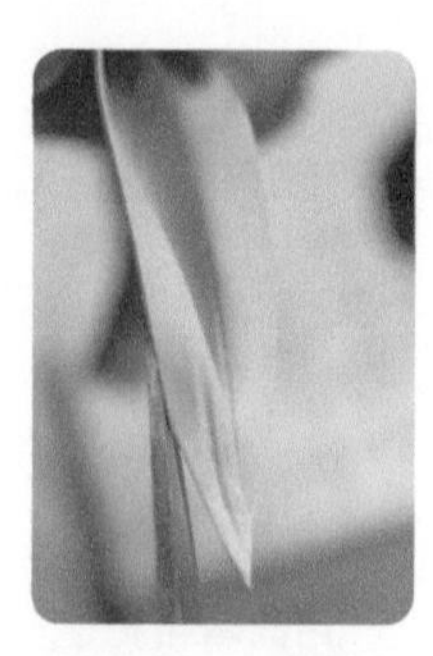

21 在飘带顶端折出褶皱，接着向下挤压出飘带上的褶皱，然后扭出飘带的动态造型，再把飘带的底端修剪成尖状。

22 将飘带的尖端粘在左手臂上，而在剪尖飘带的另一端后将其绕一个圈并粘在掌心。

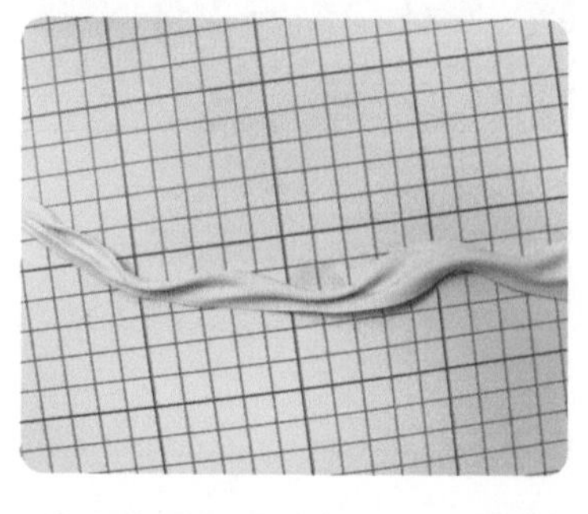

23 用相同的方法制作一条褶皱形态不同的飘带。把飘带的一端剪尖，搭在掌心的飘带上面，使飘带向下自然垂落。

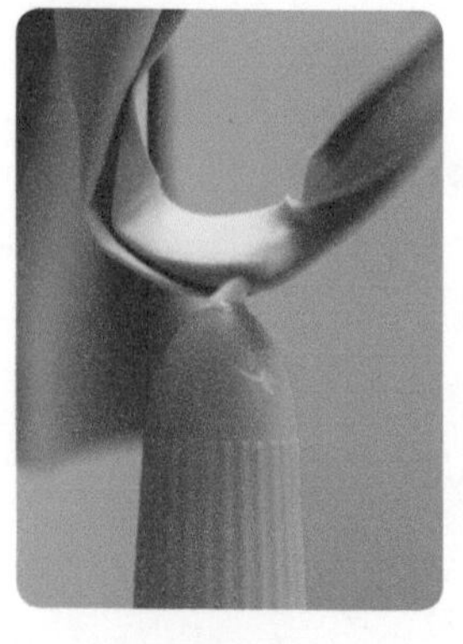

24 在环形飘带上涂抹白乳胶，将环形飘带和向下垂落的飘带连接起来，随后在向下垂落的飘带下方垫上棉花，使飘带保持这个形态直至晾干。

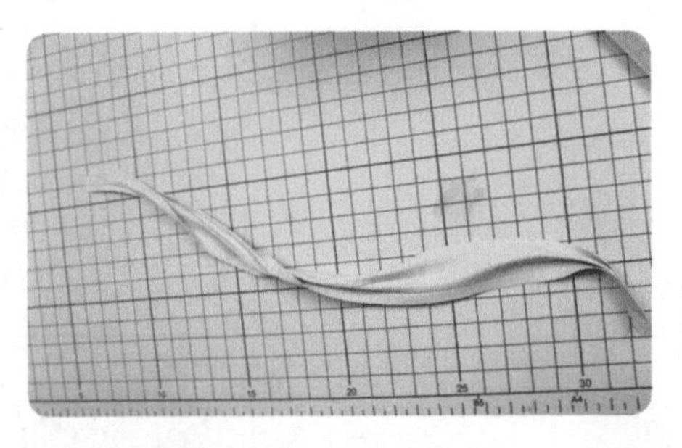

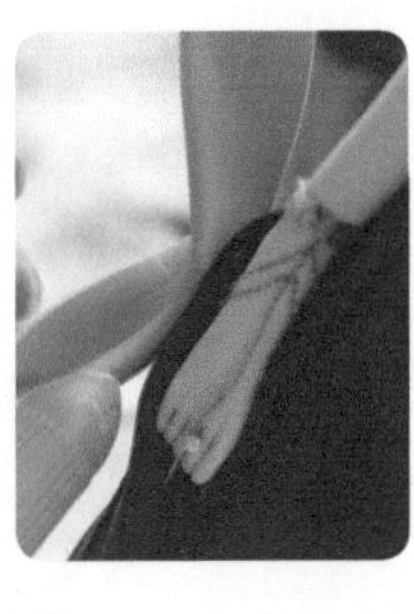

25 用相同的方法制作新的飘带，并将其分别固定在右手臂上和右脚旁。

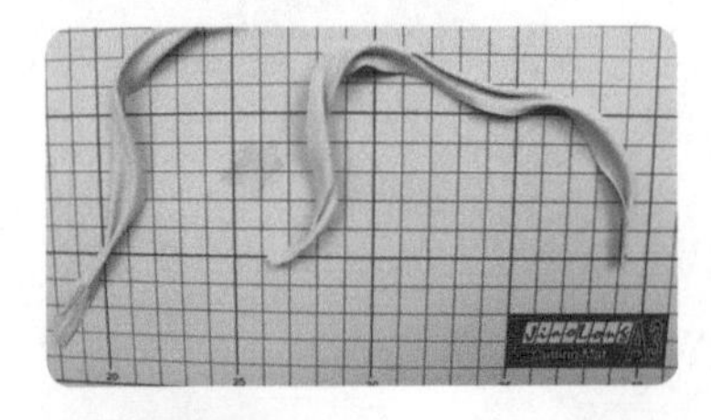

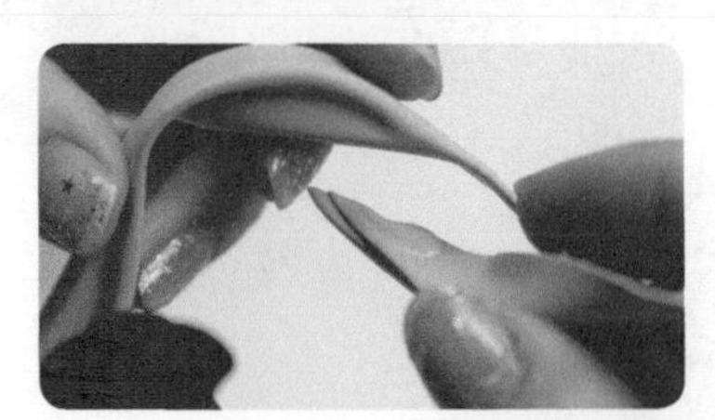

26 将身后飞起的飘带分为两段来制作。等飘带稍微晾干后，把两段飘带分别与手臂上的飘带粘合，再粘在脑后。

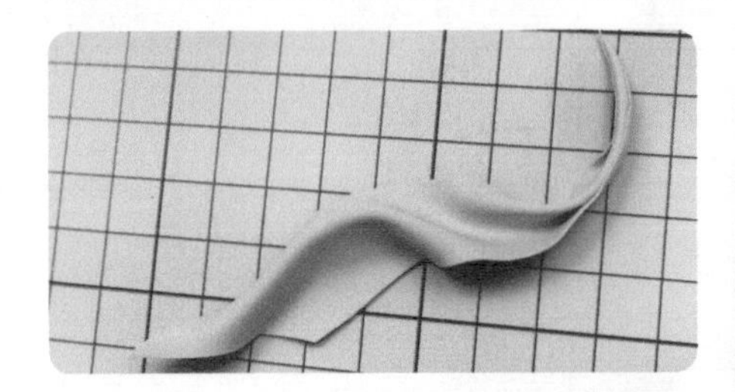

27 在右脚处的飘带底端添加一条飘带，并让飘带向外散开，增强飘带整体的动态感。至此，敦煌飞天制作完成。

第6章

敦煌飞天2的制作

6.1 特征分析

6.1.1 所用黏土色卡

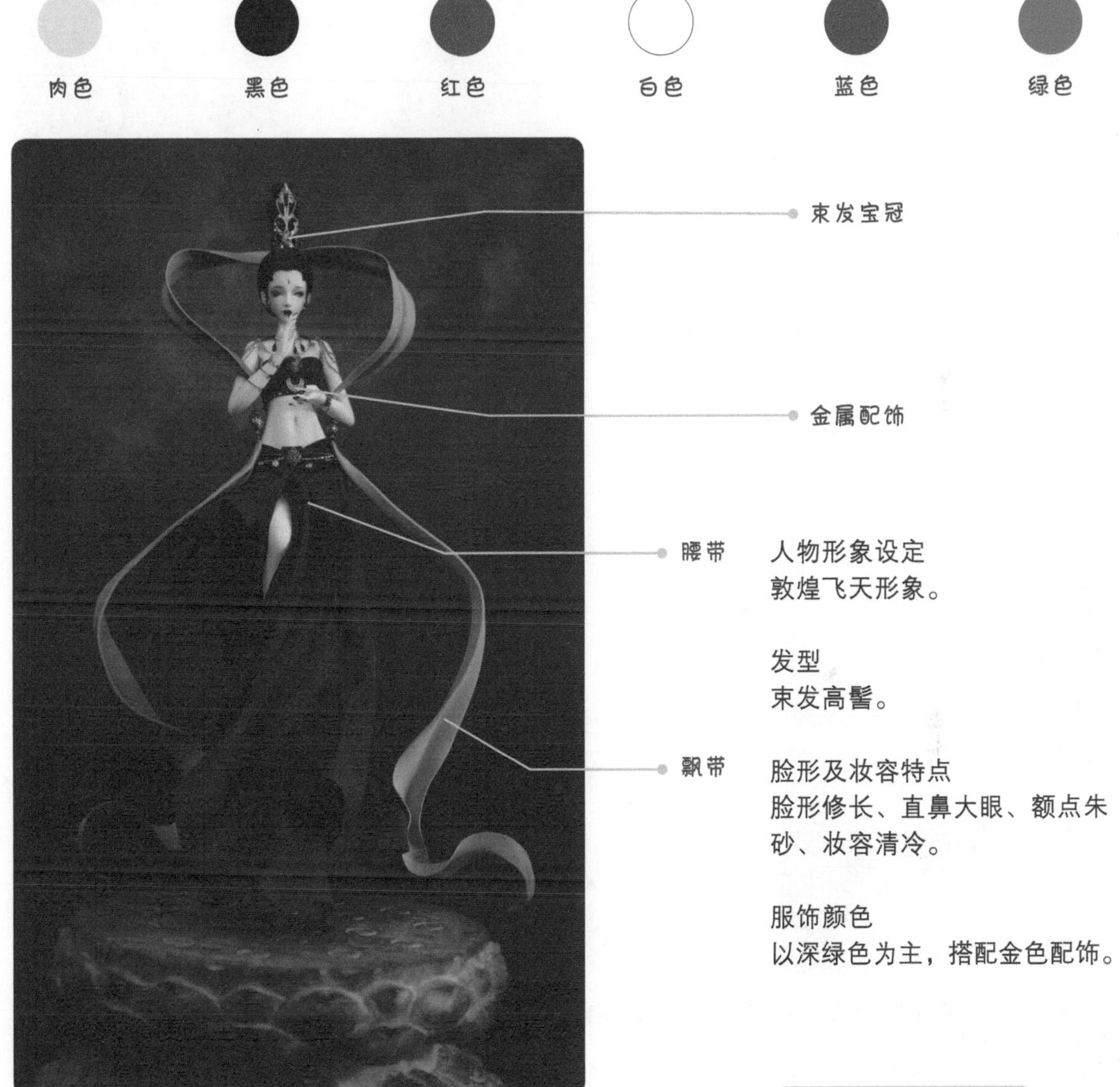

人物形象设定
敦煌飞天形象。

发型
束发高髻。

脸形及妆容特点
脸形修长、直鼻大眼、额点朱砂、妆容清冷。

服饰颜色
以深绿色为主，搭配金色配饰。

6.1.2 元素选用

本案例制作的敦煌飞天造型优美，飞舞的飘带让其动作和神态变得更加生动，甚至还带有一定的节奏感和律动感。此敦煌飞天的服饰颜色以深绿色为主，腰系长裙，并搭配用大量金色配饰制作的饰品。

6.1.3 造型分析

敦煌飞天是一种艺术形象，表现的是飞行中的人物形象；此处制作的敦煌飞天特征为高髻、面瘦颈长、五官小巧秀丽、上身半裸以及腿部修长，同时佩有璎珞、肩饰与腰饰；腰系长裙，裙摆飘曳，飘带飞舞。

6.2 敦煌飞天的制作方法

6.2.1 身体

● 制作双腿

本案例制作的敦煌飞天的双腿修长，身体呈向后飞行的状态，右腿向上抬起呈直角弯曲形态；左腿伸直，且左脚脚背呈向下绷直的状态。

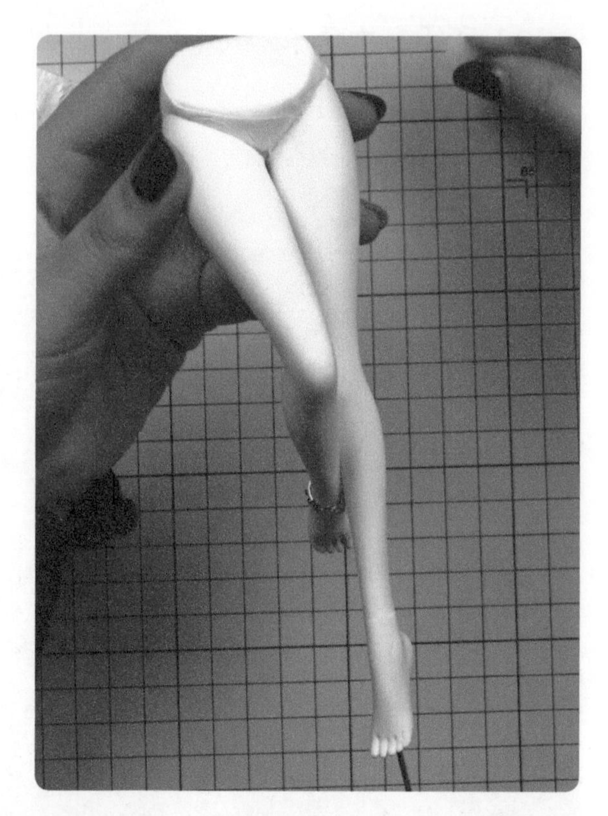

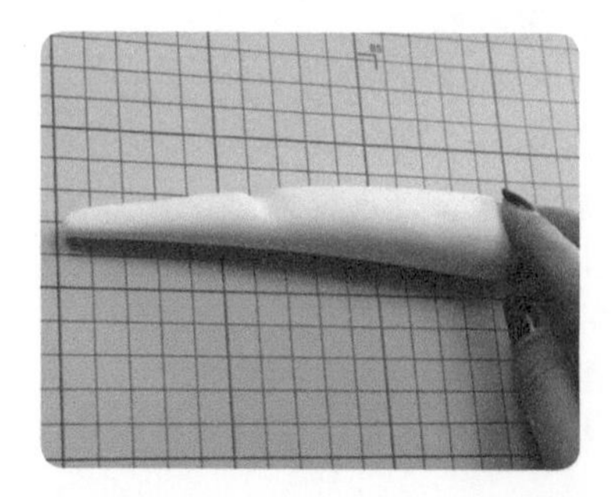

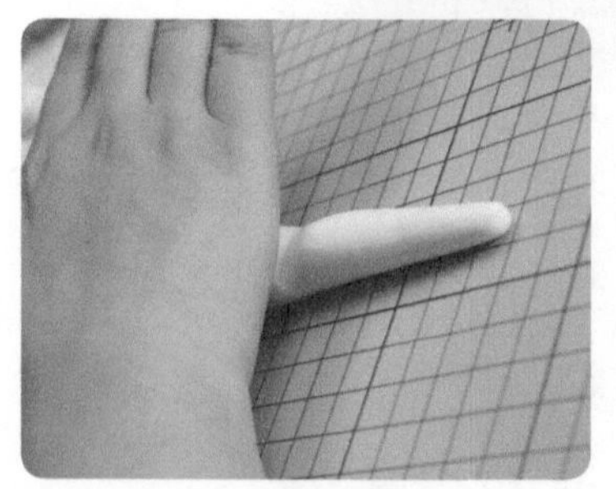

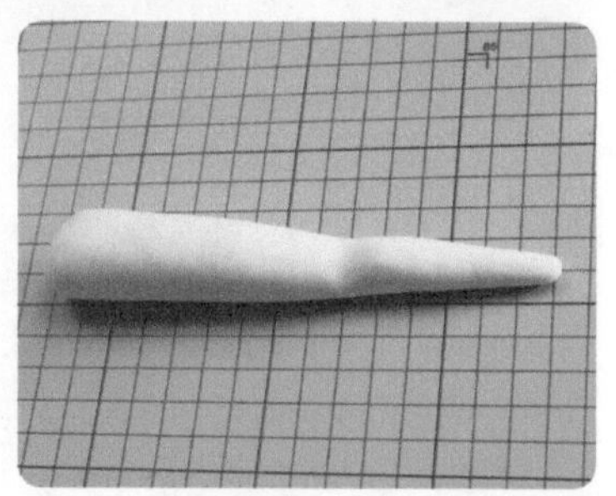

01 用肉色黏土搓出类似长萝卜形的长条，并确定腘窝的位置，区分出大腿与小腿，接着用手掌揉搓大腿部分，调整大腿的线条。

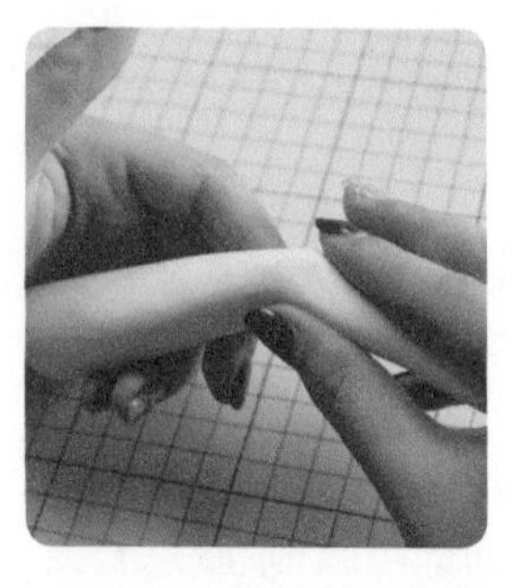

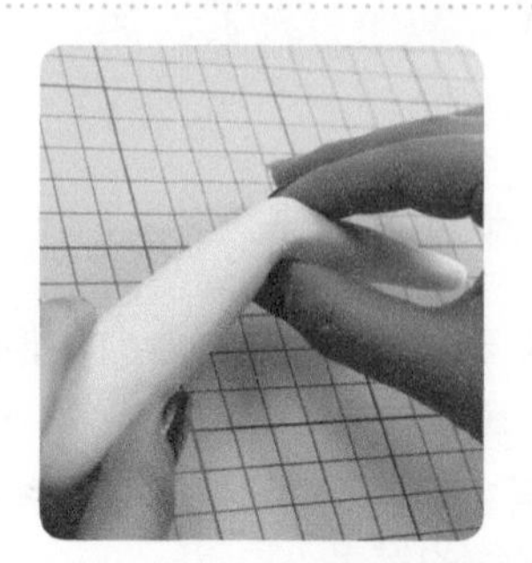

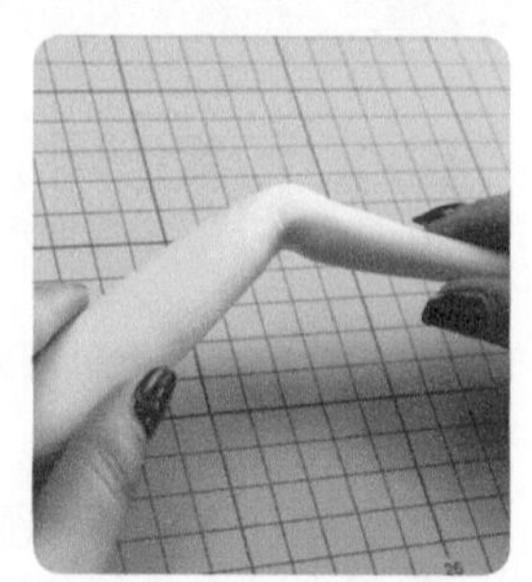

02 用手一边往下压小腿，一边调整膝盖的位置和形状，使腿慢慢呈约 90° 弯曲状态。

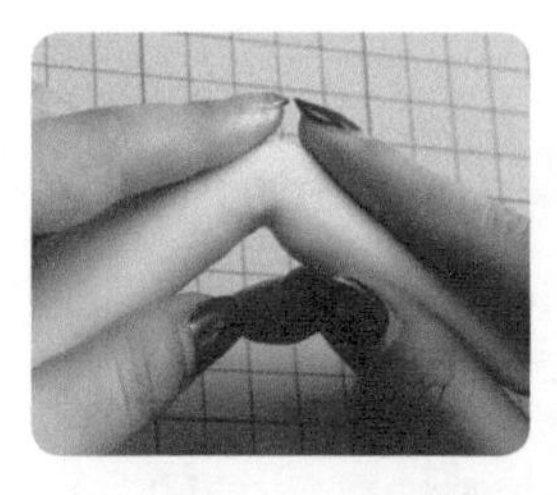

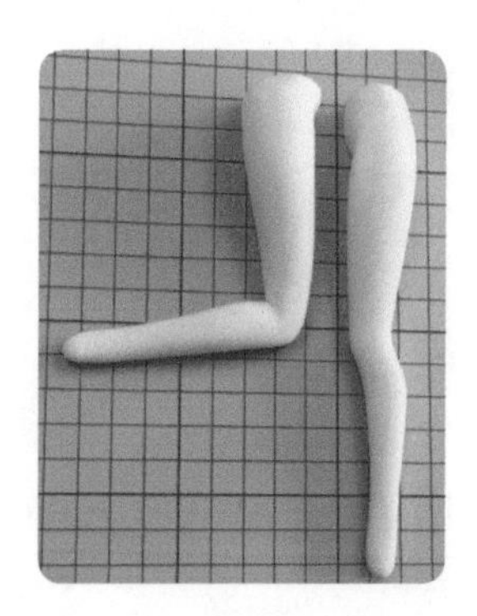

03 分别用双手的食指往膝盖的方向用力，尽量通过滑动手指来调整膝盖的形状，且不要用力按压，使膝盖更立体、更有骨感。然后用手调整腿形和大腿根部。用相同的方法制作一条笔直的腿，待黏土晾干。

● 制作双脚

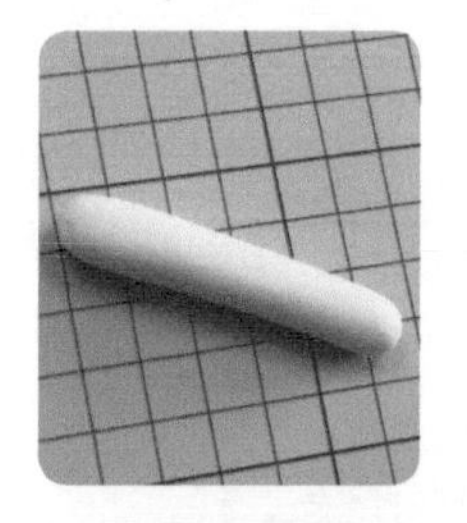

04 将肉色黏土搓成长条，用手捏出右脚掌的大致形状。

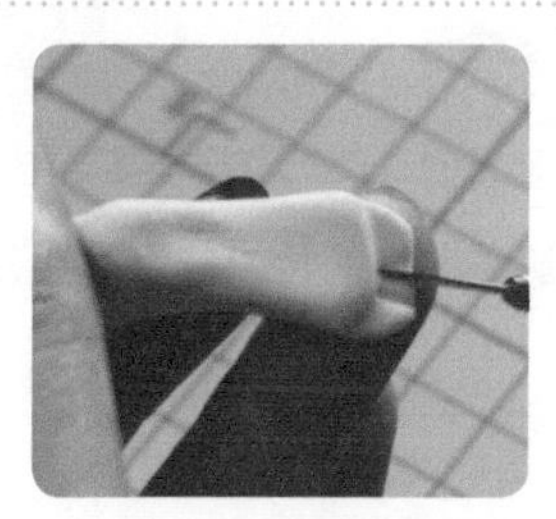
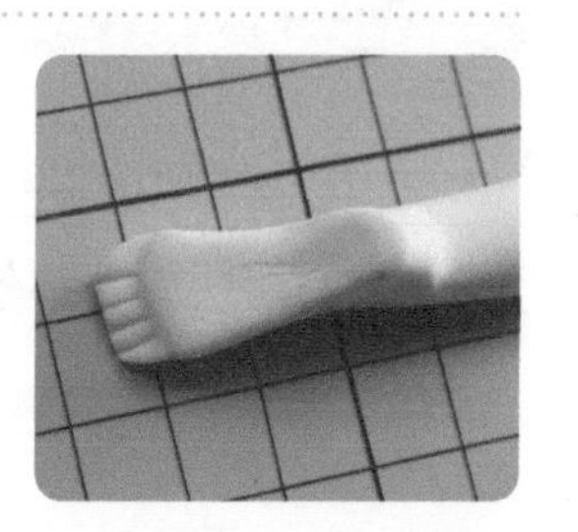

05 用鱼形工具在脚尖处划分出脚趾所在的区域，然后用剪刀剪出脚趾的整体形态，用抹刀划出各脚趾的位置及大小。

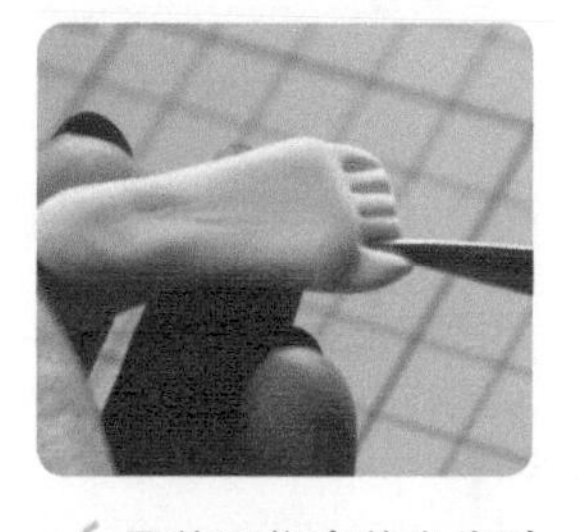

06 用剪刀依次剪出脚趾，然后用棒针搭配剪刀和手调整脚趾的形状。

07 先用棒针的尖头调整各脚趾的造型，然后用镊子调整脚趾间的距离。

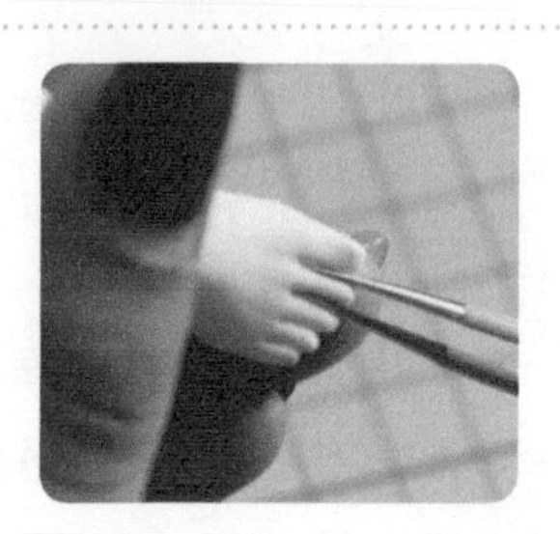
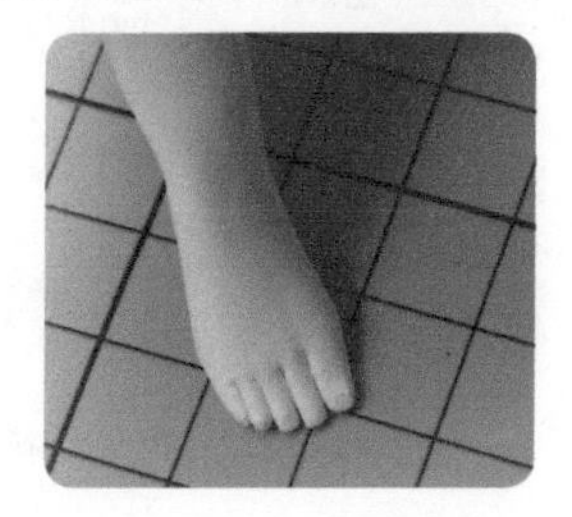

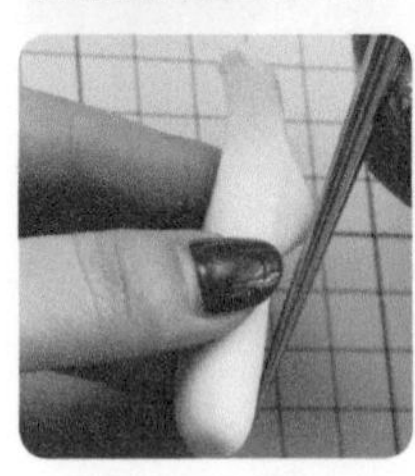
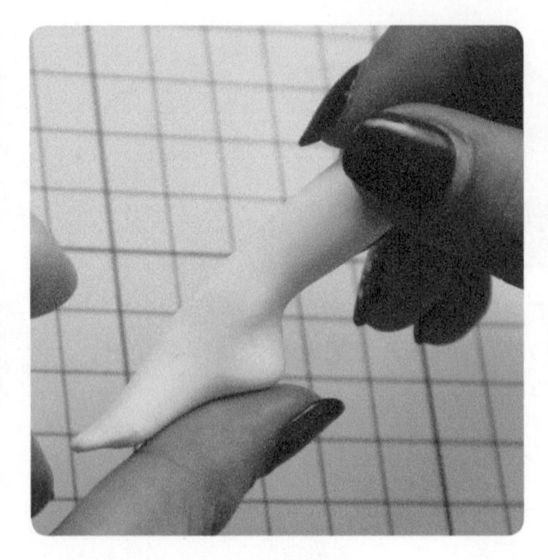
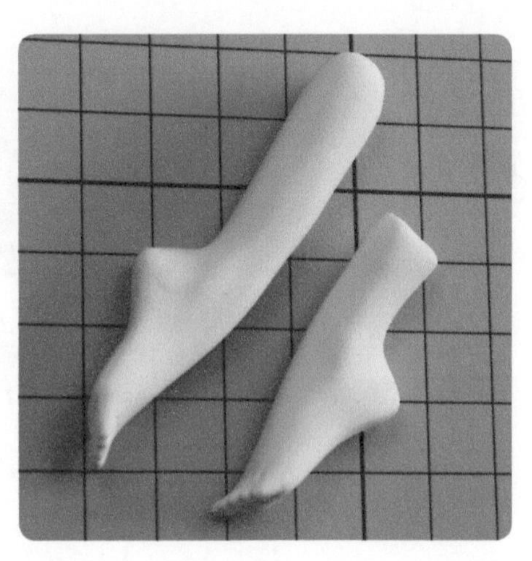

08 用棒针的圆头按压出脚掌中间的凹面与脚踝的形状，接着将脚踝往后掰，塑造人物向后飞去时，脚背向下绷直的形态。用同样的方法制作出另一只脚掌。

● 组合脚与腿

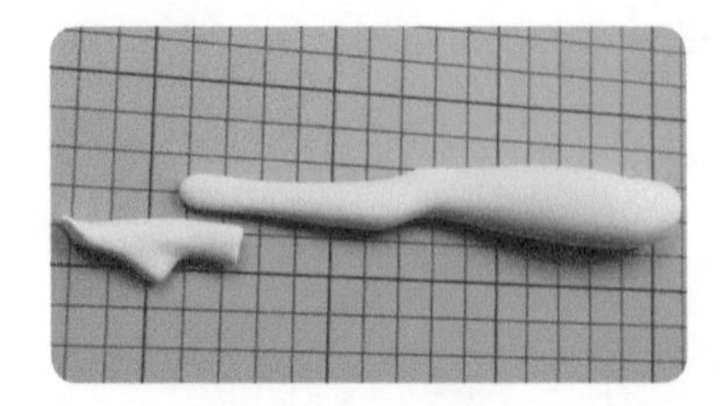
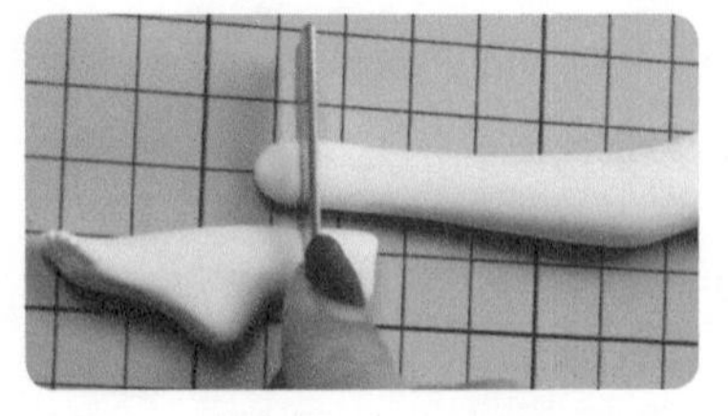
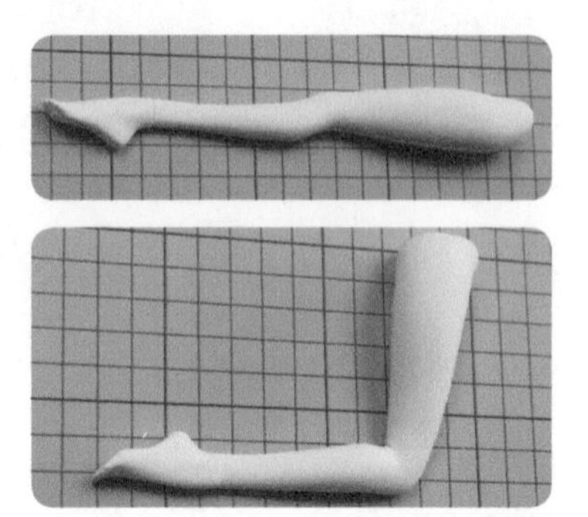

09 考虑整条腿的长度以及脚链装饰的位置，用短款刀片对脚和腿进行裁切，再将其衔接起来。

小提示：脚与腿的横切面要能大致重合。

● 脚部美化与装饰

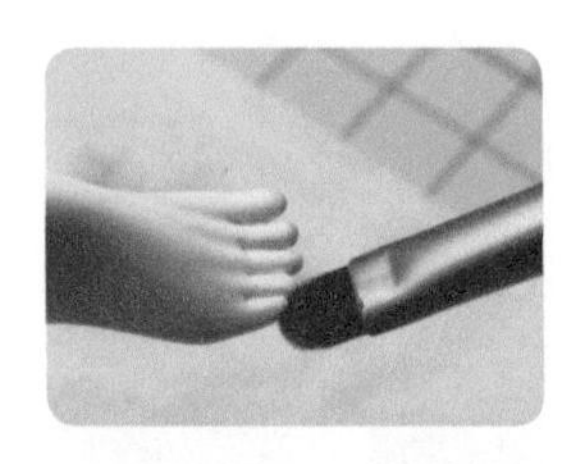
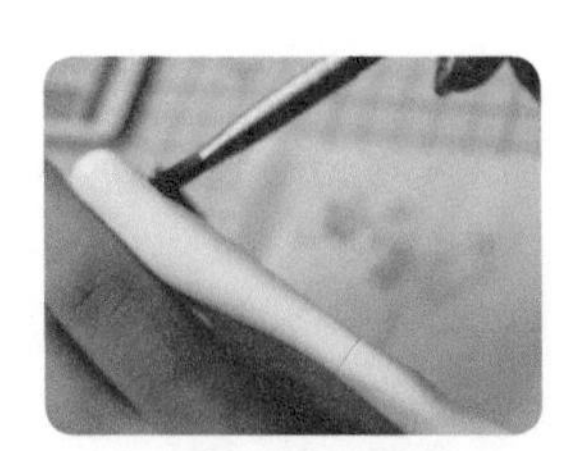
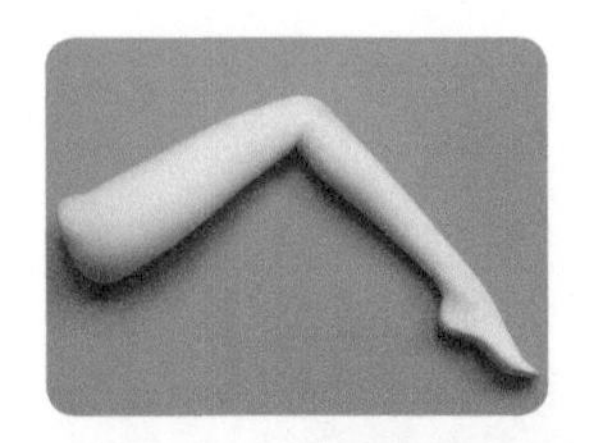
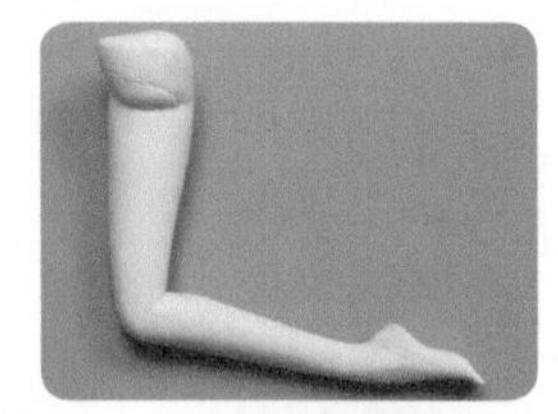

10 采取少量多次的上色方式，在脚趾、脚部的关节以及膝盖处刷上眼影，添加肤色效果。

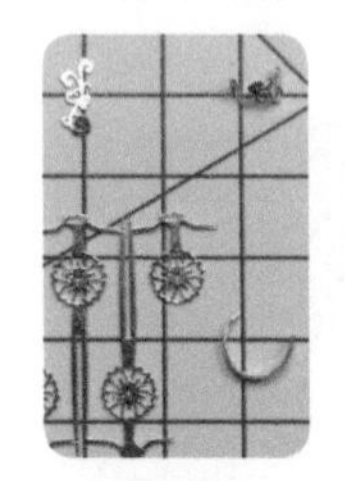
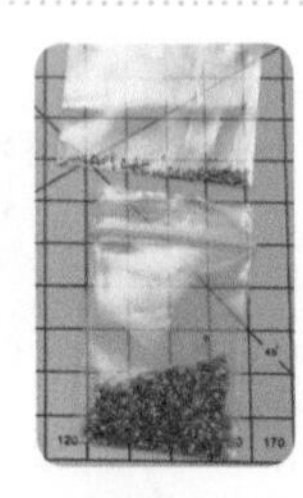
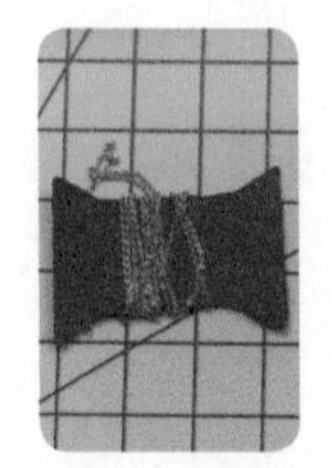

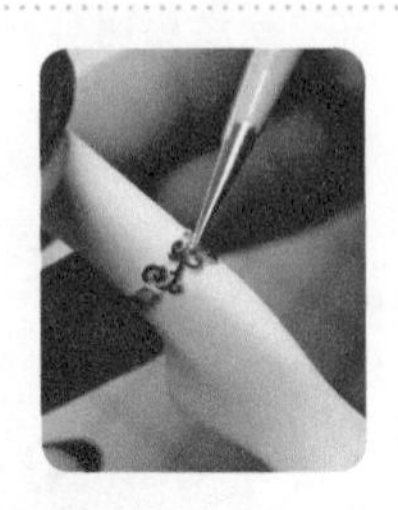
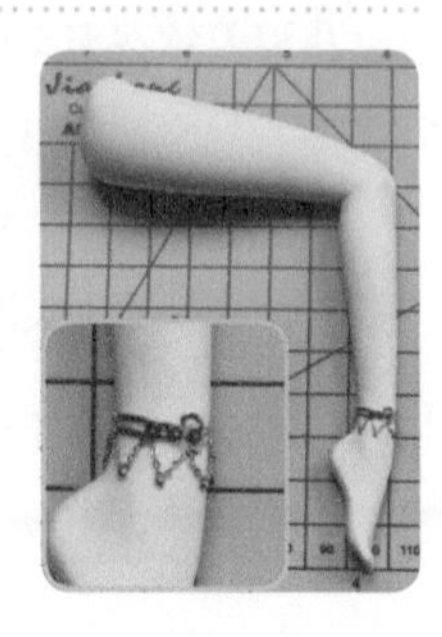

11 准备各种样式的金属花片和米珠以及金属链，制作脚踝处的脚链装饰。

● 组合双腿

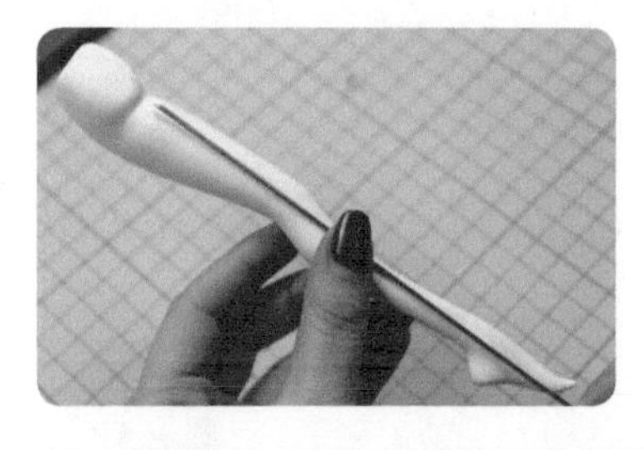
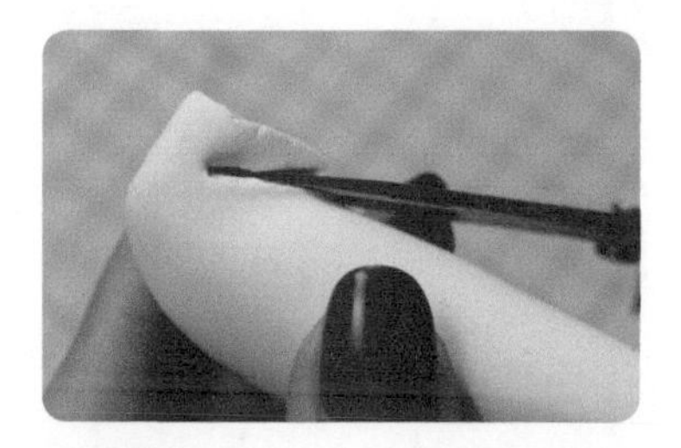
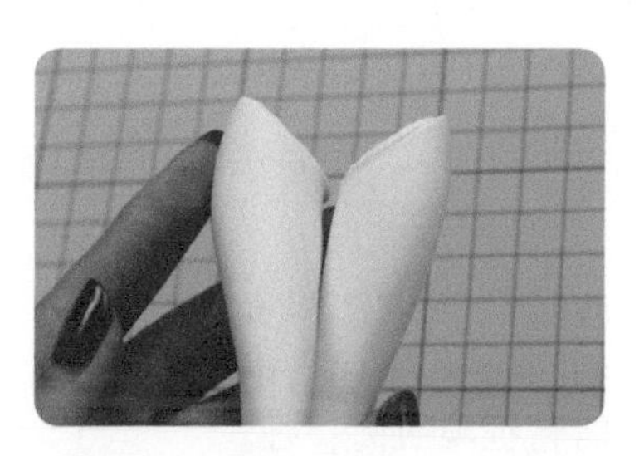

12 对比腿长，插入长度合适的铜丝，然后用剪刀剪掉大腿根部多余的黏土，留出裆部衔接位置。

13 取适量肉色黏土，参考第 4 章中臀部的制作方法，制作飞天形象的臀部。

14 用勺形工具调整臀部的形状及与大腿根部的衔接位置。

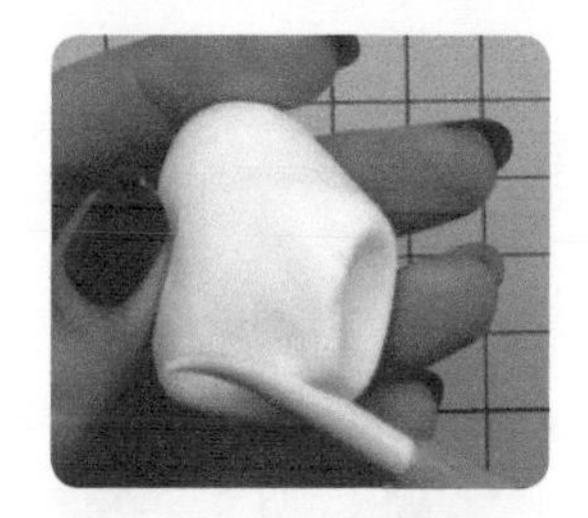
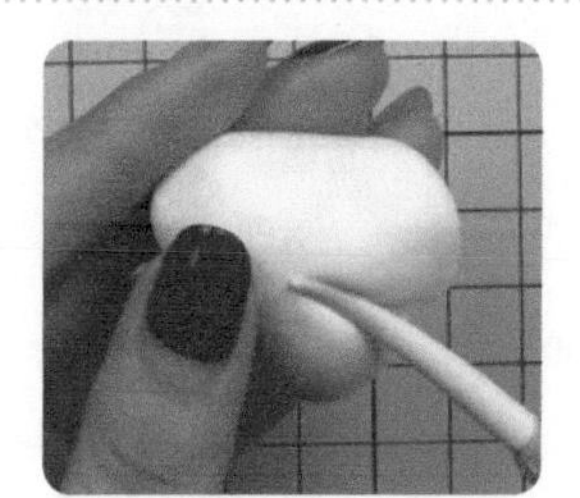

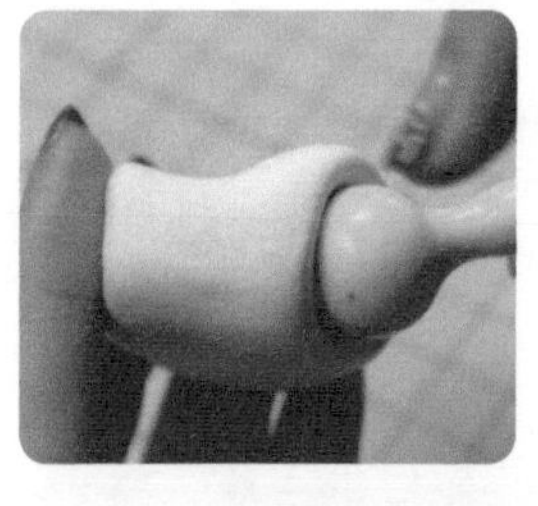
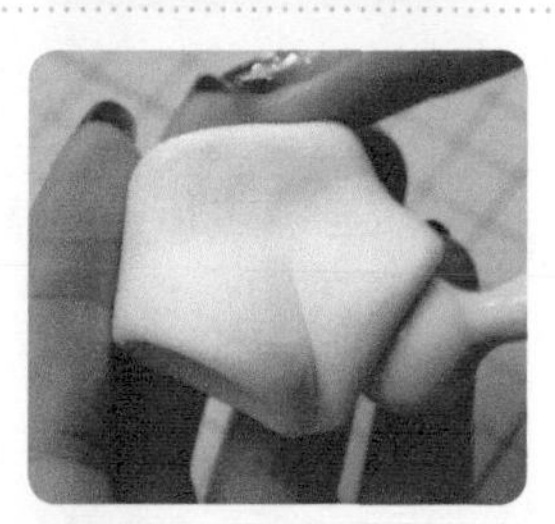

15 用大号丸棒调整臀部与大腿衔接的部分，将其中一条腿与臀部连接起来，用刀形工具抹平接缝。

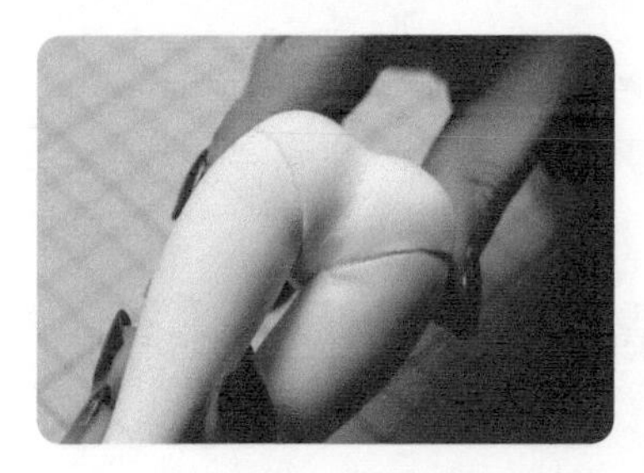

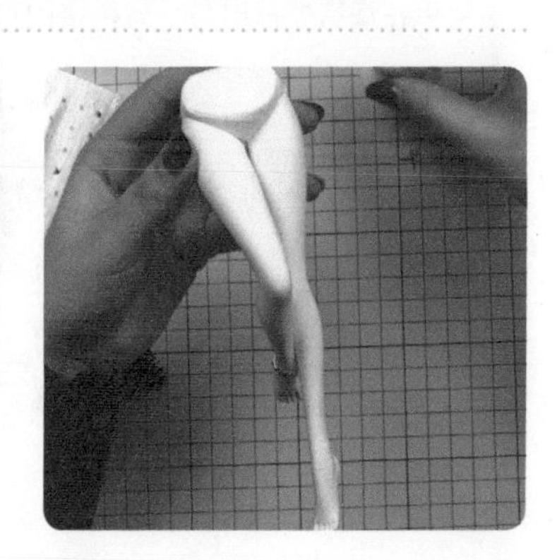

16 将另一条腿与臀部衔接并调整臀部的形状，用剪刀剪去臂部多余的部分，不平整的地方可用酒精棉片打磨。至此，双腿制作完成。

制作上半身

敦煌飞天体态轻盈、腰肢纤细，上半身有清晰可见的骨骼特征与肌肉特征。

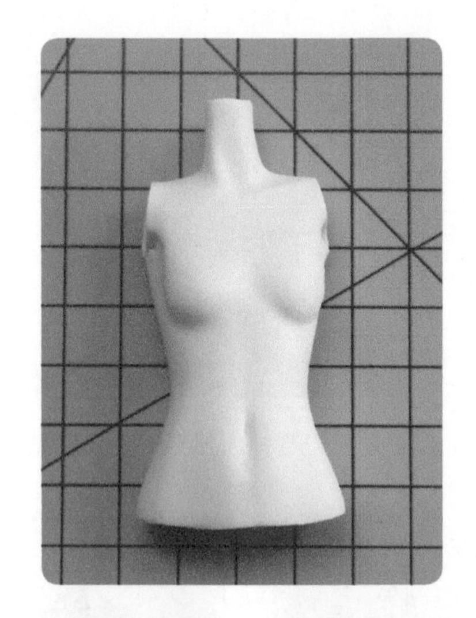

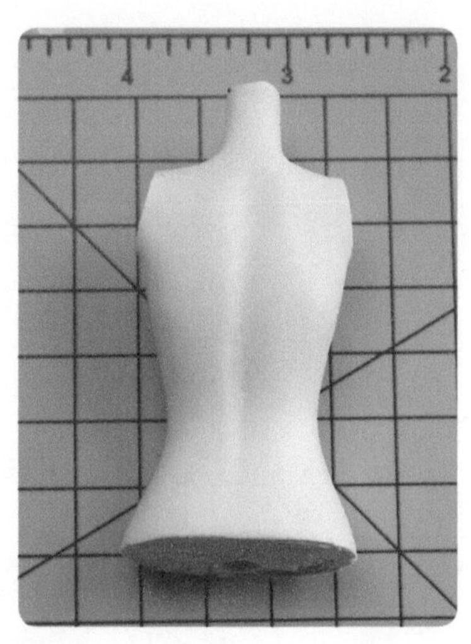

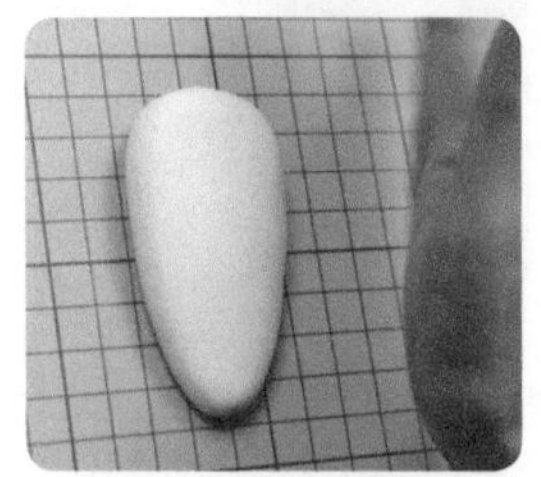

17 取适量肉色黏土，将其搓成粗萝卜形，然后用手掌压扁，并在较粗的那端捏出脖子。

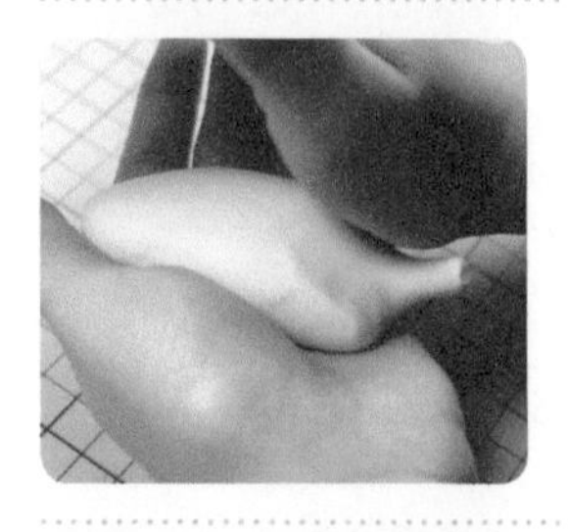

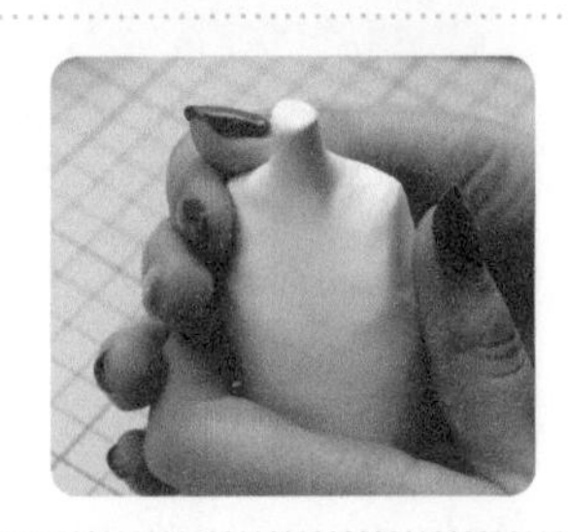

18 倾斜手掌向上推出胸腔，然后用手修整肩膀的形状和宽度。

19 用手在肩膀处捏出与手臂衔接的形状，再用鱼形工具的圆头压出胳肢窝，接着用棒针的圆头压出胸部的位置。

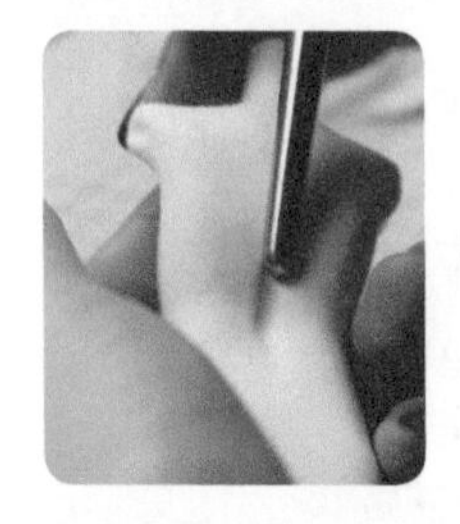

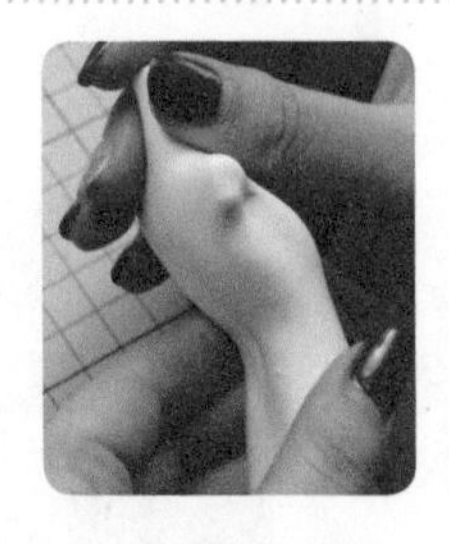

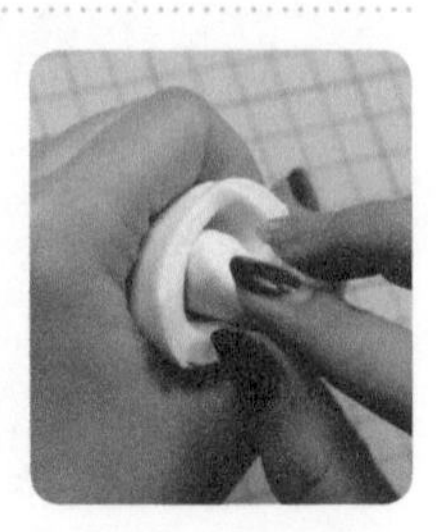

20 用棒针的圆头划出后背中间的脊柱沟，并用手弯曲整个上半身，使其呈“S”形。

21 用鱼形工具的圆头掏空腰部，用手指调整出腰线，再在腰部内填充黏土。

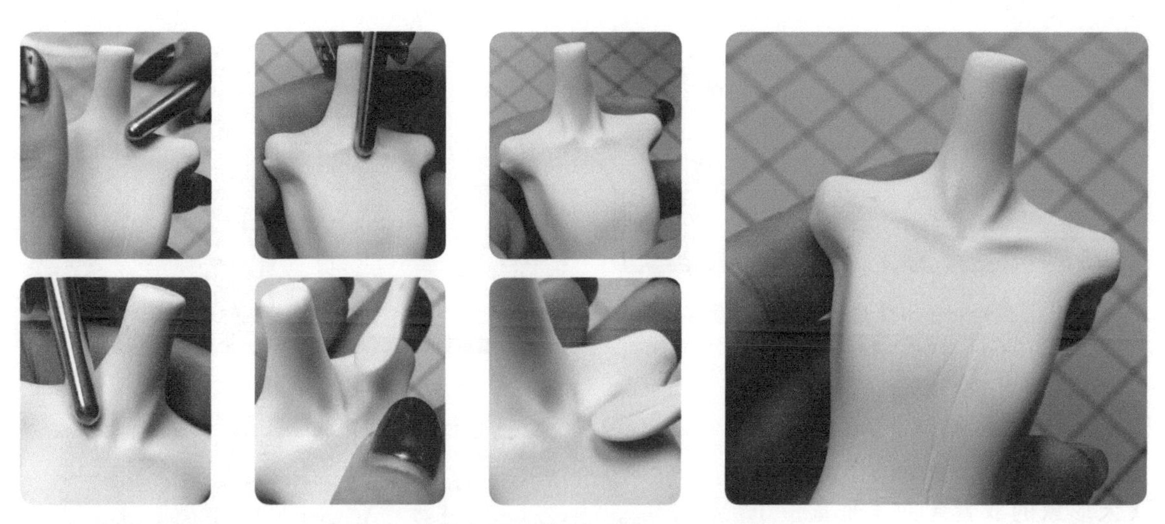

22 先用棒针的圆头压出锁骨的造型，再用棒针和勺形工具调整锁骨的形状。

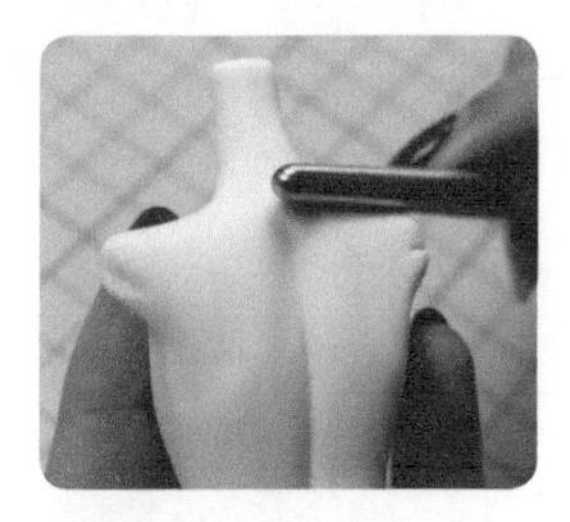
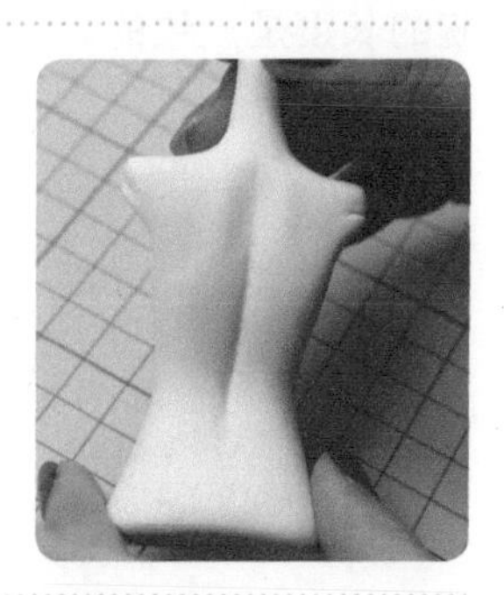

23 用勺形工具搭配棒针再结合手指压出后背的肩胛骨。

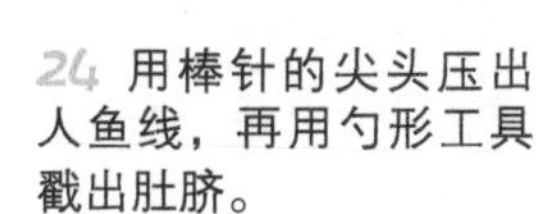

24 用棒针的尖头压出人鱼线，再用勺形工具戳出肚脐。

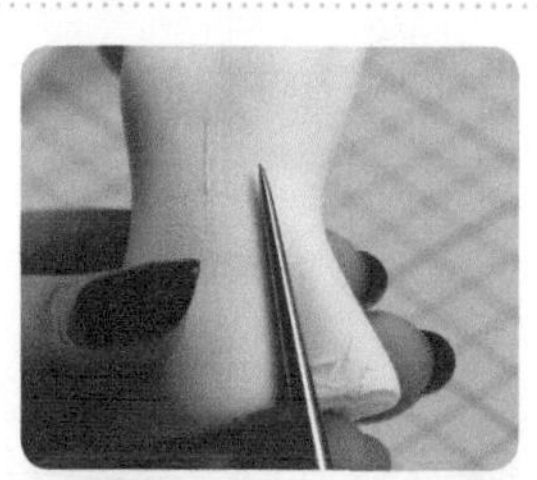
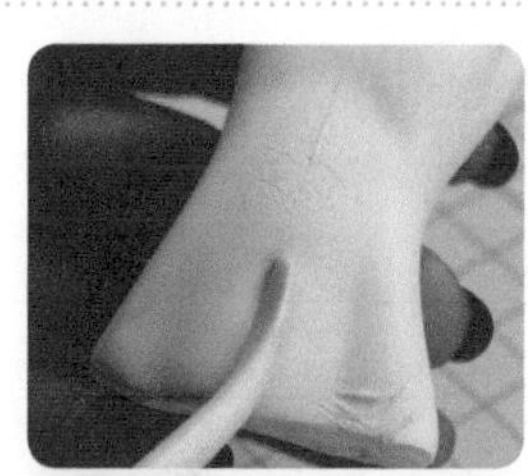
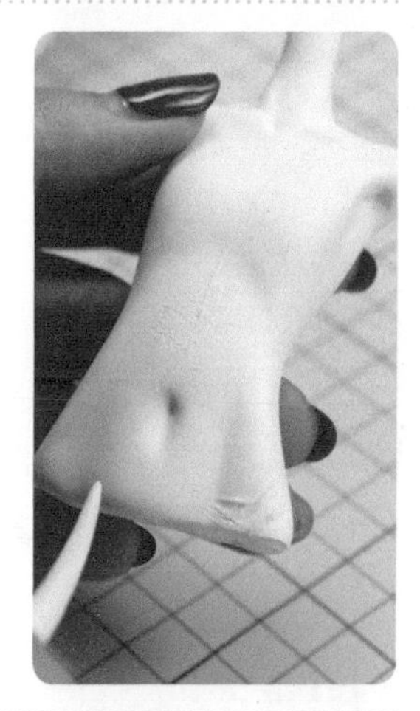
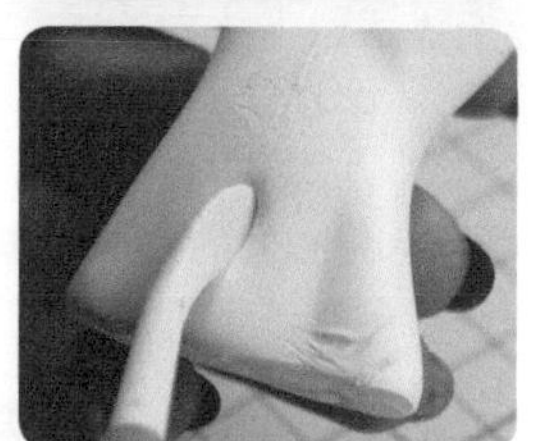
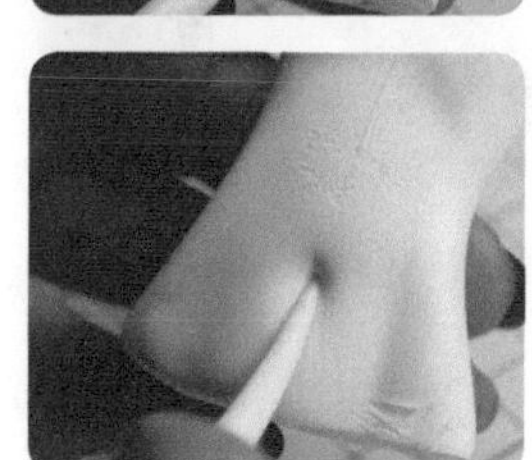

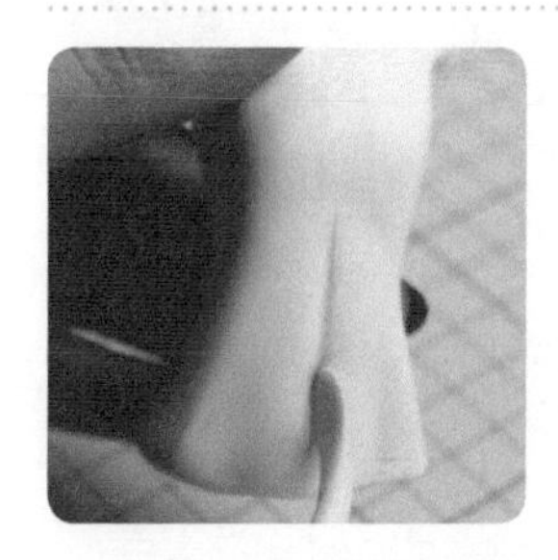

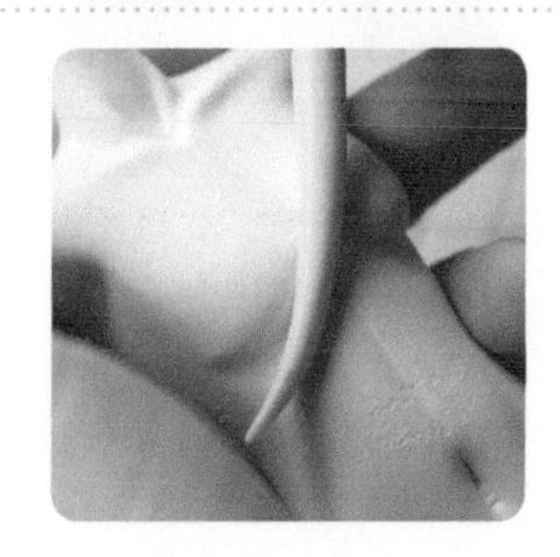

25 用勺形工具调整腹部与胸部等位置的肌肉细节。

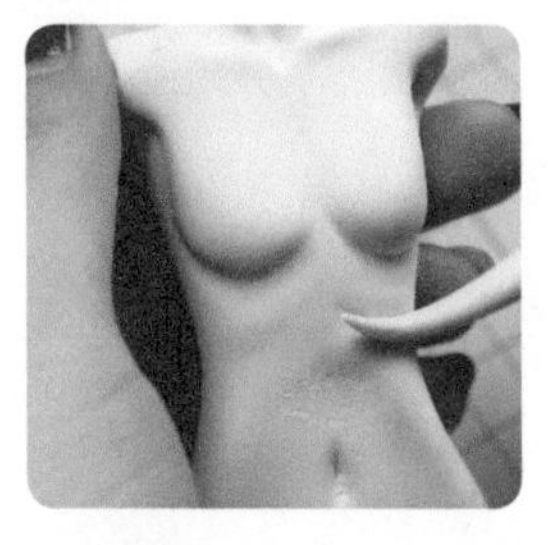

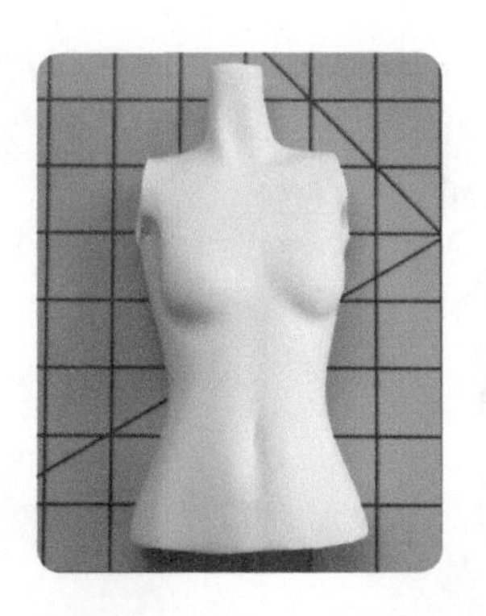
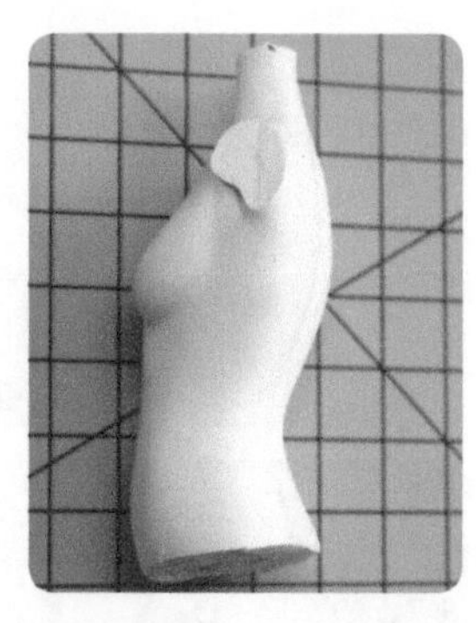

26 用勺形工具轻轻压出腹肌，再用剪刀修剪上半身底部的形状。至此，上半身制作完成。

制作双臂

飞天形象的双臂弯曲呈垂直状，肩膀到手肘与手肘到手腕的长度是一致的。

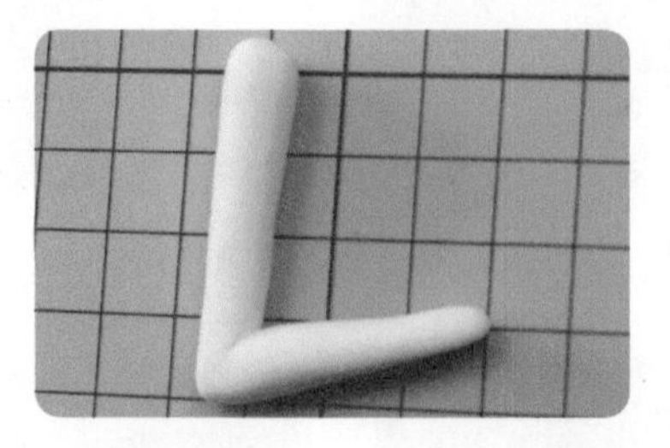
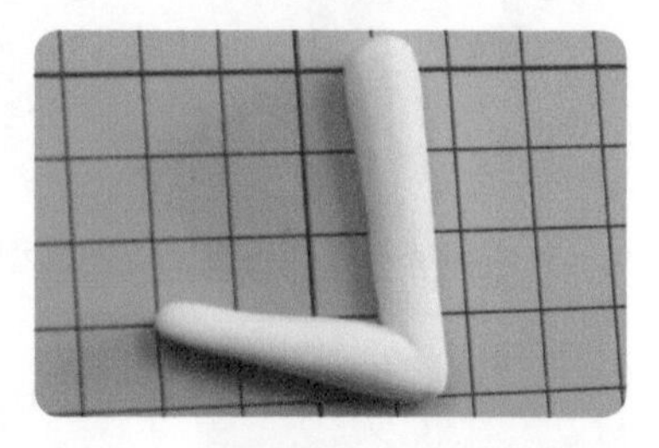

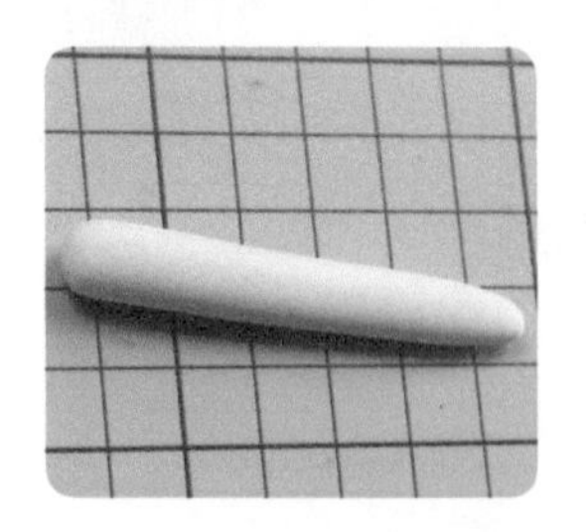

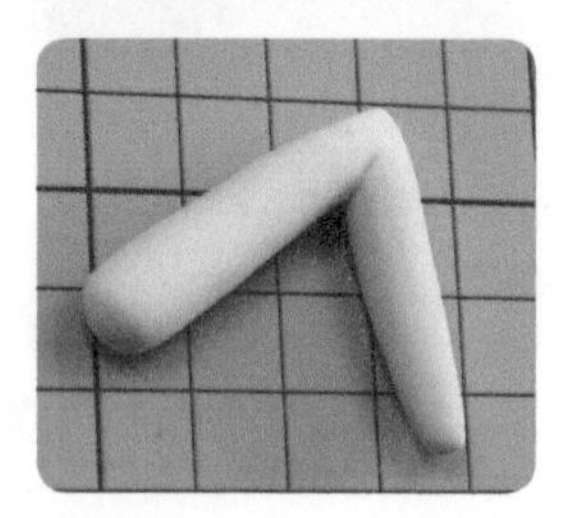

27 取适量肉色黏土搓成长条作为手臂，先确定出手肘的位置，再用手指挤压出手肘的形状。

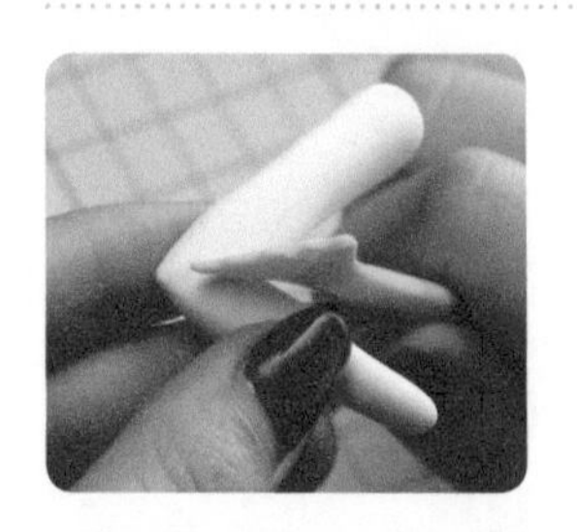
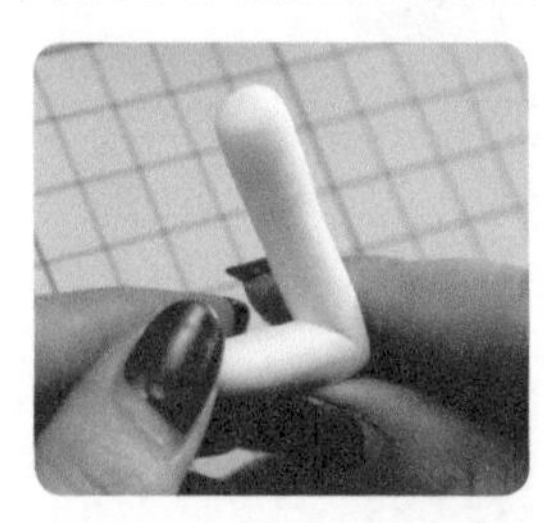

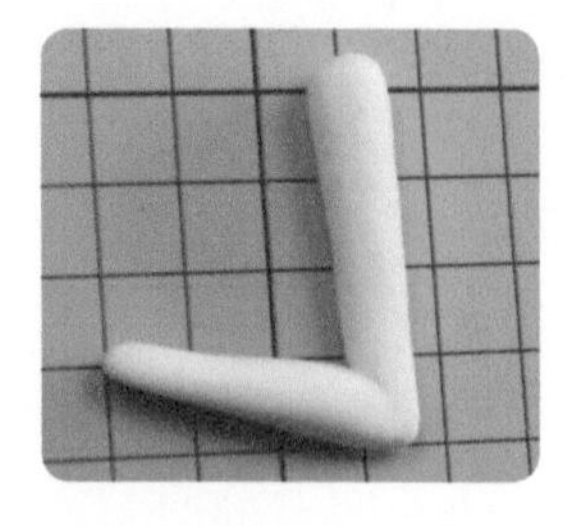

28 用鱼形工具和刀形工具调整手臂在弯曲状态下的结构细节。用相同的方法制作出另一只手臂。

制作手

此处制作的左右手的手形都类似于“兰花指”，双手组合则会形成独特的“佛手印”手势。

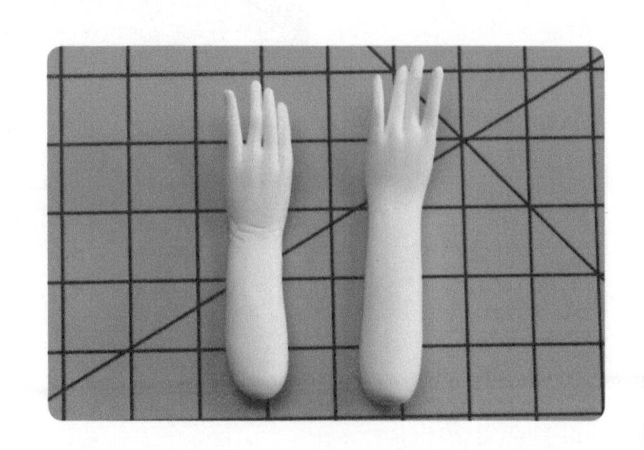

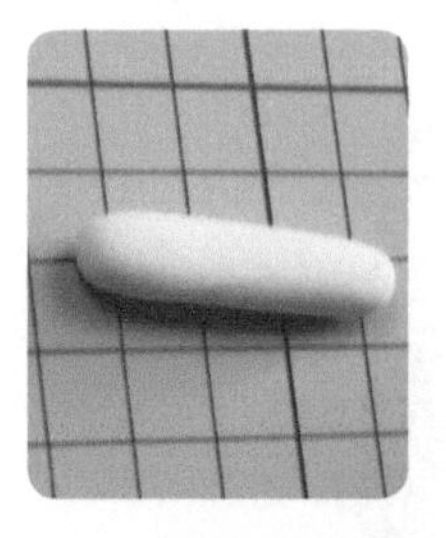

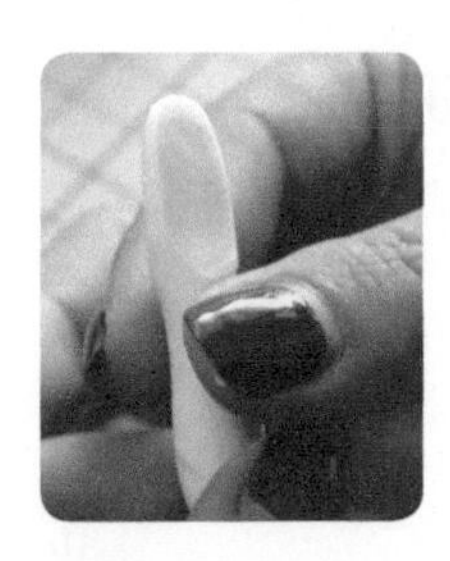

29 取适量肉色黏土搓成椭圆形长条，用手将长条一端捏扁做出手的雏形，然后搓出手腕，将手往外掰，做出手掌竖立的手部动态。

30 用刀形工具压出手掌与手指的分界线，然后用剪刀剪出手指所在区域的大致形状。

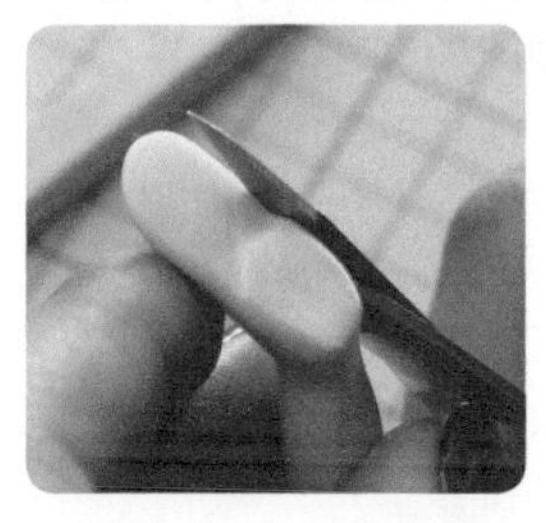

31 用剪刀剪出小指，并修剪其长度，用棒针的尖头调整小指形态。

32 弯曲小指，注意塑造关节，可用镊子进行调整。

33 将其余三指剪出，调整手指形态后用棒针调整手掌的细节。用相同的方法做出另一只手。

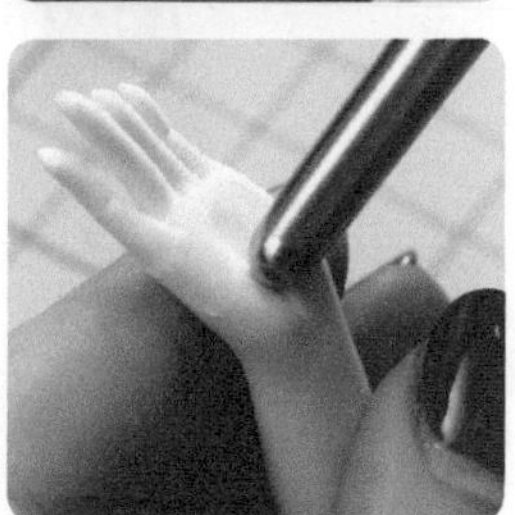
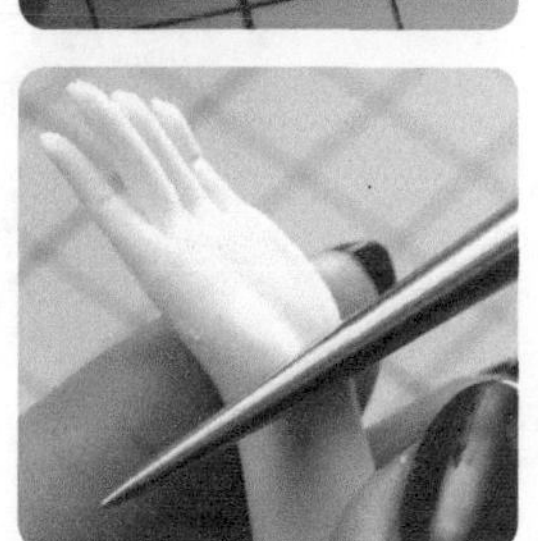
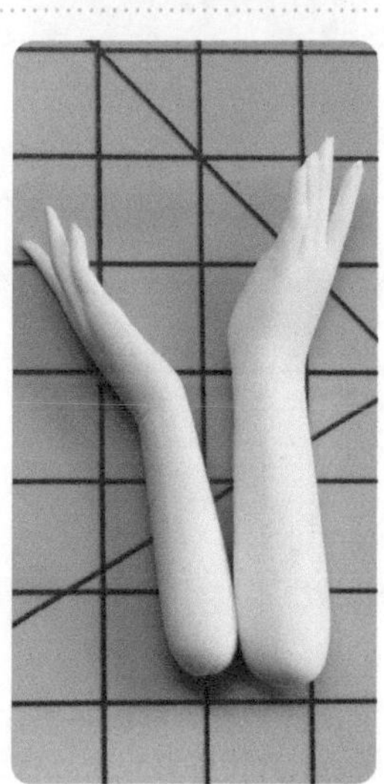

6.2.2 服装与配饰

● 制作裙子

制作裙子的重点在于裙子的褶皱以及裙子整体的动态感塑造，另外，腰间飘带的制作要点也是如此。

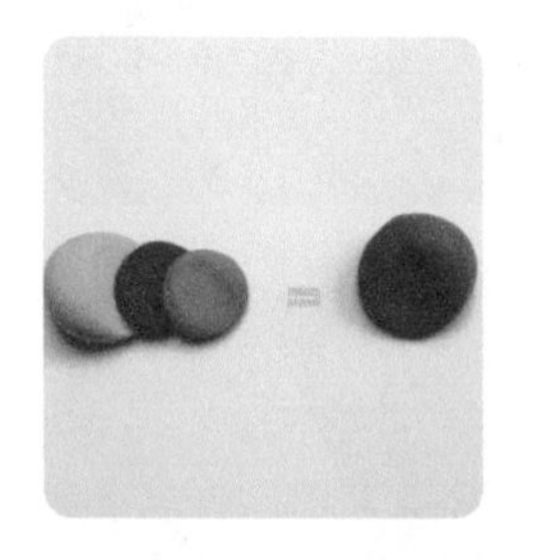

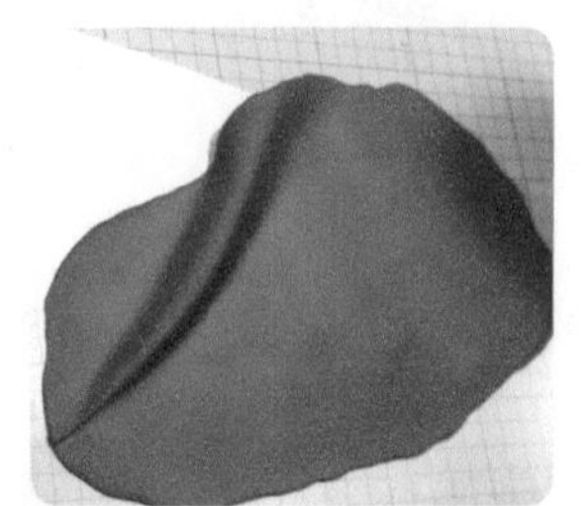

01 用绿色、黑色和蓝色混合出深绿色超轻黏土。取适量深绿色黏土，用擀泥杖将其擀成薄片，此处可适当加点花艺土，能让擀出的薄片更薄。然后用手捏出薄片上的褶皱 ，折出裙片。

02 用棒针尽量将裙片上端擀薄、压平整，然后将裙片贴在左腿上，并用手调整裙片褶皱走向。

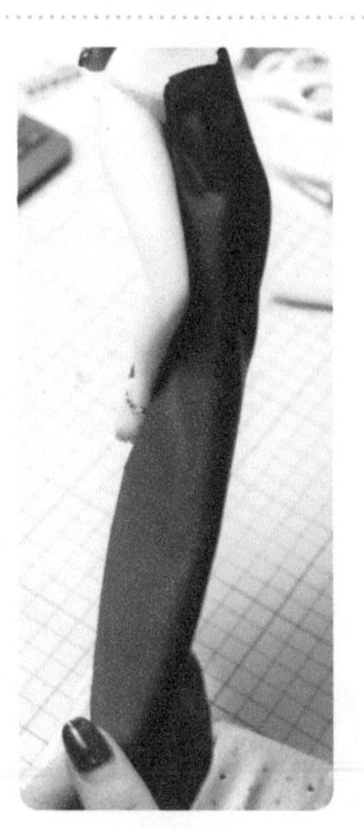

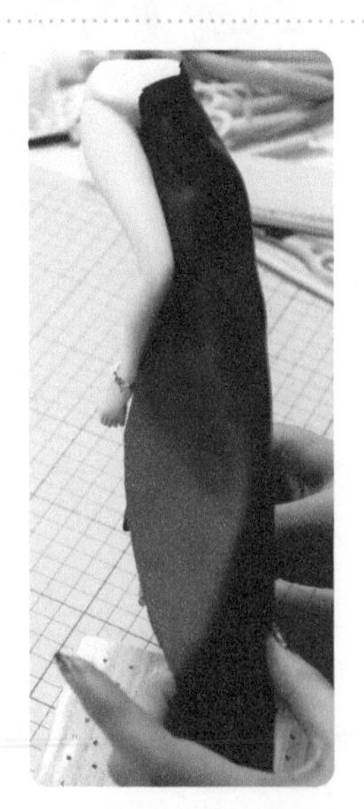

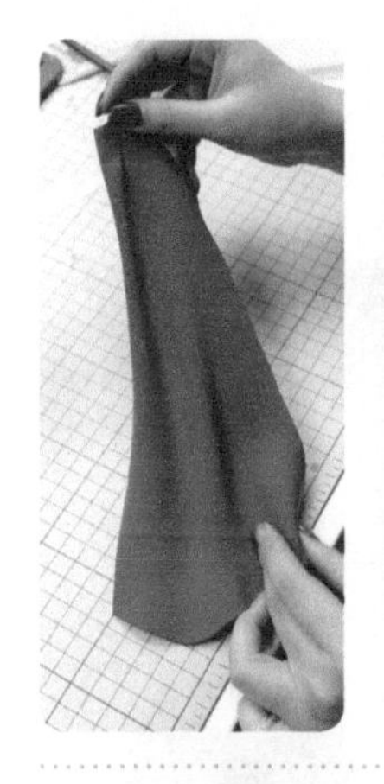
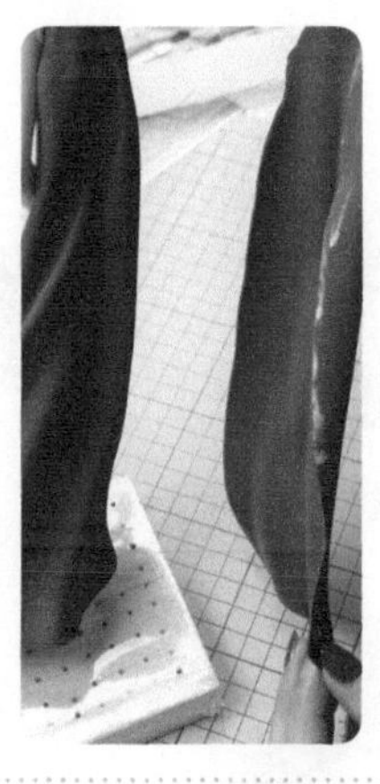
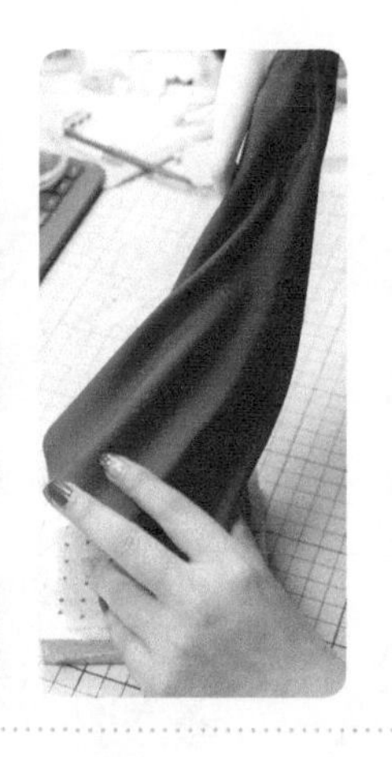
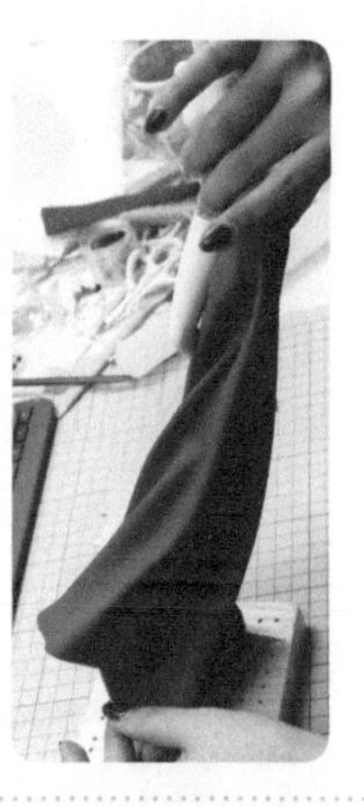

03 用相同的方法制作出第二片长裙片，先把裙片用于衔接的边缘往内折，然后涂上白乳胶，再将其与左腿上的裙片拼接在一起，并固定在臀部左侧的后面。

04 上图展示的是粘贴在臀部左侧的裙片在不同角度下的效果。

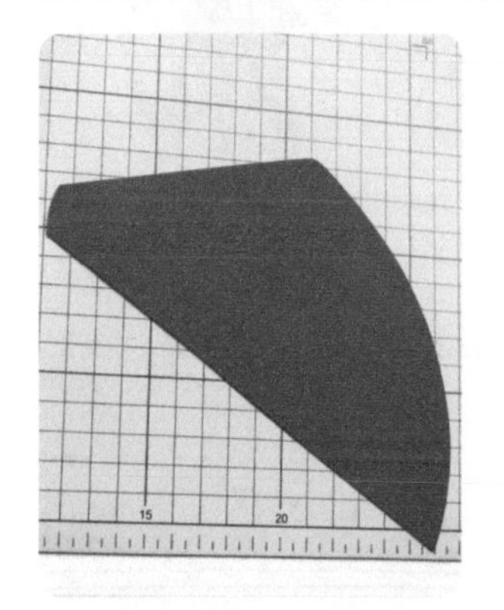
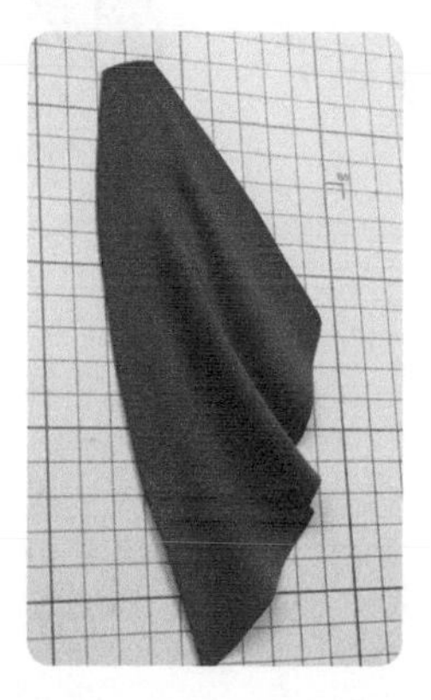
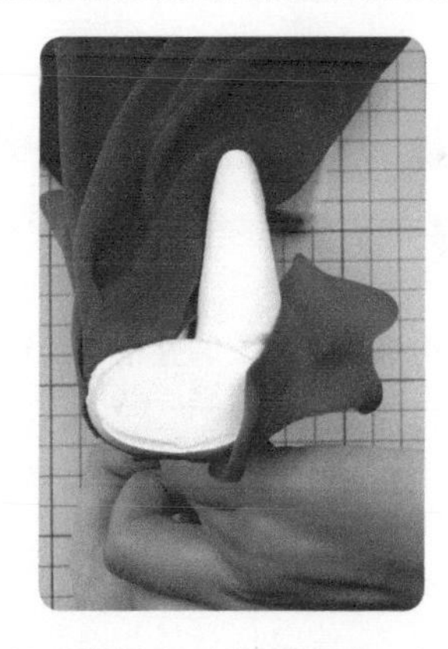

05 取深绿色黏土擀成薄片，用手做出褶皱后将其与臀部左侧的裙片衔接起来，把裙片固定在臀部右侧。

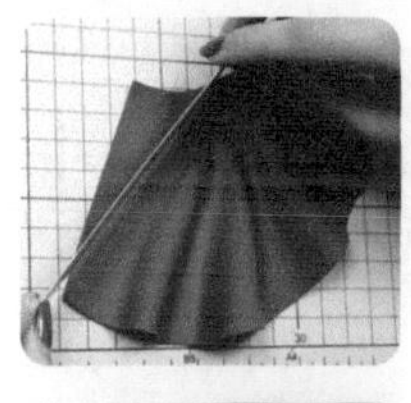

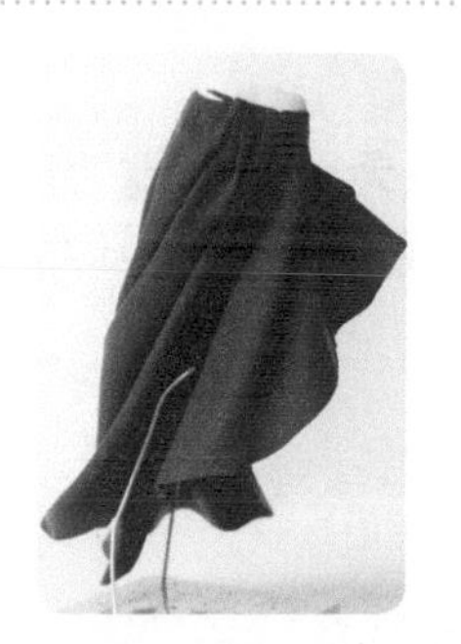

06 制作一片较短的裙片，将其贴在右腿的大腿上，随后把较短的裙片调整成向外翻的造型以增加裙子整体的飘逸感与动态感。

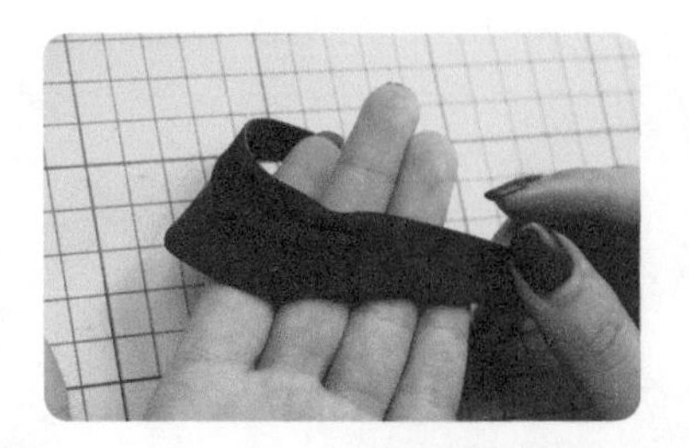
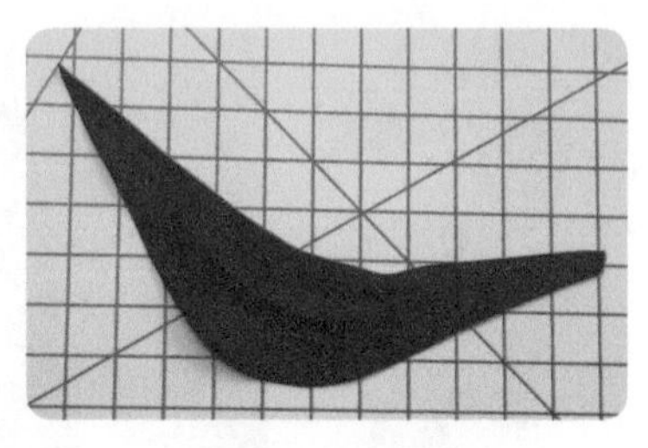

07 取黑色黏土擀成薄片并修剪成围裙造型，用勺形工具在薄片上调整褶皱的造型。

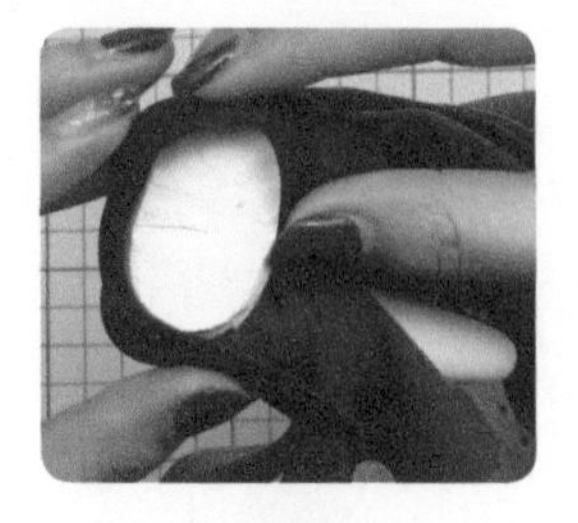

08 将围裙造型的薄片围在腰部，并剪掉多余的部分。

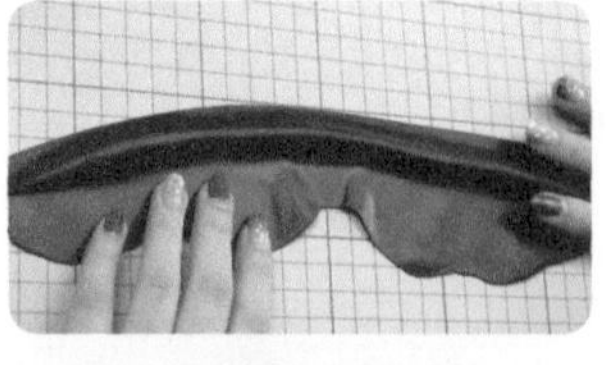
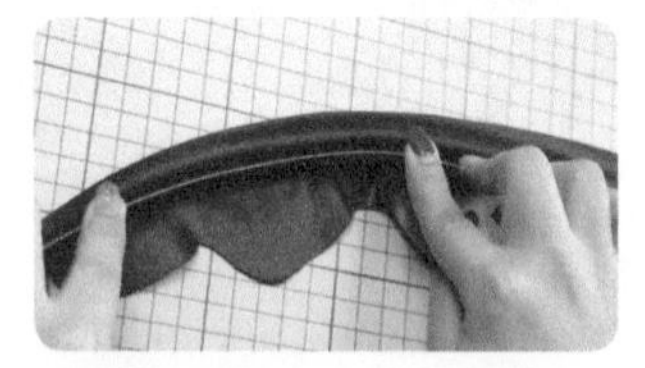

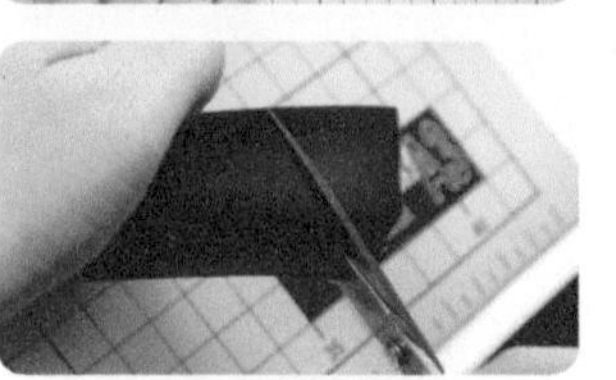
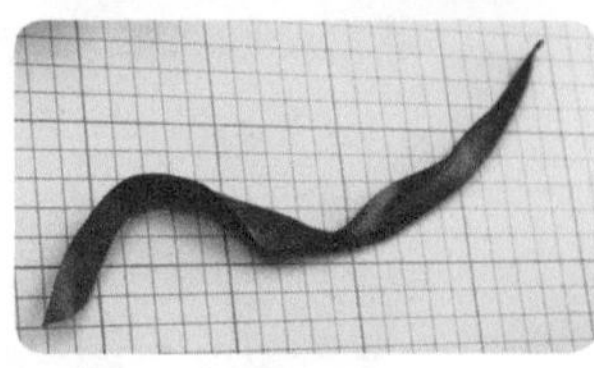

09 取黑色黏土擀成薄片，用手在薄片上调整褶皱的造型，然后用弯曲的长款刀片把薄片裁切成长条，再把长条扭出弯曲的形态，制作出飘带的动态感。

● 制作抹胸

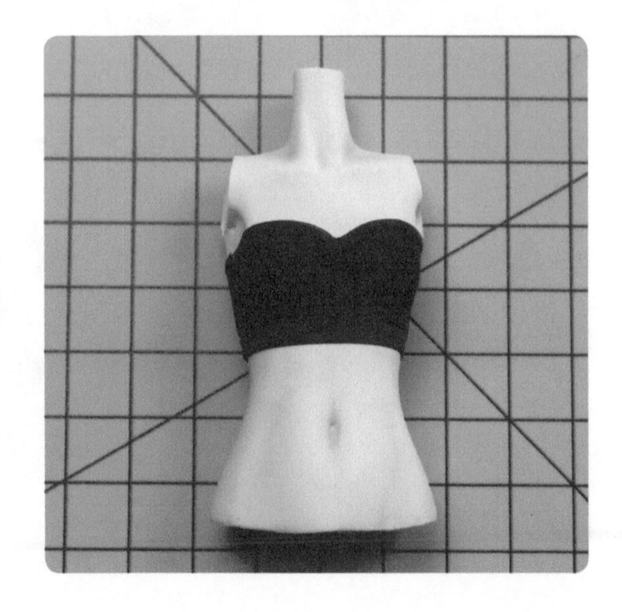

本案例制作的敦煌飞天上身半裸，穿着带深红色装饰边的黑色抹胸。制作时要注意抹胸中间褶皱的形态。

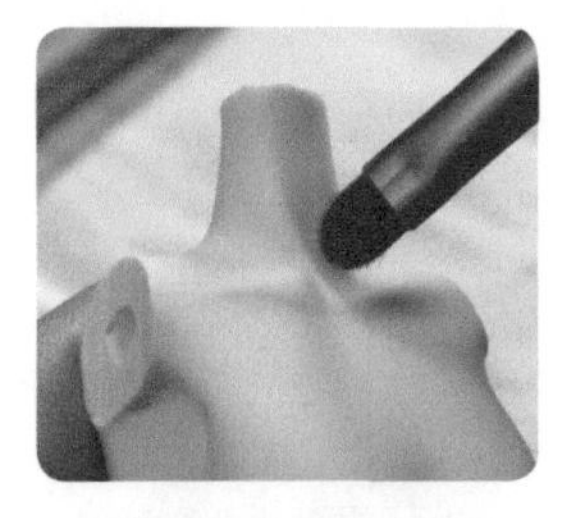
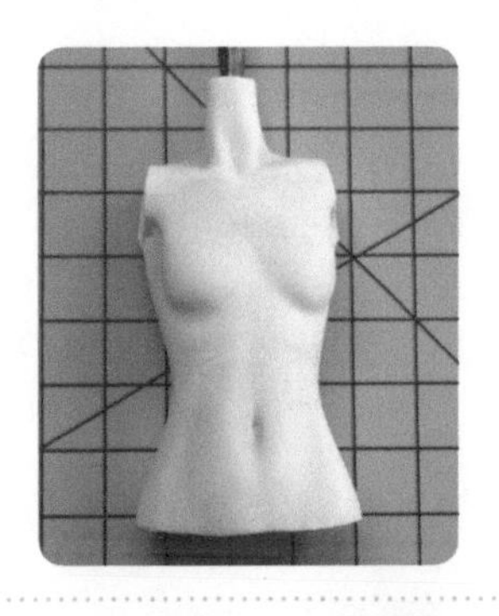
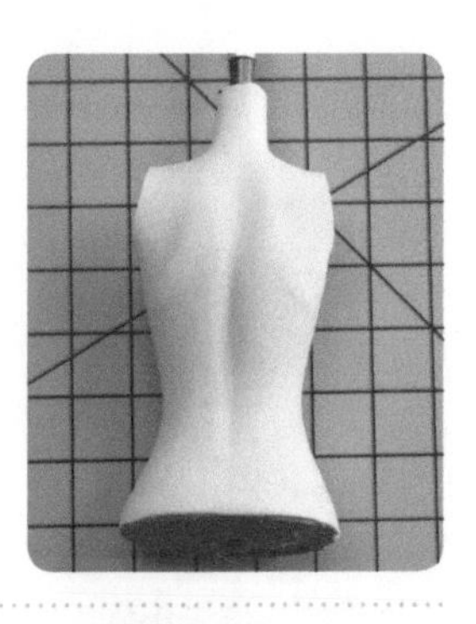

10 用色粉刷蘸取粉色眼影给身体上色，提升皮肤的质感。

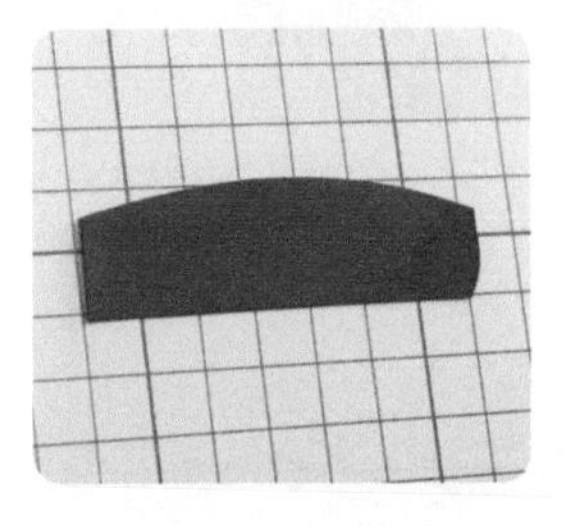

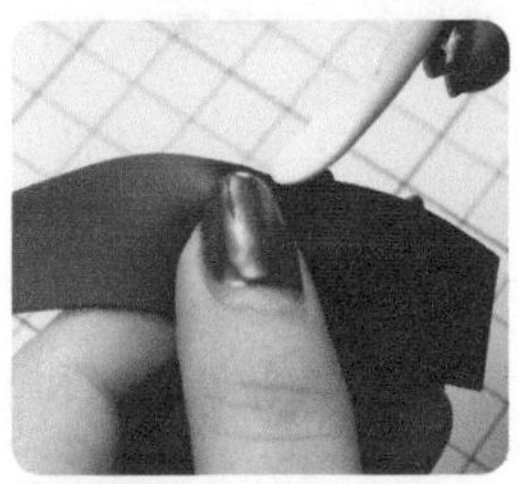

11 在黑色黏土薄片上切出抹胸的形状，用手捏出抹胸中间的褶皱，并用勺形工具调整褶皱的形态。

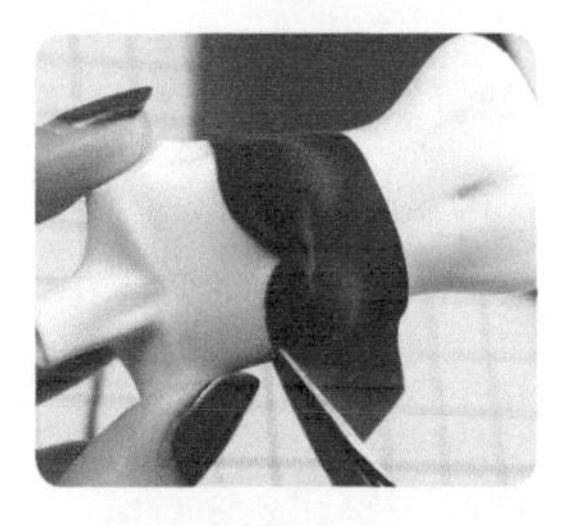

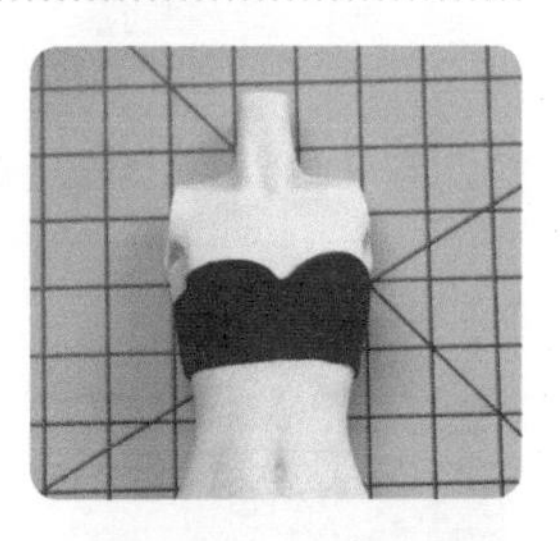

12 把制作好的抹胸贴在胸部的位置上，用剪刀先剪出大致形状，再用短款刀片切掉多余的部分，这样身前的抹胸就做好了。

13 在黑色黏土薄片上切出衣片，与身前的抹胸衔接，做出后背的抹胸。

小提示：抹胸的接缝在身体两侧。

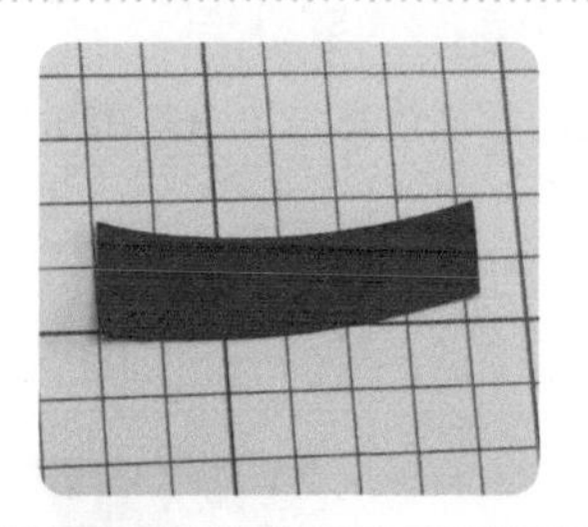

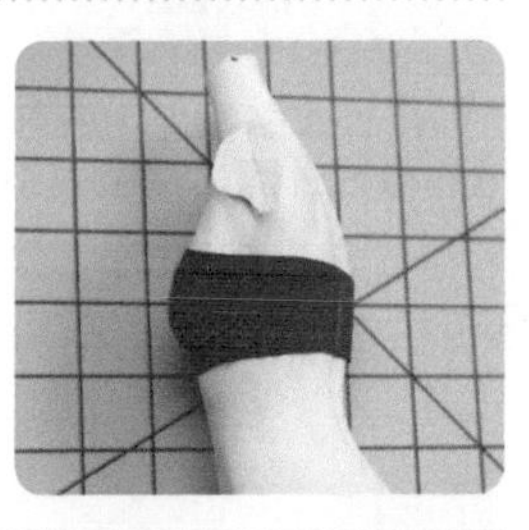

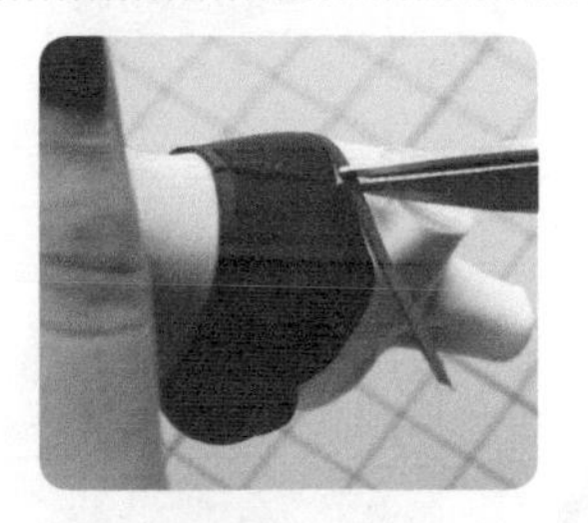
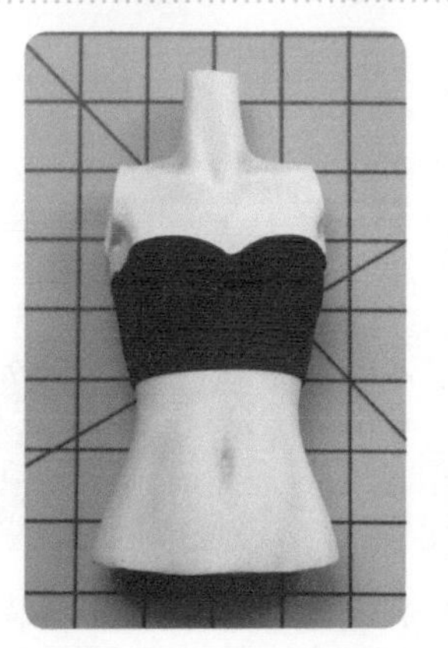
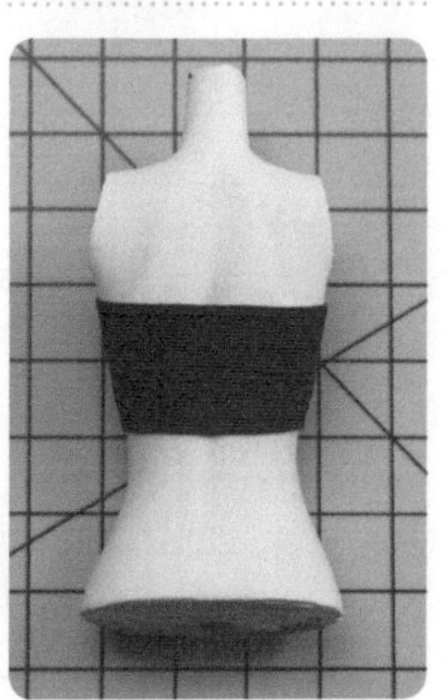

14 用红色和黑色黏土混合出深红色黏土。将深红色黏土长条贴在抹胸的上下两端，作为抹胸的装饰边。

小提示：为增加抹胸整体的美感与层次感，此处在抹胸下方贴了两条装饰边。

组合身体与添加细节

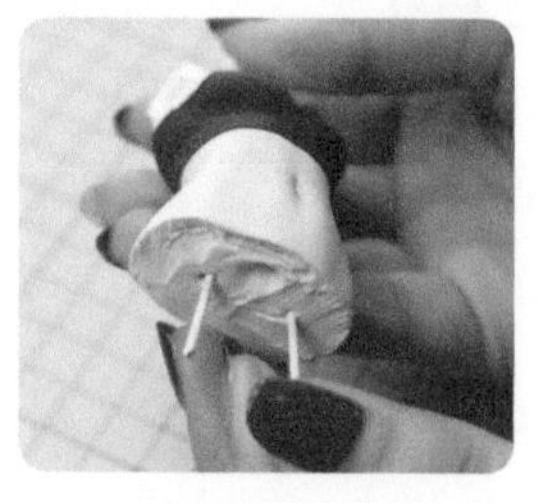
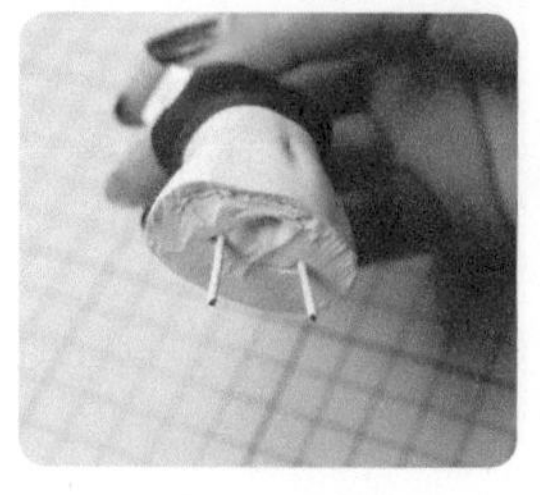

15 从上半身底部插入两节包皮铁丝，随后将其与下半身组合在一起。

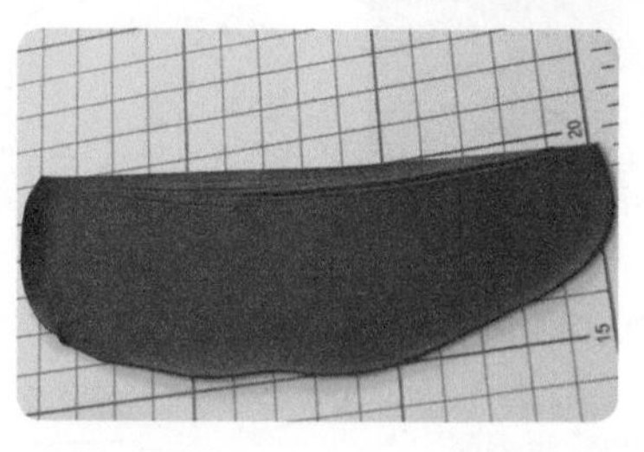
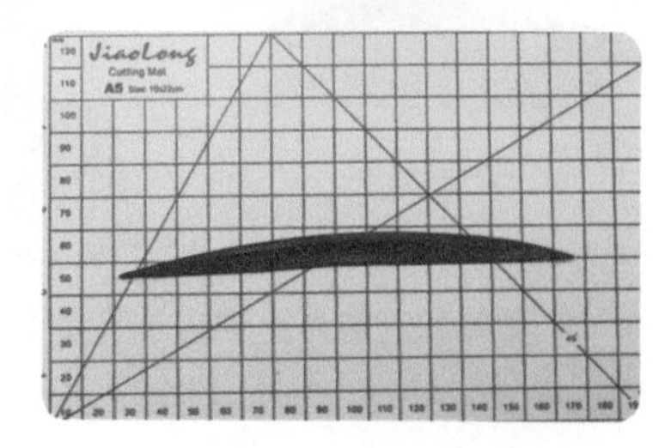

16 在黑色黏土薄片上用勺形工具划出交错的纹路，然后把有纹路的薄片部分切成两头尖中间粗的长条形围裙，用于遮挡粘身体部件时产生的接缝。

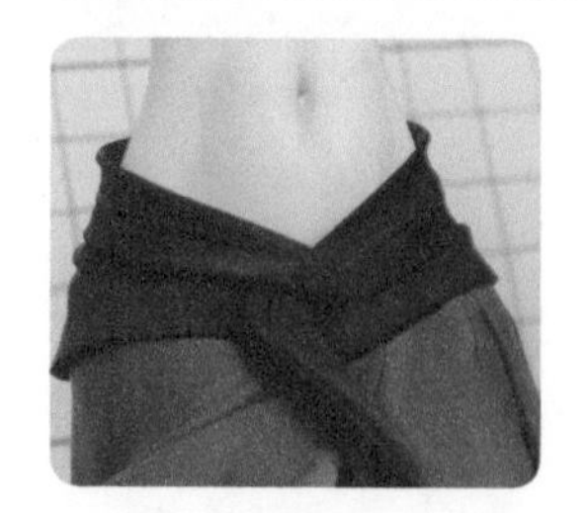

17 将长条贴在上半身与臀部的黏合处，并利用长条上的褶皱使其与第一条围裙自然衔接，随后将围裙的边缘微微往外翻，让围裙不要贴得过于死板。

添加装饰

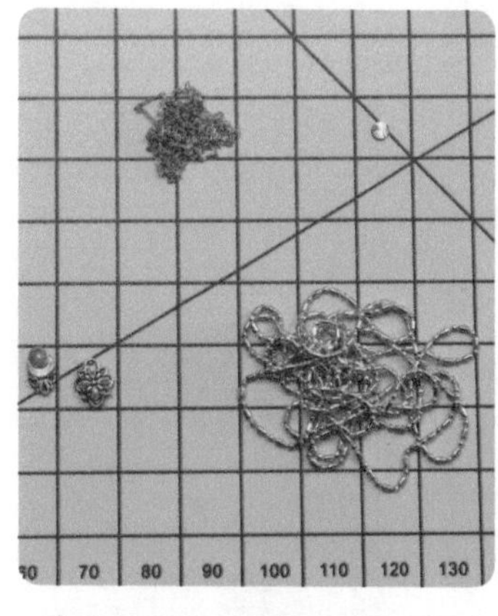

18 准备多种金属花片和金属链，做出腰部的金属链装饰和胸部装饰。

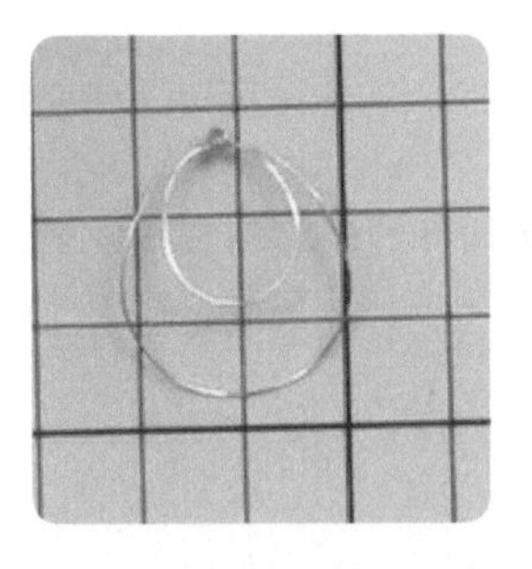
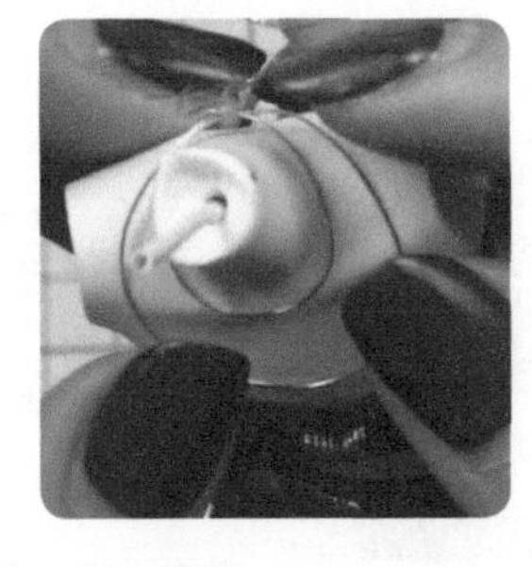

19 用铜丝制作脖子上佩戴的装饰项圈。

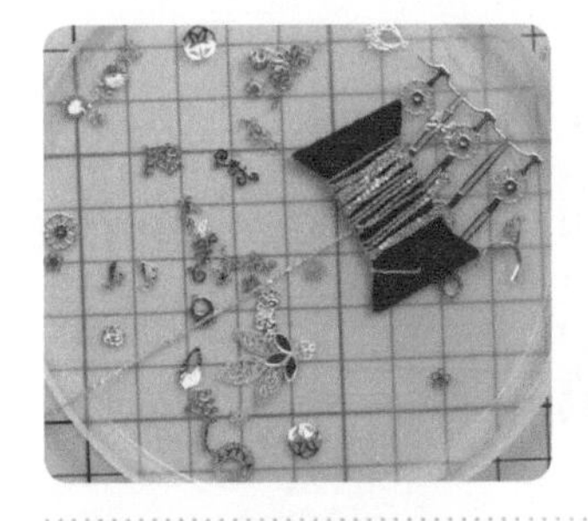

20 准备各种金属花片，做出左图所示的璎珞造型。

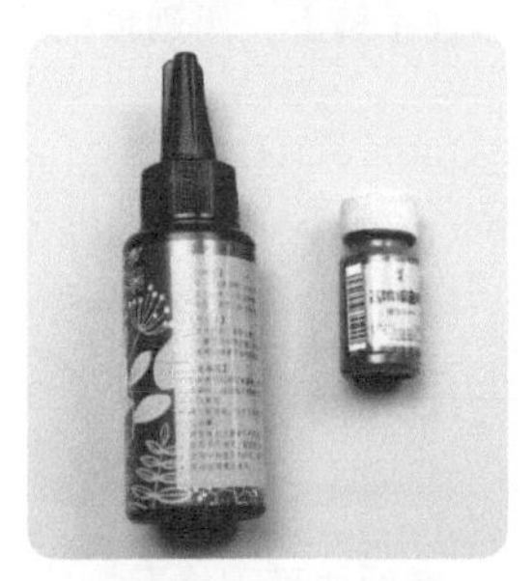

21 拿出有水滴形图案的3D立体浮雕花硅胶模具、UV胶、黑色色精、绿色色精以及紫外线灯，用来制作璎珞上的翠绿色宝石。

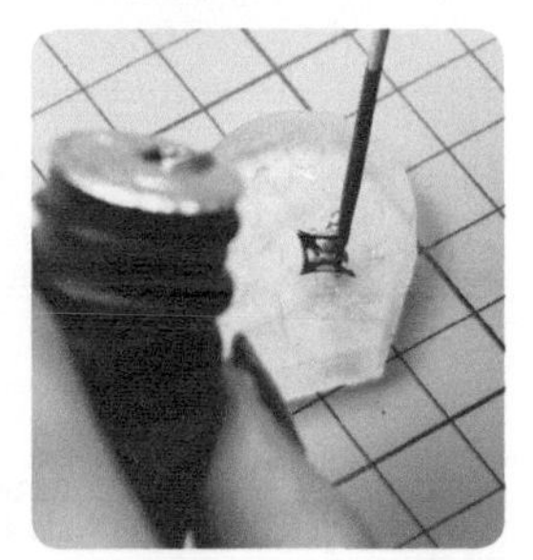
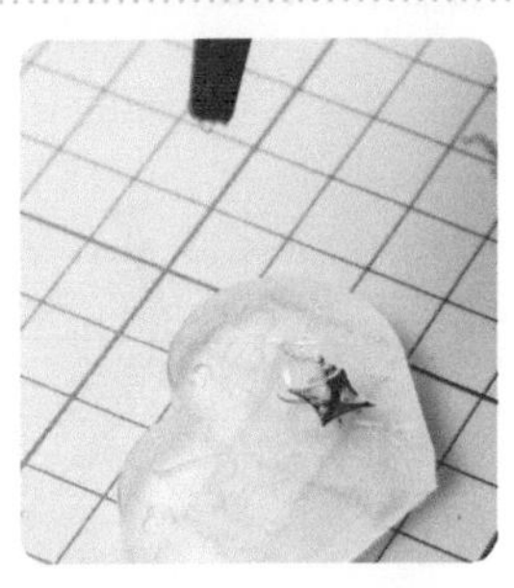

22 将UV胶与绿色色精、黑色色精混合，调和出用来制作翠绿色宝石的溶液。

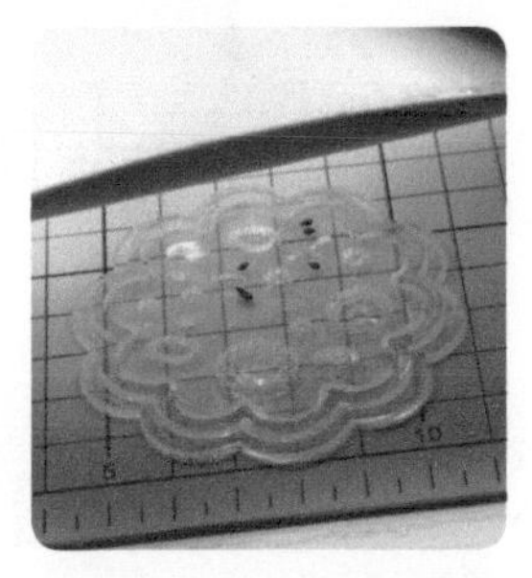
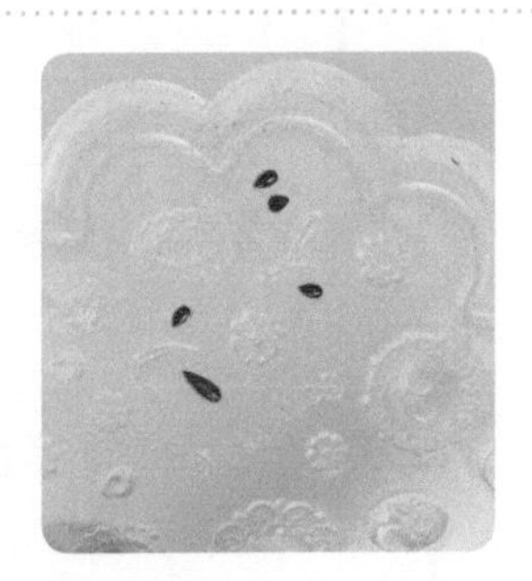

23 将调和后的溶液滴在硅胶模具上的水滴形图案中，然后用紫外线灯烘烤，待溶液干透后取下即可。

24 把制作好的翠绿色宝石固定在项圈内圈的短小链条上，然后再加入一颗红色珠子，完善璎珞的造型。

● 组合手臂

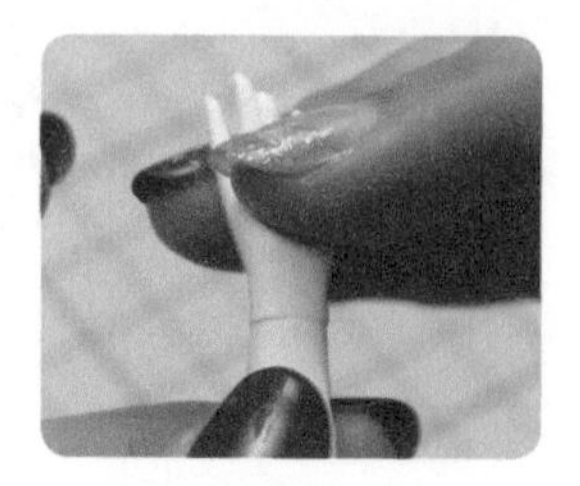

25 将手掌与手臂分别裁切至合适的长度，然后把手掌衔接在手臂上，用酒精棉片把接缝打磨光滑、平整。

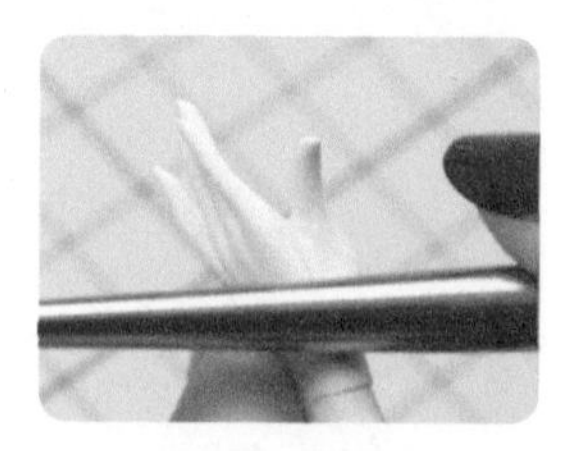

26 取适量肉色黏土搓成水滴形，将其贴在拇指的位置上，然后用剪刀修剪拇指的形状，用棒针将虎口和手腕处的接缝擀平。

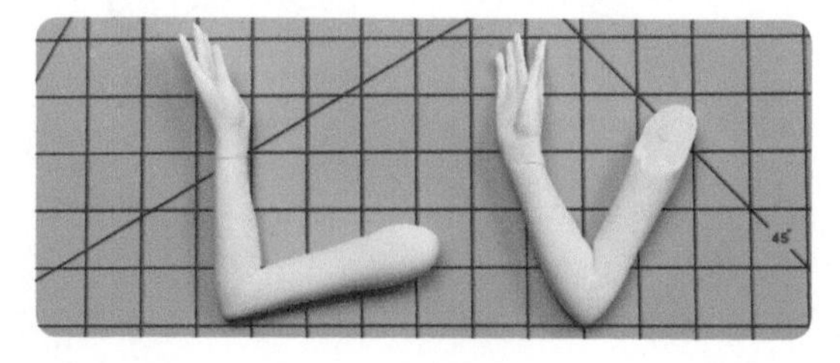

27 用抹平水（或酒精棉片）抹平虎口接缝，消除拇指与手掌的接缝。用相同的方法组合另一只手与手臂，并做出拇指。

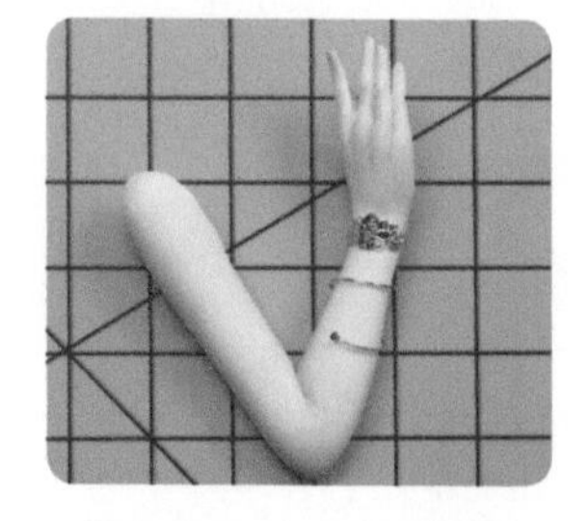

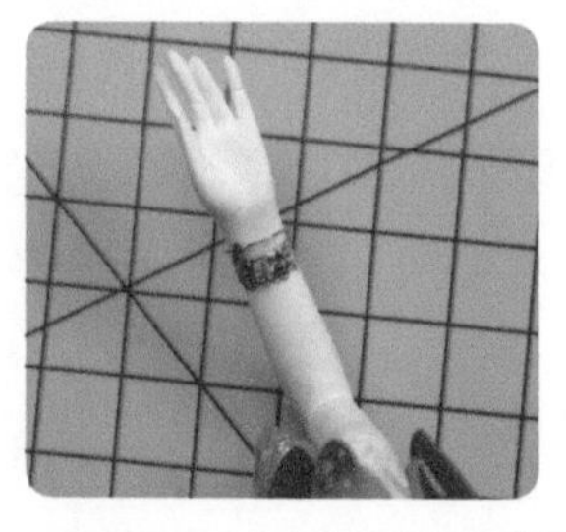

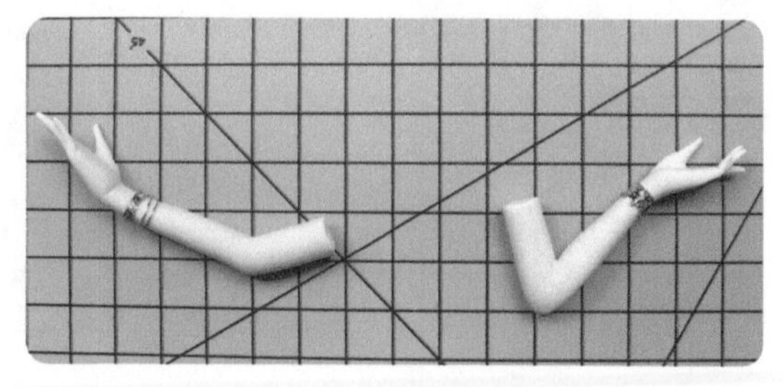

28 用金属花片制作手环用来装饰手臂，并遮住手腕处的接缝。

6.2.3 头部

● 画脸

此敦煌飞天设计的妆容为红唇、红色系晕染眼妆、眉间点有朱砂，整体给人一种高贵冷艳的感觉。

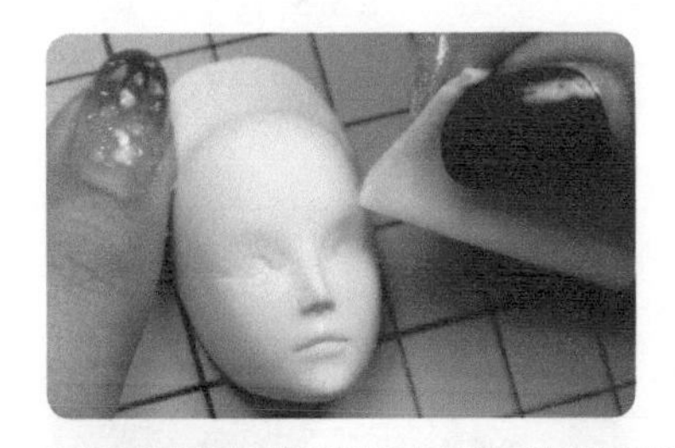

01 用肉色黏土翻模制作一个古风人物脸形，再用酒精棉片擦掉脸形上已有的眼眶，然后再准备熟赭、深红、朱红、钛白、土黄、马斯黑等颜色的丙烯颜料。

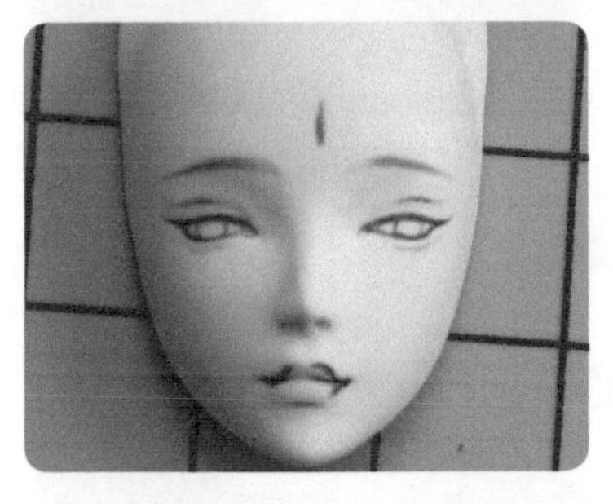

02 用熟赭加大量水调和稀释后的颜色，画出人物形象的五官底稿。

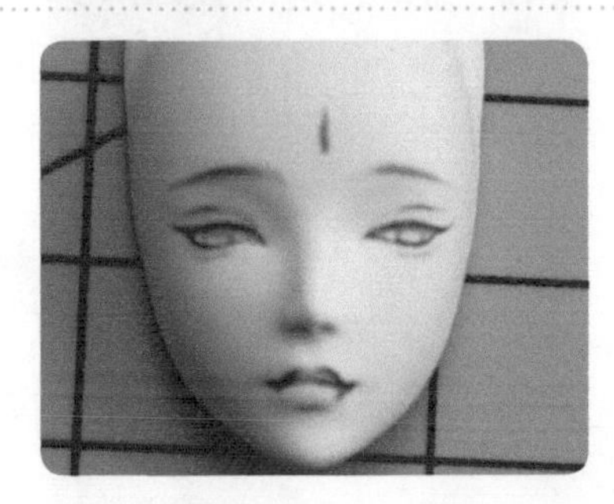

03 用钛白画出眼白，再用钛白加马斯黑调出灰色绘制眼白的阴影。

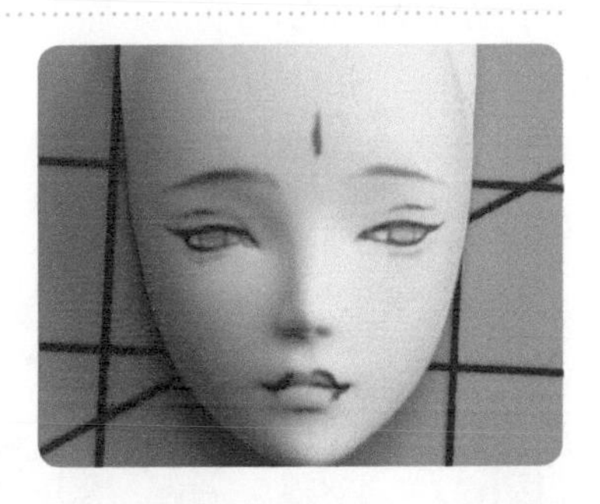

04 用土黄绘制眼珠的下半部分。

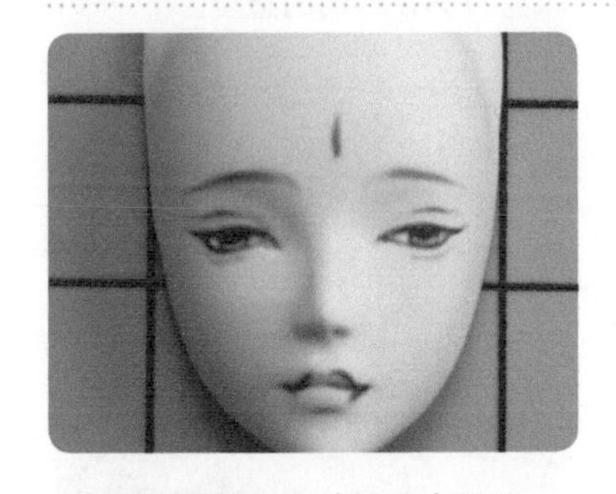

05 用深红绘制眼珠的上半部分。

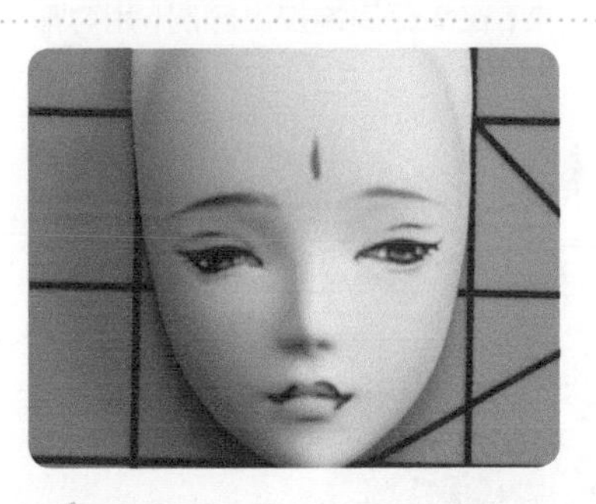

06 用熟赭加马斯黑调出深色勾画眼线。

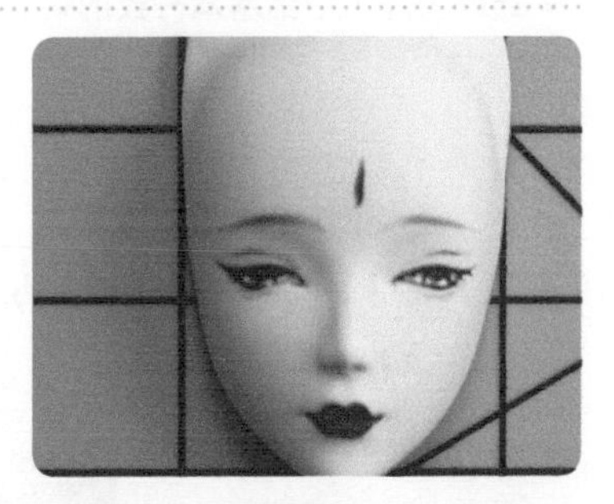

07 用钛白点出眼球上的高光，再用深红加朱红调出艳丽的红色绘制唇色和额间装饰。

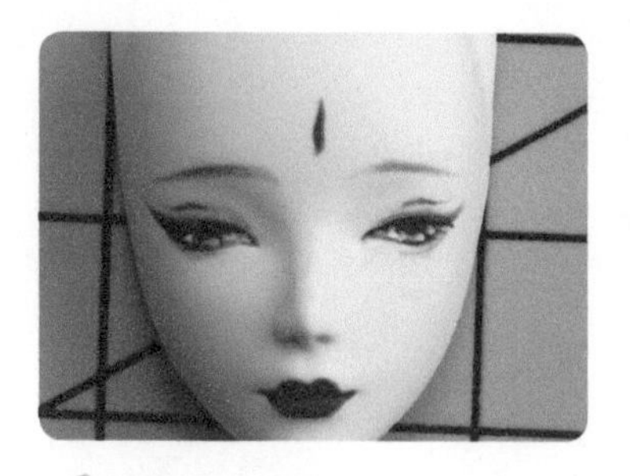

08 用朱红画出眼线。

09 用色粉刷蘸取红色系眼影画出眼影和腮红，再用棕色眼影画出鼻影，让鼻子显得更有立体感。

● 制作后脑勺

由于敦煌飞天的发髻样式为高髻，后脑勺及头顶的头发堆积，因而制作后脑勺时要用黏土包住额头并比额头高一点，让后脑勺向上隆起，使头部整体以下巴为尖端整体呈水滴形。

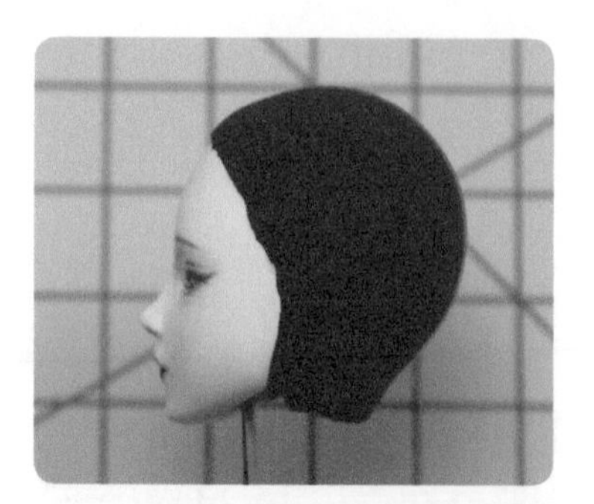

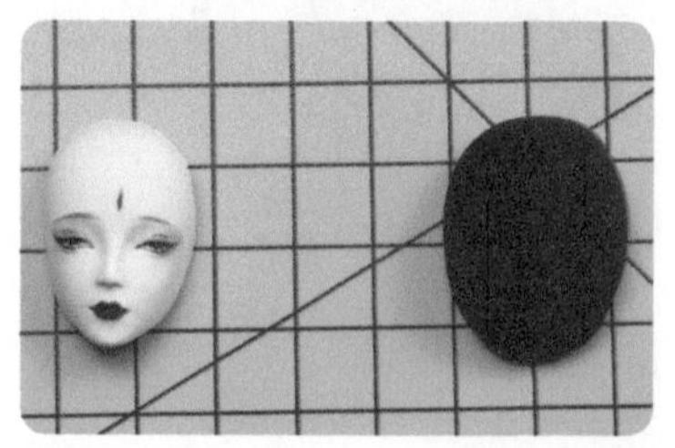

10 拿出化好妆的脸形，再取黑色黏土捏一个半球形贴在脸形背后，制作出后脑勺。

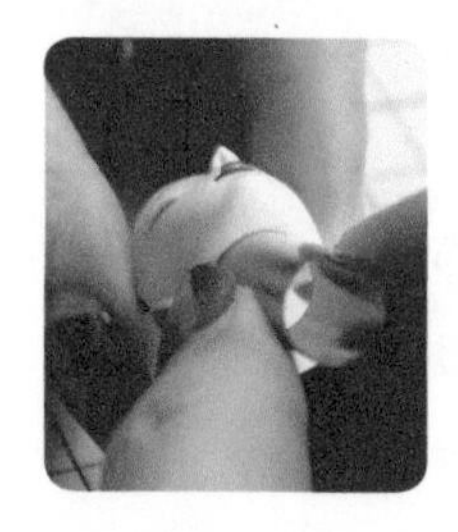

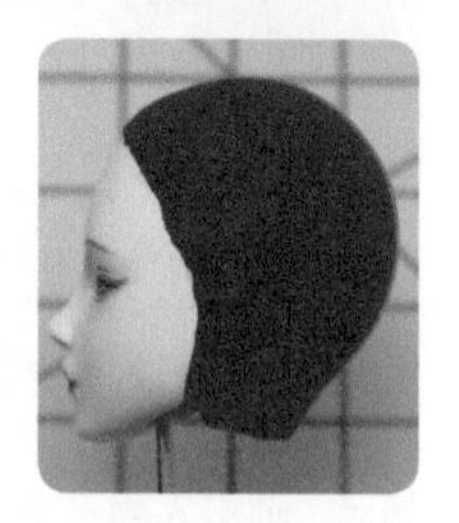

11 选取与脖子粗细基本一致的切圆工具，在头部底端挖出脖洞，用勺形工具和剪刀调整脖洞的造型。

● 贴假睫毛

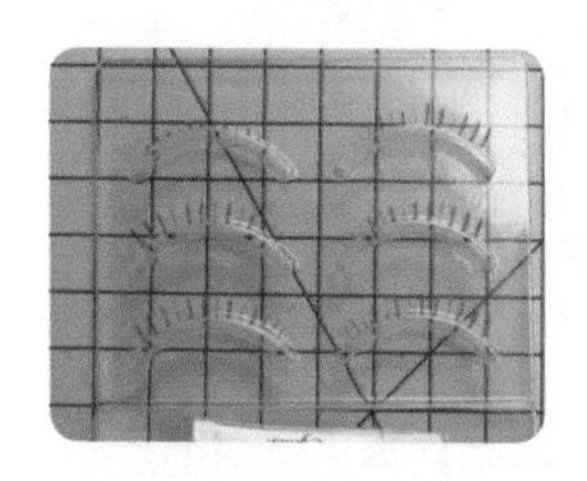

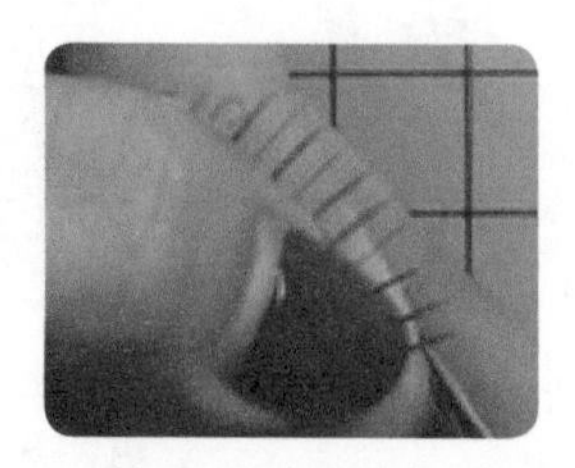

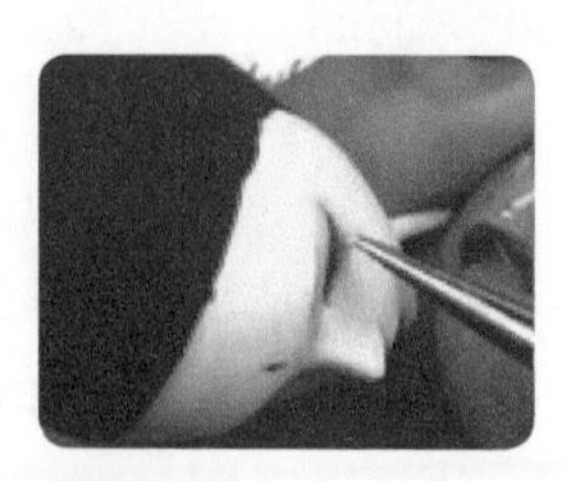

12 准备假睫毛，用剪刀剪下假睫毛卷翘的部分，再给剪下的假睫毛涂上白乳胶贴在眼线上。

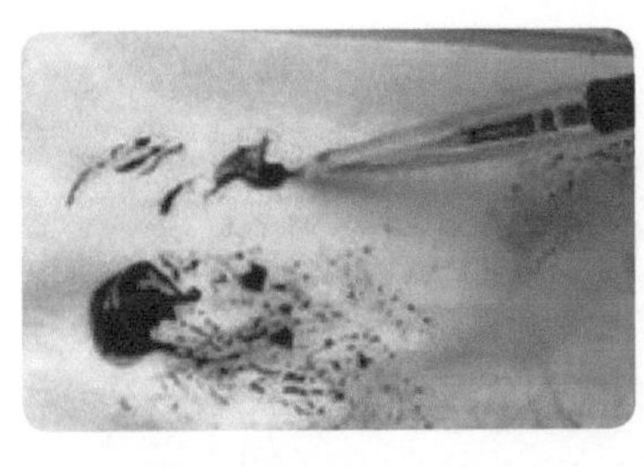
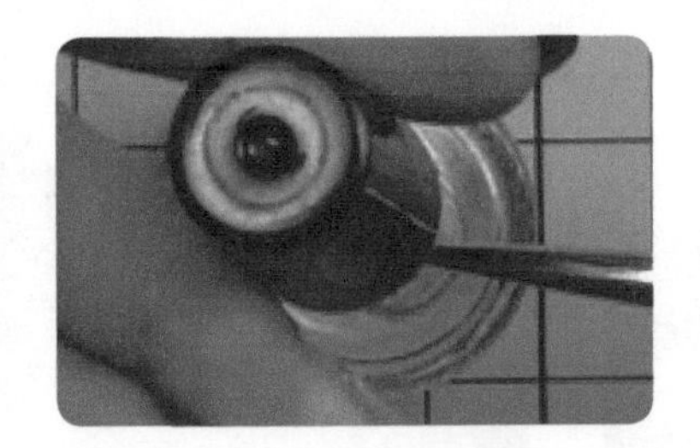

13 用面相笔蘸取马斯黑，再次加深眼线，然后给贴上的假睫毛刷一层水性亮油，以增强眼妆的效果。

• 添加耳朵

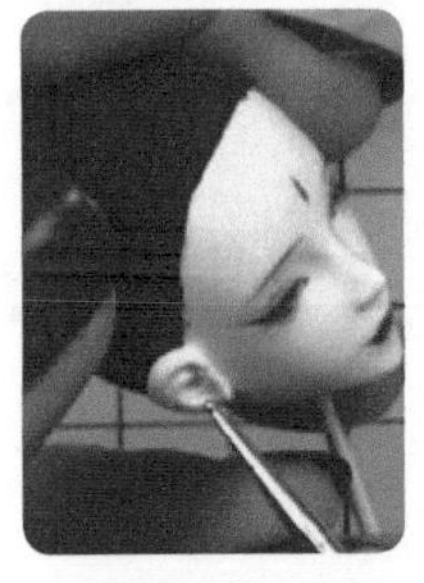

14 参考前面案例中耳朵的制作方法，做出敦煌飞天的耳朵。

• 制作头发

头束高髻、佩戴宝冠是敦煌飞天发型中的一种。修长的身形加上高耸的发髻，让人物显得更加修长，再结合飞天的动作，展现了女性的曲线美。

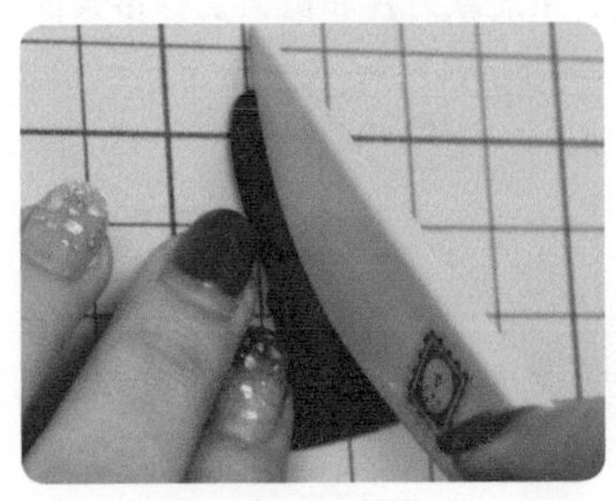
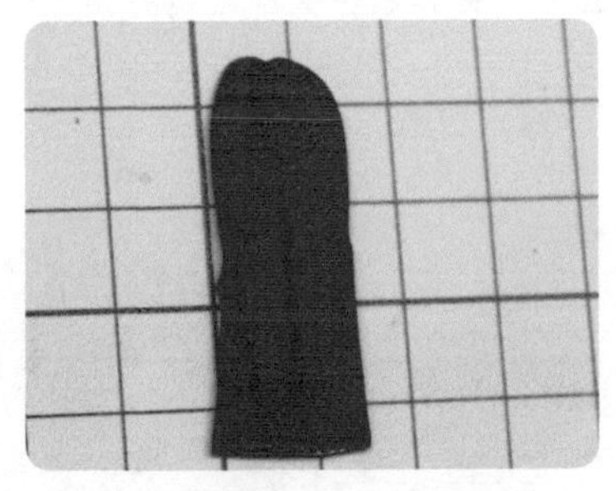

15 用刀形工具在发片上压出发丝纹路，然后用剪刀修剪发片的形状。

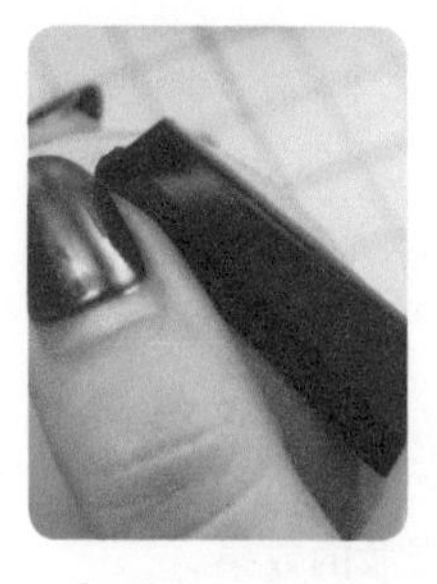  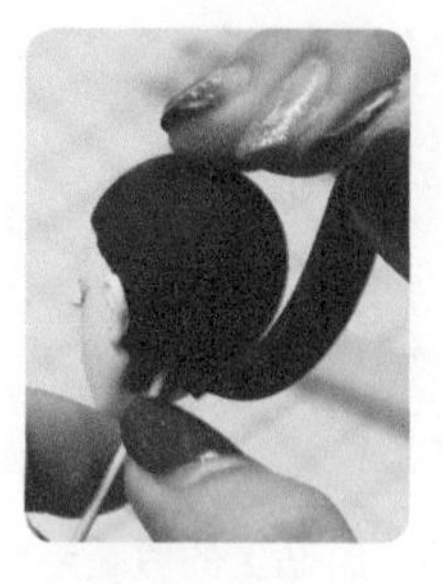 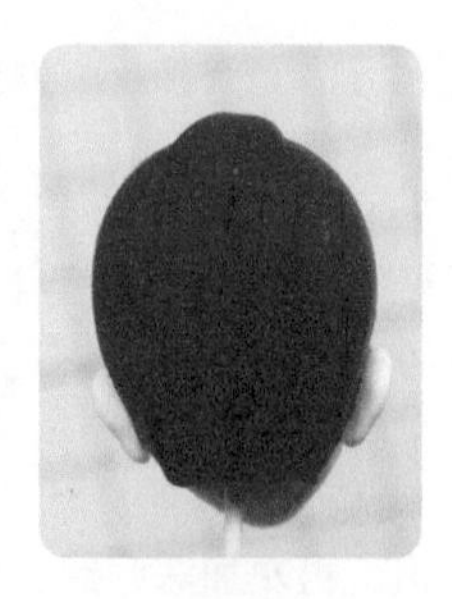 

16 把发片放在蛋形辅助器上，用短款刀片和刀形工具添加发丝的细节，然后以头顶为起点把发片贴在后脑勺的中线上。

小提示：发片从后脑勺中心往两侧贴。

   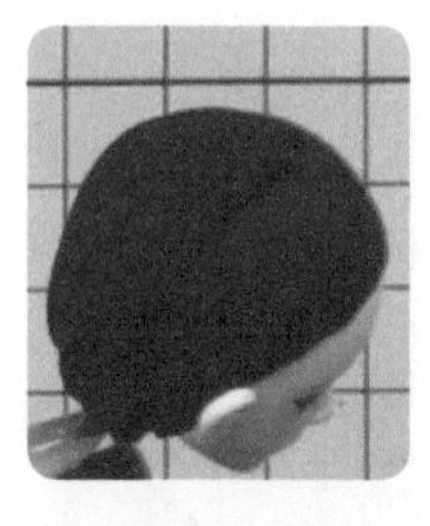 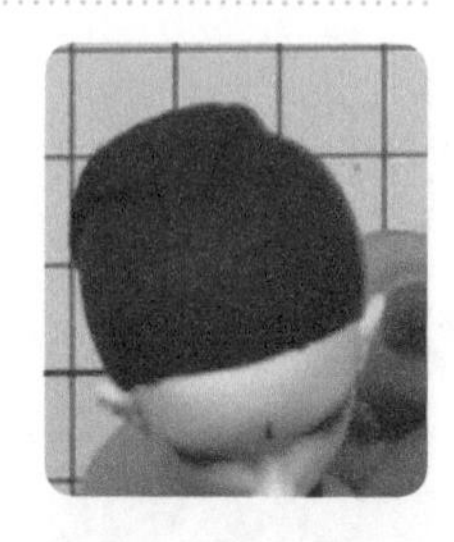

17 根据束发的发丝走向制作新发片，将新做的发片贴在头部右侧，然后用剪刀剪去多余的部分。

 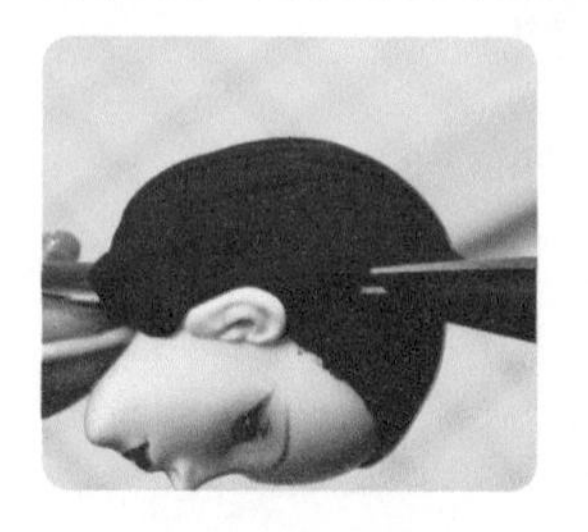  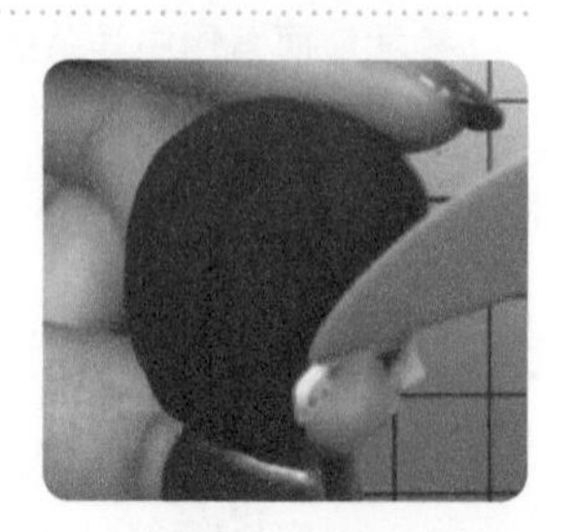

18 在右耳后方贴一片发片，先用鱼形工具的圆头调整发片的造型，再用剪刀修剪发片的形状，然后用刀形工具压出发丝纹路。

  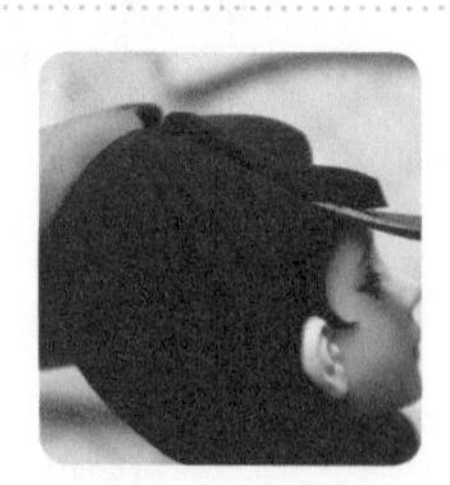 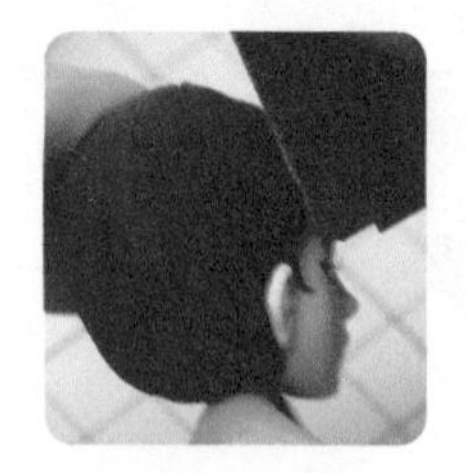 

19 用切圆工具把新发片底端切成半圆形，将其贴在头部右侧并留出鬓发。用短款刀片和剪刀切掉多余的部分，并留出发际线。

小提示：也可以事先用记号笔标出发际线的位置，再贴发片。

20 用相同的方法做出头部左侧的头发。

21 做出带弧形的发片，修剪形状后将其贴在头部右侧，注意发际线的整体造型。

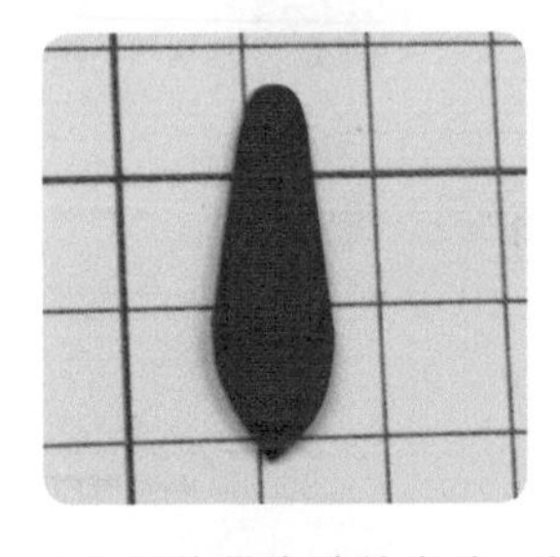   

22 制作带尖端的发片，将其贴在头顶留出的中间位置，用刀形工具和短款刀片压出发丝纹路，做出美人尖。

  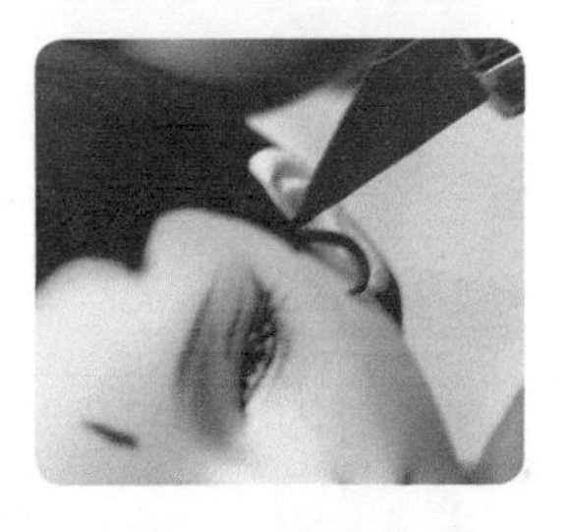 

23 剪出较细的发丝用来制作娇媚的耳发，将其贴在鬓角的位置（喜欢的话可以多做几个圈组合在一起）。

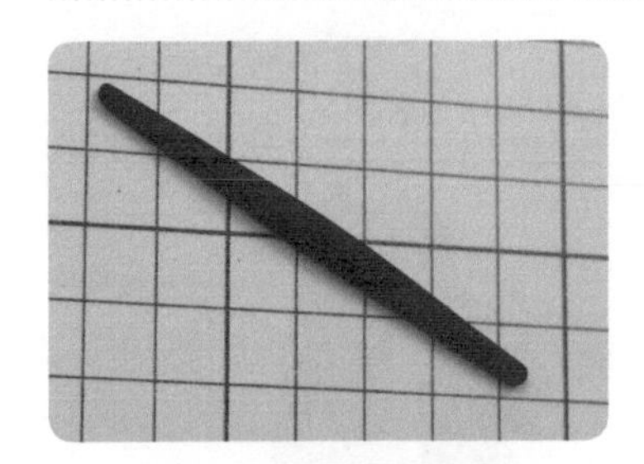  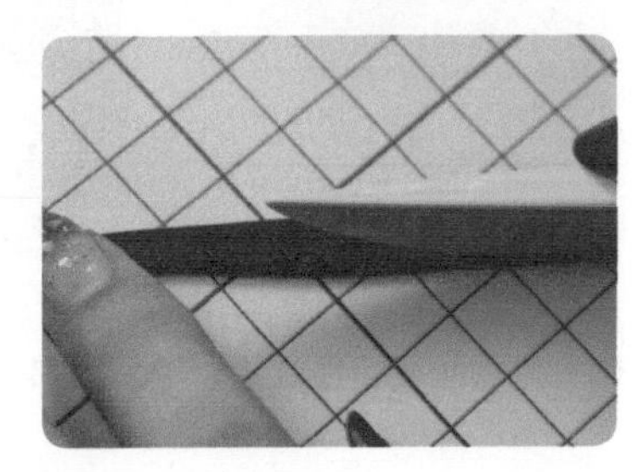

24 取黑色黏土搓成梭形长条，用压泥板将其压扁，再用刀形工具划出发丝纹路，做出发片。

   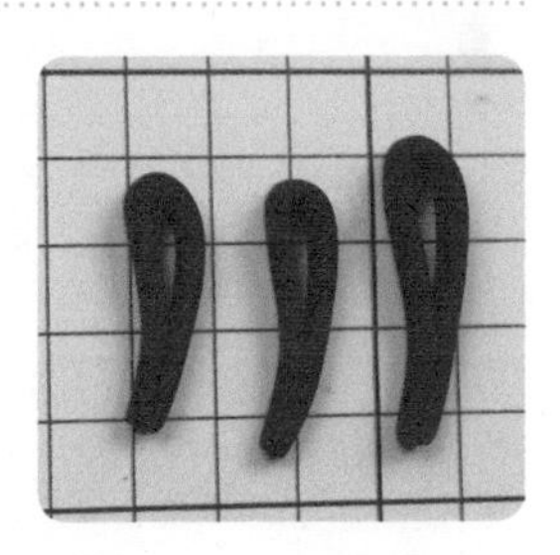

25 将梭形长条发片的两端重叠，做出一组长发髻，然后用同样的方法做出两组短发髻。

26 把制作好的发髻组合起来，并用压泥板将发髻底端压出凹痕。

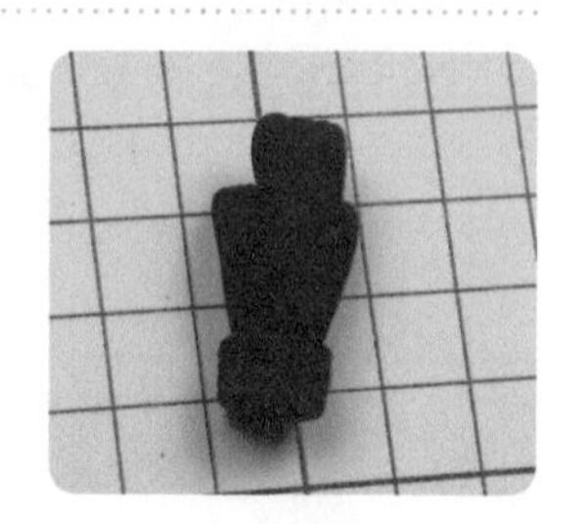

27 制作一片长条发片，将其缠在前面制作的发髻底端，完善发髻的造型。

28 准备一片与发髻高度相符的金属花片，用圆嘴钳把平整的花片卷出弧形，做出宝冠。

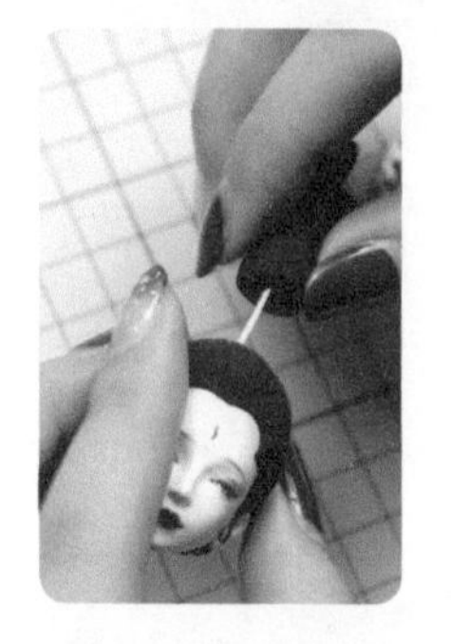

29 在发髻里插入一截包皮铁丝，将发髻固定在头顶，然后再用制作好的宝冠包住发髻，随后添加一颗宝石装饰宝冠。

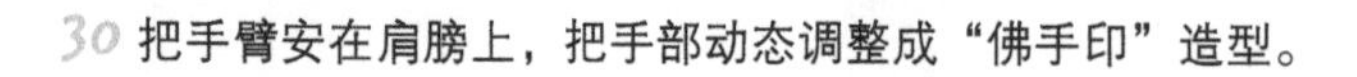

30 把手臂安在肩膀上，把手部动态调整成“佛手印”造型。

6.2.4 飘带

制作敦煌飞天的飘带装饰时，可先在黏土长条上划出飘带自由飘动时形成的褶皱纹路，再借助一些造型工具和手做出飘带的动态造型。

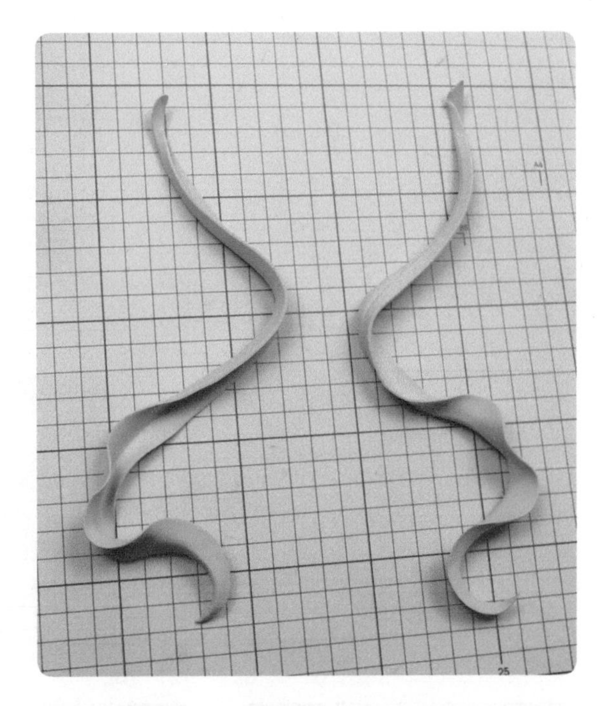

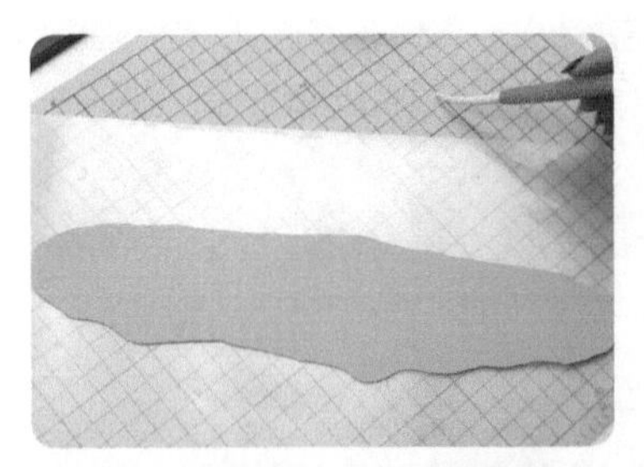

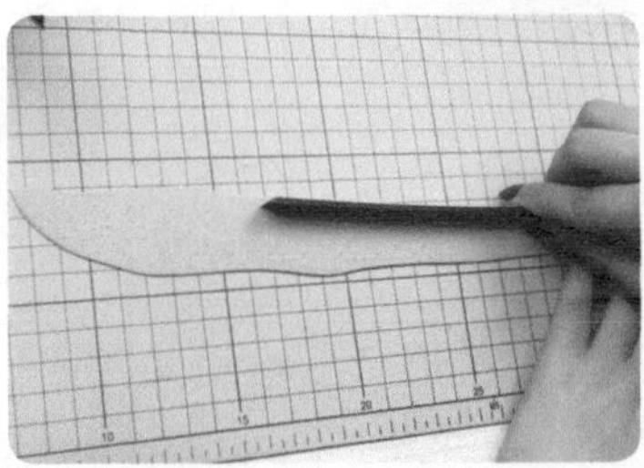

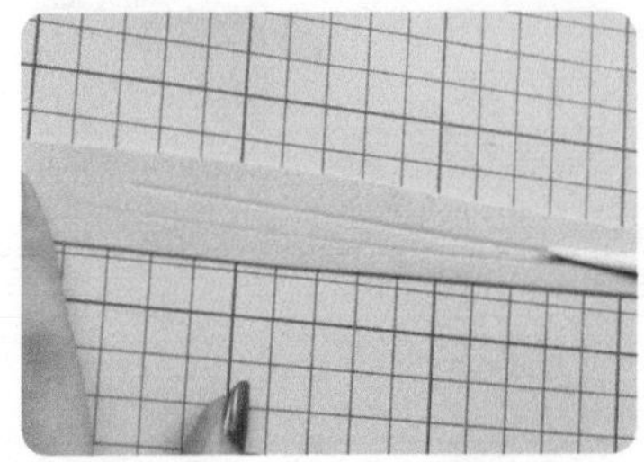

01 用黑色和白色黏土混合出灰色黏土并将其擀成厚一点的黏土片，用长款刀片把黏土片切成制作飘带需要的长条，再用勺形工具轻轻划出褶皱纹路 。

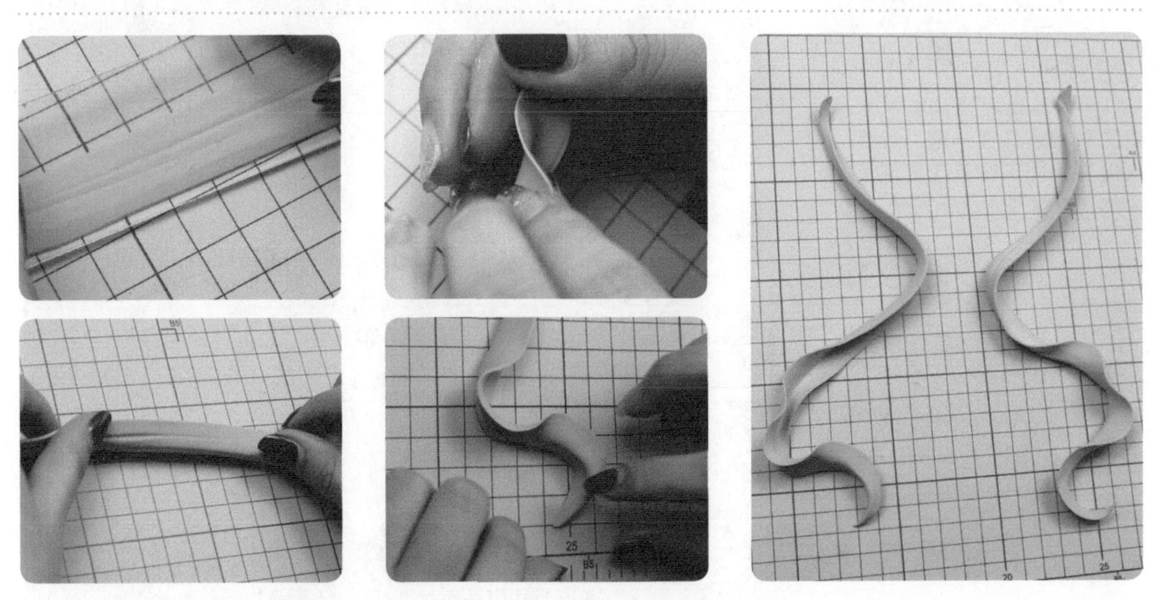

02 用手指捏住长条，一边将长条的边缘捏薄，一边调整出飘带的动态造型，随后把飘带的尾端捏尖收窄。用相同的方法再制作两条飘带。

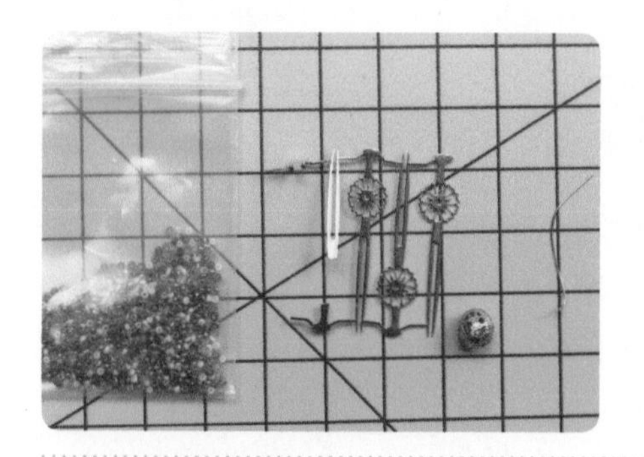
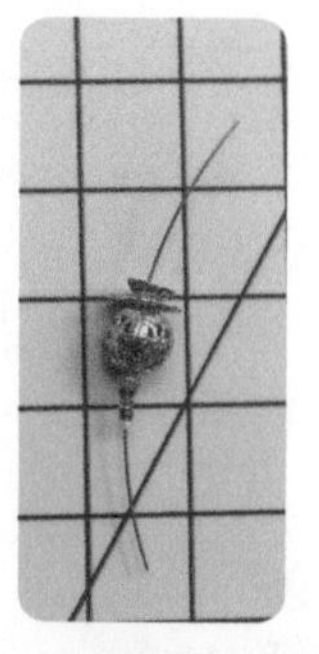

03 用金属花片和米珠制作连接飘带的配饰，然后把配饰与飘带连接起来。

04 先在肩膀上添加金属链装饰，制作一段飘带并固定在头部后面。

05 把有连接配饰的飘带与手臂处的飘带连接在一起。最后，把敦煌飞天固定在莲花台底座上。至此，敦煌飞天制作完成。